案例式

專利法

修訂第十一版

林洲富 | 著

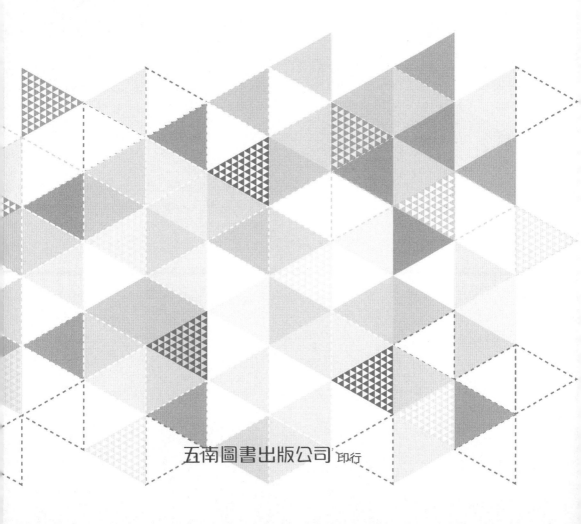

五南圖書出版公司 印行

葉 序 FOREWORD

　　我與本書作者林洲富法官結識，始於擔任逢甲大學財經法律研究所所長任內，當時本所有幸聘請作者教授「智慧財產權行政程序與救濟」課程。雖然課程開在周六假日，但竟然接著連續幾學期都發生選課人數爆滿，學生欲加選而不可得的情況。滿堂的學生都為他深厚的法學素養，豐富的實務經驗，以及幽默的上課風格所吸引，讓我深幸無愧職責，為學生覓得一位好老師。

　　後來蒙他致贈「專利法——案例式」一書，拜讀之後，更覺欽佩。專利法結合了法律的邏輯和理工的思維，不談法律的邏輯，往往會迷於細節，只見樹不見林；少了理工的思維，則有可能內容盡失，空餘架構和大綱。作者大學就讀工業教育系，後來自修法律並通過國家考試，擔任審判工作，這樣的雙重背景，正是撰寫本書的不二人選。

　　本書由專利的種類、標的談起，接續討論專利申請、專利要件、審查、專利權限、專利權人義務、侵害判斷，最後介紹民事保全與民事救濟，篇幅完整，內容詳實，適合課堂教學與學術參考之用。其中專利要件與專利侵害判斷部分，更見作者功力，他結合法律人與理工人的思考，以淺顯易懂的案例，闡述先前技術、進步性、全要件、均等論、逆均等論等以往令法律人望之卻步的名詞。民事保全與民事救濟兩部分，則是作者從事專利案件審判數年之實務精華累積。無怪本書廣受歡迎，至今已迄第四版。這是一本理論與實務兼備的好書，本人很榮幸能為本書作序，更鄭重推薦本書給所有學習專利法的朋友。

葉德輝
2012年5月5日
于逢甲大學財經法律研究所

十一版序

PREFACE

　　智慧財產法院管轄有關智慧財產之民事、刑事及行政訴訟事件，而作者擔任智慧財產法院法官，為使智慧財產案例式叢書可涵蓋智慧財產之民事、刑事及行政等程序法與實體法，得作為學習與實務入門之參考書籍，近年陸續委請五南圖書公司出版專利法十版、智慧財產權法十三版、商標法六版、著作權法六版、智慧財產行政程序與救濟四版、營業秘密與競業禁止五版、公平交易法四版及智慧財產刑事案例式二版等案例式八本專書，建構智慧財產法案例式系列。專利法為律師與專利師之考試科目，而本書自前次再版迄今已逾1年6月，作者基於審判專利民事與行政事件之實務心得，期間適逢專利法、專利法施行細則、智慧財產案件審理法大幅修正，除就本文進行修正與勘誤，增列論述專利法國考、最新學說理論及實務見解等內容外，並增加本人指導有關專利權議題之法學碩士論文，如陳志明「未受專利權效力限制——以學名藥之研究開發為中心」、陳哲賢「專利技術認定與鑑價於訴訟之研究」、顏崇衛「侵害專利權之民事責任」、林立峰「專利制度對專利蟑螂之管制」，暨擔任口試論文委員，如蔣昕佑「我國工業設計權利保護制度之再探討——檢視我國以專利制度保護工業設計之合理性」、張雅馨「民事訴訟與行政訴訟之共舞——以權利有效性抗辯為中心」。務必使本書增訂十一版，減少謬誤與增進參考價值。承蒙法界先進之厚愛，對拙著多所指正錯誤與惠賜寶貴意見，倘有未周詳處，敬請各界賢達不吝指教。

林洲富

2023年10月11日

謹識於文化大學法律系

自 序
PREFACE

　　緣自就讀國立臺中高工板金科談起,身為技職生,整日與機器為伍,4年後僥倖考取國立臺灣師範大學工業教育系。大學畢業後分發至國立臺南縣白河高級商工職業學校,擔任機械科教師,教授機械實習及其基礎理論。因緣際會之法律事件,燃起研究法律之濃烈興趣,憑藉日夜持續之自修而通過法務高檢、律師高考及法制高考。任職機械科教師5年後,遂發分至新竹縣湖口鄉調解委員會,擔任調解會專職薦任祕書之職務,有幸接觸地方行政事務與參與調解實務。旋後轉任行政院人事行政局地方行政研習中心薦任課員,從事人力發展月刊之編輯與發行業務,該期間之學習與工作,奠定日後著書立論之興趣及基礎。嗣後司法官乙等特考及格而至司法官訓練所受訓,結業分發後至臺灣臺中地方法院擔任法官職務,迄今均從事民事審判與執行之職務。

　　審視時光飛逝,求學與工作呈現多樣化之面貌,某階段之完成,往往又開啓另一新時期。因學習與成長係無限的寬廣,故自勵要勇於面對變動不拘之人生,接納與承擔生活之悲歡離合。心中經常思考要如何將自己擁有之機械與法律專業,結合為一。幸賴謝教授哲勝、陳教授文吟多年之悉心指導、愛護及關照,使本人找到終生值得追尋之遠景,決定將攻讀博士論文之重心設定於專利領域,期能結合過去所學與目前興趣,蓋專利法為典型之科技法律,兼具法律與科技之面向。感謝家人之全力支援與無限關懷,使本人於任職法官近12載歲月,能於工作與求學之交替中,取得實任簡任法官身分、民事智慧財產專業法官與家事專業法官之雙證照,並經司法院遴選改任智慧財產法官合格,暨陸續完成碩士、博士學位,進而有數十拙著列於法學領域內,得於大學法律系所教育英才。

　　因筆者從事智慧財產民事審判多年,認為專利法為實用科技法,應將實務與理論相互結合,故本於教學與實務之工作經驗,謹參考國內、外學說及實務見解,試以案例之方式,說明及分析法律之原則,將專利法理論轉化成實用之

產業利器，俾於有志研習者易於瞭解，期能增進學習之效果。職是，茲將拙著定名為「專利法──案例式」，因筆者學識不足，所論自有疏誤之處，敬祈賢達法碩，不吝賜教，至為感幸。

林洲富
2008年5月2日
于臺灣臺中地方法院

目 次
CONTENTS

第一章 緒 論

　　緣自封建時代興起，諸侯爭霸係憑藉人力與土地等有形資源，以決定主導之地位。演進至工業時代，國家掌握機器、資本及勞力等有形資產之數量，即成為是否位居世界主要國家之重要因素。因21世紀為知識經濟時代，其取代產業經濟時代，而與過往之時代有甚大差異，國家經濟實力或企業競爭力，係取決於無形之智慧財產權或知識產權，並非僅以有形之資產為主要之依據[1]。隨著全球競爭之日趨激烈，國家應積極發展與管理智慧財產權（Intellectual Property Assets Management, IPAM），以全球布局著眼，始得保有與強化競爭力之優勢，並在國際舞臺占有一席之地[2]。

第一節　專利制度之起源

　　自法律解釋之觀點而言，追溯專利制度之起源與演進，係一種歷史因素，瞭解演進之主要目的，在於探討專利制度如何納入法規範體系，而立法者係基於何種價值制定專利法制，藉以知悉制度之真正宗旨，其有助研究專利制度之經濟基礎[3]。

例題1

　　甲依據市面所通用之撲克牌（playing cards）樣式，製造與販賣撲克牌，並以其製造之撲克牌為標的，撰寫專利申請書、說明書及必要圖式，持之向經濟部智慧財產局申請設計專利。試問智慧財產局應如何處理？理由為何？

---

[1] 傳統國與國間為爭奪有形財產之戰爭已逐漸消失；相反地，國與國間、企業與企業間及個人與個人間，為無體財產權所引發的智慧財產權戰爭，可謂無時無刻不在各地發生，且得預期未來將愈來愈激烈。

[2] 馮震宇，高科技產業之法律策略與規劃，元照出版有限公司，2004年4月，頁4。

[3] 黃茂榮，法學方法與現代民法，自版，1993年7月，增訂3版，頁304至322。

壹、專利制度之定義

所謂專利制度者，係指發明人、創作人、設計人或其承受人，經由申請而取得專利，在一定時期賦予專利權人享有使用發明或創作之獨占與排他之權利。自歷史之觀點而言，專利制度保護專利權人之權利，係個人主義與資本主義之產物，其與產業技術之發展密切相關，具有促進經濟發展之功能。

貳、專利制度之演進

一、公開獨占權

追溯專利制度之起源，首應探討「letters patent」意義。「patent」一詞源自拉丁文「patere」，其意為公開（to be open）[4]。而「letters patent」，係指公開文件有官封蠟印，不須撕去封印，即可得知其內容者（open letters）[5]。其不同於「letters close」，即拉丁文「litterae patent」，該類文件經摺疊封印後，必須開啓蠟印始得閱覽其內容，letters close多用於私人或祕密通信。再者，letters patent之頒予目的，多為賦予某種權利[6]。例如，國家賦予公司之成立、土地之權利特權及發明取得之權利等項目[7]。準此，litterae patent代表獨占經營權，故日後英文「patent」乃起源自此[8]。

二、衡平私益與公益

專利制度之起源，眾說紛紜如後：(一)有認專利制度之概念，最早得溯及亞里斯多德（Aristotle）於其所著之政治學（Politics）書籍所論，其認為應給與創新者鼓勵與報酬，私人因創新所得利益，必須使社會亦能獲得更多有用事

---

[4] Peter D Rosenberg, Patent Law Fundamentals §1.01 (2nd ed. rev. 2001). Patere之原義係 Which is open to view or open to public scrutiny.

[5] Anthony William Deller, Deller's Walker on Patents 2 (1981).

[6] letters patent係指專利權人取得之專利證書，專利權人之專利權則為patent或patent rights。

[7] 陳文吟，我國專利制度之研究，五南圖書出版股份有限公司，2014年9月，6版，頁3。

[8] John Barker Waite, Cases on Patent Law 2 (1949).

物，此爲專利制度具有調和私益與公益之重要特性[9]；(二)有認爲得回溯至西元前6世紀之希臘Sybaris城邦法律，該法律賦予廚師所創新研發之食譜，得享有1年之排他權，以作爲鼓勵之誘因[10]。

三、威尼斯共和國專利法

目前世界公認1474年之威尼斯共和國（Doge of Venice）專利法，爲文獻可考之最早專利成文法[11]。係依據威尼斯共和國專利法（Venetian Patent Ordinance）規定[12]，該共和國對於具備有實用性、新穎性及進步性要件之創作或發明，賦予10年期間之專利權，非經發明人之同意或授權，禁止他人於威尼斯境內，製作與其相同或類似之器械[13]。例如，義大利天文學家伽利略（Galileo, 1564-1642）曾於1594年依據威尼斯共和國專利法規定，取得汲水裝置之專利權，該專利權爲伽利略花費可觀時間與金錢之所得成果，由國家制定法律保護之實例。

參、專利制度之先驅

在今日各國施行之專利制度，英國應爲建立專利制度之先驅者，其影響工業革命甚大，故探討專利制度之沿革，自應論述英國之專利制度。職是，茲說明英國專利制度之演變過程有如後三階段：

一、英王授予獨占權時期

英國早期不准外國企業於其境內經營事業，直到愛德華二世（1307-1327年）及三世（1327-1377年），始警覺國內之工業水準不及其他歐洲國家，爲

---

[9] Robert Patrick Merges, Pantent Law and Policy 2 (1992).

[10] 蔡明誠，發明專利法研究，自版，1998年8月，2版，頁34。

[11] Guilio Mandich, Venetian Patents 1450-1550, 30 Journal of Patent & Trademark Office Society 166, 169 (1948).

[12] 歐洲專利局網站：http://www.european-patent-office.org/index.en.php。2006年9月6日查閱。15世紀之威尼斯水陸發達，爲當時商業中心，所以具有專利法制之發展背景。

[13] Edward C. Walterscheid, The Early Evolution of the United States Patent Law: Antecedents Part 1, 76 Journal of Patent &Trademark Office Society 697 (1994).

此而引進外國之工業技術，以振興工業，英王針對部分重要技術[14]，保護與鼓勵外國人於境內經營，並賦予排除他人從事相同營業之行為，故英國專利制度設立之最初目的，在於鼓勵自外國引進技術。例如，愛德華三世曾頒發保護命令（protective order），授予至英國境內從事紡織業之外國人，其於14年內有獨占市場之權利（privilege），該取得獨占權之外國人必須將紡織技術傳授予英國人，以提升英國之工業技術[15]。因僅有英王有授予獨占權之權力，故其具有恩惠之性質（royal bounty），其有如後之缺失：(一)授予不當時，常有濫用之情事發生，將獨占權利授予大臣或親友；(二)政府為廣闢政府而濫發專利權；(三)對於未顯著改良或創新之生活必需品，容許私人獨占，致造成物價飆漲[16]。

二、防止壟斷法

(一)限制英王授予獨占權

有鑑於英王濫發專利權，英國上議院為防止英王濫用權力，乃於1623年制定，並於翌年由英王詹姆士一世頒布防止壟斷法（the Statute of Monopolies of 1624）[17]。禁止英王未經國會同意，不得授予獨占權，限制英王授予獨占之權力，以遏止皇室濫權與維持公益，該法案經由立法方式，限制英王之權利，充分體現對價與衡平結果，其兼為政治、法律與經濟等改革[18]。該法案沿用200餘年後，直至英國於1852年制定專利法止。依據防止壟斷法之內容，認為獨占阻止他人之工作，其與國家之利益相違背，故認定獨占係違反普通法（Common Law）[19]。

---

[14] 英王所頒發之保護令所保護對象，大多為紡織商或手工藝人於產業之技術。

[15] 宋光梁，專利概論，臺灣商務印書館，1977年5月，3版，頁8。John Barker Waite, Case on Patent Law 2 (1949).

[16] Anthony William Deller, supra note 5, at 7-8.

[17] 防止壟斷法或譯為專賣條例，其全稱為：An Act Concerning Monopolies and Dispensations with Penal Law, and the Forfeitures thereof.

[18] 唐昭紅，解讀專利制度的緣起——從早期專利制度看智慧財產權正當性條件，科技與法律，2004年1月，頁66。Anthony William Deller, supra note 5, at 31-34.

[19] 熊賢安，專利侵權之判斷，東海大學法律研究所碩士論文，2004年6月，頁17。

(二)賦予專利之重要原則

英國防止壟斷法之性質，雖屬於限制英王行使王權之法律，並非以設立專利制度爲直接目的，惟該法之內容，揭示數項賦予專利之重要原則[20]：1.適格專利權人：須眞正及首先完成發明者（true and first inventor），始得授予專利權，此爲賦予專利之要件[21]；2.屬地主義原則：專利僅得授予國內尚未知之新穎事業（new manufacture），而專利權人享有國內專有之使用與製造之權利，此爲專利權所及地域之範圍；3.衡平公益與私益：專利之客體須無違反公序良俗或法律之情事，或無害國家利益。準此，專利保護客體須考慮社會公益性，以衡平公共利益與專利權人之私益；4.專利權有效期限：專利權之存續有一定期限，期限屆滿後，專利技術則成爲公共財，任何人均得使用之[22]；5.專利保護客體：除發明者專有某種產品之製程方法的獨占權利外，其他所有獨占權利均屬違法。任何獨占權利，必須不致造成物價升高之結果，或者有礙於貿易往來，否則違反法律及危害國家利益。

三、專利法成文化

英國法院對於有關防止壟斷法之判決，逐漸形成專利法之內容，英國國會並於1852年將判例法所建立之原則，制定爲成文法，建立單一審查機關，由英國專利局審查專利權之申請，以簡化專利申請流程，並大幅降低申請費用，英國專利法成爲日後大英國協各國之專利法之母法[23]。英國亦因專利制度之建立，鼓勵許多重要之發明。例如，瓦特（Watt）以其發明之蒸氣機，向英國專利局申請專利，堪稱爲劃時代之重大發明，進而啓發近代之工業革命[24]，繼而使英國累積雄厚國力，積極擴充海外市場與殖民地。英國現行之專利制度，主

---

[20] 英國專利局網站：http://www.patent.gov.uk/patent/index.htm。2006年9月6日查閱。

[21] Joan E. Schaffner, Patent Preemption Unlocked, Wis. L. Rev. 1081, 1100 (1995).

[22] Stephen Ladas P., Patents, Trademarks, and Related Rights, National and International Protection 5-6 (1975)。吉藤幸朔著，宋永林、魏啓學譯，專利權概論，專利文獻出版社，1990年6月，頁17。

[23] George Ramsey, The Historical Background of Patents, 18 Journal of Patent Office Society 6, 6-15 (1936).

[24] 金海軍，智識產權私權論，中國人民大學出版社，2004年12月，頁61至62。發明家以瓦特之蒸汽機爲原動力，造就富爾頓發明汽船、史蒂芬生發明火車頭。

要係奠基於1977年之專利法修正案，該專利法修正之目的，在於適應現代產業之需求，並展望未來新興科技之發展及進行國際合作[25]。自經濟層面以觀，英國專利法之制定，使得英國之經濟與國力日益興盛，英國專利法，除對英國資本主義制度之建立與產業發展發生重大之影響外，亦成為日後諸多歐美國家所仿效[26]。

肆、專利制度之必要性

一、知識經濟時代

21世紀為知識經濟時代，智慧財產權占有舉足輕重之角色，專利法係以創作及發明為基礎而形成之心智創作，其為智慧財產權之重要一環，其屬無體財產（intangible property），不僅於性質與傳統之財產權或有形資產（tangible asset）有所不同，在權利之保護亦呈現複雜之面貌。是設計健全之司法機制有效保護專利權，不僅為司法資源分配之問題，亦涉及國家整體經濟之發展。因我國於2002年1月1日成為WTO之會員，有鑑於專利法具有國際性及專業化之性質，我國為配合世界趨勢，並與國際規範相結合，故於2003年2月6日修改專利法，並於2004年7月1日施行，以因應國際化之趨勢。因知識經濟時代之來臨，專利權為知識產業之重要一環，故成為智慧財產權之主要爭訟所在。

二、專利之國際趨勢

有關專利國際公約，其重要者，有19世紀於巴黎締結之工業財產保護同盟公約（Pairs Convention for the Protection of Industrial Property，簡稱巴黎公約）、1968年生效之國際性植物新品種保護公約（International Convention for the Protection of New Varieties of Plants, UPOV）、1973年締結之歐洲專利公約（European Patent Convention, EPC）、1994年簽署之TRIPs協定。而國際重要之

---

[25] 英國專利局網站：http://www.patent.gov.uk/patent/index.htm。2008年3月27日查閱。英國為加入歐洲專利公約而修改其專利法。

[26] Edward C. Walterscheid, To Promote the Progress of Science and Useful Arts: The Background and Origin of the Intellectual Property Clause of the United States Constitution, 2 Journal of Intellectual Property Law 1, 12 (1994).

組織則有世界智慧財產權組織（WIPO）。經由國際組織與國際公約，建立國際統一之保護標準與審查手續，使專利法制邁向國際化之路。

伍、例題解析——適格專利權人

本例題係依據參考1602年發生於英國Darcy v. Allein事件而來，在英王獨占授予專利之時代，倘授予不當時，常有濫用之情事發生。Darcy v. Allein事件之起因，在於英國女王伊莉莎白一世（Queen Elizabeth）之大臣Darcy，專有製造與販賣撲克牌之letters patent，其控告市面上另一製造與販賣之商人Allein侵害其專利權。被告Allein則抗辯稱製造與販賣撲克牌（playing cards），為同行業之商人所習於從事者，該撲克牌並非辛勤研究及前所未有之發明，故不應授予任何人獨占該權利。英國法院贊同被告Allein抗辯，並判決撤銷原告Darcy之專利權。故須真正及首先完成發明者（true and first inventor），始得授予專利權，此為賦予專利之要件[27]。準此，經濟部智慧財產局應以非創作人（專利法第5條）或欠缺新穎性之要件（專利法第122條第1項），駁回甲所申請之撲克牌設計專利案。

陸、相關實務見解——不具創作性之設計專利申請

本件設計專利申請案為一種平面按鍵開關模組，主要用於門外之門鈴按鈕、室內各種電器用品之按鍵開關。其造形特徵包括一具有厚度之矩形框板、一嵌設於框板內之開關模組。本件專利設計申請案呈現四方框體，安裝於牆面中僅可見正面，中間有一個小正方形，框體均無修飾，其未呈現新穎性之造型特徵。準此，本件專利設計申請案所屬技藝領域中具有通常知識者，僅需作局部之修飾，將開關按鍵塊與框邊外觀表面，形成同一平面，即能輕易完成設計申請案之外觀特徵，且外觀特徵未產生特異之視覺效果，足認申請之外觀設計不具創作性，不應給予設計專利（專利法第122條第2項）[28]。

---

[27] Joan E. Schaffner, Patent Preemption Unlocked, Wis. L. Rev. 1081, 1100 (1995).
[28] 智慧財產及商業法院101年度行專訴字第10號行政判決。

第二節　我國專利制度之沿革

專利制度涉及科技與法律層面,具有專業性及技術性,法院審理該類型之事件,通常須委託鑑定機構就專業技術內容部分,提供專業之意見,其較諸一般侵權行為複雜。而法官於審理專利侵權事件時,亦常苦於對相關科技或技術之陌生,對於是否構成侵害專利之法律判斷,造成認事用法之猶豫。為解決此問題,設立專業法院或法庭,專司專利侵害之訴訟審判,實有其必要性。有鑑於國際間保護智慧財產權之重要性與日俱增,我國已於2007年3月28日公布智慧財產法院組織法及智慧財產案件審理法,並於2008年7月1日成立高等法院層級之智慧財產法院,嗣於2021年7月更名為智慧財產及商業法院,以落實司法改革願景,建構新世紀司法制度,提供高科技產業健全之智慧財產權之司法保護[29]。

例題2

甲公司生產供電腦周邊設備使用之「A型滑鼠之新型專利」,其認為乙公司生產之B型滑鼠的主要技術與製造A型滑鼠之技術相同,故據此向法院提起專利侵害之民事訴訟。試問法院應如何判斷B型滑鼠與A型滑鼠之技術問題?有無輔助人或助手?

例題3

智慧財產及商業法院技術審查官之迴避,準用相關訴訟法之法官迴避規定,是否違反法律保留原則及法律明確性原則?曾參與智慧財產民、刑事訴訟之智慧財產及商業法院法官,就相牽涉之智慧財產行政訴訟,無須自行迴避之規定。試問是否違反憲法保障訴訟權之意旨?理由為何?

---

[29] 司法周刊,1201期,2004年9月9日。

壹、立法之緣由

　　相對於歐美之專利制度，我國專利法之出現較晚。探討我國專利制度之起源，得追溯至1912年工商部制定「獎勵工藝暫行章程」，其目的在於鼓勵工業之興辦[30]。該章程有確定得授予專利之客體（暫行章程第2條）。工商部嗣於1923年公布「工藝品獎勵章程」，取代前揭之暫行章程，該獎勵章程確立新穎性與進步性之專利要件（獎勵章程第1條）、再發明專利之核准（獎勵章程第11條）、先申請主義（獎勵章程第12條）等專利制度之基本原則。國民政府嗣於1928年公布「獎勵工業品暫行條例」，並廢止前開之獎勵章程。該暫行條例確定專利權之標示與侵害專利權之民事賠償責任（暫行條例第13條、第14條）。國民政府另於1932年9月，公布「獎勵工業技術暫行條例」，該暫行條例首次揭示公眾審查之異議制度（暫行條例第18條）。不論是暫行章程或暫行條例，其均屬臨時性質，不足以因應時勢。為建立完善之專利制度，促進資源之開發及產業之提升[31]，國民政府爰於1944年5月29日公布，並於1949年1月1日施行，迭經1959、1960、1979、1986、1994、1997、2001、2003、2010、2011、2013、2019年間等多次修正。最近於2021年5月4日修正公布內容有總則、發明專利（invention）、新型專利（new model）、設計專利（design）及附則等5章，計167條法條。而專利法施行細則最近於2023年3月24日修正，計93條。

貳、例題解析

一、專業技術之判斷問題

　　因專利技術內容具有專業性及技術性，通常非熟習法律之法官所能判斷及知悉，所以當事人各自提出有利於己之鑑定報告書，法院亦須囑託專業鑑定機關，作成是否成立專利侵權之鑑定報告書；或者命技術審查官辦理案件之技術判斷、技術資料之蒐集分析及提供技術之意見，作為審判之參考（智慧財產及商業法院組織法第16條第4項；智慧財產案件審理法第6條）。準此，法院判

---

[30] 工商部為經濟部之前身，其發展過程為工商部、農工商部、實業部至經濟部。

[31] 陳文吟，我國專利制度之研究，五南圖書出版股份有限公司，2014年9月，6版，頁5至8。

斷製造A型與B型滑鼠之技術是否相同，須參考鑑定報告書或技術審查官之協助，作爲判斷專業技術問題之判斷。

二、技術審查官與辦理智慧財產法官之迴避

技術審查官之迴避，依其所參與審判之程序，分別準用民事訴訟法、刑事訴訟法、行政訴訟法關於法官迴避之規定（智慧財產案件審理法第7條）。技術審查官迴避之規定，其與法律保留原則及法律明確性原則並無牴觸。再者，辦理智慧財產民事訴訟或刑事訴訟之法官，得參與就該訴訟事件相牽涉之智慧財產行政訴訟之審判，不適用行政訴訟法第19條第3款規定（智慧財產案件審理法第71條第2項）。辦理智慧財產法官無庸迴避審判之規定，其與憲法第16條保障訴訟權之意旨亦無牴觸[32]。

參、相關實務見解——法院表明法律見解及開示心證

依智慧財產案件審理法第41條第1項規定，當事人於智慧財產權爭訟事件，主張或抗辯智慧財產權有應撤銷、廢止之原因者，法院雖應就其主張或抗辯有無理由自爲判斷，不適用民事訴訟法等法律有關停止訴訟程序之規定。然智慧財產權之審定或撤銷，其與該財產權專責機關依職權審查所爲之實體判斷相關，該等事件動輒涉及跨領域之科技專業知識，故智慧財產及商業法院有配置技術審查官，使其受法官之指揮監督，依法協助法官從事案件之技術判斷，蒐集、分析相關技術資料及對於技術問題提供意見，性質屬於受諮詢意見人員，其爲法官之助手或輔助人[33]。準此，智慧財產及商業法院審理是類訟爭事件，就自己具備與事件有關之專業知識，或經技術審查官爲意見陳述所得之專業知識，倘認與專責機關之判斷歧異，自應依智慧財產案件審理法第29條及第30條規定，將所知與事件有關之特殊專業知識對當事人適當揭露，令當事人有辯論之機會，或適時、適度表明其法律見解及開示心證，或裁定命智慧財產專責機關參加訴訟及表示意見，經兩造充分攻防行言詞辯論後，依辯論所得心證本於職權而爲判決[34]。

---

[32] 大法官會議第761號解釋。

[33] 最高法院99年度台上字第480號民事判決。

[34] 最高法院100年度台上字第480號、第1013號、第2254號民事判決；智慧財產及商業法院101年度民專上字第39號民事判決。

第三節　專利制度之本質

　　專利權效力所及範圍，攸關國家賦予專利權人於特定期間之排他性權利。既然專利權人享有排他之權利，是國家授予專利權之法律關係為何，自有探討之必要。目前較普遍之理論有自然權利說、公平正義說[35]、獎勵發明說[36]、契約說。其中自然權利說與契約說雖為最主要之學說，然國際通論採契約說。而討論專利權本質之理論基礎，在於解釋各國為何要制定專利法之立法目的，經由對於專利權本質之瞭解，有助釐清專利制度於權利體系中所扮演之地位，尤其當專利權授予與公共利益相衝突時，得作為解釋專利法之參考因素。

例題4

　　論述專利制度本質之主要學說，有自然權利說與契約說。試問我國授予專利權之理論，是採何種學說作為立論之基礎？有無與國際通用之理論接軌？

壹、自然權利說

　　自然權利說分為自然法之財產說及自然法之受益權說。前說之理論基礎為天賦人權之思想；後者理論構成社會契約說之基礎[37]。其均主張其認為發明人或創作人對於所發明或創作之客體當然擁有財產權，不須經由法律授權。

---

[35] 鄭中人，智慧財產權法導讀，五南圖書出版股份有限公司，2003年10月，3版，頁19。公平正義說基於社會公平之觀點，主張發明為發明者之勞心結果，應獨自享受其成果。

[36] 鄭中人，智慧財產權法導讀，五南圖書出版股份有限公司，2003年10月，3版，頁19。獎勵發明說或稱勞務報酬說，認為專利獨占係社會給予發明者之報酬，以酬謝其對社會之貢獻。

[37] 楊崇森，專利法理論與應用，三民書局股份有限公司，2003年7月，頁11至12。

一、理論基礎

自然權利說（the natural right theory），係基於自然法思想，立足於個人之正義，以神聖不可侵犯之財產理論承認專利制度，其為18至19世紀之最有力學說。該學說基於天賦人權或社會契約之立論，認為發明人或創作人對於所發明或創作之客體當然擁有財產權，享有被補償之權利，不須經由法律授權即自始存在[38]，發明人或創作人並無揭露其發明或創作於公眾之義務[39]。

二、自然權利說之特徵

(一)第三人易侵害專利權

採用自然權利理論者，因其認為發明人或創作人並無揭露其申請專利範圍之義務。因專利權人無揭露專利之技術內容之義務，故造成第三人難以知悉其專利之範圍，易導致侵害專利權，徒生社會無謂之紛爭。

(二)無法說明專利權之排他性

申請專利範圍為保護專利權之依據，專利權人於該範圍內具有排他之獨占權，其與以有體物為客體之權利不同，並非基於本質使然，係出於人為制度所致[40]。顯然專利權人取得人為獨占之地位，就自然權利說而言，實無法圓滿說明專利權人之排他獨占權[41]。

(三)理論與專利制度有矛盾

自然權利理論無法說明，為何發明人或創作人取得之獨占權，具有權利期間之限制，而於專利期限屆滿後，成為公眾之財產（public domain），並非由權利人終身享有，故專利權有期間限制之規範，其與自然權利之理論，係以財產權不得侵犯與天賦人權之立論，兩者顯然無法相容。再者，先申請主義之國家，發明或創作在前而後申請者，應限制使用自己之發明或創作，自然權利說

---

[38] 法國1791年專利法第1條規定：各種工業中之每一新發現或發明係發明者之私有財產。

[39] 雷雅雯，侵害專利權之民事責任與救濟，司法院研究年報，23輯2篇，司法院，2003年11月，頁28至29。

[40] 楊崇森，專利法理論與應用，三民書局股份有限公司，2003年7月，頁12。

[41] 張啟聰，發明專利要件進步性之研究，東吳大學法學院法律學系專業碩士班碩士論文，2002年7月，頁18至19。

亦無法說明該等矛盾[42]。況僅強調保護私人之權利，忽視專利制度有保護公共利益之目的，未完全符合專利制度之本質[43]。

貳、契約說

契約說認為發明人或創作人對其發明或創作之客體，必須與國家締結契約，並公開揭露其發明或創作之技術內容作為對價關係，國家始授予專利權之保護，此為授予專利權之通說。

一、理論基礎

契約理論者（the contract theory）或公開發明說，認為發明人或創作人對其發明或創作之客體，非必然享有絕對之權利，其必須與國家締結契約，並公開其發明或創作之技術內容，始保護發明或創作之專利權。發明人或創作人揭露專利技術予社會大眾，以交換國家賦予其市場之獨占權，而揭露之目的，在於有效散布技術資訊及促進產業技術之發展。

二、契約說之特徵

(一)公眾易知悉專利範圍

發明人、創作人或設計人必須與國家締結授予專利權之契約，並課予揭露其專利範圍於公眾之義務，國家始授予專利權，申請專利範圍係發明人、創作人或設計人與國家間所締結之契約內容，其為專利權人得主張之保護範圍。因揭露專利範圍具有公示作用，有利第三人知悉專利權授予之事實，是第三人於從事科技或產業之研發時，有減免侵害既有專利權之功能。故契約理論藉由公示之揭露，對於界定專利範圍，有明確規定，使一般人易於理解及知悉專利範圍。倘專利申請權人之揭露無法使該發明、創作或設計所屬技術或技藝領域中具有通常知識者，能瞭解其內容，並得據以實施，其專利權無效或應撤銷之。職是，發明人、創作人或設計人未付出代價，自不應取得政府之對待給付，由

---

[42] 鄭中人，智慧財產權法導讀，五南圖書出版股份有限公司，2003年10月，3版，頁19。

[43] 蔡明誠，發明專利法研究，自版，1998年8月，2版，頁54。

國家授予專利權。

(二)鼓勵發明、創作或設計之誘因

國家藉由授予專利權，使發明、創作或設計取得一定之對價，以作為鼓勵科學及產業之技術發展，故契約說較符合專利制度之目的。參諸美國憲法第1條第8項第8款規定，國家對於著作及發明，應於一定期間內保護其權利，以促進科學及技藝之發展。易言之，國家授予排他權利，作為鼓勵發明、創作或設計之方法或報酬。準此，國家使用專利制度促進經濟發展及提升產業技術。

參、國際之通論

TRIPs協定、美國、日本、德國、中國大陸與我國專利法均明文規定，專利申請權人就其發明或創作有充分揭露之義務，經由公示方式，以界定申請專利範圍。故我國與國際上均採取契約說，作為說明專利權本質之理論基礎，而於專利權期滿後，將專利之發明或創作歸屬公共財，任何人均得自由利用，藉以提升科技水準及促進經濟發展[44]。茲就TRIPs協定、美國專利法及我國專利法之規範說明如後：

一、TRIPs協定

專利制度具有國際性，世界智慧財產權組織（WIPO）係目前世界上保護智慧財產權最重要之國際組織[45]。依據TRIPs協定對專利（patent）所作之解釋，係指由政府所核發之文件，其記載某特定發明及發明人，並創設出一種法律關係，得於發明權人之授權（license），實施及利用該發明[46]。TRIPs協定第29條規定，專利申請權人（the owner of the right to apply for patent）就其發明或創作有充分揭露之義務。準此，國際係採取契約說，作為專利制度之理論基

---

[44] 鄭中人，智慧財產權法導讀，五南圖書出版股份有限公司，2003年10月，3版，頁19。目前世界各國專利法均規定專利權人有充分揭露義務。例如，日本特許法第29條、德國專利法第34條、中國大陸專利法第20條。

[45] 謝銘洋，智慧財產權之重要國際規範，月旦法學教室，3期，元照出版有限公司，2002年12月15日，頁134至135。

[46] 林益山，專利法之準據法，月旦法學教室，4期，元照出版有限公司，2003年1月15日，頁34。

礎。由於智慧財產權之保護有全球化之趨勢。準此，WIPO及TRIPs之規定，顯得特別重視[47]。

二、美國法制

就美國法制以觀，美國憲法第1條第8項第8款明定，國會有權制定保護專利權及著作權之法律，保障著作家、發明家之著作及發明物於限定期間內享有排他之權利，以促進科學與實用技藝之發展。參諸美國專利法第112條第1項規定，專利說明書應充分揭露發明之製造、使用及程序[48]。準此，美國係基於鼓勵創作發明之目的，採取國家與專利權人間締結契約，以公開揭露專利技術，作為授予專利權之代價，故以契約說作為專利制度之理論基礎。

三、我國法制

依據我國專利制度之目的而言，專利法之制定為鼓勵、保護、利用發明新型及設計之創作，以促進產業發展（專利法第1條）。而專利法之申請與授予，係發明人或創作人與國家間成立契約，使發明人或創作人有義務完整揭露其發明或創作項目於社會大眾，而國家於專利權期間，授予發明人或創作人得利用排他性之權利，從事製造、販賣要約、販賣、使用或為上述目的而進口專利物品或專利方法之權利，以鼓勵發明或創作（專利法第58條第1項、第2項、第120條、第142條）。準此，我國專利制度係採取契約說為依據，並藉由公示之揭露原則以界定申請專利範圍，以兼顧專利權人及第三人之權益。我國專利制度除保護專利權人之權利外，為兼顧公眾之利益（public interest），而於專利權期滿後[49]，將專利技術內容歸屬公共財，任何人均得自由利用，藉以提升

---

[47] Peter Drahos & Ruth Mayne, Global Intellectual Property Rights Knowledge, Access and Development 1 (2006).

[48] 35 U.S.C. §112 I : The specification shall contain a written description of the invention, and of the manner and process of making and using it, in such full, clear, concise, and exact terms as to enable any person skilled in the art to which it pertains, or with which it is most nearly connected, to make and use the same, and shall set forth the best mode contemplated by the inventor of carrying out his invention.

[49] 專利法第52條第3項、第114條、第135條各規定：發明專利期限20年、新型專利期限10年、設計專利15年。

科技水準及促進經濟發展[50]。

肆、例題解析——我國專利制度之本質

　　我國專利權之取得，係發明人、創作人或其受讓人、繼承人或其他專利申請權人，向代表公權力之經濟部智慧財產局（Patent Authority）提出專利申請（專利法第5條）。經審查後，作成准予專利之決定，其為形成私法關係之行政處分，性質上並非行政契約之締結（行政程序法第135條）[51]。智慧財產局於審查專利時，得依申請或依職權通知申請人限期為下列各款之行為：(一)至專利專責機關面詢；(二)為必要之實驗、補送模型或樣品。就實驗、補送模型或樣品，專利專責機關必要時，得至現場或指定地點實施勘驗（專利法第42條、第142條）。專利專責機關於審查發明或設計專利時，除本法另有規定外，得依申請或依職權通知申請人限期修正說明書、申請專利範圍或圖式（專利法第43條第1項、第142條）。上開行為係智慧財產局作成核准或核駁行政處分前之溝通、協商、協力或意見交換，其屬行政機關與人民間溝通與互動之非正式雙方行為[52]。雙方經此等過程，倘無不予專利之情事者，發明人亦同意放棄其技術祕密，作為取得專利權之代價，智慧財產局應賦予專利申請權人專利權，申請專利範圍或請求項（claim），為雙方溝通與互動之約定內容，其發生私法效果為目的之意思表示合致，屬廣義之契約概念，係契約社會化之顯現，論其意旨與契約說或公開發明說之理論相符[53]。

---

[50] 曾陳明汝，工業財產權專論，自版，1986年9月，增訂新版，頁44。

[51] 行政程序法第135條規定：公法上法律關係得以契約設定、變更或消滅之。但依其性質或法規規定不得締約者，不在此限。

[52] 許宗力，行政法——雙方行政行為，智慧財產專業法官培訓課程，司法院司法人員研習所，2006年4月，頁255至259。雙方行政行為包括非正式與正式之雙方行為，行政契約屬正式雙方行為。

[53] 邱聰智，新訂民法債編通則（上），華泰文化事業公司，2001年10月，頁31、64。所謂契約社會化，係指國家基於全體福利之觀點，調整契約自由之內容與限制契約之自由訂立。蔡明誠，發明專利法研究，自版，1998年8月，2版，頁54。

伍、相關實務見解

一、核駁專利申請處分

　　有關專利申請權人之規定，原則上發明人或創作人因發明或創作之完成而取得專利申請權及專利權，以鼓勵、保護、利用發明與創作，並促進產業發展。例外情形，為專利法另有規定、契約另有約定、讓與或繼承等情形，而有專利申請權歸由發明人或創作人以外之他人享有時，始由他人申請專利（專利法第1條、第5條）。例如，甲雖主張創作人乙讓與「自動校正軸心之車床三爪夾具」專利申請權，然甲未提出證據證明其與創作人關於該專利申請權另有約定或讓與關係之存在。故該專利為創作人乙所創作，該專利申請權應屬於乙所有，甲非該專利之專利申請權人。職是，甲向經濟部智慧財產局申請專利，經濟部智慧財產局應作成駁回「自動校正軸心之車床三爪夾具」專利申請之行政處分[54]。

二、舉發撤銷專利處分

　　乙以「螺絲」向經濟部智慧財產局申請發明專利，經審查後核准專利並發給發明專利證書。利害關係人丙嗣以乙非專利之申請權人向智慧財產局提起舉發（專利法第71條第1項第3款、第2項）。案經智慧財產局審查，認專利之技術特徵及設計目的，均與丙所提之證據實質相同，且專利之技術於丙委託乙代工製造期間已完成。準此，以專利舉發審定書，為舉發成立應予撤銷之行政處分[55]。

---

[54] 智慧財產及商業法院97年度民專上字第17號民事判決。
[55] 智慧財產及商業法院103年度行專訴字第94號行政判決。

第二章　專利之種類

依據我國專利法之規定，專利分為發明專利、新型專利及設計專利（專利法第2條）。相較於美國專利法僅區分為發明專利（utility patent）與設計專利（design patent），美國發明專利涵括我國之發明專利及新型專利[1]。自法律體系之觀點而言，設計保護之主要對象為工業設計（industrial design），本質偏向文化性或外觀設計，並非解決技術之問題，而在於強調表現物品外觀之視覺訴求，其與以技術創新為出發點之發明或新型，本質不同[2]。偏重技術思想之發明或新型，係以同一性擴展申請專利之範圍，再者，著重視覺效果之設計，係以近似概念擴展由同一性所界定之保護範圍。設計於巴黎公約稱為工業設計之保護，世界智慧財產組織稱為工業設計，歐盟稱為設計保護（community design），美國稱為設計專利（design patent），日本稱為意匠，中國大陸稱為外觀設計專利。準此，較重視法律體系之大陸法系國家，對於工業設計之保護，係以單獨立法之方式加以規範[3]。茲舉說明之：(一)日本採分別立法體制，即日本特許法、實用新案法及意匠法分別規範發明、新型、設計專利；(二)美國則採統一立法方式，由單一之專利法規範發明與設計專利。

第一節　發明專利

網際網路時代之來臨，企業為加強市場之競爭力，乃將網際網路與商業方法專利加以結合，其除有助網站經營業者強化網站經營模式之核心能力外，亦為阻礙其他競爭者進入市場之利器。由於電子商務及網際網路呈現爆炸性之發

---

[1] 美國專利法第101條（35 U.S.C. §101）規定新型專利，世界大多數國家均未規定新型專利。美國專利法第171條（35 U.S.C. §171）：Whoever invents any new, original and ornamental design for an article of manufacture may obtain a patent therefore, subject to the conditions and requirements of this title. The provisions of this title relating to patents for inventions shall apply to patent for designs, except as otherwise provided.

[2] TRIPs第25條有規定工業設計之保護要件。

[3] 謝銘洋，智慧財產權之基礎理論，翰蘆圖書出版有限公司，2004年10月，4版，頁30。

展，成為各種報章雜誌曝光率高之摩登名詞，自各類型之統計分析顯示可知，不論係其所帶來之衝擊或商機，均屬空前與龐大[4]。自應用面或技術面之角度而言，網際網路與商業方法之結合發展，是眼光獨到與領導創新之企業，會爭相申請有關電子商務之軟體專利，以作為競爭之籌碼。例如，Amazon.com、YAHOO、Netscape、Priceline.com、Microsoft、IBM、Sun等知名公司，該等企業在電子商務之軟體專利領域，均有強大之實力。

例題1

甲設計「改良射出成型方法」，使利用模具所射出之材質分布更加密緻，以提高物品之密度及表面之光滑性。試問甲之改良射出成型方法，應向智慧財產局申請發明專利、新型專利或設計專利？

例題2

乙取得A物之新型專利權，丙嗣後取得製造A物之方法發明專利權在後。試問：(一)丙實施之專利方法，所製造之物落入乙所有新型專利申請專利範圍，是否侵害乙之新型專利權？(二)丁擁有醫藥用B型抗生素之專利權，戊嗣後取得製造醫藥用B型抗生素之製法專利權，戊是否得實施其方法專利？

例題3

己所設計之預測股市走勢電腦軟體，係具有實用性之商業方法，己持之向經濟部智慧財產局申請發明方法專利。試問智慧財產局應如何審理該專利申請案？理由為何？

---

[4] e時代的特色，就是創新、技術、產業及社會之變化加速。

壹、發明專利之定義

一、技術性

(一)自然法則之技術思想

　　所謂發明者（invention），係指利用自然法則（rules of nature）技術思想之創作（專利法第21條）[5]。自定義以觀，專利法所指之發明必須具有技術性（technical character）。申言之：1.所謂自然法則者，係指自然界存在之原理原則[6]；2.所謂技術性，係為達成特定目的或解決一定課題所用之具體手段，此與一般人通常認知之發明涵義不同。因通常發明之文義，不以具備技術性之特徵為必要。準此，是否符合發明定義之判斷標準，在於專利申請之發明，是否為技術性之創作。故專利申請之發明不具有技術性者，不符合發明之定義，自不得授予發明專利權。舉例如後：1.單純之發現、科學原理、單純之資訊揭示或單純之美術創作；2.申請專利請求項5之文字內容雖包括電腦硬體或程式軟體，惟其餘所載者，屬於相關消費者、店家與銀行間，所進行有關信用卡消費之人為金融商業方法，並非特殊演算法，其僅是利用電腦軟硬體取代人工作業，由一般用途電腦執行，並未對整體系統產生技術領域相關功效，不具技術性，不符發明定義[7]。準此，參諸專利法第1條規定，為鼓勵、保護、利用發明、新型及設計之創作，以促進產業發展（development of industries），特制定專利法。足見專利申請之可否獲准，在審查之層次，必須先認定是否符合發明之定義後，始探討有無具有產業上利用性之專利要件。

(二)利用自然法則之創作

　　發明係利用自然法則而來，其係有計畫之行為，利用可支配之自然力量，超過人類理解活動而直接達到因果關係之預期成果。職是，僅認識自然法則而未加以利用者，不涉及技術行為之思想者，則無法構成發明之條件。例如，僅發現X光之存在，不能取得專利權，進而運用此發現而作成醫療儀器者，始可取得專利權。

---

[5] 日本特許法第2條第1項有相同規定。一般而言，認定創作性之有無，現實上須就專利要件之新穎性及進步性加以判斷。

[6] 智慧財產及商業法院103年度行專訴字第103號行政判決。

[7] 智慧財產及商業法院109年度行專訴字第53號行政判決。

二、創新之手段及效果

技術性之本質涉及發明所解決之問題手段，該問題手段必須與該技術領域之技術手段有關。申請專利之發明，是否符合發明之定義，應考慮申請專利之發明整體，對於先前技術之貢獻，是否具有技術性；倘該貢獻不具有技術性，則不符合發明之定義。就發明專利解決問題而言，其所應用之手段，具有新穎性之原理，該項手段從未用以解決該項問題，並非發明所屬技術領域中具有通常知識者，所輕易完成者，具有進步性（專利法第22條第1項、第2項）。

(一)運用先前技術與知識

運用申請前之習用或先前技術與知識，而易於完成者，亦未能增進功效，不符合發明之要件[8]。例如，利用磁鐵吸著方式，作為工廠搬運物品之手段，顯為該發明所屬技術領域中具有通常知識者，所輕易完成者，其非特殊技術之運用，並無創新程度，不具有發明之進步性要件。

(二)所屬技術領域之通常知識者所輕易完成者

發明係指利用自然法則所表現於技術思想之獨創設計，故其利用之程度與獨創之程度，非該發明所屬技術領域中具有通常知識者，所輕易完成者，或僅憑普通知識所得推知。舉例說明如後：1.申請人為牙刷之製造商，其將牙刷加以改進，著重於防止牙膏流出之裝置，此為該發明所屬技術領域中具有通常知識者，所輕易完成者；2.一般人憑普通知識即可推知該裝置之製造，其在利用自然法則所表現之利用程度與獨創程度，顯無進步性可言，自與發明之要件不符。

(三)先前技術之簡易集合

所謂發明者，係指利用自然法則所為技術思想之創作，倘僅係對於先前技術或既有技術之簡易集合，其為所謂之集合發明。因集合發明不具新穎性及進步性，其不符合發明專利之要件（專利法第22條第1項、第2項）。

(四)不具新穎性與進步性

申請人為食品製造商，其以「無水麥芽糖」向經濟部智慧財產局申請專利。因麥芽糖在我國市場之諸多食品，常作為調味及防腐、脫水之用途，其與巧克力糖之功用相同，是以無水麥芽糖加入食品中以吸收水分，達到乾燥效果

---

[8] 智慧財產及商業法院104年度行專訴字第16號行政判決。

之基本原理，就食品所屬技術領域中具有通常知識者而言，並無創新處，亦不具化學品新用途之發現性質，不具新穎性與進步性，自不准發明專利申請（專利法第22條第1項、第2項）。

三、非屬發明之類型[9]

(一)自然法則

自然法則（rule of nature）具有如後特徵：1.單一不變之眞理；2.既存之事實；3.具有反覆再現性；4.非人力所能約束或控制者。準此，自然法則本身並非發明，利用自然法則之創作，始具專利之要件。例如，能量不滅定律或萬有引力，係自然界固有規律，其本身不具有技術性，非屬發明之類型。

(二)單純發現

發現與發明之定義不同：1.所謂發現者（discovery），係指自然界中固有物質、現象及法則等之科學發現。故發現者，係自然法則本身之出現，其對象係自然法則本身；2.發明之對象，係利用自然法則之技術思想，兩者並不相同。因專利制度之精神在於鼓勵、保護與利用得促進產業發展之發明創作，不論係自然法則或自然現象，均爲既存與不變之事實，並非由人類之勤勞或智慧所創造而得，屬於全人類或自然界所共有財產，不容許任何人獨占，故國家無權授予特定人取得專利權，否則有害公益，徒增社會成本之負擔，甚至阻礙產業之發展，實有違專利制度之精神。

(三)違反自然法則

因違反自然法則，並無法據以實施，其與專利之精神不符，故不具備可專利性之可能性。例如，永動機械違反能量不滅定律，故不符合發明定義。因違反申請專利之發明創作，必須利用自然法則之技術思想（專利法第21條）。產業上利用性爲專利要件之一，其係指能供產業之利用價值，其於產業上得以實施及利用者，其應符合「合於實用」及「達到產業上實施之階段」，故永動機不符合產業利用性之要件。

(四)非利用自然法則

所謂非利用自然法則者，係指利用自然法則以外之法則，諸如經驗法

9　經濟部智慧財產局，專利審查基準，2004年版，頁2-2-2至2-2-4。

則、抽象概念或運用心智步驟等,其具有不確定性,無法具有反覆再現性。舉例說明之:1.數學方法、遊戲或運動之規則或方法等人為之規則、方法或計畫,其係與自然法則無關或以外規則,該等人為規則、方法或計畫,均非利用自然法則者,不具備技術性;2.必須借助人類推理力、記憶力等心智活動,始得執行之規則、方法或計畫者,亦非利用自然法則者。

(五)單純之技術思想

構想、技能、單純之資訊揭示及單純之美術創作,均不具備技術性。因技術思想僅為一抽象思想時,不論是否具有新穎性,該思想本身,無法取得專利,僅有實現該技術思想之方法,始得授予專利。舉例說明之:1.提出登上火星,必須乘坐太空船,該構想本身,無法取得專利,必須將該技術思想設計成太空船,具體應用該構想之解決方案,始得對太空船賦予專利;2.資訊之揭示具有技術性,故記錄資訊之載體或揭示資訊之方法或裝置,符合發明之定義;3.紡織品之新穎編織結構,所產生之外觀上美感效果,雖不符合發明定義,惟以該結構編織而成之物品,符合設計定義(專利法第121條)[10]。

(六)自然法則之簡單運用

運用簡單自然法則,自無技術性可言,其不具備發明之創作性。例如,就「煮粥法之技術」申請發明專利,該技術內容係利用簡單之自然法則,其將硬殼類五穀在熱水中浸泡,會自然變軟膨脹,此為一般人熟知之常識,自不具進步性要件。而食米與熱水之比例,係依據自己之嗜好加以變更者,不具產業上利用性要件。至於煮粥器之構造及原理,其與市面出售之不銹鋼製開水保溫瓶相同,顯欠缺新穎性要件(專利法第22條第1項)[11]。

貳、發明專利之類型

發明依據技術思想之創作之對象為標準,發明專利分為物之發明及方法發明兩種(專利法第58條)。倘以應用、使用或用途為申請標的之用途發明,則視同方法發明。茲分述物與方法發明之區別如後[12]:

---

[10] 林國塘,專利審查基準及實務發明及新型,智慧財產專業法官培訓課程,司法院司法人員研習所,2006年3月,頁31。

[11] 最高行政法院79年度判字第1914號行政判決。

[12] 經濟部智慧財產局,專利審查基準,2004年版,頁2-2-1至2-2-2。

一、物之發明

　　所謂物之發明（patented article），係指技術思想之創作，表現於一定之物上，其與製造方法無涉，而包括物質及物品。前者有化合物或化學物質，如改良環氧物層板之填料[13]；後者如螺絲或螺帽。因物之專利包含保護該物之製造，故採用任何方法製造相同之物，均應禁止，其可得完全與絕對之保障。

二、方法發明

(一)定義

　　所謂方法發明（patented process），係指技術思想之創作，表現於方法上，故不論於任何領域，均有可能以方法請求項保護其製程[14]。例如，「彈性購買遊戲點數之方法」發明專利，主要為一種彈性購買遊戲點數之方法，包含輸入一遊戲名稱之資料至一通路端之一電子裝置；輸入消費者之一指定購買金額至電子裝置；電子裝置連線至一物流伺服器，物流伺服器可確認遊戲名稱與該指定購買金額，並生成一儲值密碼回傳至電子裝置；最後利用與電子裝置相連之一印表機，列印儲值密碼予消費者[15]。

(二)類型

　　方法專利包括產物之製造方法及無產物之技術方法：1.前者，如化合物之製造方法或螺絲之製造方法；2.後者，如空氣中二氧化硫之檢測方法或使用化合物A殺蟲之方法[16]。其依據其產物是否具有新穎性，可分已知方法製備新穎產物與新穎方法製備已知產物[17]。

(三)方法發明之保護範圍

　　方法發明保護之範圍，應視方法發明所製造之物品，是否為該物品之唯一製造方法。例如，「貼附式發光二極體晶粒製造過程及其產品」，該物品得

---

[13] 智慧財產及商業法院100年度行專訴字第29號行政判決。

[14] 智慧財產及商業法院103年度民專訴字第72號、104年度民專上字第38號民事判決。

[15] 智慧財產及商業法院103年度行專訴字第75號行政判決。

[16] 專利侵害鑑定要點，司法院，2005年版，頁2。以應用、使用或用途為申請標的之用途發明視同方法發明。例如，化合物A作為殺蟲之用途、使用或應用。

[17] 35 U.S.C. §100(b): The term process means: process, art or method, and includes a new use of a known process, machine, manufacture, composition of matter, or material.

以其他方法獲得者，其他方法之使用並不被禁止[18]。換言之，當該方法並非某物之唯一製造方法時，其與物之專利相較，方法專利之保護，不如物之專利保護。反之，倘該方法係某物唯一之製造方法時，就該物之保護而言，有關製造之保護即爲唯一之製造方法，使用該製造方法將構成專利侵權。

(四)方法發明與物之發明

同一發明專利申請案，可包含物之發明與方法發明。例如，發明專利名稱「多層次軟性米食及其製造方法」，申請專利範圍或請求項共計15項，請求項1至7爲物之發明專利，而請求項8至15爲方法專利[19]。

參、例題解析

一、發明方法專利

甲之「改良射出成型方法」，使利用模具所射出之材質分布更密緻，以提高物品之密度表面之光滑性，技術內容特徵在於改良物品之製造方法，其與物品之形狀、構造或組合無關，亦非物品之外觀設計，並非新型或設計專利之保護標的（專利法第104條、第121條）。準此，甲應申請方法發明專利[20]。

二、方法發明專利製造物品之限制

(一)物品與製作方法

物之發明、新型與設計專利所保護標的，均爲物或物品，不包括製造方法。故就物之發明專利而言，以不同製造方法製出與一物之發明專利相同之物品時，倘落入該物之發明專利之申請專利範圍，成立專利侵害。同理，就新型或設計專利而言，以不同製造方法製出與新型或設計專利相同之物品時，倘落入該新型或設計專利之申請專利範圍，亦屬專利侵害。

---

[18] 智慧財產及商業法院101年度行專訴字第2號行政判決。專利法第99條第1項規定：製造方法專利所製成之物品在該製造方法申請專利前爲國內外未見者，他人製造相同之物品，推定爲以該專利方法所製造。

[19] 智慧財產及商業法院104年度行專訴字第68號、第70號行政判決。

[20] 林洲富，法官辦理民事事件參考手冊15，專利侵權行爲損害賠償事件，司法院，2006年12月，頁178至179。

(二)製造方法落入物之申請專利範圍

1.不同製造方法製出與新型或設計專利相同之物品

　　以不同製造方法製出與新型或設計專利相同之物品時，該物品落入新型或設計專利之申請專利範圍，則成立專利侵害。依例題2所示，乙取得A物品之新型專利權，依據專利法第120條規定，新型專利權人專有排除他人未經其同意而製造該新型專利物品之權利。丙雖嗣後取得製造A物之方法發明專利權在後，惟丙實施之專利方法製造之物，落入乙所有新型專利之申請專利範圍，其實施方法專利製造物品時，須經乙同意始可實施，倘丙實施時並未取得乙同意，原則上應構成侵害專利[21]。

2.方法專利製造物與物之專利相同

　　依例題2所示，戊實施其方法專利所獲得之物即醫藥用B型抗生素，係丁所有物之發明專利之專利權效力所及，自應取得丁之同意，否則構成專利侵害。簡言之，製造方法專利權人未經物品專利權人之同意，其實施製造方法，係侵害物之專利之專利權（專利法第58條）。

三、電腦軟體得成為專利保護之標的

(一)不受專利保護時期

　　往昔有關單純電腦軟體發明幾乎是無法准予專利，故大多以著作權方式來加以保護。依我國著作權法第5條第1項各款著作內容例示，電腦程式著作包括直接或間接使電腦產生一定結果為目的所組成指令組合之著作[22]，此定義同於美國著作權法第101條之定義[23]。因著作權僅保護理念（idea）之表達形式，而不及於理念之功能，其無法如同專利權，排除他人同一內容之創作。美國聯邦最高法院1972年之Gottschalk v. Benson事件，亦認為利用不特定之數位電腦，將二進位編碼之十進位數（Binary Coded Decimal, BCD）轉換成二進位數，雖該技術具有訊號或資料轉換動作，然其技術並非訊號本身之物理性變化，其屬

---

[21] 林洲富，法官辦理民事事件參考手冊15，專利侵權行為損害賠償事件，司法院，2006年12月，頁179至180。

[22] 內政部1992年6月10日(81)台內著字第8184002號公告。

[23] A computer program is a set of statements or instructions to be used directly or indirectly in a computer in order to bring about a certain result.

演繹法（algorithm）範疇，該技術不為專利法保護，不承認電腦軟體為專利保護之標的[24]。

(二)承認電腦軟體為專利保護之標的

因電腦軟體工業之蓬勃發達，各國均認為具有實質技術功能之電腦軟體，應給予鼓勵與保障，藉由電腦軟體之利用，以促進產業發展。不論半導體、電子、電機、通訊、機械、化工、化學、甚至生物領域，均有可能運用資訊科技（Information Technology）。故發明人對一個包含電腦軟體相關發明之重要創意於申請專利時，得以方法請求項保護其製程或方法。準此，有關電腦軟體相關發明，透過專利法保護，俾於取得專利權，已成為各先進國家普遍之趨勢。美國聯邦最高法院自1981年之Diamond v. Diehr事件，承認電腦軟體為專利保護之標的，其認為利用電腦技術將橡膠原料進行物理性之變化動作，非屬抽象概念。專利法雖不保護自然法則（law of nature）、自然現象（natural phenomenon）或抽象概念（abstract idea）。然應用數學公式或演繹法，而與特別目的所設計之裝置或機器結合時，即可獲得專利[25]。換言之，自然法則、自然現象或抽象概念之本身，雖非可專利之標的，然其應用（application）得為可專利標的。美國聯邦巡迴上訴法院1994年In re Alappat事件，其應用均等論原則，認為軟體專利發明利用特定機器應用演繹法或公式，其未排除他人使用該演繹法或公式，不致造成專利申請範圍過廣者，應賦予專利[26]。

(三)電腦軟體相關發明專利審查基準

我國於1998年10月7日公布實施「電腦軟體相關發明專利審查基準」，開啓電腦軟體得成為專利保護之新頁。原則上電腦軟體屬演繹法之實施方式，而演繹法本身含有自然法則、科學原理、數學方法，或為遊戲及運動規則或方法，甚至係與數學無關之推理步驟或物理現象之推演。準此，在審查認定有關電腦軟體相關發明，是否可專利性，應整體觀之（as a whole），審視其解決

---

[24] Gottschalk v. Benson, 409 U.S. 63 (1972).

[25] Diamond v. Diehr, 450 U.S. 175 (1981); Diamond v. Chakrabarty, 444 U.S. 1028 (1980)。美國聯邦最高法院明確認為在太陽底下由人所製造之任何事物（everything under the sun that is made by man），均得作為專利之申請標的。其顯示美國法院實務對專利適格標的之開放之立場。

[26] In re Alappat, 33 F.3d 1526 (1994).

手段，是否有利用自然法則之技術思想之創作部分而定[27]。

肆、相關實務見解——議價購物之方法發明專利

議價購物之方法發明專利，為可提供使用者即時詢價與議價，以促成交易之系統，透過電腦程式及資料庫，以判斷相關消費者身分、購買紀錄、購買數量、購買商品種類等訊息，並給予各種可能之售價、購買方式之建議，即時促成此交易行為。換言之，議價購物之方法，係在使用者已選擇欲購買之商品，其開始選擇議價方式，採以量議價、搭售議價、信用議價或直接喊價等方法，繼而在商品議價完成後，選擇成交或放棄，並將此出價之價格彙整存取至資料庫，作為下次直接採購之價格或日後合於成本時，再通知客戶[28]。

第二節　新型專利

發明專利與新型專利雖均為利用自然法則技術思想之發明或創作，所保護之標的均屬技術成果。惟兩者於專利要件之進步性、專利保護期間及專利審查主義，有所不同。發明專利為技術層次較高之創作，而新型專利之技術層次較低。因發明專利為技術層次較高之創作，自應授予較長之專利保護年限，發明專利權期限，自申請日起算20年屆滿。而新型專利之技術層次較低，所受到專利保護年限則較發明專利為短，新型專利權期限，自申請日起算10年屆滿。就專利審查主義而言，發明專利採實體審查制，專利專責機關對於發明專利申請應指定專利審查人員為實體審查。而新型專利採用形式審查制，不審查專利實質要件。

例題4

甲設計一種可平整疊高之折合椅結構，主要係由椅架、椅背及鉤合體等組成，「椅架」為折合椅之主體骨幹總成，具有開合之功用，椅腳均為平直結構，且前方椅腳之橫桿兩側後端，均呈一平面狀，可於收合時，

---

[27] 袁建中，電腦軟體相關發明專利審查基準介紹(1)——談新基準之審查觀念，智慧財產月刊，11期，1999年11月，頁29。
[28] 智慧財產及商業法院102年度行專訴字第88號行政判決。

其與後椅腳相靠合。而椅背係設在椅架頂端之結構，呈一向前凸伸之空心板體，其於凸伸部分，設有凸掣片之設計，並藉由凸伸部分之空心結構，使椅背後側形成容置部，使容置部可覆於椅背之凸伸部分。「鉤合體」呈「3」字型之結構設計，分別嵌固於椅架一側之上、下端適當之處。試問甲欲取得「可平整疊高之折合椅結構」專利權，應向經濟部智慧財產局提出何種專利申請？

壹、新型專利之定義

一、自然法則之技術思想創作

所謂新型（new model）或小發明，指利用自然法則之技術思想，對物品之形狀、構造或組合之創作（專利法第104條）。參照發明之定義，係指利用自然法則之技術思想創作（專利法第21條）。可知發明或新型專利，均屬利用自然法則之技術思想之創作。

二、占有一定空間之實體物品

新型專利除為利用自然法則之技術思想之創作外，須為有關物品之形狀、構造或組合之創作。詳言之，新型為占有一定空間之實體物品，故氣態、液態、粉末狀、顆粒狀等不具確定形狀之物質或材料，均非屬新型之標的。

三、物品形狀、構造或組合之創作

新型為物品之形狀、構造或組合之具體創作或改良，此與發明有可能為技術方法，故兩者有所差異。準此，有關物品之製造方法、使用方法、處理方法或物品之特定用途方法，因該等方法均未占據一定空間，亦非物品之形狀、構造或裝置，自不屬新型專利之保護範圍[29]。

---

[29] 陳智超，專利法──理論與實務，五南圖書出版股份有限公司，2004年4月，2版，頁14。

(一)處理方法

申請人就「光碟片回放裝置」（disk retrieve device）申請新型專利，經審查結果，認為其核心技術在於待儲存資料之編碼及存取之方法，並不於裝置本身，其專利名稱雖稱裝置，惟非裝置之創作，故不合新型專利之要件[30]。

(二)製造方法

申請人就影像掃描器（image scanner）「光線摺疊裝置」申請新型專利，經審查結果認其專利請求名稱雖為「裝置」，然其核心技術在於光線折射裝置之製造方法，而非裝置本身，其不屬新型專利之合法標的（subject matter）[31]。

(三)物品構造

申請專利範圍之技術特徵，為掃描動作方式之設定，非純粹資訊之處理方式。其係光學閱讀掃描裝置所必要之設計，為軟體控制程序與各電子元件或裝置作適當之結合，並非單純之控制方法或步驟，其整體架構確有減少機械動作、縮小體積之實質改進，具有實用功效之增進，自得申請新型專利[32]。

貳、新型專利之類型

一、形狀

所謂形狀者（form），係指物品之二維或三維之外觀輪廓。前者係以線與線構成二度空間之平面形式；後者以面與面形成三度空間之立體形式，均為具體之實物。新型之形狀，以立體形狀較為常見[33]。舉例言之：(一)物品形狀：虎牙形狀板手、十字形螺絲起子、五角形斷面之橡皮擦、具有梯形狀齒之齒輪，均以立體形狀作為新型專利之標的；(二)材料成分或製造方法：僅改變物品之材料成分或製造方法，而未改變其形狀者，並非新型專利之合法標的。故第三人僅以不同之材料成分或製造方法，製造出與新型專利相同之形狀者，自無法取得新型專利。舉例說明之：1.單純改變板材、線材或型鋼之金屬成分；

---

[30] 最高行政法院78年度判字第1283號行政判決。
[31] 最高行政法院81年度判字第966號行政判決。
[32] 最高行政法院83年度判字第1807號行政判決。
[33] 立體型狀係為不同平面所組合而成，可藉由平面之三視圖，顯示其組合形式。

2.運用不同之加熱方法製造出與新型專利相同之形狀者[34]。

二、構造

　　所謂構造者（construction），係指物品內部或其整體之構成要件（element），經由其要件間之安排、配置及相互關係，加以改良或創作要件之功能。準此，構造之組成要件，並非以原有之自身機能獨立運作，其已喪失原先之功能。舉例說明之：(一)物品構造：可摺傘骨構造之雨傘、改良結構對號鎖、具有儲水槽及煙蒂放置槽之煙灰缸，均以構造為新型專利之標的；(二)材料之分子結構或成分：專利申請之新型，相對於先前技術而言，僅是材料之分子結構或成分不同，並非物品構造之創作，其非新型專利之標的。舉例說明如後：1.以塑膠材料替換玻璃作成相同形狀之茶杯；2.僅改變焊藥成分之電焊條。

三、組合

　　新型之標的除物品之形狀、構造外，亦包含為達到某特定目的，將二個以上具有單獨使用機能之物品，予以結合裝設，在使用時，該等物品在機能上有互相關聯，而產生使用功效者[35]。例如，螺栓與螺帽所構成之夾具，可達一定之固定功能。組合類型包含結構、裝置、設備及器具等。所謂裝置者（installation），係指將原具有單獨使用機能之多數獨立要件，加以組合及裝置，以達成某一特定之目的，而原先之功能並未喪失。例如，兩用鞋之裝置，係以裝置為新型專利之標的，原先要件之功能亦具有獨立性，並未因結合而喪失[36]。

參、發明與新型之區別

　　我國係少數有新型專利制度之國家，而發明及新型，雖均利用自然法則之所為創作，惟兩者之主要差別在於要求進步性之程度不同，新型之進步性較

---

[34] 智慧財產及商業法院100年度行專訴字第106號行政判決。
[35] 經濟部智慧財產局，專利法逐條釋義，2014年9月，頁326。
[36] 經濟部智慧財產局，專利審查基準，2004年版，頁4-1-2至4-1-4。

低，僅對於物品之形狀、構造或組合予以改良，其並非發明之要件[37]。例如，申請人以「電子多功能計數器」申請發明專利，經濟部智慧財產局審查結果認為該申請案，係以計數器與計時器加上打字計算機、指撥開關而組成機械記憶號碼。此項申請，係利用市面已有之計數器、計時器，加上打字計算機及指撥開關改良而構成，僅能認為現有計程器之改良，其屬於新型專利範疇，自與發明專利之要件不符[38]。

肆、例題解析——新型專利之類型

本件專利申請之創作目的有二：(一)藉由椅架、椅背及鉤合體之組成，使折合椅之鉤合體得以彎鉤部分，對折合椅之椅架部分，予以鉤合連結，在折合椅收藏時，可將上一層折合椅椅背之容置部，對合覆蓋於下一層椅背之凸伸部分，以達快速對齊排放；(二)因下層椅背環，設有凸型掣片，其與上層椅背所框設之椅架接觸，形成凸型掣片對於椅背之椅架，具有支撐適當高度之作用，並配合橫桿兩側之平面，使撐持之後椅腳形成水平狀，促使折合椅自椅背至椅腳之部分，均呈現一水平面[39]。準此，本件專利申請之標的為椅架、椅背及鉤合體之組合，其經由該等物件間之安排、配置及相互關係，創作出可平整疊高之折合椅結構，其屬物品之構造，甲應申請新型專利。

伍、相關實務見解——座椅踏環之升降結構新型專利

「座椅踏環之升降結構」新型專利，為有關於一種座椅踏環之升降結構，其包括椅腳踏環、錐度套筒、主軸套環、防塵蓋及椅腳，使主軸套環套設於椅腳之主軸適處，令錐度套筒套設於主軸套環外，並使其內螺紋與主軸套環之外螺紋相配合，致椅腳踏環之中心套環套設於錐度套筒外，再將防塵蓋置於中心套環及錐度套筒頂面，以螺絲鎖固而成；當椅腳踏環以順時針旋轉，使其中心套環及錐度套筒隨之旋轉時，主軸套環可隨錐度套筒之旋轉而向上位移，

---

[37] 其他有新型專利之國家，如日本、德國、法國及中國。

[38] 最高行政法院73年度判字第398號行政判決。

[39] 林洲富，法官辦理民事事件參考手冊15，專利侵權行為損害賠償事件，司法院，2006年12月，頁454。

進而使其壓縮片受錐度套筒壓迫導致迫緊椅腳之主軸，將椅腳踏環固定於所在之位置者[40]。

第三節 設計專利

設計與發明、新型之技術性創作有別，設計為存在著作權與技術保護權間之智慧財產權，為獨立之保護方式，該創作內容不在物品本身，而在施予物品之外觀設計，故申請專利之設計物品之用途、功能，應指定設計之物品名稱，而加以確定[41]。設計物品名稱之指定，不僅確定設計物品所屬之分類領域，亦界定相同或近似物品之範圍。申請專利之設計必須具備物品性及視覺性。所謂物品性，指申請專利之設計必須是應用於物品外觀之具體設計，以供產業上利用，以區別著作權法所保護之純藝術創作或美術工藝品。所謂視覺性，指申請專利之設計，必須是透過視覺訴求之具體設計，以區分其與發明或新型專利之不同。

例題5

甲設計線條頗具獨特風格之洗臉盆結構。設有一圓弧狀之容置水槽，容置水槽底部預設有一可供水管接設之出水口，洗臉盆除容置水槽外，其設有可供物品置放之平臺及水龍頭安裝之預設孔，而平臺外緣並向下延伸一卡掣片，卡掣片設有鎖固孔，就整體觀之，極具醒目之視覺效果。試問甲欲取得專利權，應向經濟部智慧財產局提出何種專利申請？

例題6

乙設計「不須使用天線之電視機」、「電視機之頻道遙控器」及「流線型電視機殼」等發明、創作或設計。試問乙欲取得專利權，應各向經濟部智慧財產局申請何種專利權？

---

[40] 智慧財產及商業法院101年度行專訴字第19號行政判決。

[41] 蔡明誠，設計專利要件問題評析，律師雜誌，237期，1999年6月，頁22至23。德國設計法第1條及日本意匠法第2條至第5條，均有規範設計之要件。歐盟為保護設計，亦於1998年10月13日通過設計保護指令。

壹、設計專利之定義

一、視覺訴求之創作

所謂設計者（design or industrial design），係指對物品之全部或部分之形狀、花紋、色彩或其結合，透過視覺訴求（eye-appeal）之創作（專利法第121條第1項）。應用於物品之電腦圖像及圖形化使用者介面，亦得依本法申請設計專利（第2項）。申言之，設計專利保護之創作有全部或部分（partial design）之物品外觀之形狀、花紋、色彩或其結合之設計。再者，電腦圖像（Computer-Generated Icons）與圖形化使用者介面（Graphical User Interface, GUI），係屬暫時顯現於電腦螢幕，且具有視覺效果之二度空間圖像（two-dimensional image），雖不具備三度空間特定型態，然有鑑於我國相關產業開發利用電子顯示之消費性電子產品、電腦與資訊、通訊產品之能力已趨成熟，而電腦圖像或圖形化使用者介面，其與產品之使用與操作有密不可分之關係。諸如美國、日本、韓國、歐盟等為強化其產業競爭力，已開放電腦圖像或圖形化使用者介面之設計保護，為配合國內產業政策及國際設計保護趨勢之需求，導入電腦圖像及圖形化使用者介面，作為設計專利保護之標的，自有其必要性。

二、設計內容與構成要素

(一)設計內容

設計內容可分七類：1.新穎特徵（point of novelty）：申請設計專利對先前技藝之視覺性設計有貢獻之特徵，為創新之設計內容；2.主體輪廓型式：外型周圍之基本構型；3.設計構成：設計元素之排列布局；4.造型比例：長寬比、造形元素大小比；5.設計意象：有剛柔、動靜、寒暖等意象；6.主題型式：設計之情節。例如，三國演義、八仙過海、綠竹、寒櫻；7.表現形式：設計之表示、排列或組合。例如，反覆、均衡、對比、律動、統一、調和[42]。

(二)構成要素

依據設計之型態構成要素，設計可分六種：1.形狀之設計；2.花紋之設

---

[42] 顏吉承，新式樣審查基準——鑑定要點與舉發審查實務，智慧財產專業法官培訓課程，司法院司法人員研習所，2006年3月，頁18、34。

計；3.形狀與花紋結合之設計；4.形狀與色彩結合之設計；5.花紋與色彩結合之設計；6.形狀、花紋與色彩結合之設計。

三、物品

設計所稱之物品必須具備：(一)特定用途與功能；(二)動產；(三)固定型態；(四)得爲獨立交易之客體；(五)具備三度空間特定之有體物[43]。設計之功能附著於物品，使物品具有特定之用途與機能，特定用途與機能之物品，在觀念上具有一定名稱。故達成不同用途與機能者，即屬不同之物品。準此，同一物品者，係指用途與機能相同者[44]。

四、創作性

(一)獨特性

設計之重點在於「視覺效果」，而視覺效果必須有獨特性，其屬創作性之概念。所謂獨特性，係指物品質感、親和性及高價值感之視覺效果表達，以增進商品競爭力及使用上視覺之舒適性。此與發明、新型專利就物品形狀、構造及組合等技術內容，係著重於功能、技術、使用方便性等方面之改進，有所不同[45]。

(二)美感

1.相關消費者之認知

凡物品外觀形狀、花紋、色彩或其結合之設計，其於視覺具有特殊感受或增進強化視覺效果，而引起美感或趣味感，並具有原創性（originality）或獨創性者，即可作爲設計專利之標的，亦爲創作性之概念[46]。所謂美感者，係指用於吸引相關消費者之視覺，以刺激購買慾望。準此，美感之程度，必須符合

---

[43] 顏吉承，新式樣審查基準——鑑定要點與舉發審查實務，智慧財產專業法官培訓課程，司法院司法人員研習所，2006年3月，頁7。

[44] 黃文儀，新式樣的同一性與實質變更，智慧財產權月刊，33期，2001年9月，頁25。

[45] 最高行政法院88年度判字第2735號、90年度判字第853號行政判決。

[46] 智慧財產及商業法院99年度民專上更(一)字第1號民事判決：所謂透過視覺訴求，係指創作藉由眼睛對外界之適當刺激引起感覺。至於視覺以外之其他感官作用，諸如聽覺、觸覺，縱對該創作亦發生感覺之認識，不屬於設計之保護範疇。

相關消費者對美感之認知，而非創作者本身對於美之感受。

2.獨特之外觀視覺效果

設計是否具有美感，應以相關消費者之首次印象，作為判斷標準[47]。舉例說明之：(1)物品外觀：外觀之裝飾性或藝術性之設計，應使相關消費者體會美之感受或程度，故設計專利著重於物品外觀所表現之視覺效果，故物品之隱藏、內部構件之設計變更或材料之變更等，均與准駁設計專利無涉；(2)獨特之視覺效果：申請案整體所呈現之圓鑽形狀及花紋，係採現有圓鑽造形，作更細部之習見菱菊花紋切面增磨變化，在外觀設計上，未見獨特之視覺效果。申請人雖強調申請案具有「光澤美感」、「高折射率材質特性」等特色。惟未構成整體造形之視覺創新感受，不具創作性[48]。

貳、設計之類型[49]

一、形狀

所謂形狀者（shape），係指物品之外部輪廓，包括平面與立體。設計之形狀係要求物品之外觀設計，必須具備新穎要件，以吸引相關消費者之注意與引發好感。物品本身之形狀，係指實現物品用途、功能之形體，故設計之圖面，必須揭露物品名稱所指定物品本身之設計，始得知悉該物品之用途與功能。

二、花紋

所謂花紋者（pattern），係指物品表面裝飾用之點、線條或圖紋，其包括平面形狀、浮雕形式及色塊對比。原則上，單獨文字雖不視為花紋，然可作為花紋之構成要素。

---

[47] 最高行政法院77年度判字第704號行政判決。

[48] 最高行政法院87年度判字第403號行政判決。

[49] 楊崇森，專利法理論與應用，三民書局股份有限公司，2003年7月，頁398至399。

三、色彩

所謂色彩者（color），係指著色而言，包括單色與複色。一般而言，色彩與花紋組合，較能呈現視覺之效果。色彩三要素包括色相、彩度及明度，僅須三要素之一有差異，即為不同之色彩。設計專利所保護之色彩，通常係兩種以上之色彩計畫或其配色[50]。

四、結合

所謂結合者（combination），係指形狀、花紋與色彩之相互配合，以突顯物品之視覺效果。因設計所施予之物品必須係三度空間之實體物，單獨申請花紋、單獨申請色彩或僅申請花紋及色彩者，而未依附於說明書與圖式所揭露之物品者，不符合設計之定義（專利法第121條第1項）[51]。

參、創作性之判斷[52]

一、判斷創作性之步驟

設計專利係授予設計申請人專有排他之專利權，以鼓勵其公開設計，使公眾能利用該設計之創作，故對於先前技藝並無貢獻之創作，實無授予設計專利之必要，故申請專利之設計應具備創作性。申請專利之設計是否具創作性，通常依據下列五步驟，依序進行判斷：(一)確定申請設計專利之範圍；(二)確定先前技藝所揭露之內容；(三)確定申請設計專利所屬技藝領域中具有通常知識者之技藝水準；(四)確認申請設計專利與先前技藝間之差異；(五)判斷申請設計專利與先前技藝間之差異，是否為該設計所屬技藝領域中具有通常知識者，參酌申請前之先前技藝及通常知識而易於思及者。

---

[50] 設計專利實體審查基準，經濟部智慧財產局，2016年版，頁3-2-4。
[51] 經濟部智慧財產局，專利法逐條釋義，2014年9月，頁364。
[52] 設計專利實體審查基準，經濟部智慧財產局，2016年版，頁3-3-15至3-3-21。

二、判斷創作性之因素

(一)模仿自然界型態

模仿自然界型態對於設計之創新，並無實質助益，故申請設計專利之整體或主要設計特徵係模仿自然界型態，顯未產生特異之視覺效果者，其不具備獨特性（individual character），應認定不具創作性。反之，新穎特徵不在於該自然型態，縱使該設計中包含自然型態，僅要整體設計具特異之視覺效果，仍得認定該設計具創作性。

(二)利用自然物或自然條件

申請設計專利之整體或主要設計特徵，係利用自然物或自然條件所構成之隨機或偶成形狀及花紋者，應認定該設計不具創作性。反之，隨機或偶成之形狀或花紋，並非申請設計專利之整體或主要設計特徵，而設計整體設計具特異之視覺效果者，即得認定該設計具創作性。例如，以製版所得之花紋爲構成單元之一，並與其他構成單元組合、排列，以完成整體花紋之設計，倘其整體設計具特異之視覺效果，得認定該設計具創作性。

(三)模仿著名著作

申請設計專利之整體或主要設計特徵，係模仿該設計所屬技藝領域中具有通常知識者，所習知之著作物、建築物或圖像等著名著作者，應認定該設計爲易於思及，不具創作性。例如，張大千、朱銘、米開朗基羅、畢卡索等人之美術著作。反之，著名著作經修飾或重新構成，產生特異之視覺效果者，得認定該設計具創作性。

(四)直接轉用

創作性之審查，先前技藝之領域並不侷限於所申請標的之技藝領域。申請專利之設計之整體或主要設計特徵，其係直接轉用其他技藝領域中之先前技藝者，應認定該設計爲易於思及，不具創作性。舉例說明之：1.申請專利之設計，僅係將汽車設計轉用於玩具；2.將咖啡杯設計轉用於筆筒。

(五)置換或組合

申請設計專利之整體或主要設計特徵，係將相關先前技藝中之局部設計置換爲習知之形狀或花紋、自然界型態、著名著作或其他申請前已公開之先前技藝而構成者；或其整體或主要設計特徵，係組合複數個習知之形狀或花紋或先

前技藝中之局部設計而構成者，倘整體設計並未產生特異之視覺效果，應認定該設計爲易於思及，不具創作性。例如，將史努比形狀之玩偶組合聖誕老人之大紅衣帽，其不具備創作性。

(六)改變位置或比例或數目

申請設計專利之整體或主要設計特徵，係改變相關先前技藝之設計比例、位置或數目而構成者，倘整體設計並未產生特異之視覺效果，應認定該設計爲易於思及，不具創作性。例如，僅將茶杯與杯蓋之高度比4：1改變爲1：1。

(七)增刪或修飾局部設計

申請設計專利之整體或主要設計特徵，係增加、刪減或修飾相關先前技藝之局部設計而構成者，倘整體設計並未產生特異之視覺效果者，應認定該設計爲易於思及，不具創作性。例如，將已知四燈式吊燈，改爲五燈式或六燈式吊燈。

(八)運用習知設計

申請設計之整體，係利用三度空間或二度空間之習知形狀或花紋者，包括基本幾何形、傳統圖像、已爲公眾廣泛知悉、經常揭露於教科書或工具書之形狀或花紋等，倘整體設計並未產生特異之視覺效果，應認定該設計爲易於思及，不具創作性。

肆、新型與設計之區別

新型爲物品形狀、構造或組合之具體創作或改良。故屬於物品之形狀、花紋、色彩、文字、符號、圖案或其組合之創作，倘未具備功能性改良，並非解決問題之技術手段，其係單純以物品之外觀、造型或顏色，以吸引相關消費者之注意或誘發購買慾望者，其應屬設計專利之保護標的[53]。準此，物品之形狀及其表面之圖案、色彩、文字、符號或其結合之設計，倘注重視覺之美感效果，其應屬設計專利之保護標的。茲舉例說明如後：

---

[53] 專利法第121條規定設計之定義，係對物品之形狀、花紋、色彩或其結合，透過視覺訴求之創作。

一、內部構造

申請人以「揚聲器」形狀，作為申請設計專利標的，其主張以所附圓形飾框與罩網之外觀輪廓為主體，主要特徵為除去罩網後之內部構造。因設計申請標的，係以外形輪廓可視部分，作為主要特徵，故設計是否相同，乃以其物品之整體造形為觀察要點，無法以內藏不易察覺之隱蔽部分，作為比較之依據。圓形殼體及圓形罩網之構成，為一般公知習見之揚聲器之基本型態。而申請案之揚聲器的主要造形，其與一般揚聲器之基本外廓造形相似，整體造形極為相近，僅作細微之變化，是形狀缺乏新穎性及創作性。申請人所指主要特徵部分，屬於不易察覺之隱蔽部分，屬物品之內部，非屬物品之外型，故不符合設計之保護標的[54]。

二、欠缺視覺之特殊效果

申請人以「快鍋蓋」形狀申請設計專利，主張係由微呈圓弧隆起之圓盤狀蓋及環周與鍋邊接壤處，其設有數卡座與類似長方形把手，組成之整體外觀，其與一般快鍋蓋之形狀近似。申請案之蓋體頂面中央設有一圓形卡座，得將內層之圓形蓋與蓋面連接一起，雖為一般之快鍋蓋所無，然屬內部機能性構造。準此，本申請案之設計「快鍋蓋」整體外觀與一般快鍋蓋之形狀近似，故不具備新穎性。其蓋體頂面中央設有一圓形卡座，得將內層之圓形蓋與蓋面連接一起，固係一般快鍋蓋所無，惟此屬內部機能性構造。就蓋面主體而言，未達視覺之特殊效果，非設計之保護標的[55]。

伍、未註冊設計

一、未註冊設計之定義

事業就其營業所提供之商品或服務，不得以著名之他人姓名、商號或公司名稱、商標、商品容器、包裝、外觀或其他顯示他人商品之表徵，為相同或類似之使用，導致與他人商品混淆，或販賣、運送、輸出或輸入使用該項

---

[54] 最高行政法院76年度判字第158號行政判決。
[55] 最高行政法院78年度判字第1218號行政判決。

表徵之商品者（公平交易法第22條第1項第1款）[56]。此種商品或服務之表徵，係屬物品之形狀、花紋及色彩者，不需要取得專利權或商標權之註冊，稱為未註冊之設計[57]。參諸2001年12月制定，2002年3月6日生效之歐盟新式樣法（Community Design Regulation），亦將設計之保護分為二種類型：(一)為註冊制歐盟設計（Registered Community Design, RCD）；(二)為非註冊歐盟設計（Unregistered Community Design, UCD）。前者之專利保護期最長自申請日起算25年；後者專利保護期自公開日起算3年，該制度適合市場生命週期較短之商品設計，如流行商品[58]。

二、商品或服務之表徵

所謂表徵者，係指商品或服務之特徵，足以區別與其有競爭關係之商品或服務，並得以表彰商品或服務之來源，使相關消費者看見該項特徵，可得聯想該商品或服務之來源[59]。換言之，表徵者不僅能彰顯與其他同種商品或服務之相異處，並得藉以區別不同商品或服務之特徵，使相關消費者見諸該表徵，即知該商品或服務為某特定事業或個人所製作[60]。準此，受公平交易法保護之商品或服務之表徵，必須經由持續之使用，而成為著名之表徵，並足以代表商品或服務之供應者，具有識別力或第二意義之特徵（secondary meaning），該供應者即可排除他人使用、販賣、運送、輸送或輸入該表徵之商品或服務（公平交易法第22條）[61]。

---

[56] 最高行政法院90年度判字第2572號行政判決：所謂混淆者，係指相關消費者在通常之注意下，隔離觀察，易對商品或服務之來源誤認或誤信。

[57] 黃銘傑，公平交易法第20條第1項、第2項表徵之意義及其與新式樣專利保護之關係（下），萬國法律，135期，2004年6月，頁98。

[58] 郭雅娟，歐盟新式樣，智慧財產權月刊，53期，2003年5月，頁65。

[59] 林洲富，顏色、立體及聲音商標於法律上保護——兼論我國商標法相關修正規定，月旦法學雜誌，120期，2005年5月，頁104至105。

[60] 最高行政法院89年度判字第40號行政判決。

[61] 最高行政法院85年度判字第2895號行政判決。

陸、例題解析

一、設計之類型

　　所謂設計，係指對物品之全部或部分之形狀、花紋、色彩或其結合，透過視覺訴求之創作（專利法第121條第1項）。準此，以設計專利之定義為準，其所保護者，係物品外觀之形狀、花紋及色彩之視覺效果創作，其有別於發明、新型專利所保護者，係利用自然法則之技術思想，表現於物品、方法及用途之可供產業上利用創作。如例題5所示，甲設計線條頗具獨特風格之洗臉盆結構，就整體觀之，該洗臉盆之外部立體輪廓，極具醒目之視覺效果，具備新穎要件，並得吸引相關消費者之注意與引發好感，甲欲取得專利權，應向經濟部智慧財產局提出設計專利[62]。

二、發明、新型與設計之區別

　　例題6係以有關電視之發明或創作，說明發明、新型與設計之區別，因該等專利之標的有所差異。茲以附表說明乙提出之申請案，應提出何種專利申請如後：

專利種類	技　術　內　容
發明專利	不須使用天線之電視機，係利用自然法則之技術思想所得創作
新型專利	電視機之頻道遙控器，係利用自然法則之技術思想，對於物品之裝置所得創作
設計專利	流線型電視機殼，係對物品之形狀，經由視覺訴求所得創作

柒、相關實務見解──容器設計專利

　　專利名稱為「食品容器」設計專利，為提供一種新穎容器外觀造型，特別係指其具有新奇美感之輪廓者。設計專利之創作容器，包含一由下向上呈外張放射鋸齒狀之中空底座，底座中央為一體成型一內凹容室，底座環繞於容室外

---

[62] 林洲富，法官辦理民事事件參考手冊15，專利侵權行為損害賠償事件，司法院，2006年12月，頁478。

部形成包覆保護狀態，容室上方蓋設一中空球狀外蓋，且外蓋呈現被底座所環繞之視覺感受；外蓋表面形成不規則凹凸之縐折狀，使整體視覺感受更加具有變化性，呈現豐富及與眾不同之視覺美感[63]。

第四節　衍生專利

　　為鼓勵發明創作之改良與技術之提升，第三人得利用他人發明或新型之主要技術內容，完成再發明或再新型。再者，設計專利之設計人，得因襲其另一設計完成近似之創作，申請衍生設計。

第一項　再發明專利

　　發明或創作之完成，常建立在先前技術、知識及經驗之基礎。準此，專利技術之發展具有利用與累積之本質，而再發明專利具有技術發展之特質，其符合專利要件。

例題7

　　甲取得馬達之發明專利，乙未經甲同意，利用甲馬達專利技術，發明獨特及符合專利要件之電風扇，並取得發明專利。試問乙是否有實施其專利之權利？理由為何？

壹、再發明之定義

　　所謂再發明（reinvention）或改良發明，係指利用他人發明即基本發明（basic invention）或新型之主要技術內容所完成之發明（專利法第87條第2項第2款）。再發明或再新型，係具備原發明或原新型專利之所有主要或必要構成要件，且具備其他之技術特徵之發明或新型。

---

[63] 智慧財產及商業法院100年度行專訴字第46號行政判決。

貳、再發明或再新型實施之限制

　　再發明或再新型專利權之實施，將不可避免侵害在前之發明或新型專利權，且較該在前之發明或新型專利權，具相當經濟意義之重要技術改良，而有強制授權之必要者，專利專責機關得依申請強制授權（專利法第87條第2項第2款）。依據全要件原則，物品或方法具備專利之申請專利範圍中，所有必要或主要之構成要件，則構成專利侵權。因實施再發明或再新型之技術內容，必然會利用原發明或原新型之技術內容，導致侵害原專利權人之專利權。故再發明或再新型之專利權人在未得原專利權人之同意前，不得實施其再發明或再新型。換言之，利用他人之發明或新型，在其專利權期限，再發明或再新型創作者，固得專利申請，然為保護原專利權人已取得之專利權，再發明人或再新型創作人應經原專利權人同意，始得實施其再發明或再新型，倘未經同意，則對原專利權人構成侵害（patent infringement）。準此，再發明物品專利或方法專利、再新型之實施，得合法實施其專利，而不侵害原專利權人之專利權，必須符合下列要件之一：

一、原專利權人同意

　　利用他人之發明或新型，在其專利權期限內，再發明或再新型創作者，得專利申請。再發明人或再新型創作人應經原專利權人同意，始得實施其發明或新型倘未經同意，則對原專利權人構成侵害。

二、強制授權之實施

　　協議不成時，再發明或再新型專利權人與原發明或原新型專利權人，雖得依第87條第2項第2款規定申請強制授權（compulsory license）。然再發明或新型表現之技術，須較原發明或新型具相當經濟意義之重要技術改良者（important technical improvements with considerable economic significance）。在專利強制授權之場合，強制授權實施人應給與專利權人適當之補償金（appropriate compensation）。故專利權經申請強制授權者，以申請人曾以合理之商業條件在相當期間內，仍不能協議授權者為限（專利法第87條第4項）。專利權人亦得提出合理條件，請求就申請人之專利權強制授權（第5項）。強制授權之審定應以書面為之，並載明其授權之理由、範圍、期間及應

支付之補償金（專利法88條第3項）。申請人提出強制授權之申請時，其必須具有實施之能力，否則無強制授權之必要。經濟部智慧財產局所爲准駁強制授權實施或核定適當補償金之行爲，其性質屬行政處分，申請人或專利權人對該等決定，倘有不服者，應循行政程序救濟之，其屬公法上之爭議，非普通法院所能審理者，應由智慧財產法院管轄[64]。因專利權採屬地主義原則，故強制授權之實施權人得實施專利權人之專利技術者，其範圍自應以供應國內市場需要爲原則（第2項本文）。

參、例題解析──再發明實施之限制

利用他人之發明或新型，在其專利權期限，再發明或再新型創作者，固得專利申請，然爲保護原專利權人已取得之專利權。再發明人或再新型創作人應經原專利權人同意，始得實施其發明，如未經同意，則對原專利權人構成侵害（patent infringement）。準此，乙未經甲同意，利用甲之馬達專利技術，發明有獨特及符合專利要件之電風扇，並取得發明專利。倘乙欲實施其再發明專利製造、販賣其取得專利之電風扇，勢必利用甲之馬達專利，應取得甲之同意或經特許實施，否則構成侵害甲之馬達專利。

肆、相關實務見解──侵害基本發明

被控侵權物品與系爭專利之技術構成相符，經比對分析後，被控侵權物品實質上利用系爭專利所揭示之技術手段，且達成產生功能、達成目的功效與申請專利範圍獨立項，並無實質上差異，構成實質相同，落入系爭專利申請專利範圍。縱使考量被控侵權物品，係完全實施另一較晚申請之專利，由於該專利主要僅係針對系爭專利之套環體，增加「環圈內側開設有環狀嵌溝」、「另一端之端邊處係形成有一凹弧者」等元件改良，仍利用系爭專利之主要技術內容，故該專利應屬系爭專利之再發明專利，倘在未經系爭專利權人之同意而實施再發明專利，應構成系爭專利之侵害[65]。

---

[64] 蕭彩綾，美國法上專利強制授權之研究，國立中正大學法律研究所碩士論文，2000年6月，頁119。

[65] 智慧財產及商業法院100年度民專上字第57號民事判決。

第二項　衍生設計專利

我國專利法仿效日本之類似意匠制度，使設計專利權人就欠缺新穎性與創作性之類似設計，就同一設計專利得申請衍生設計專利，以強化保護設計專利之權利人。

例題8

甲先以「雨刷結構」申請設計專利案，經智慧財產局審查而取得設計專利權。嗣後乙設計近似「車輛雨刷」，其造形具有平行等長之雙刷板，刷板骨以橫條連接，各單一刷板則藉四連桿與刷體相連而成，因「雨刷結構」與「車輛雨刷」之局部造形特徵及整體造形意象均相同，顯構成近似。試問：(一)乙得否持「車輛雨刷」申請設計專利或新型專利？(二)倘「車輛雨刷」為甲所設計，是否得申請設計專利保護？

壹、衍生設計專利之定義

設計專利係保護工業量產物品之外觀形狀、花紋、色彩或其結合之創作。產業界為追求最大利潤之目的，必須迎合相關消費者而從事物品之局部改型，將原物品外觀作局部改變，使物品之整體設計與原設計專利近似；將該設計應用於相關之近似物品，以形成一系列物品，專利法規定同一人因襲其原設計之創作，並構成近似者，得申請衍生設計專利或稱類似設計（專利法第127條）。準此，衍生設計制度係因襲母案造型特徵來，並依附母案，不須具備創作性，其與原設計專利權具有從屬性。

貳、衍生設計專利之要件

同一人因襲其原設計之創作，並構成近似者，其得申請衍生設計專利，或稱類似設計（專利法第127條）。簡言之，衍生設計專利係因襲母案造型特徵而來，並依附母案。準此，申請衍生設計專利者，必須具備下列要件：

一、主體同一

衍生設計須屬於同一人，始得申請衍生設計專利。準此，第三人不得就他人所有設計專利，申請衍生設計專利。例如，甲不得就乙之設計專利，申請衍生設計專利。

二、須與原設計類似之設計

申請衍生設計專利，以同一申請人或專利權人最初申請或已核准之原設計為限。是下列有情事者，均不得准予衍生設計專利：(一)近似於他人已核准在先之設計；(二)近似於自己申請或已核准之設計，同時亦近似於他人申請在先或已核准在先之設計或新型；(三)近似於自己申請或已核准之設計之衍生設計[66]。

三、須用於同一物品

衍生設計由原設計專利而來，故衍生設計表現之物品，其與原設計所表現之物品同一為限，倘僅為類似之物品，即不得准予衍生設計專利，免於妨礙新的設計創作（專利法第129條第3項）[67]。

參、申請期限

申請衍生設計專利之期限，應於原設計專利公告前（專利法第127條第3項）。因衍生設計專利具有從屬性，不得單獨讓與、信託、授權或設定質權（專利法第138條第1項）。準此，原設計專利權遭撤銷或消滅，自無法再行申請衍生設計專利。

---

[66] 最高行政法院90年度判字第2318號行政判決。

[67] 最高行政法院79年度判字第233號行政判決；最高行政法院1993年11月份庭長評事聯席會議。

肆、例題解析——衍生設計專利之要件

一、構成近似

乙持「車輛雨刷」向智慧財產局申請設計專利，該申請專利案與甲之「雨刷結構」設計專利案，其造形均具平行等長之雙刷板，刷板骨以橫條連接，各單一刷板則藉四連桿與刷體相連而成，兩者之局部造形特徵及整體造形意象均相同，顯構成近似，依據專利法第122條第1項第2款規定，申請前有相同或近似之設計，已公開使用者，不得申請取得設計專利。準此，乙持「車輛雨刷」向智慧財產局申請設計專利，智慧財產局應駁回其聲請。

二、主體同一

新型專利與設計專利所保護之範疇，雖不相同，然同一人不得就設計專利物品之同一結構造形，再申請新型專利，因其已喪失新穎性（專利法第120條、第22條第1項），同一人僅得另案申請爲衍生設計專利（專利法第127條）。準此，乙不得持「車輛雨刷」向智慧財產局申請新型專利，智慧財產局應駁回其聲請。反之，甲得持「車輛雨刷」向智慧財產局，申請衍生設計專利[68]。

伍、相關實務見解——衍生設計為延續原設計之創作

對於設計之新穎性判斷，係透過整體觀察、綜合判斷、主要設計特徵爲重點等方式，倘變化對於整體視覺效果，並無顯著影響者，仍屬衍生設計之範圍。系爭專利「發光二極體」主要設計特徵，係由呈狹長矩形「本體」及其兩側之導電片所構成；本體爲前、後兩塊體所構成，本體底部中段設前後向下凸之寬梯形，前塊體呈橫長矩形體，前面設兩端爲弧形之橫寬狀菱形窗面，後塊體後面中段設上下向梯形缺口而概呈凹字形體，缺口中央外凸有具曲面之圓形凸部；本體左右兩側分別設向後彎折呈L形之導電片。而其衍生設計專利之差異，在於窗面爲中央上下端爲尖角、導電片外上角隅彎弧較小、後面梯形缺口兩側之矩形凹陷之設置及其位置等，兩者之前述差異，僅爲次要設計特徵或陪

---

[68] 最高行政法院76年度判字第2052號行政判決。

襯性設計，不足以影響整體之視覺效果，兩者整體屬衍生設計。準此，系爭專利視覺效果特點之所在為本體，故其衍生設計乃延續本體之視覺效果而為延伸創作，足見系爭專利之主要設計特徵及視覺效果之展現，均在於本體設計[69]。

---

[69] 智慧財產及商業法院99年度行專訴字第76號行政判決。

第三章　專利之標的

　　所謂專利保護之標的，係指得應准予專利之物品或方法。而授予專利之標準，常因時而異，其須配合產業科技水準及國民生計等因素。科技愈進步與國民生活水準愈高之國家，通常與該國申請專利與核准專利案件形成正比。各國決定發明或創作之內容，是否得作為專利保護標的，應考慮各國國內產業科技水準、專利申請權人之保護必要及公共利益等因素。

第一節　不予專利保護之發明

　　TRIPs第27條規定，會員為保護公共秩序或道德必要，就保護人類、動物或植物之生命、身體、健康，抑是為避免對環境造成嚴重損害，有必要禁止某些發明標的，得不授予專利權。故各國基於國情與政策之考量，大多會明文排除不予專利之標的。

例題1

　　授予專利之標準，涉及科技專業與國計民生。試以國內產業科技水準、專利申請權人之保護必要及公共利益等因素，說明應保護之專利標的為何？

例題2

　　研發幹細胞之主要目的，係藉由幹細胞培育出之各種細胞與組織，以作為修復器官或治療疾病之用途。在新興之生物科技領域，致力研究幹細胞以作為最新之醫療技術，成為治療人類疾病之重大研究領域，並為熱門之議題。試問得否授予幹細胞相關發明之專利？其要件為何？

壹、不予保護之標的

　　為鼓勵與保護發明，原則上利用自然法則技術思想之發明，固應授予發明專利（專利法第21條）。然基於其公益或政策之考慮，倘有害於社會公益或國家之正常發展，自不應准授予發明專利權。依據我國專利法第24條規定，明定不予發明專利之保護客體有三：(一)動植物及生產動植物之主要生物學方法；(二)人體或動物疾病之診療或外科手術方法；(三)妨害公序良俗或衛生者。

一、動植物及生產動植物之主要生物學方法

(一)不予專利之原因

1.公序良俗

　　有鑑於動、植物本身，不論係現存或新發展之新品種，由於涉及道德問題，認為賦予專利，將使人類扮演上帝之地位，故世界各國多以之為有害善良風俗為由，不准其發明專利。例如，人類及複製人之方法或遺傳工程（genetic engineering），均被認為係道德上之錯誤。生物醫學產業雖係我國政府宣示兩兆雙星計畫之一環，然我國專利法不賦予動物之發明專利，使其有志研發動物科技者躊躇不前，實不利我國生物科技之發展。再者，目前開放動植物專利之保護程度可分為三類：(1)全面開放動植物專利保護，諸如美國、日本、澳洲及韓國等國家，其僅要符合專利要件，且無不予專利之規定，均可取得發明專利；(2)開放部分動植物專利，對於限定單一品種之動植物發明，則不予保護。諸如英國及大部分歐盟國家；(3)僅開放動植物改良方法專利保護，諸如我國。準此，在生物科技快速發展之國際趨勢，倘開放動植物專利保護，將使生技產業有更多之商機，並提升我國農業之競爭力。

2.社會公益

(1)主要生物學方法

　　國家就生產動、植物之主要生物學方法授予專利，使其屬某特定人所得以獨占或成為排他之標的，則有害於社會之公益。TRIPs第27.3(b)條規定，不得授予專利之項目，有動、植物及其主要之生物學之育成方法（essentially biological processes for the production）不予專利[1]。其規定與我國專利法大致相

---

[1] 大陸專利法第25條第1項第4款規定，不授予動、植物品種之專利。

同（專利法第24條第1款本文）。歐洲專利公約（European Patent Convention, EPC）第53條(b)，就動物及其主要之生物學之育成方法，亦不予專利。

(2)人為技術為關鍵性方法

判斷是否屬於主要生物方法（essentially biological processes），取決於該方法中，人為技術是否居於關鍵性作用，倘人為技術具有決定性之作用，該技術並非以生物學為主之方法，並非主要生物學方法，得賦予專利。反之，全由自然現象所發生之方法，如雜交或配種而衍生物種之方式，其屬主要之生物學方法，不得賦予專利。例如，馬匹雜交、種間育種（inter-breeding）或選擇性育種[2]。詳言之，專利制度保護具有產業應用價值之發明，而發明必須具有可重複實施性，以使熟悉該項技術者，得重複驗證與產生相同之結果，欲以專利保護之動植物生產或育成方法，應符合前述要件。因主要生物學方法，難以滿足可重複實施性，即無法受到專利保護。反之，非主要生物學方式。例如，樹之剪枝方法、對土壤進行處理以促進或抑制植物生長、基因轉殖或其他生物技術，可申請專利保護。在國際間受到高度關注之哈佛鼠專利為例，其專利請求項係「使實驗鼠帶有致癌基因之產製方法」，其非屬生產動物之主要生物學方法[3]。

(3)植物品種及種苗法

隨著生物技術快速之發展及潛在之商業利益，各國均競相投入相關之研發工作，動植物本身為生物技術之一環，其除得做為傳統之糧食外，本身亦可為藥物之試驗對象、篩選藥物及生產藥物之工具。而我國依照TRIPs規定，採特別立法方式，對於動物本身不授予專利權，僅就植物部分，以植物品種及種苗法加以保護之[4]。

(二)准予專利之標的

1.微生物之生產方法

就微生物而言，其不歸類於動、植物之範疇，故專利法特別明文規定，微

---

[2] 林國塘，專利審查基準及實務發明及新型，智慧財產專業法官培訓課程，司法院司法人員研習所，2006年3月，頁31。

[3] 李素華，動植物專利與專利權效力限制之探討，智慧財產權月刊，78期，2005年6月，頁7。

[4] 余華，淺談專利實驗免責、植物育種家免責與修法之建議，智慧財產權月刊，87期，2006年3月，頁53。智慧財產及商業法院105年度民植上字第1號、109年度民植上字第1號民事判決。

生物（biological material）之新品種及其育成方法，非禁止授予專利之列，自得准予發明專利（專利法第24條第1款但書）[5]。USPTO曾經拒絕單細胞微生物之專利申請，經美國聯邦最高法院1980年之Diamond v. Chakrabarty事件，認為人類製造微生物具有新穎性，其明顯與自然界所發現者，有不同之特徵，故微生物係可專利之標的（subject matter）。USPTO受該判決影響而改變其見解，認為就人類製造而非自然產生之微生物，均可賦予專利[6]。因微生物無法僅憑說明書申請專利時，必須將該生物材料加以寄存，俾於獲准專利後，有利對外公開。茲將生物材料之寄存之國內機構及國際公約，說明如後：

(1)國內寄存機構

我國專利法有規定申請微生物發明專利之特殊程序，可申請生物材料或利用生物材料之發明專利。原則上申請人最遲應於申請日，將該生物材料寄存於專利專責機關指定之國內寄存機構，並於申請書載明寄存機構、寄存日期及寄存號碼。例外情形，係該生物材料為所屬技術領域中具有通常知識者，易於獲得時，則不須寄存（專利法第27條第1項）。申請人應於申請日起4個月內，檢送寄存證明文件，屆期未檢送者，視為未寄存（第2項）。該4個月期間為法定期間，倘申請人因天災或不可歸責於己之事由，遲誤該法定期間，得依專利法第17條規定向智慧財產局申請回復原狀[7]。申請前如已於專利專責機關認可之國外寄存機構寄存，而於申請時聲明其事實，並於申請日起4個月之期限內，檢送寄存於專利專責機關指定之國內寄存機構之證明文件及國外寄存機構出具之證明文件者，自不受最遲應於申請日在國內寄存之限制（第4項）。

(2)布達佩斯公約

專利權之取得具有屬地性，專利申請手續上有關微生物之寄存，係由各國各自為之，故微生物或其使用之發明人，欲向各國申請時，應分別向各國辦理寄存程序，其手續複雜，須支出昂貴之費用。故為減免重複寄存，國際上有布達佩斯公約（Budapest Treaty on the International Recognition of the Deposit of Microorganism for the Purposes of Patent Procedure）締結，作為處理寄存之相關問題。詳言之，布達佩斯公約之締約目的，在於簡化專利申請程序，就准

---

[5] 依據歐洲專利公約（European Patent Convention）第53(b)條規定，授予專利之保護客體，並未排除微生物學之育成方法。

[6] Diamond v. Chakrabarty, 447 U.S. 303 (1980).

[7] 智慧財產及商業法院106年度行專訴字第22號行政判決。

許或要求存放微生物之方式，僅要申請人向任何國際寄存機構（international depositary authority）寄存即可，不論寄存機構，是否位於專利權人所申請之國家境內。僅要申請人寄存於一個國際寄存機構，其於所有締約國或任何區域之專利專責機構，已符合專利之寄存手續[8]。

2.植物專利

(1)保護要件

TRIPs第27.3(b)條規定，是否賦予動植物專利保護，各會員得自行決定。目前開放動植物為可專利標的者，有美國[9]、日本、澳洲及韓國等國專利法[10]。美國至1980年代始承認植物相關發明，其於1985年Ex parte Hibberd事件，首次對多細胞植物體之發明授予專利，不論係無性繁殖或有性繁殖，均得為專利法第101條規定之法定保護標的[11]。日本1988年「種苗法」亦有保護植物新品種之規定，其內容類似我國之植物品種及種苗法[12]。是否賦予動植物之專利保護，此涉及倫理規範、產業政策及技術層次等議題。就美國而言，植物品種保護法與專利法對於植物品種均有保護規範，兩者之保護要件不同，前者之要件有三：可區別性、一致性及穩定性[13]。美國聯邦最高法院2001年J. E. M. Ag Supply, Inc., v. Pioneer Hi-Bred International, Inc.事件，認為發明人得選擇較嚴格之專利要件以取得專利保護，植物專利法（Plant Patent Act, PPA）保護之範圍較為寬廣；或者選擇較低標準之植物品種保護法（The Plant Variety Protection Act, PVPA），得到較低度之保護[14]。

(2)留種權與育種權

植物品種法規定農民有留種權與育種權，該等行為不侵害品種權；反

---

[8] 楊崇森，專利法理論與應用，三民書局股份有限公司，2003年7月，頁619。

[9] 35 U.S.C. § 161: Whoever invents or discovers and asexually reproduces any distinct and new variety of plant, including cultivated spores, mutants, hybrids, and newly found seedings.

[10] 王美花，開放動植物專利相關專利法修正條文說明，智慧財產專業法官培訓課程，司法院司法人員研習所，2006年5月，頁6。

[11] Ex parte Hibberd, 227 USPQ 443 (1985). PVPA僅保護有性繁殖。例如，種子長成植物。

[12] 李崇僖，日本植物專利之制度與實踐，月旦法學雜誌，86期，2002年7月，頁131。

[13] 所謂一致性者，係指品種申請人必須在不同處連續作試驗，以證明其新品種之一致性。

[14] J. E. M. Ag Supply, Inc., v. Pioneer Hi-Bred International, Inc., 534 U.S. 124 (2001).

之,專利法並無農民有留種權與育種權之免責概念,就此部分植物品種保護法保護較佳。1991年植物新品種保護公約(UPOV)、1998年歐盟公布之生物技術發明指令(Directive 98/44/EC)及我國之植物品種及種苗法第26條第1項第4款,均有農民免責條款之規範。

3.動物專利

(1)哈佛老鼠

USPTO於1988年核准全世界首件「動物專利」,即申請人Du Pont化學製藥公司經由哈佛大學受讓而取得專利權,此稱為哈佛老鼠(Harvard Onco-Mouse)[15]。該研發以改變老鼠基因之方法,而加速癌症研究,並以該帶有癌症基因之老鼠取得專利,此為學術商業化之表徵(commercialization of academic research)。生物科技進步之誘因中,經濟效益為重大之利基,哈佛老鼠為典型例子。Du Pont支付1,500萬美元資助哈佛大學研究而研發出哈佛老鼠。通常老鼠之市價約為1美元,而哈佛老鼠約為100美元,其差價逾百倍[16]。準此,經由基因技術使研究之老鼠生病或承受癌症之苦,係為進行癌症之相關研究,以利癌症藥物之研發,該研發帶來人類全體福祉,故哈佛老鼠專利不違反公序良俗。反之,將哈佛老鼠應用於化妝品之研發,重心在美容與保養,將人類快樂建立在動物之痛苦,自得以違反公序良俗為由,認為其不具可專利性[17]。

(2)生技研發

動物新品種(animal variety)之准否專利,須評估其利弊。參諸我國之科技水準及專利專責機關之審查人力等客觀環境,在未健全之前,自不宜貿然授予動物專利權[18]。況國際上長期以來,對於授予動物品種之專利,大多數持否定之態度,而其原因多基於倫理、經濟及政策等因素為考量。再者,基於生物科技之需求,其得提供食物改善之來源與生產有用之藥品,並可作為人類疾病研究模式、藥品實驗及發展人類器官移植捐贈,故各國對生物科技專利之授予

---

[15] 哈佛老鼠係哈佛大學之研究人員Philip Leder博士等人所研發成功。

[16] 李順典,動物專利之探討,法令月刊,56卷12期,2005年12月,頁80至81。

[17] 謝銘洋、李素華、宋皇志,從歐洲觀點看幹細胞相關發明之可專利性,月旦法學雜誌,118期,2005年3月,頁77。

[18] 陳文吟,從美國核准動物專利之影響評估核准動物專利之利與弊,臺大法學論叢,26卷4期,1997年7月,頁173至231。

已有逐漸放寬之趨勢。因生技研發所需投入之資金龐大，其研究與試驗期間甚為長久，是明確界定生技發明之專利權保護標準，實有其必要性。

二、人體或動物疾病之診療或外科手術方法

基於社會公益及人性尊嚴之考量，應使醫生與病人間有選擇診斷、治療或外科手術方法等之自由。況就生命之普世價值而言，凡涉及人體、動物之生命或健康等，自不宜授予專利權，俾使人類及動物得以普遍享有新穎與進步之治療方法。準此，不應對人體或動物疾病之診斷、治療或外科手術方法授予專利（專利法第24條第2款；歐洲專利公約第52條第4款）。所謂醫療方法（medical method），係指以診斷與治療為主要部分之醫療行為。因診斷行為係醫療行為人從事治療行為前所必須之醫療行為，有正確之診斷，進而作出正確之治療，始能符合醫療需求人就醫之目的，是診斷與治療行為相對於其他醫療行為，是一切醫療行為之基礎類型。而外科手術方法屬治療方法之一部[19]。本章就人體或動物疾病之診療或外科手術方法，不予專利之理由，分別說明如後：

(一)人體或動物疾病之診斷方法

1.範圍

所謂人體或動物疾病之診斷方法者（diagnostic method），係指檢測人體或動物體各器官之構造、功能，以蒐集各種資料，而供醫師或接受醫師之指示者，據以瞭解人體或動物體之健康狀態；或者掌握其病情之方法。例如，X光診斷法、內視鏡診法、胃腸造影法與測心電圖時之電極配置等方法。換言之，診斷過程大致可分：問診（history taking）、檢查、觀察及說明等四個階段。其臨床診斷之方法可細分：問診、視診、叩診、觸診、切診及各種臨床醫學檢查及試驗[20]。藉由診斷之過程判斷病症，繼而決定治療方法。

2.要件

人體或動物疾病之診斷方法，包括檢測有生命之人體或動物、評估症狀及決定病因或病灶狀態等全部步驟過程，據以瞭解人體或動物之健康狀態，掌握其病情之方法。準此，有關疾病之診斷方法，應包括以下三項條件，始屬不予

---

[19] 林洲富，探討消費者保護法對醫療行為之適用，國立中正大學法律學研究所碩士論文，2002年1月，頁31。

[20] 黃丁全，醫事法，月旦出版社股份有限公司，1995年11月，頁327。

發明專利之項目：(1)以有生命的人體或動物為對象；(2)有關疾病之診斷；(3)以獲得疾病診斷結果為直接目的[21]。

(二)人體或動物疾病之治療方法

　　所謂治療方法，係指為消除疾病、減少痛苦及恢復健康而採取之各種醫療行為之總稱。其方法有藥物治療、手術治療、輸血治療及放射線照射治療等。依據醫療過程而言，診斷行為係低度之醫療行為，治療行為係高度之醫療行為[22]，診斷與治療行為構成醫療行為不可分之階段行為。而治療人體或動物疾病之主要方法（therapeutic method）有三：1.為減輕及抑制病情，而對患者施予藥物、注射或物理性療養等手段之方法；2.為實施治療而採用之預備處理方法、治療方法，或輔助治療或護理而採用之處理方法；3.安裝人工器官或義肢等人造物，以替代人體器官之方法[23]。例如，一種治療12歲以上具有過敏及發炎狀況病人之方法，其為人體之治療方法，依專利法第24條第2項規定，為法定不予專利之標的，不具備專利要件，專利專責機關不應准予專利[24]。

(三)對人體或動物疾病之外科手術方法

　　外科手術之方法（surgical operation method），包含外科手術及採血等方法等。除以治療或診斷為目的者外，凡屬實施手術之方法，或手術所需之預備性處理方法，均包含於此手術方法。例如，美容、整形之手術方法，或為進行手術而實施之麻醉方法。是手術方法係指治療疾病、意外傷害或修補身體之瑕疵等，而於活體所為之手術處置[25]。再者，醫療器材、醫療品本身及非為對人體或動物疾病實施診斷、治療或手術為目的者，非屬於診斷、治療或手術方法者，自得准予發明專利。

(四)授予醫療處理方法專利之考量

　　對於應否開放醫療處理方法之專利保護，長期以來，贊成與反對者各有理由，爭議不斷，各國依其政策考量而有不同規範。國際上對於是否開放醫療處

---

[21] 劉國讚，專利權範圍之解釋與侵害，元照出版有限公司，2011年10月，頁586。

[22] 黃丁全，醫事法，月旦出版社股份有限公司，1995年11月，頁348。

[23] 智慧財產及商業法院102年度行專訴字第67號行政判決。

[24] 智慧財產及商業法院99年度行專訴字第6號行政判決。

[25] 董安丹，從歐洲專利公約及美國專利法的規定談醫療方法發明及用途發明，智慧財產權月刊，61期，2004年1月，頁57。

理方法之專利，大致上有三種基本方案：1.維持現狀，不予醫療處理方法之專利；2.准予醫療處理方法之專利[26]；3.雖准予醫療處理方法之專利，然對於醫療人員未經專利權人許可而使用其專利方法者，豁免其侵權責任。至於決定採用何種方案，必須衡量每一方案之代價與利益。再者，對於現行政策作任何改變之前，考量醫療人員之觀點是非常重要因素。倘維持現行政策，禁止授予醫療處理方法之專利，其優點是醫療人員能夠繼續自由使用新的醫療方法，免除授權費用及侵權之潛在成本與風險，亦可避免醫師對於特定醫療方法有財務投資，而可能引起之道德問題。準此，隨著醫療技術之進步及其對於人類之貢獻日漸增加，國際有日趨開放而給予較廣範圍之專利保護趨勢，其得為我國未來調整醫療處理方法專利保護方式之借鏡[27]。

三、妨害公共秩序或善良風俗

　　凡發明之使用目的有違反社會公序（public order）、道德（morality）或危及人類健康者（public health），不得予以專利（專利法第24條第3款）。例如，賭具、以瀕臨絕種動物之肢體為原料之製藥與成品、毒品之吸食之用具或方法、複製人及其複製方法、改變人類生殖系統之遺傳特性方法、將人類胚胎應用於工業或商業目的。再者，應特別注意者，所謂公序良俗之概念，常因時代變遷、開放而有不同之標準。倘動輒以此為由，作為准否專利之申請，將出現申請得早，不如申請得巧之投機方式。

貳、例題解析

一、專利保護標的之考慮因素

(一)國內產業科技水準

　　所謂國內產業科技水準，係指有無開發該項科技之能力及可能性。考慮國

---

[26] 陳文吟，探討基因治療相關發明暨其必要之因應措施，政大法學評論，93期，2006年10月，頁299。就基因治療相關發明是否予以專利保護規範，美國法對於基因治療及相關技術均予專利；反之，我國對於基因治療及診斷方法並不予專利。

[27] 張仁平，醫療方法專利的國際制度比較與趨勢探討，智慧財產權月刊，81期，2005年9月，頁91。

內產業科技水準時，應審酌如後因素：1.何人從事發明或創作；2.何人提出申請；3.專利專責機關有無審查人力與能力；4.國內之科技處於起步階段，國民無法從事較高之科技發明或創作，是否導致由外國人提出專利申請，進而壟斷國內之市場；5.因從事該項科技研究之本國國民有限，是否導致專利審查作業之人力不足。準此，專利制度固可引進國外技術，提升國內之產業水準，惟對於科技較落後及欠缺基礎工業之國家，廣泛開放專利保護之結果，不僅無法提升其產業水準，專利權人藉由獨占專利技術市場之地位，具主導市場力量，決定專利物品之數量與價格，反而將增加相關消費者之經濟負擔，此將不利該國之科技發展。

(二)專利申請人之保護必要性

有無給予專利申請人保護之必要，應考慮是否得藉賦予專利權之方式，以達成鼓勵發明或創作之目的而定。職是，縱使國內產業科技已經達相當水準，仍須評估發明或創作內容之重要性，有無賦予其專利權，以鼓勵研發發明或創作之必要性。

(三)公共利益之考量

所謂公共利益（public interest），係指有關國民福祉及國民健康等因素。準此，基於公共利益之考量，倘不賦予專利權，維護全體國民之效益，遠逾於保護專利權人個人所生之效益，則應駁回其專利申請。反之，國家授予其專利，並不危害公共利益，自得核准專利申請，以兼顧鼓勵研發之目的[28]。

二、幹細胞相關發明之可專利性

(一)積極要件

專利之目的在於鼓勵發明者提供造福人類之技術，以累積社會經驗，促進整體社會的成長，帶動科技與經濟之發展。自各國產業實務發展經驗以觀，生物技術之研究與發展，通常須長期投入龐大資金，故應保護該研發之成果，賦予智慧財產權，以使生物科技業者之投資得以回收，提供足夠資金持續進行研發。準此，幹細胞研發之成果，具備充分揭露、新穎性、進步性及產業利用性

---

[28] 陳文吟，我國專利制度之研究，五南圖書出版股份有限公司，2004年9月，4版1刷，頁55至56。

等專利保護要件，自應受到專利之保護[29]。故承認研發幹細胞技術相關發明之可專利性，有激勵幹細胞研發之功效。

(二)消極要件

　　基於公益或政策之考慮，就屬於利用自然法則技術思想之發明者，倘有害於社會公益或國家之正常發展，自不應准授予發明專利權。準此，在生物科技快速發展之國際趨勢，開放幹細胞研究之專利保護，其有助促進人類健康與醫療之進步，在不違反消極要件之前提，賦予具有專利要件之研究成果，取得專利權，其將使生物科技有更多之商機，並得提升我國農業之競爭力。依據我國專利法第24條規定，明定不予發明專利之保護客體有三，茲就該等事由，探討幹細胞研究之可專利性：

1.動植物及生產動植物之主要生物學方法

　　就動、植物及生產動、植物之主要生物學方法，原則不予發明專利（專利法第24條第1款本文）。因專利制度保護具有產業應用價值之發明，而發明必須具有可重複實施性，以使熟悉該項技術者，得重複驗證與產生相同之結果，欲以專利保護幹細胞之生產或育成方法，亦應符合此要件。而主要生物學方法為自然現象，並非人類創造之產物。準此，本文認為授予複製或分化幹細胞方法專利之關鍵，應判斷其是否屬於主要生物方法（essentially biological processes），屬於主要生物方法者，不應賦予專利。詳言之，倘人為技術就複製或分化幹細胞，具有決定性之作用，故該人為技術，並非主要生物學方法，得賦予專利取決於該方法中。例如，利用研究幹細胞所得之人為技術，對幹細胞進行分化或再生。反之，全由自然現象所發生之方法，則不得賦予專利。例如，幹細胞本身之自然再生，其屬主要之生物學方法，不得賦予專利。

2.人體或動物疾病之診療或外科手術方法

　　基於社會公益及人性尊嚴之考量，應使醫生與病人間有選擇診斷、治療或外科手術方法等之自由。況就生命之普世價值而言，凡涉及人體、動物之生命或健康等，自不宜授予專利權，俾使人類及動物得以普遍享有新穎與進步之治療方法。故不應對人體或動物疾病之診斷、治療或外科手術方法授予專利（專利法第24條第2款）。隨著醫療技術之進步及其對於人類之貢獻日漸增加，國

---

[29] 陳文吟，我國專利制度之研究，五南圖書出版股份有限公司，2004年9月，4版1刷，頁129至130。

際有趨向開放而給予較廣範圍之專利保護,其亦得作爲我國未來調整醫療處理方法,賦予專利保護之借鏡[30]。是基於生物科技之需求,倘得提供複製或分化幹細胞之方法,作爲人類疾病研究模式、藥品實驗及發展人類器官移植捐贈,賦予發明人專利權,不僅係人類醫療之福祉,其有鼓勵生物科技之發展。準此,依據我國專利法,賦予關於幹細胞之醫療方法專利,實有其必要性。

3.妨害公共秩序或善良風俗

凡發明之使用目的有違反社會公序(public order)、道德(morality)[31],或危及人類健康者(public health),不得予以專利(專利法第24條第3款)。就胚胎幹細胞之應用而言,將其應用於複製人及其複製方法、改變人類生殖系統之遺傳特性方法或應用於工業、商業目的等行爲,均屬妨害公序或道德之類型[32]。因賦予複製人及其複製方法專利,將使人類扮演上帝之地位。而將賦予複製或分化胚胎幹細胞專利,將此該技術成爲獨占或排他之標的,倘應用於工業或商業領域,對社會公益將有嚴重之負面影響。至於研發分離或重組DNA、重組蛋白質及融合細胞等技術,有助生物科技之發展,亦無妨害公序良俗或衛生,應屬專利之標的,自得賦予專利權[33]。所謂公序良俗之概念,常因時代變遷、開放而有不同之標準[34]。

參、相關實務見解──人類或動物之治療方法

所謂人類或動物之治療方法,其方法包含:(一)使有生命之人體或動物恢復健康;(二)獲得健康爲目的而治療疾病;(三)消除病因;(四)以治療爲目的或具有治療性質。準此,專利法第24條第2款規定不予專利之發明,係指方法發

---

[30] 張仁平,醫療方法專利的國際制度比較與趨勢探討,智慧財產權月刊,81期,2005年9月,頁91。

[31] 歐洲專利公約第53條第1款規定:發明之公開或實施違反公共秩序或善良風俗者,不准予專利。

[32] 謝銘洋、李素華、宋皇志,從歐洲觀點看幹細胞相關發明之專利性,月旦法學雜誌,118期,2005年3月,頁87。

[33] 生物相關發明審查基準,經濟部智慧財產局,2002年12月12日,修訂版。

[34] 林洲富,專利侵害之民事救濟制度,中正大學法律學研究所博士論文,2007年1月,頁183至184。

明與用途發明之範疇，而非物之發明範疇[35]。

<h1 style="text-align:center">第二節　不予專利保護之新型</h1>

　　新型專利所保護之標的，以有形物品為限，而物品之形狀、構造或組合，為具有產業上利用性之創作。準此，抽象無形之創作物或軟體程式，均非新型專利所保護之內容。

例題3

　　甲設計「垃圾焚化爐」，其創作目的係因生活上產生之垃圾廢物均為塑膠袋、紙盒等易燃物，而購自超級市場之果菜均經擇洗清淨，不致產生多量不用之廢物，故除利用該垃圾焚化熱水爐將果皮烘乾焚化變成灰粉外，並將燃燒其他物品之廢氣，經由煙囱排出至大氣中。試問甲向經濟部智慧財產局申請新型專利，智慧財產局應如何審理？

例題4

　　乙設計「自動醬油器」，其創作特徵係在盛醬油之容器底部開口，利用葫蘆型之小錘子之重力擋住出油口，使用時以沾醬油之食物將小錘子上推，醬油流出食物上，係利用物體重量作為開口之控制。試問乙向經濟部智慧財產局申請新型專利，智慧財產局應如何審理？

<h2 style="text-align:center">壹、不予保護之標的</h2>

　　利用自然法則之技術思想，對物品之形狀、構造或組合之創作，原則上應授予新型專利。例外情形，係有妨害公共秩序或善良風俗者，基於專利法之制度目的，不准授予新型專利（專利法第105條）。其與不予專利發明之標的相同（專利法第24條第3款）。

---

[35] 智慧財產及商業法院102年度行專訴字第67號行政判決。

貳、例題解析──新型專利之消極要件

一、垃圾焚化爐

日常生活中產生之垃圾,除塑膠袋、碎紙等可燃物外,尚有甚多殘餚腥濕、菜葉、果皮、罐頭瓶甕破碎器皿等不易燃燒之物,依據一般經驗上所共知之事,甲設計之垃圾焚化爐難加處理。況燃燒物品所產生之廢氣,其所排出至大氣,將造成空氣污染,不會經由煙囪排出混入空氣上升而消失於大氣。倘每個家庭普設該焚化爐,將使住宅區煙囪林立,每日籠罩在燃燒氣體之煙霧,造成環境污染。準此,甲設計之垃圾焚化爐,其顯有妨害公共秩序者,應不予新型專利[36]。

二、自動醬油器

乙設計之自動醬油器,其主要構造、作用及功效,除均與洗手間所裝設洗手用肥皂水瓶之開關相同,實係公知之技術,自難謂有新穎性外,經相關消費者使用多次後,必附有各種食物之餘汁、餘渣及醬油,難免被蚊、蠅、蛾等蟲涉足吸食,易為灰塵、雜質所污染,顯不合於衛生,易傳染疾病。職是,乙設計之自動醬油器,其顯有妨害公共秩序者,應不予新型專利[37]。

參、相關實務見解──新型舉發人之舉證責任

核准專利權之新型,任何人認有違反專利法第105條之妨害公共秩序或善良風俗,而應撤銷其新型專利權者,依同法第119條第1項、第120條準用第73條規定,提出申請書,載明舉發聲明、理由,並檢附證據向經濟部智慧財產局舉發之。準此,有無應撤銷新型專利權之情事,依法應由舉發人附具證據供查,且悉依舉發證據認定之,倘其證據不足以證明舉發案有違專利法規定,自應為舉發不成立之處分[38]。

---

[36] 最高行政法院72年度判字第625號行政判決。
[37] 最高行政法院68年度判字第16號行政判決。
[38] 最高行政法院94年度判字第1250號行政判決。

第三節　不予專利保護之設計

　　專利法基於公益之考量，不僅對發明專利與新型專利之標的，設有不予專利之排除規定，就設計專利之標的，亦於專利法第124條明文規定不予設計專利之類型。

例題5

　　甲自創抽象畫一幅，其認為該抽象畫具有極佳之視覺美感，甲為禁止他人抄襲，持該抽象畫向經濟部智慧財產局申請設計專利。試問甲之抽象畫為具有原創性之著作，智慧財產局應如何審理？

壹、不予保護之標的

一、純功能性之物品造型

(一)純功能性

　　設計專利之主要目的在於鼓勵、改良工業製品之外觀形狀，以滿足相關消費者之視覺美學需求，進而促進商品之銷售，故設計保護之標的為「視覺美感效果」。倘物品之造形，係單純因應其本身或其他物品之功能所需而設計，其既非基於外觀裝飾需求之視覺創作，依據設計專利之定義，即不屬設計之範疇，不應准其設計專利。判斷外觀設計是否屬純功能性（function）設計，主要之重點在於具備該物品功能之前提，是否仍有其他設計之可能性。倘有明顯之證據，得證明創作人在達成該特定功能之際，僅有一種設計方案可達成該功能，其無法對該設計為任何改變，此設計屬純功能性之設計（專利法第124條第1款）。準此，物品造型係因應其特定功能而成，即為純功能性設計。例如，電扇或排油煙機葉片之形狀，係基於風阻及效率考量而製造，此屬純功能性之設計，則不授予設計專利。否則授予專利與特定人，將使同業之競爭者，無法就同類物品予以生產製造。況該形狀係業界所習知或共用者，持之申請設計專利，亦不符合新穎性之要件。

(二)產業上利用性因素

　　經初步判定之結果，認定創作人能以其他不同之設計方案，達成該特定

之功能性目的，此物品造型可能非屬純功能性之設計。繼而應進一步審視該設計之產業上「利用性因素」考量，是否大於「裝飾性因素」以爲判斷。裝飾性因素大於產業上利用性因素，非屬純功能性之設計。例如，某鞋類之設計，有鞋帶孔之排列、配置、裝飾性車縫線之布局及搭配，各個造型區域間黑、白色塊之相間搭配、鞋面上各個造型要件之變化及造型要件組合後，其整體視覺意象，其目的在於顯現視覺美感效果，是該設計合於美學觀點之裝飾性設計，而其設計特徵，僅是對其功能需求之諸多解決方案之其中一項。準此，該設計係裝飾性因素大於產業上利用性因素，非屬純功能性之設計，應准授予設計專利[39]。

(三)必備附屬品

設計之物品必須爲獨立交易之商品，倘爲其他物品之附屬品，且必須與專屬之其他物品配合者，應屬純功能性之設計，即非設計專利之標的。職是，倘設計產品係專用於維修零件之用途，則不予保護。反之，物品縱使爲元件、構件或附屬品，其能自其附屬之物品獨立出來，而可大量生產，並成爲交易之對象者，可成爲設計專利所稱之物品。舉例說明之：1.小彈簧卡榫爲椅子之附屬品，其必與專屬椅子配合，縱可成爲獨立購買交易之商品，亦與設計之要件不符[40]；2.汽車照後鏡雖爲車輛之附屬品，然能自車輛分離，得大量生產而成爲交易之對象，是其爲設計專利所稱之物品，得成爲設計專利保護之標的。

二、純藝術創作

純藝術創作（pure fine arts creation）屬文化層面之範疇，應依著作權之方式加以保護，此與設計注重工業技術面之創作，兩者有所不同（專利法第124條第2款）。例如，張大千之潑墨山水、畢卡索之抽象畫，均屬藝術精神創作，其屬美術著作，屬文化方面之創作（著作權法第5條第1項第3款），並非以促進工業技術及產業競爭目的，爲其創作前提，無所謂產業上利用性可言，應將之排除得准予設計專利之範疇，而將其列入著作權之保護對象。

---

[39] 陳智超，專利法——理論與實務，五南圖書出版股份有限公司，2004年4月，2版，頁58至59。
[40] 最高行政法院78年度判字第2407號行政判決。

三、積體電路或電子電路布局

(一)功能取向

　　積體電路或電子電路布局（layout of integrated circuits and electronic circuits）屬功能取向，並非屬視覺面之配置。就產業技術而言，電路布局之設計與創作，屬電子工程師關於電路設計之布局，所著重者在於電子電路布局之功能取向，其與著重視覺效果之外觀設計之工業設計，兩者之範圍不同，自不屬設計之領域。

(二)單獨立法保護

　　我國已於1996年間公布施行「積體電子電路布局保護法」，其已有保護規定，自毋庸再列入設計專利保護之標的。準此，積體電路布局之創作不應列入於以保護工業設計為主體之設計專利之保護標的（專利法第124條第3款）。

四、妨害公共秩序或善良風俗

　　基於公益之考量，物品之外觀設計有違公序（public order）良俗（good custom）者，應將之排除得准予設計專利之保護標的（專利法第124條第4款）。舉例說明之：(一)猥褻之人體外觀設計；(二)將國旗作為保險套之形狀。

貳、部分設計專利

一、要件

　　因申請專利保護之產品設計，絕大多數為具有部分創作特徵之設計，整體全新設計之產品畢竟占少數。準此，針對部分設計（portion design）予以周延的法律保護，成為設計保護法（design law）之重要課題。自1980年美國Court of Customs and Patent Appeals （C.C.P.A.）有關部分設計專利之In re Zahn判決之後[41]，美國專利商標局首開受理部分設計專利申請之先河，In re Zahn案例遂成為部分設計專利之濫觴。世界各主要工業國家，嗣後陸續開放部分設計之專利

---

[41] In re Zahn, 617 F.2d 261 (C.C.P.A. 1980).

申請。例如，日本1999年1月1日施行之意匠法，韓國2001年修正之意匠法，澳洲2003年之設計法，歐盟設計法於2002年3月6日實施之「未註冊設計」及2003年4月1日實施之「註冊設計」，德國亦有設計法，均針對部分設計提供設計專利保護。故提供部分設計之專利保護，已成世界趨勢[42]。準此，我國專利法第121條有保護部分設計之規定，物品之全部或部分之形狀、花紋、色彩或其結合，透過視覺訴求之創作，得取得設計專利。

二、設計專利範圍以圖式為準

設計之專利範圍係其所揭示之圖式（drawings）為準，任何揭示於圖式之事物，均為申請專利範圍之重要元素（essential elements）[43]。其與發明或新型專利不同，發明或新型專利所主張保護之對象，係以文字加以描述之範圍。而設計主張要保護之對象，係描繪於圖面設計之整體或部分視覺外觀[44]。

參、例題解析──設計之消極要件

甲之自創抽象畫，雖具有極佳之視覺美感，為具有原創性之美術著作。然該圖畫屬其個人陶冶性質之精神創作，以達賞心悅目之效果，如同張大千之潑墨山水、畢卡索之抽象畫，均屬藝術精神創作，並非以工業技術、產業競爭為創作前題，故甲持該抽象畫向經濟部智慧財產局申請設計專利，經濟部智慧財產局應以純藝術創作為由，駁回其專利之申請[45]。

肆、相關實務見解──設計專利創作性之判斷主體

申請設計專利之咖啡沖濾器呈現單一圓錐筒狀之本體，其下端形成一環狀凸緣部之外觀特徵。而市面之咖啡沖濾器，在其本體一側，尚具有一凸伸之耳

---

[42] 林谷明，日本部分意匠專利簡介，智慧財產權月刊，93期，2006年8月，頁5。

[43] 葉雪美，淺談美國設計（新式樣）專利，智慧財產權月刊，73期，2005年1月，頁42。

[44] 葉雪美，淺談美國設計（新式樣）專利，智慧財產權月刊，73期，2005年1月，頁60。

[45] 經濟部智慧財產局，專利法逐條釋義，2014年9月，頁373至374。

狀把手及本體下端形成一盤碟狀座體之結構。因設計專利創作性要件之判斷主
體，爲該所屬技藝中具有通常知識者，其判斷標的係依設計說明書之圖式爲判
斷，而非依其圖式作成之成品爲判斷。所謂所屬技藝中具有通常知識者，係指
具有申請時設計所屬技藝領域之知識及普通技能，而能理解、利用申請時之先
前技藝以爲創作者。準此，申請設計專利之咖啡沖濾器，是否可依市面之咖啡
沖濾器易於思及，應以所屬技藝中具有通常知識者爲據，並非以相關消費者爲
斷[46]。

---

[46] 智慧財產及商業法院102年度行專訴字第113號行政判決。

第四章　專利之申請

　　專利制度之內容主要有三部分：專利之授予、專利之實施及專利之保護。我國專利之取得，應依法向主管機關經濟部智慧財產局提出申請，經專利審查程序後，以決定是否授予專利。

第一節　專利取得主義

　　專利法為國內法，採屬地主義原則，欲取得世界各國之專利，原則上應向各國專利申請，並取得專利權，始受各國專利法制之保護[1]。故刊登廣告聲稱其商品具有世界專利，誠屬不實內容。因專利僅在獲准之國家或地區內有效，而不及於其他國家或地區，必須在各國個別申請及接受審查後，分別取得專利權，自無所謂世界專利制度。而權利人雖已取得多國之專利，然不應使用世界性專利之文字，作為吸引相關消費者購買之宣傳。準此，建立專利之國際保護制度，國際組織及國際化條約成為重要之主角，各國專利法經由實體法之規範，使各國關於專利之保護趨於一致。而於程序方面，專利程序得於申請國以外之國家適用，達成專利保護之國際化。

例題1

　　甲所有之新型專利經智慧財產局審查核准，並公告在案，乙於專利有效期間，在大陸地區製造及銷售之物品，侵害該新型專利，除於大陸地區販賣外，並銷售至臺灣地區與其他國家，甲並未於其他國家或地區取得專利權。試問甲就乙侵害專利權之行為，有何救濟途徑？

---

[1] 最高行政法院109年度判字第232號行政判決：專利係採屬地主義，各國專利法制及其審查基準各有不同，且個案審查時所檢索比對之先前技術互有差異，故其他國家對某發明授予專利權證據，尚難逕行採為我國相關案件有利之認定。

例題2

> A大學主張其所有「基因重組技術」於美國取得發明專利權在案，詎B公司未經其同意，竟在臺灣地區使用該基因重組技術。試問B公司是否侵害該大學所有美國專利權？我國專利法是否應予保護？

例題3

> 丙以「包衣方式延緩釋出消滅過氧化氫成分，使隱形眼鏡清潔消毒較安全之技術」方法，已取得美國專利為由，向經濟部智慧財產局申請方法專利。試問智慧財產局應否授予專利權？理由為何？

例題4

> 美國A公司在我國取得發明專利後，新加坡B公司與大陸C公司未經同意或授權，而於我國境內侵害該專利。試問A公司在我國提起專利侵權民事訴訟，我國法院應如何審理？

壹、屬地主義與獨立原則

一、屬地主義

　　現今世界各國雖大多採用專利制度，對於發明或創作加以保護，以促進科技產業之發展。惟各國是否授予專利權，提供保護之範圍及受侵害之救濟方法，實涉及該國之產業科技水準、立法政策及司法制度等因素。因國家授予專利權及保護專利權，實為國家公權力之行使表徵[2]。故專利權所及之領域具有地域性（territorial），以授予專利權之國家之主權所及為限，專利權除有一定之保護期限外，亦具有嚴格之區域性，僅能於本國領域內生效，其為屬地主義，無法於領域外發生效力。

---

[2] 智慧財產及商業法院106年度行專訴第88號行政判決。

二、獨立原則

專利法爲國內法，並非國際法，此爲一國一專利權，稱之專利權獨立原則（principle of independence of patent）[3]。舉例說明之：(一)行爲人乙雖曾於大陸地區製造及販賣甲於臺灣地區取得新型專利權之自行車墊桿，惟甲於大陸地區並未取得專利權，其無法獲得大陸地區之專利法保護。倘甲於臺灣地區起訴請求行爲人負損害賠償責任，因大陸地區並非我國專利權之效力所及，甲之請求顯無理由，法院得不必對被控侵權物品，進行技術判斷之鑑定；(二)丙雖於我國已取得之專利，除非向美國商標專利局（USPTO）專利申請，並授予專利權人，否則專利權人丙不得在美國行使專利權，而排除於美國國內對其專利之侵害[4]。

貳、取得方式

一、先申請主義

專利權之取得，原則上以申請案提出之先後決定之，此爲先申請主義（first-to-file）。我國採先申請主義，即同一發明有二以上之專利申請案時，僅得就其最先申請者准予發明專利。但後申請者所主張之優先權日早於先申請者之申請日者，以主張優先權日者准予發明專利（專利法第31條第1項）。申請日或優先權日爲同日者，應通知申請人協議定之，協議不成時，均不予發明專利；其申請人爲同一人時，應通知申請人限期擇一申請，屆期未擇一申請者，均不予發明專利（第2項）。各申請人爲協議時，專利專責機關應指定相當期間通知申請人申報協議結果，屆期未申報者，視爲協議不成（第3項）。

---

[3] 有關工業財產權保護之巴黎公約（The Paris Convention for the Protection of Industrial Property）第4條之2(1)規定，同盟國國民所申請之專利，不論是否屬於同盟國之他國，就同一發明所取得之專利權，彼此互相獨立，此爲專利獨立原則。

[4] 35 U.S.C. §154(A)(1): Every patent shall contain a short title of the invention and a grant to the patentee, his heirs or assigns, of the right to exclude others from making, using, offering for sale, or selling the invention throughout the United States or importing the invention into the United States, and, if the invention is a process, of the right to exclude others from using, offering for sale or selling throughout the United States, or importing into the United States, products made by that process, referring to the specification for the particulars thereof.

同一發明或創作分別申請發明專利及新型專利者，準用之（第4項）。

二、先發明主義

專利應經申請程序，而取得專利以發明先後決定專利權之授予。故同一發明有二以上之專利申請案時，僅得授予最先發明者專利權，此為先發明主義（first-to-invent）。美國原固採先發明主義，然美國發明法案（America Invents Act, AIA），經歐巴馬總統於2011年9月16日簽署修訂案後，改為先申請主義。

參、例題解析

一、屬地保護主義

(一)一國一專利

國家授予專利權及保護專利權，實為國家公權力之行使表徵，是專利權所及之領域，以授予專利權之國家之主權所及為限，作為專利權所保護之範圍，採屬地保護原則。是專利權人所取得之專利權，僅能得到授予該項權利之國家法律保護，在專利權所依法授予之國家內始有效力，在授予專利權之國家以外地域，該專利權則不發生法律效力。準此，甲之創作雖取得我國專利權之保護，然未於大陸地區或他國取得專利權，自不受大陸地區或他國之專利法保護。甲僅得就銷售至臺灣地區之侵害新型專利物品，對乙行使專利權。

(二)我國專利法之效力

新型專利權人，除本法另有規定外，專有排除他人未經其同意而實施該新型之權。物之新型實施，指製造、為販賣之要約、販賣、使用或為上述目的而進口該物之行為（專利法第120條、第58條第1項、第2項）。準此，新型專利權人，專有排除他人未經其同意，以製造、販賣之要約、販賣、使用為目的而進口該新型專利物品之權。倘乙在臺灣地區以使用、販賣為目的，而自大陸地區輸入侵權物品，甲得依據我國專利法之規定主張專利權。在臺灣地區從事販賣之經銷商或零售商，亦成為專利侵害之侵權行為人，甲得對販賣者主張專利權[5]。

---

[5] 林洲富，法官辦理民事事件參考手冊15，專利侵權行為損害賠償事件，司法院，2006

二、美國專利法之效力

「基因重組技術」雖於美國取得專利權，惟其專利權僅於美國範圍內發生效力，其不及其他國家或地區。準此，A大學主張B公司未經其同意，在臺灣地區使用該基因重組技術，已侵害該大學所有美國專利權，爲無理由[6]。

三、專利要件依據內國法審查

申請人丙雖以「包衣方式延緩釋出消滅過氧化氫成分，使隱形眼鏡清潔消毒較安全之技藝」方法，已見於美國RE32672、39296、45681號等專利案，惟各國專利法制不同，審查標準亦異，自不得以在外國獲准專利，作爲應核准專利之依據。準此，申請人丙縱使於外國取得專利，智慧財產局仍應依據我國之技術水準及審查標準，認定是否具備產業上利用性、新穎性及進步性等專利要件，作爲核准方法專利之基準[7]。

四、涉外事件

(一)智慧財產法院就涉外之專利侵害事件有管轄權

外國人在我國取得專利權後，倘有他國人侵害該專利權，其爲涉外事件，自可請求我國法院依據我國專利法保護。準此，美國A公司在我國取得發明專利後，新加坡B公司與大陸C公司於我國境內侵害該專利，因當事人有外國人與大陸人民，故本件侵害專利事件爲涉外民事事件，應適用涉外民事法律適用法及臺灣地區與大陸地區人民關係條例，決定本件之管轄及準據法。侵權行爲涉訟者，得由行爲地之法院管轄（民事訴訟法第15條第1項）。侵權行爲地包含一部實行行爲或其一部行爲結果發生之地[8]。涉外民事法律適用法雖未就法院之管轄予以規定，惟專利權人主張專利侵權行爲地在我國境內，自應類

年12月，頁221至222。

[6] 劉江彬編著，袁孝平、李宜珊、陳小梨、羅萬信、李光申、黃三榮著，異種移植專利案，智慧財產法律與管理案例評析(2)，政大科技政策與法律研究中心，2004年11月，頁209。

[7] 最高行政法院83年度判字第1976號行政判決；智慧財產及商業法院102年度行專訴字第4號行政判決。

[8] 最高法院56年台抗字第369號民事裁定。

推適用我國民事訴訟法第15條第1項規定，由我國法院管轄。依智慧財產及商業法院組織法第3條第1款、智慧財產案件審理法第9條第1項規定，我國智慧財產及商業法院就此涉外之專利侵害私法事件自有管轄權。

(二)適用侵權行為地及法庭地法

關於由侵權行為而生之債，依侵權行為地法。但另有關係最切之法律者，依該法律（涉外民事法律適用法第25條）。侵權行為依損害發生地之規定，但臺灣地區之法律不認其為侵權行為者，不適用之（臺灣地區與大陸地區人民關係條例第50條）。準此，涉外專利侵權行為之準據法，應適用侵權行為地及法庭地法，美國A公司主張新加坡B公司與大陸C公司侵害該公司在臺灣之專利權，該專利侵權行為係發生在我國境內，是本件涉外侵害專利事件之準據法，應依中華民國之法律[9]。

肆、相關實務見解──專利效力所及地域

專利權人主張行為人銷售、展覽侵害專利之產品，導致其於國內市場銷售額減少而受有損失。因專利權之保護採屬地主義，行為人銷售、展覽侵害專利之行為地在國外，在國內無銷售與製造行為，非專利效力所及。準此，專利權人不得向行為人主張侵害專利權之損害賠償[10]。

第二節　專利申請權人

所謂專利申請權，係指依專利法申請專利之權利（專利法第5條第1項）。而申請權人並不以自然人為限，包含法人在內。專利申請權人，除本法另有規定或契約另有約定外，指發明人、新型創作人、設計人或其受讓人或繼承人（第2項）。而專利申請權為共有者，應由全體共有人提出申請（專利法第12條第1項）。職是，專利申請權之取得分為原始取得與繼受取得；而原始取得事由，有完成發明創作而取得與因僱傭關係而取得。

---

[9] 智慧財產及商業法院97年度民專訴字第1號、97年度民專上字第14號、98年度民專上易字第3號、98年度民專訴字第10號、98年度民專訴字第30號民事判決。
[10] 智慧財產及商業法院101年度民專上字第8號民事判決。

例題5

> 甲受僱於A公司期間，而於非職務上完成B發明方法，A公司未經甲同意，竟持甲所研發之B發明方法，向經濟部智慧財產局申請方法發明專利，經核准公告在案。試問甲向智慧財產及商業法院，提起確認B發明方法為其所有之民事訴訟，該法院應如何審理？

例題6

> 乙明知「改良環氧物層板之填料」技術為丙所發明，未經丙同意，竟竊取發明「改良環氧物層板之填料」技術，據此向經濟部智慧財產局申請物之發明專利，經智慧財產局核准公告在案。試問丙向智慧財產及商業法院，提起確認「改良環氧物層板之填料」技術之發明為其所有之民事訴訟，該法院應如何審理？

壹、專利申請權人之範圍

一、適格合法之專利申請人

依據契約理論，欲取得專利權，必須經專利申請權人向國家提起授予專利權之申請。而何人有專利申請權，依據專利法第5條第2項規定，專利申請權人，除本法另有規定或契約另有約定外，指發明人、新型創作人、設計人或其受讓人或繼承人[11]。換言之，所謂專利申請權，應係指任何具有中華民國國籍之國民或符合專利法第4條互相保護（reciprocal proctection）國家國民[12]。準此，物品或方法之發明人、新型創作人、設計人或其受讓人或繼承人者，均得依專利法之相關規定提出專利之申請，並由經濟部智慧財產局就提出專利申請

---

[11] 智慧財產及商業法院97年度民專上字第17號民事判決。

[12] 專利法第4條規定：外國人所屬之國家與中華民國如未共同參加保護專利之國際條約或無相互保護專利之條約、協定或由團體、機構互訂經主管機關核准保護專利之協議，或對中華民國國民申請專利，不予受理者，其專利申請，得不予受理。

者,是否爲適格合法之專利申請人,自形式加以認定之(專利法施行細則第8
條、第16條)。

二、提起確認之訴要件

確認之訴,非原告有即受確認判決之法律上利益者,不得提起(民事訴訟
法第247條)。所謂即受確認判決之法律上利益,係指因法律關係之存否不明
確,致原告在私法上之地位有受侵害之危險,而此項危險得以對於被告之確認
判決除去之者。故當事人於民事訴訟程序請求確認專利申請權存否之訴,此關
乎專利申請權之歸屬,僅限於當事人對於專利申請權之存否,影響其得否向專
利主管機關申請專利之權利,始認具有受確認專利申請權存否之訴判決之法律
上利益。例如,原告未主張其爲專利之創作人或具有其他申請專利之權利人,
則其提起本件確認之訴,請求確認他人及其後手就專利之專利申請權不存在,
難認有受確認判決之法律上利益[13]。

貳、僱傭或委聘關係取得申請權

發明人及創作人從事研發之結果,其雖歸屬該研發人所有。惟因僱傭關
係或委聘關係涉及多數人之關係,其研發結果並非純屬個人所成,其必須明
文規範,以避免爭議。準此,我國專利法第7條至第8條分別規定專利申請權之
主體。

一、職務上之發明創作(96年檢察事務官;108年司律)

受雇人於職務上所完成之發明、新型或設計,其專利申請權及專利權,原
則屬於雇用人,雇用人應支付受雇人適當之報酬。例外情形,係契約另有約定
者,從其約定(專利法第7條第1項)。所謂所稱職務上之發明、新型或設計,
指受雇人於僱傭關係中之工作所完成之發明、新型或設計(第2項)。

---

[13] 最高法院104年度台上字第1355號民事判決;智慧財產及商業法院103年度民專上字第
11號民事判決。

二、非職務上之發明創作（108年司律）

(一)法定非專屬授權

受雇人雖在僱傭關係存續中完成發明或創作，惟該發明或創作並非基於僱用關係（irrelevant to one's job duties）工作所完成者，是受雇人於「非職務上所完成」發明或創作，其專利申請權及專利權屬於受雇人，是雇用人非該專利之申請權人（專利法第8條第1項前段），縱使雇用人事先經由契約之約定，剝奪或要求受雇人事先放棄，該約定亦屬無效（專利法第9條）。惟受雇人之發明係利用雇用人之資源或經驗者，雇用人得於支付合理之報酬後，其於該事業實施該發明，其性質屬「法定非專屬授權」（專利法第8條第1項但書）。

(二)受雇人之通知義務

專利法對於非職務上完成發明或創作之情形，課予受雇人有通知義務。即受雇人完成非職務上之發明、新型或設計，應即以書面通知雇用人，如有必要並應告知創作之過程（專利法第8條第2項）。雇用人於前項書面通知到達後6個月內，未向受雇人為反對之表示者，不得主張該發明係職務上發明，即發生失權效果（第3項）。反之，倘雇用人為反對之表示，亦不因其反對之表示，而使該發明成為職務上之發明，其究竟是否屬於職務上之發明，仍應視其是否符合職務上發明要件而決定之，倘發明與受雇人之職務上工作無關，縱使雇用人反對，其專利申請權與專利權仍屬受雇人所有[14]。

三、委聘關係之發明創作

一方出資聘請他人從事研究開發者，其專利申請權及專利權之歸屬，原則依雙方契約約定。例外情形，契約未約定者，屬於發明人或創作人。但出資人得實施其發明、新型或設計（專利法第7條第3項）。

---

[14] 廖建彥，專利法上受僱人發明權益歸屬之研究，中國文化大學法律學研究所碩士論文，2001年6月，頁222至223。

參、例題解析

一、受雇人非職務上發明專利權歸屬之爭議

(一)提起舉發

發明專利權人爲非專利申請權人，專利專責機關應依利害關係人舉發撤銷其發明專利權。而發明爲非專利申請權人請准專利，經專利申請權人於該專利案公告之日起2年內申請舉發，並於舉發撤銷確定之日起2個月內申請者，以非專利申請權人之申請日，爲專利申請權人之申請日（專利法35條第1項、第71條第1項第3款、第2項）。準此，甲得以A公司非專利申請權人爲由，而於B發明方法公告日起2年內，向智慧財產局提起舉發，倘舉發成立撤銷A公司之專利權確定，甲可於2個月內向經濟部智慧財產局申請取得B發明方法之專利權[15]。

(二)確認專利權歸屬之民事訴訟

雇用人或受雇人對第7條及第8條所定權利之歸屬有爭執，而達成協議者，得附具證明文件，向專利專責機關申請變更權利人名義。專利專責機關認有必要時，得通知當事人附具依其他法令取得之調解、仲裁或判決文件（專利法第10條）。因受雇人職務關係、出資關係或受雇人非職務關係而生專利申請權及專利權歸屬之爭執，可先向智慧財產及商業法院提起確認專利申請權及專利權歸屬，或請求移轉專利申請權及專利權之民事訴訟，嗣取得勝訴判決確定後，即可附具該確定判決，向專利專責機關申請變更權利人名義[16]。準此，甲雖受雇於A公司，然甲於完成B方法發明，並非職務上所完成之發明，A公司未經其同意，竟持該發明向經濟部智慧財產局申請專利，並取得B方法發明專利在案，甲除向智慧財產局提起舉發外，並向智慧財產及商業法院起訴主張依專利法第10條規定，請求確認B方法發明專利爲甲所有。嗣取得民事勝訴判決之證明文件，即可向智慧財產局申請變更權利人名義，以資解決[17]。

---

[15] 智慧財產及商業法院97年度行專訴字第43號行政判決。

[16] 智慧財產及商業法院105年度民專上字第38號、106年度民專上第9號民事判決。

[17] 司法院102年度智慧財產法律座談會之民事訴訟類相關議題提案及研討結果第2號。

二、非專利法第7條及第8條所定權利之歸屬爭執

　　專利申請權雖為申請專利之權利，然在專利權申請經智慧財產局審查認定應授與專利權之前，僅為取得專利權之期待權，專利法未規定侵害專利申請權者，應負損害賠償責任。而專利權之發生為專利專責機關本於行政權作用所核准，故未經智慧財產局核准取得專利權前，專利申請權人無法對第三人主張專利權。準此，丙主張「改良環氧物層板之填料」技術為其所發明，乙未經其同意，竟抄襲該物之技術，持之向智慧財產局取得「改良環氧物層板之填料」發明專利，因當事人非專利法第7條及第8條所定權利之歸屬爭執，丙應向經濟部智慧財產局提起舉發，循行政爭訟方式救濟之，不得依據民事訴訟程序解決爭議。倘丙提起確認「改良環氧物層板之填料」發明之專利權或專利申請權，智慧財產及商業法院應駁回丙提起之民事確認之訴[18]。

肆、相關實務見解

一、申請人非共同發明人或創作人（93年檢察事務官）

　　申請專利範圍記載數個請求項時，發明人或創作人並不以對各該請求項均有貢獻為必要，倘僅對一項或數項請求項有貢獻，即可表示為共同發明人或創作人。專利申請權為共有者，應由全體共有人提出申請（專利法第12條第1項）。所謂實質貢獻之人，係指為完成發明而進行精神創作之人，其須就發明或新型所欲解決之問題或達成之功效產生構想，並進而提出具體而可達成該構想之技術手段。因發明係保護他人為完成發明所進行之精神創作，而非保護創作之商品化。準此，使用他人所構思之具體技術手段，實際製造物品或其部分元件之人，縱對物品之製造具有貢獻，難謂係共同發明人[19]。

二、申請人非發明人或創作人

　　申請專利技術內容與申請前技術資訊，經整體技術特徵比對，倘在構

---

[18] 司法院2012年智慧財產法律座談會之民事訴訟類相關議題提案及研討結果第5號。

[19] 最高法院104年度台上字第2077號民事判決；智慧財產及商業法院104年度民專上字第22號、103年度民專上字第88號、102年度民專上字第23號、101年度民專上字第52號、98年度民專上字第39號民事判決。

造、效果、目的及技術內容，整體觀之可認屬於同一發明或創作，即難認申請專利之人為發明人或創作人。準此，兩者技術內容應認定相近似，具有相關聯性之技術內容，是申請專利之人非發明人或創作人[20]。

第三節　專利代理人

專利申請權人申請專利與辦理有關事項，固得自行處理，然申請專利文件及法律程序涉及專業知識，未必為申請人所熟悉，故得委任有資格之專利代理人處理。

例題7

甲前在經濟部智慧財產局擔任A設計物品之專利審查員，經其審查結果，智慧財產局作成授予設計專利之行政處分，嗣後甲離職在乙專利事務所擔任專利師，丙以A設計物品專利之專利權人，並非設計專利申請權人，委任甲擔任代理人向智慧財產局申請舉發。試問甲是否得於該舉發案件，擔任丙之代理人？

壹、專利代理人之資格

一、積極要件

(一)專利師

申請人申請專利及辦理有關專利事項，得委任代理人辦理之。在中華民國境內，無住所或營業所者，申請專利及辦理專利有關事項，應委任代理人辦理之。代理人，除法令另有規定外，以專利師為限。專利師之資格及管理，另以法律定之（專利法第11條）。我國前於2007年6月20日三讀通過制定專利師法，最近於2018年11月2日修正。制定專利師法之目的，在於以維護專利申請人之權益，強化從事專利業務專業人員之管理（專利師法第1條）。專利師之業務範圍如後：1.專利之申請事項；2.專利之舉發事項；3.專利權之讓與、

---

[20] 智慧財產及商業法院103年度民專訴字第71號民事判決。

信託、質權設定、授權實施之登記及強制授權事項；4.專利訴願、行政訴訟事項；5.專利侵害鑑定事項；6.專利諮詢事項；7.其他依專利法令規定之專利業務（專利師法第9條）。準此，專利事務涉及專業知識，故為提升申請專利案件之品質，俾於智慧財產局之管理。故受任申請專利與辦理專利相關事項者，原則上以專利師為限。

(二)迴避原因

專利師受委任後，應忠實執行受任事務；倘因懈怠或疏忽，致委任人受損害者，應負賠償責任（專利師法第11條）。而為避免發生利益衝突之情事，專利師對於下列案件，不得執行其業務，此為專利師之迴避原因：(一)本人或同一事務所之專利師，曾受委任人之相對人委任辦理同一案件；(二)曾在行政機關或法院任職期間處理之案件；(三)曾受行政機關或法院委任辦理之相關案件（專利師法第10條）。

二、消極要件

(一)專利師

有下列各款情事之一者，不得充任專利師；已充任者，撤銷或廢止其專利師證書：1.因業務上有關之犯罪行為，受本國法院或外國法院1年有期徒刑以上刑之裁判確定。但受緩刑之宣告或因過失犯罪，不在此限；2.受本法所定除名處分；3.依專門職業及技術人員考試法規定，經撤銷考試及格資格；4.受監護或輔助宣告尚未撤銷；5.受破產之宣告尚未復權；6.罹患精神疾病或身心狀況違常，經主管機關委請相關專科醫師認定不能執行業務（專利師法第4條第1項）。

(二)專利代理人

有下列各款情事之一者，不得擔任專利代理人；已擔任專利代理人者，撤銷或廢止其專利代理人證書：1.因業務上有關之犯罪行為，受1年有期徒刑以上刑之裁判確定。但受緩刑之宣告或因過失犯罪者，不在此限；2.受監護或輔助宣告尚未撤銷；3.受破產之宣告尚未復權；4.罹患精神疾病或身心狀況違常，經主管機關委請相關專科醫師認定不能執行業務；5.據以領得專利代理人證書之資格，經依法律撤銷或廢止（專利師法第37條）。

貳、例題解析──專利代理人之迴避

因甲前在智慧財產局擔任A設計物品之專利審查員，嗣後甲在乙專利事務所擔任專利師，自不得代理A設計物品專利之舉發案（專利師法第10條第2款）。倘甲接受丙之委任而擔任A設計物品專利之舉發案代理人，應送經濟部智慧財產局所設之專利師懲戒委員會懲戒（專利師法第25條第1款、第26條、第31條）。

參、相關實務見解──專利師之業務範圍

所謂專利面詢程序，係指主管機關審查人員為辦理發明、新型及設計專利之審查、舉發審查、延長發明專利權舉發及依職權撤銷專利權之處理，為瞭解案情及迅速確實審查專利案之需而為。故專利案面詢之目的在求程序之順暢進行，並無排除其他有助案情瞭解之人士參與程序，是參與專利案面詢，顯非專利代理人本諸專業始得進行之業務，其與專利師法第9條第1款至第7款列舉業務範圍，應本諸專利專業，始得進行之業務有別。準此，非專利師得參與專利案之面詢程序[21]。

第四節　專利申請日

專利申請日之認定，關乎先申請主義之適用、專利要件之取得、界定專利期間、發明專利申請案之早期公開制適用，是影響申請人之專利權甚鉅。為保障發明人或創作人之權益，專利制度賦予發明人、創作人或設計人主張優先權日之權利，使專利申請人得在其他國家之專利申請，享有較早之申請日。

例題8

美國人甲與英國人乙為物之發明專利之共同發明人，渠等先於2023年6月11日在日本共同提出申請案，嗣於同年10月11日向我國申請發明專利。試問甲與乙於我國主張優先權，經濟部智慧財產局應如何審理？

---

[21] 最高行政法院99年度判字第773號行政判決。

例題9

　　丙前後提出具有相同技術內容之發明專利申請，均經由經濟部智慧財產局審查核准，並公告在案，前者為「拖把擠壓脫水裝置」，後者為「拖把擠乾器」。試問：(一)丙是否擁有二個發明專利權？(二)智慧財產局是否應撤銷其中之一？

壹、單一性原則

一、單一性之定義

　　所謂單一性，係指專利申請應具備一發明一申請、一新型一專利及一設計一專利之原則（專利法第33條1項、第120條、第128條第1項）。詳言之：(一)對於同一發明或創作，僅得提出一專利申請，不得有重複專利之情事，同一發明應置於同一專利申請提出，不得於另一專利案提出；(二)數個發明或創作應分別提出申請。

二、廣義發明或新型

　　二個以上發明或新型，屬於一個廣義發明（a single general inventive concept）或新型概念時，得於一申請案中提出申請（專利法第33條第2項、第120條）。所謂屬於一個廣義發明或新型概念者，係指二個以上之發明或新型，其於技術上相互關聯（專利法施行細則第27條第1項）。前開技術上相互關聯之發明或新型，應包含一個或多個相同或相對應，且對於先前技術有所貢獻之特定技術特徵（special technical features）（第2項）。例如，申請專利範圍之請求項有三：(一)一種燈絲A；(二)一種以燈絲A製成之燈泡B；(三)一種探照燈，裝有以燈絲A製成之燈泡B及旋轉螺紋C。就先前技術而言，燈絲A具備專利要件。因請求項(一)至(三)均具有特定技術特徵燈絲A，故該等請求項間具有單一性[22]。

---

[22] 林國塘，專利審查基準及實務發明及新型，智慧財產專業法官培訓課程，司法院司法人員研習所，2006年3月，頁33。

三、申請案分割

申請專利之發明,實質上為二個以上之發明時,經專利專責機關通知,或據申請人申請,得為分割之申請(專利法第34條第1項)。分割申請應於下列各款之期間內為之:(一)原申請案再審查審定前;(二)原申請案核准審定書、再審查核准書送達後3個月內。但經再審查審定者,不得為之(第2項)。分割後之申請案,仍以原申請案之申請日為申請日;如有優先權者,亦得主張優先權(第3項)。分割後之申請案,不得超出原申請案申請時說明書、申請專利範圍或圖式所揭露之範圍(第4項)。依第2項第1款規定分割後之申請案,應就原申請案已完成之程序續行審查(第5項)。依第2項第2款規定所為分割,應自原申請案說明書或圖式所揭露之發明,且與核准審定之請求項非屬相同發明者,申請分割;分割後之申請案,續行原申請案核准審定前之審查程序(第6項)。原申請案經核准審定之說明書、申請專利範圍或圖式不得變動,以核准審定時之申請專利範圍及圖式公告之(第7項)。

四、先申請主義

同一發明或新型、設計有二以上之專利申請時,申請人為同一人時,應通知申請人限期擇一申請,屆期未擇一申請者,均不予專利。而申請人非同一人時,各申請人應為協議,專利專責機關應指定相當期間通知申請人申報協議結果,屆期未申報者,視為協議不成(專利法第31條第2項、第3項、第120條、第128條第2項、第3項)[23]。準此,專利之申請,違反單一性之要件,專利專責機關應為不予專利之審定(專利法第46條、第112條第1項第4款、第134條)。

五、判斷單一性標準

判斷發明或創作之單一性,得就下列事項加以比對與檢討,為綜合考慮:(一)發明或創作之技術目的;(二)為達成技術目的,其具體之發明或創作之技術手段;(三)發明或創作所產生之效果。因物之發明與其方法之發明,分屬兩個不同之發明,是發明之對象為物或方法,應分別認定發明之保護標的。

---

[23] 專利法第31條第4項規定:同一發明或創作分別申請發明專利及新型專利者,準用前三項規定。

技術功能或效果不同時，會構成另一發明或創作。同理，技術功能或效果雖相同，倘欲達成之技術方法相異者，即構成另一發明或創作[24]。

貳、申請日

一、文件備齊日

申請發明專利，由專利申請權人備具申請書、說明書及必要圖式，向專利專責機關申請之（專利法第25條第1項）。申請發明專利，以申請書、說明書及必要圖式齊備之日，作為申請日（第2項）。

二、補正日

說明書及必要圖式以外文本提出，且於專利專責機關指定期間內補正中文本者，以外文本提出之日為申請日；未於指定期間內補正者，申請案不予受理。但在處分前補正者，以補正之日為申請日（專利法第25條第4項）。

三、申請日之追溯（111年司律）

發明為非專利申請權人請准專利，經專利申請權人於該專利案公告之日起2年內申請舉發，並於舉發撤銷確定之日起2個月內申請者，以非專利申請權人之申請日為專利申請權人之申請日（專利法第35條第1項）。專利法第35條第1項規定意旨為當真正專利申請人主張他人冒充申請時，倘能於該專利案公告之日起2年內申請舉發，並於舉發撤銷確定之日起2個月內申請者，即能在撤銷該專利後，以冒充申請者之申請日為專利申請權人之申請日，使該專利不因前已冒充申請而喪失新穎性。換言之，真正專利申請人能否於專利法第35條法定期間內，為舉發或復為申請，僅生能否擬制申請日，而可藉由撤銷該專利，進而重新申請專利之方式，取得該專利之問題而已，縱使已逾專利法第34條之法定期間，真正之專利申請權人仍有如後之救濟途徑：(一)舉發撤銷該專利；(二)依同法第10條規定，以民事確認判決申請智慧財產局以變更權利人之方式取回專利權；(三)依不當得利之法律關係，請求冒充申請者返還該專利權，以維護

---

[24] 楊崇森，專利法理論與應用，三民書局股份有限公司，2003年7月，頁210至211。

其權利[25]。

四、寄存證明文件非屬取得申請日之要件

申請生物材料或利用生物材料之發明專利,申請人最遲應於申請日將該生物材料寄存於專利專責機關指定之國內寄存機構。但該生物材料為所屬技術領域中具有通常知識者易於獲得時,不須寄存(專利法第27條第1項)。準此,寄存證明文件非屬取得申請日之要件,而得於提出申請後再行補正,且無要求申請人於申請時,須於申請書上載明寄存資料之必要,僅須於檢送寄存證明文件時載明即可。

參、修正申請專利範圍

一、限期修正

專利專責機關於審查發明專利時,除本法另有規定外,得依申請或依職權通知申請人限期修正說明書、申請專利範圍或圖式(專利法第43條第1項)。修正,除誤譯之訂正外,不得超出申請時說明書、申請專利範圍或圖式所揭露之範圍(第2項)[26]。專利專責機關依第46條第2項規定通知後,申請人僅得於通知之期間內修正(第3項)。專利專責機關經依前項規定通知後,認有必要時,得為最後通知;其經最後通知者,申請專利範圍之修正,申請人僅得於通知之期間內,就下列事項為之:(一)請求項之刪除;(二)申請專利範圍之減縮;(三)誤記之訂正;(四)不明瞭記載之釋明(第4項)。違反前二項規定者,專利專責機關得於審定書敘明其事由,逕為審定(第5項)。

二、外文本補正與訂正

說明書、申請專利範圍及圖式,依第25條第3項規定,以外文本提出者,其外文本不得修正(專利法第44條第1項)。依第25條第3項規定補正之中文本,不得超出申請時,外文本所揭露之範圍(第2項)。前項之中文本,其誤

---

[25] 智慧財產及商業法院100年度民專上字第17號民事判決。
[26] 智慧財產及商業法院105年度行專訴字第67號行政判決。

譯之訂正，不得超出申請時外文本所揭露之範圍（第3項）。例如，優先權證明文件所記載之事項，不屬於申請時說明書、申請專利範圍或圖式之一部，不能作為判斷修正時，是否超出申請時說明書、申請專利範圍或圖式揭露範圍之比較依據[27]。

肆、申請案之改請

一、分割申請

請求項所主張之申請專利範圍，必須滿足單一性之要件，專利權申請人違反單一性之要件，即專利申請之發明或新型，實質上為二個以上之發明、新型或設計時，經專利專責機關通知，或據申請人申請，得為分割之申請（專利法第34條第1項、第107條第1項、第127條第1項）。例如，申請專利範圍之請求項有三：(一)一種化合物X；(二)一種製備化合物X之方法；(三)一種化合物X作為清潔劑之應用[28]。就先前技術而言，化合物X不具備專利要件。因第一請求項不具備專件，經修正說明書即刪除請求項1後，倘請求項2、3間之相同技術特徵仍為化合物X時，因已不屬於特定技術特徵，在無其他相同或相對應之技術特徵情況，請求項2、3間不具單一性，不得合併為一申請案而提起申請，在不發生重複專利之條件，申請人得分割原申請案請求項2、3，提出分割申請[29]。分割後之原申請案及分割案說明書或圖式，不得逾原申請案申請時之原說明書或圖式所揭露之範圍，否則應審定不予專利（專利法第34條第4項）。再者，申請人之分割申請應於原申請案再審查審定前為之；准予分割者，仍以原申請案之申請日為申請日。倘有優先權者，仍得主張優先權，並應就原申請案已完成之程序續行審查（專利法第34條第3項、第120條、第142條第1項）。

---

[27] 經濟部智慧財產局，2013年版審查基準第2-6-19頁之第二篇發明專利實體審查第六章修正之審查注意事項。智慧財產及商業法院105年度行專訴字第62號行政判決。

[28] 本件申請案屬於用途發明之方法發明申請。

[29] 林國塘，智慧財產專業法官培訓課程專利審查基準及實務發明及新型，司法院司法人員研習所，2006年3月，頁34。

二、改請申請

(一)要件

發明與新型均屬利用自然法則之技術思想創作，同一技術內容之差異處，在於進步性之程度。新型與設計之專利標的，均有包括物品之形狀創作。準此，申請發明或設計專利後改請新型專利者，或申請新型專利後改請發明專利者，以原申請案之申請日為改請案之申請日（專利法第108條第1項）。而申請發明或新型專利後改請設計專利者，以原申請案之申請日為改請案之申請日（專利法第132條第1項）。再者，改請後之申請案，不得逾原申請案申請時之說明書或圖式所揭露之範圍，否則應審定不予專利（專利法第108條第3項、第132條第3項）。

(二)期間

改請之申請，有下列情事之一者，不得為之：1.原申請案准予專利之審定書、處分書送達後；2.原申請案為發明或設計，其於不予專利之審定書送達後逾2個月；3.原申請案為新型，其於不予專利之處分書送達後逾30日（專利法第108條第2項、第132條第2項）。

(三)類型

參諸專利法第108條、第132條之專利申請案改請規定，可知改請態樣如後：1.發明改請新型；2.發明改請設計；3.新型改請發明；4.新型改請設計；5.設計改請新型。至於設計改請發明，並非專利法所准許者[30]。

伍、優先權（90年檢察事務官）

一、優先權之定義

所謂優先權，係指申請人就相同發明或創作，其於提出第一次申請案後，在特定期間內向本國或其他國家提出專利申請案時，得主張以第一次申請案之申請日作為優先權日，作為審查是否符合專利要件之基準日。優先權原則（the principle of priority）係源自保護工業財產權之巴黎公約（Pairs

---

[30] 經濟部智慧財產局，專利法逐條釋義，2014年9月，頁331。

Convention）第4條。主張優先權者，其專利要件之審查，以優先權日爲準（專利法第28條第4項）。再者，優先權分爲國際優先權（專利法第28條）與國內優先權（專利法第30條）。

二、國際優先權之要件

(一)申請人

申請人須爲中華民國國民、世界貿易組織（WTO）會員之國民及與我國相互承認優先權之外國人。至於外國申請人雖非WTO會員之國民且其所屬國家與我國無相互承認優先權者，惟於WTO會員或互惠國領域內，設有住所或營業所者，亦得主張優先權（專利法第28條第3項）。

(二)互惠原則

申請人就相同發明在WTO會員或與中華民國相互承認優先權之外國第一次依法申請專利（專利法第28條第1項）。目前與我國有互惠原則之國家，包含所有WTO之會員國。

(三)優先權期間

發明或新型申請人須於第一次申請專利之日起12個月內，設計則於6個月內向中華民國申請專利者，得主張優先權（專利法第28條第1項、第142條第2項）。申請人於一申請案中主張二項以上優先權時，其優先權期間之起算日，爲最早之優先權日（專利法第28條第2項）。

(四)申請案同一

前後申請案之內容須爲相同，始得主張優先權。反之，非同一申請案，則無主張優先權之必要性。準此，主張優先權之基礎案與國內之申請案，兩者爲相同之發明、新型或設計[31]。

三、國內優先權（107年律師）

所謂國內優先權，係指申請人基於其在中華民國先申請之發明或新型專利案，再提出專利之申請者，得就先申請案申請時說明書或圖式所載之發明或創

---

[31] 經濟部智慧財產局，專利法逐條釋義，2014年9月，頁91。

作，主張優先權（專利法第30條第1項）。換言之，國內優先權制度，係申請人將其發明或新型提出專利申請後，在12個月內就所提出之同一發明或新型加以補充改良，再行申請時，可主張優先權。故後申請案申請時，前申請之標的已不存在或已確定無法取得專利權，不得再被後申請案據以主張國內優先權。例如，新型核准案因未繳費而未能取得專利權，自不得作為國內優先權之基礎案[32]。而國內優先權規定僅適用發明及新型專利，不適用於設計。

陸、例題解析

一、優先權之要件

　　我國、美國、英國及日本均為世界貿易組織會員，均互相承認優先權，美國人甲與英國人乙第一次於2022年6月11日在日本共同提出發明申請案，渠等於12個月內，即同年10月11日向我國申請發明專利，自得於我國主張優先權，經濟部智慧財產局對於甲與乙優先權之主張應予受理，其於審查該申請案之專利要件，應以優先權日為基準。

二、重複專利

(一)定義

　　所謂重複專利，係指專利專責機關對於兩個以上具有相同技術內容之專利申請，均分別授予專利權。基於一發明一專利原則、專利之排他權及我國採先申請主義，一項發明或創作僅能授予一項專利權，故禁止重複專利之情事，此稱為禁止重複專利原則[33]。是不論發明、新型或設計之專利申請，均以最先申請者准予專利。至於二人以上有同一之發明、創作或設計，個別專利申請時，除應分辨其申請之先後外，並應就其所申請之專利，是否同一加以審酌，倘兩件以上之發明、創作或設計，雖能達相同之功能，惟其方法及效果均不相同，依據均等論之原則，並非同一發明或創作[34]。

---

[32] 智慧財產及商業法院102年度行專訴字第102號行政判決；經濟部2013年7月25日經訴字第10206104550號函。

[33] 先申請主義可避免重複發明及有利舉證之優點。

[34] 最高行政法院69年度判字第816號行政判決。

(二)舉發事由

專利專責機關先後對於重複提出之發明專利申請，均核准專利時，則有違先申請主義，即同一發明有二以上之專利申請時，不論提出專利申請人，是否為同一申請人，僅得就其最先申請者准予發明專利（專利法第31條第1項）[35]。是專利專責機關應依舉發或依職權撤銷後申請之專利權（專利法第71條第1項第1款）。準此，丙先以「拖把擠壓脫水裝置」取得專利，嗣後持相同之發明，再以「拖把擠乾器」申請發明專利，並經核准公告在案。是第三人得以「拖把擠壓脫水裝置」發明專利申請在先，對之提出舉發。經智慧財產局審查兩案之專利說明書與圖式，認為丙之申請案，包括本體之擠壓桿、齒桿、桿體、齒輪、作動桿及套蓋等元件，其各組成元件之構造、組合方式、關係位置及組合之空間型態，均與引證即「拖把擠壓脫水裝置」專利之結構圖式相同，而引證申請日期較本案之申請日期為早，故審定結果認為舉發成立，應撤銷丙申請在後之發明專利[36]。

柒、相關實務見解──申請設計專利應備之文件

申請設計專利，由專利申請權人備具申請書、說明書及圖式，向專利專責機關申請之。申請設計專利，以申請書、說明書及圖式齊備之日為申請日。說明書及圖式未於申請時提出中文本，而以外文本提出，且於專利專責機關指定期間內補正中文本者，以外文本提出之日為申請日（專利法第125條第1項至第3項）。設計專利申請案之說明書或圖式有部分缺漏之情事，經申請人補正者，原則以補正之日為申請日。例外情形，係補正之說明書或圖式已見於主張優先權之先申請案，仍以原提出申請日為申請日（專利法施行細則第55條第1項第1款）。準此，申請設計專利應具備申請書、說明書及圖式等法定必備文件，三者缺一不可，設計專利申請人未提出說明書，屬法定文件不備，係全部缺漏者，非屬部分缺漏，則不適用專利法施行細則第55條第1項第1款規定。反之，設計專利申請人雖有提出說明書或圖式，然其提出之說明書或圖式有部分缺漏，為保護申請人之權益，倘補正之說明書或圖式，已見於主張優先權之先申請案，得以原提出申請之日為申請日。查甲前於2020年10月11日向經濟部智

---

[35] 專利法第120條規定，新型專利準用之。
[36] 最高行政法院77年度判字第1442號行政判決。

慧財產局提出設計專利申請，並主張優先權，雖提出申請書及外文本圖式，惟未提出外文本說明書，外文本亦欠缺設計名稱，經智慧財產局命甲補正之。足認甲向智慧財產局提出設計專利申請時，僅檢送申請書與外文圖式，完全欠缺外文說明書，並非外文本說明書有部分缺漏之情事，無法適用專利法施行細則第55條第1項第1款，故甲不得以2020年10月11日作為設計專利之申請日[37]。

第五節　專利說明書

專利說明書為專利申請之必備文件，其內容必須包括專利名稱、專利摘要、專利說明及申請專利範圍。其中以申請專利範圍為最重要之部分，因記載技術內容及其特徵，故其為技術文書，專利審查人員依照專利說明書之內容，進行檢索及判斷專利要件[38]。經專利審定賦予專利權後，其具有促進產業發展及界定專利權之保護範圍之功能。因申請專利範圍為界定專利權保護範圍之依據，國家賦予專利權後，申請專利範圍為專利權人據以主張其專利權之依據，具有法律效果，故專利說明書亦有法律文書之性質。而申請專利範圍（claim）或稱請求項[39]。依據記載之形式，得將請求項分為獨立項及附屬項。不論為獨立項或附屬項，均為單獨存在之權利請求項[40]。

例題10

甲為新型專利之專利權人，認乙製造及銷售之物品，有侵害其專利權之情事，向法院提起侵害專利權之民事訴訟，因乙抗辯甲之專利有撤銷事由，甲則於本案訴訟中提起申請專利範圍及專利說明書之更正。試問民事法院就申請專利範圍與專利說明書之更正事項，有無審理權限？

---

[37] 智慧財產及商業法院102年度行專訴字第129號行政判決。

[38] 我國目前就專利審查有專利專責機關之內審制及委任專家之外審制。

[39] 所謂請求項（claim），係指專利權人請求保護之專利權項目或範圍。

[40] 影響申請專利範圍之因素有：上下位概念、連接詞、必要元件數目、機能語言（means for function）、獨立項與附屬項、請求標的之範疇（物或方法）、開拓性發明與再發明。例如，開拓性發明與再發明相比，開拓性發明係前所未有之全新創作，其進步性較高，受到重疊之先前技術限制可能性較小，其解釋專利權範圍較大。

例題11

手搖鈴之發明專利，其申請專利範圍之請求項有五[41]：(一)請求項1為一種手搖鈴，具有長圓柱形之手柄，手柄之一端崁入於鐘形罩頂端之圓筒凹穴內，罩體內之頂面設有一掛環，掛環下藉柔軟線材連接有一水滴形狀之錘體者；(二)請求項2如請求項1範圍之手搖鈴，其中之手柄有波浪形之表面；(三)請求項3如請求項1範圍之手搖鈴，其中罩體內部壁面上設有數條環形凸肋；(四)請求項4如請求項2或3範圍之手搖鈴，其中柔軟線材為彈簧者；(五)請求項5如請求項1、2或3範圍之手搖鈴，其中圓筒凹穴側邊上開設有一孔洞，得以一螺絲鎖緊，加強手柄之一端與凹穴內之連接。試問上開請求項，何者為獨立項或從屬項？

壹、專利說明書之功能

專利說明書（specification）係發明人或創作人，將其發明或新型之技術內容，向專利專責機關申請專利時，應提出之申請文件（application transmittal form），其為界定專利申請權範圍之技術與法律文書。準此，專利說明書之功用主要有二：發明或創作說明及界定專利權之保護範圍。

一、發明或創作說明

專利制度給予發明人或創作人申請取得專利權之目的，在於保護其發明或創作免於第三人未經許可而擅自實施，亦確保發明人或創作人取得其發明創作之市場價值，使回收投資及獲得相當報酬。發明人或創作人為取得專利權，其申請專利權時，必須以文字界定所請求之發明或創作，敘述發明或創作之內容及其製造、使用發明或創作之方法與步驟，記載該等內容之文書稱為專利說明書。此為書面說明要件，確定申請時已擁有申請專利範圍所請求之發明或創作[42]。經由專利說明書之充分揭露，得公開其發明或新型之技術內容，使其所

---

[41] 李鎂，新專利法講義補充資料，經濟部智慧財產局，2004年10月1日，頁1。

[42] 鄭中人，專利說明書記載不明確之法律效果——評最高行政法院91年度判字第2422號判決，月旦法學雜誌，126期，2005年11月，頁221。

屬技術領域中具有通常知識之人士，能因而瞭解發明或新型之技術內容並據以實現，以促進產業之發展，此為可實施性要件，為取得專利所須交付之對價（專利法第26條第2項、第120條）。

二、界定專利權之保護範圍

藉由專利說明書及圖式之充分揭露發明或新型之技術內容，以明確界定其請求保護之專利權範圍所在（專利法第26條第3項、第120條）。圖式之作用，在於補充說明書文字不足之部分。而設計專利，係藉由圖式（drawing）之方式，以達到據以實施性及充分揭露之義務（專利法第126條第1項）。因專利說明書明確界定發明或創作之技術特徵與範圍，故為技術文件。因其具有保護專利之法律效果，亦為法律文件。

貳、專利說明書之內容

以法院民事判決書比較專利說明書，可謂專利申請範圍或請求項為判決主文，而專利說明為判決之事實與理由，圖式為判決之附圖或附表。詳言之，專利說明書之發明內容，係簡要闡述申請專利之發明整個發明構思，重點在於該發明對照先前技術具有何技術貢獻。實質內容係由發明所欲解決之問題、解決問題之技術手段及對照先前技術之功效三者，相互關聯所構成之整體。以技術手段解決先前技術所存在之問題，該問題為發明目的；而功效是發明對照先前技術所具有之優點，構成技術手段之技術特徵所生之有益效果。申請專利範圍之獨立項應記載達成發明目的不可或缺之必要技術特徵，反應發明整體之技術手段。故記載發明所欲解決之問題時，應針對先前技術存在之問題加以敘述，具體與客觀指出先前技術所存在或被忽略之問題，抑是致該問題之原因或解決問題之困難。準此，先前技術之選擇，關乎發明目的及實現發明目的之必要技術特徵，進而影響申請專利範圍之獨立項記載。申請人瞭解發明目的、功效前，必須先檢索先前技術，確認發明對於先前技術之貢獻，始能確定發明所產生之功效為何？必要技術特徵為何？是撰寫專利說明書前之準備工作，應檢索與分析先前技術後，選擇最接近之先前技術，始能決定撰寫說明書及申請專利

範圍之策略，作爲嗣後撰寫方向及內容之基礎[43]。

一、發明名稱

發明名稱或新型名稱（title of the invention or new model）主要作用在於製作專利索引、專利目錄、專利分類及專利檢索等專利調查之初步參考，故其所用以描述之文字詞句，必須能簡要及能反映發明或新型之內容（專利法施行細則第17條第1項第1款、第4項）。例如，工具之磁吸裝置改良。

二、專利摘要

(一)目的

發明或新型摘要（abstract of the invention or utility model）之目的，在使閱讀者能從中迅速知悉發明或新型之技術內容要點，同時作爲學術文獻分類或專利檢索之參考。故要有效率閱讀專利說明書，得先閱讀摘要，再參閱圖式、指定代表圖、發明或創作。發明或新型摘要，應敘明發明或新型所揭露內容之概要（abstract of the disclosure），並以所欲解決之技術問題、解決問題之技術手段及主要用途爲限，其字數以不超過250字爲原則，有化學式者，應揭示最能顯示發明特徵之化學式（專利法施行細則第21條第1項）。發明或新型摘要，不得記載商業性宣傳用語（第2項）。

(二)本案代表圖

發明或創作摘要，通常會記載本案代表圖爲第幾圖，本案代表圖之元件代表符號簡單說明。例如，創作名稱爲「工具之磁吸裝置改良」，本創作係提供一種工具之磁吸裝置改良，特別針對現有磁吸裝置於組裝或操作時，易受應力擠壓破裂所衍生之缺失進行改良者。其結構設計，主要係以塑膠射出成型技術於磁石外表包覆一層塑膠外殼，並使外殼相對於磁吸部位具有較薄之厚度，以維持良好之磁吸效能，而在其塞置段後端形成有縮徑導正部，以利於磁吸裝置能準確塞置組合於工具預設之容置，配合塑膠外殼週緣預設之隙槽，賦予之適當壓縮裕度，將可使磁吸裝置能與工具容置槽取得緊密之定位效果，據以獲致

---

[43] 2015年智慧財產法院民事、行政專利訴訟裁判要旨及技術審查官心得報告彙編，智慧財產法院，2016年10月，頁336至337。

穩固之結合關係，並藉塑膠外殼之適當緩衝性，使磁石與工具間不致產生剛性應力擠壓作用。準此，可有效避免磁石受損，大幅降低其產品不良率者。

三、說明書

專利說明之目的，在於說明發明或新型所屬之技術領域、先前技術之範圍發明或新型內容、發明或新型之實施方式，是專利說明得作為確認申請專利範圍之參考。故專利說明應明確與充分揭露，使該發明所屬技術領域中具有通常知識者，能瞭解其內容，並可據以實現（專利法第26條第1項）。詳言之，發明或新型說明書，除記載發明或新型名稱外，應敘明下列事項（專利法施行細則第17條第1項）：

(一)發明或新型所屬之技術領域

所謂發明或新型所屬之技術領域，應為專利申請之發明或新型所屬或直接應用之具體技術領域（第1項第2款）。具體之技術領域通常與發明在國際專利分類表中，可能被指定之最低階分類有關。例如，自行車轉向裝置之改良發明，由於轉向裝置僅能應用於自行車領域，故自行車轉向裝置為具體之技術領域。本項發明所屬之技術領域應記載為：「本發明係有關一種自行車，尤其是一種自行車轉向裝置」；或者「本發明係有關一種自行車轉向裝置」[44]。

(二)先前技術之範圍

說明書應就申請人所知之先前技術（prior art）加以記載，並得檢送該先前技術之相關資料，稱為引證文件（第1項第3款）[45]。換言之，發明或新型說明應記載申請人所知之先前技術，並客觀指出技術手段所欲解決，而存在於先前技術中之問題或缺失，其記載內容，盡可能引述該先前技術文獻之名稱，並得檢送該先前技術之相關資料，俾於瞭解專利申請之發明與先前技術間之關係，並據以進行專利檢索與審查。

---

[44] 經濟部智慧財產局，專利審查基準，2004年版，頁2-1-5。

[45] 專利專責機關實體審查專利申請時，係自先前技術或先申請案中檢索出相關之文件，加以比對、判斷專利申請之發明或創作是否具備專利要件，而該被引用之相關文件稱為引證文件。

(三)發明或新型內容[46]

1.所欲解決之問題

　　發明或新型之內容，應說明發明或新型所欲解決之技術問題、解決問題之技術手段及對照先前技術之功效。所謂所欲解決之問題，係指專利申請之發明或新型，所要解決先前技術中存在之問題（第1項第4款前段）。

2.解決問題之技術手段

　　所謂技術手段，係指申請人為達到解決問題之功效，所採取之技術方案，其為技術特徵所構成，故技術手段為發明或新型說明之核心（第1項第4款中段）。為符合充分揭露及可據以實施之要件，說明應明確，並充分記載技術手段之技術特徵。換言之，技術手段之記載，至少應反映申請專利範圍中獨立項所有技術特徵及附屬項中所附加技術特徵。

3.對照先前技術之功效

　　對照先前技術功效者，係指實施發明或新型內容中之技術手段，所直接產生之技術效果（第1項第4款後段）。換言之，構成技術手段之技術特徵，所直接產生之技術效果。對照先前技術之功效，係作為認定專利申請之發明是否具進步性之重要依據。記載技術手段所產生之功效時，應以明確與客觀之方式，敘明技術手段、發明或新型說明中所載先前技術間之差異，表現出技術手段對照先前技術間，其有利之功效（advantageous effect），並敘明為達成發明或新型目的，其技術手段如何解決所載問題之內容。

4.圖式簡單說明

　　發明或新型其有圖式者，應以簡明之文字（brief description of the invention or new model），依據圖式之圖號順序，說明圖式（第1項第5款）。倘有多幅圖式者，應就所有圖式說明之。為方便索引，應註明圖號索引。而圖式部分有結構示意圖、立體圖及剖面圖。圖式應依圖號或符號順序，列出圖式之主要符號，並加以說明（第1項第7款）。

5.實施方式

　　所謂實施方式，係指因發明或新型之技術內容，通常不易以概括之要點清楚表達。所以專利說明書應以實際具體化之實施型態或實施發明創作之最佳方式為例，加以說明之（第1項第6款）。準此，申請發明專利或新型之詳細說

---

[46] 經濟部智慧財產局，專利審查基準，2004年版，頁2-1-7。

明，為發明或新型說明之重要部分。實施方式除有助明確及充分揭露技術內容外，亦能藉此瞭解及實施發明或新型，其對於支持及認定申請專利範圍，有重要之關鍵作用。經由實施例及圖式之說明，使熟悉該項技術領域之人或所屬技術領域中具有通常知識者，得掌握發明或新型之特質，包括實施發明或新型之組件的形狀、構造、功能、使用及相互間之關係，知悉發明或新型之技術內容，並據以實施。

四、申請專利範圍

專利說明書最重要之部分係申請專利範圍或稱請求項（claim）。因申請專利範圍為審查是否具有可專利性之主要依據，其為界定專利權保護範圍之依據，專利權之授予或撤銷均屬專利專責機關之職權。準此，國家賦予專利權後，專利權均應視為有效，此稱專利權之有效性。故法院囑託專利侵害鑑定時，不得就專利權之有效性進行判斷，僅能認定被控侵權物品或方法有無讀入或落入申請專利範圍或請求項。申請專利範圍或請求項，為專利權人據以主張其專利權之依據，此為專利權之保護範圍及專利可執行性之界限。

(一)可專利性之界限

所謂可專利性之界限，係指申請專利範圍之字面意義，其可專利性為行政機關認定，申請專利範圍之構成要件數目與可專利性成正比。而可執行性之界限，除字面意義外，亦包含均等論所及範圍，其可執行性由司法機關判斷，解釋申請專利範圍或請求項係法官之職權，解釋範圍以申請專利範圍或請求項為準，經解釋後之專利權保護範圍，有等於或大於申請專利範圍之情況，申請專利範圍或請求項之構成要件數目與可專利性成正比，而與執行性成反比。簡言之，構成要件較多者，可專利性較高，可執行性則較低，其固較易申請專利，然專利權之保護範圍則較小。

(二)申請專利範圍之內容

申請專利範圍或請求項應具體明確敘述發明或新型之必要技術內容或特質、構成要件間之相互關係。故申請專利範圍或請求項，應明確記載專利申請之發明，各請求項應以簡潔之方式記載，並必須為發明或新型之說明書所支

持（專利法第26條第2項）[47]。準此，申請專利範圍或請求項之內容應具明確性、簡潔性及為說明書所支持。

1.明確性[48]

判斷申請專利範圍或請求項之記載是否明確，得參酌下列事項：(1)發明或新型之說明，其所揭露之內容；(2)發明或新型所屬技術領域中具有通常知識者於申請當時對申請專利範圍之認知。

2.簡潔性

申請專利範圍或請求項應以簡潔之方式記載，係要求申請專利範圍每一請求項之記載應簡潔。例如，一件申請案不得有兩項以上實質相同及屬同一範疇之請求項（專利法第33條、第120條）。

(三)說明書所支持

申請專利範圍或請求項必須為發明或新型之說明書所支持，其要求申請專利範圍或請求項所記載之申請標的，必須是該發明或新型所屬技術領域中具有通常知識者，自發明或新型說明所揭露之內容，利用例行之實驗或分析方法即可實施者，無須過度實驗或研究。

(四)請求項類型

1.獨立項與附屬項

發明之申請專利範圍或請求項，得以1項以上之獨立項表示；其項數應配合發明之內容；必要時，得有1項以上之附屬項。獨立項、附屬項，應以其依附關係，依序以阿拉伯數字編號排列（專利法施行細則第18條第1項）。獨立項應敘明申請專利之標的名稱及申請人所認定之發明之必要技術特徵（第2項）。附屬項應敘明所依附之項號，並敘明標的名稱及所依附請求項外之技術特徵，其依附之項號並應以阿拉伯數字為之；解釋附屬項時，應包含所依附請求項之所有技術特徵（第3項）。依附於2項以上之附屬項為多項附屬項，應以選擇式為之（第4項）。附屬項僅得依附在前之獨立項或附屬項，而多項附屬項間不得直接或間接依附（第5項）。獨立項或附屬項之文字敘述，應以單句為之（第6項）。例如，甲發明一種機車座墊隔熱墊，是改良習知機車座墊隔熱墊直接置於機車，易掉落之問題，而以固定帶解決此問題。該機車座墊隔熱

---

[47] 專利法第120條規定，新型專利準用之。
[48] 最高行政法院77年度判字第507號行政判決。

墊，具有一以隔熱材質所製成，並可墊置於機車座墊上方之隔熱墊，有數可將隔熱墊與機車座墊固結之不具彈性材質之固定帶，固定帶係橫向跨設於隔熱墊，且其與隔熱墊之重疊處均以車縫固定。其可依序寫成請求項1至3如後：(1)請求項1為一種機車座墊隔熱墊，其具有一以隔熱材質所製成，並可墊置於機車座墊上方之隔熱墊，有數可將隔熱墊與機車座墊固結之固定帶，固定帶係橫向跨設於隔熱墊，且其與隔熱墊之重疊處均以車縫固定；(2)如請求項1所述之機車座墊隔熱墊，其中固定帶為不具彈性之材質；(3)如請求項2所述之機車座墊隔熱墊，其中固定帶兩端為黏扣帶。準此，請求項1為獨立項，請求項2為依附於請求項1之附屬項，請求項3係依附於請求項2之附屬項[49]。

2. 技術特徵之記載

獨立項之撰寫，以二段式為之者，前言部分應包含申請專利之標的名稱及與先前技術共有之必要技術特徵；特徵部分應以「其特徵在於」、「其改良在於」或其他類似用語，敘明有別於先前技術之必要技術特徵。解釋獨立項時，特徵部分應與前言部分所述之技術特徵結合（專利法施行細則第20條）[50]。請求項之技術特徵，除絕對必要外，不得以說明書之頁數、行數或圖式、圖式中之符號予以界定（專利法施行細則第19條第1項）。請求項之技術特徵得引用圖式中對應之符號，該符號應附加於對應之技術特徵後，並置於括號內；該符號不得作為解釋請求項之限制（第2項）。請求項得記載化學式或數學式，不得附有插圖（第3項）。複數技術特徵組合之發明，其請求項之技術特徵，得以手段功能用語或步驟功能用語表示。而於解釋請求項時，應包含說明書中所敘述對應於該功能之結構、材料或動作及其均等範圍（第4項）。準此，解釋以手段功能用語或步驟功能用語表示之請求項時，應包含說明書中所敘述對應於該功能之結構、材料或動作及其均等範圍。倘說明書未記載對應於該功能之結構、材料或動作；或說明書記載之結構、材料或動作之用語過於廣泛。導致該發明所屬技術領域中具有通常知識者，無法由說明書中，判斷對應於該功能之結構、材料或動作，可認請求項不明確[51]。

3. 手段功能用語之請求項

請求項中物之技術特徵以手段功能用語，或方法之技術特徵以步驟功能

---

[49] 劉國讚，專利法之理論與實用，元照出版公司，2012年9月，頁104。
[50] 智慧財產及商業法院106年度行專訴字第85號行政判決。
[51] 經濟部智慧財產局專利審查基準，2015年7月，頁2-1-30。

用語表示時，其必須為複數技術特徵組合之發明。手段功能用語用於描述物之請求項之技術特徵時，說明書中應記載對應請求項所載之功能結構或材料；步驟功能用語請求項之技術特徵，使用手段功能用語時，說明書應記載對應請求項所載之功能動作。認定以手段功能用語或步驟功能用語表示之請求項，是否為說明書所支持，應包含說明書中所敘述對應於該功能之結構、材料或動作及其均等範圍，而該均等範圍應以申請時，該發明所屬技術領域中具有通常知識者，不會產生疑義之範圍為限。申言之，請求項之記載符合下列條件者，即認定其為手段功能用語或步驟功能用語：(1)使用「手段或裝置用以（means for）」或「步驟用以（step for）」用語記載技術特徵；(2)「手段或裝置用以」或「步驟用以」用語中必須記載特定功能；(3)「手段（或裝置）用以」或「步驟用以」用語，不得記載足以達成該特定功能之完整結構、材料或動作[52]。

4.功能界定物之請求項

物之技術特徵應以結構予以界定，無法以結構清楚界定時，始得以功能、特性、製法或用途予以界定。請求項以功能、特性、製法或用途界定物之技術特徵，該發明所屬技術領域中具有通常知識者，就該功能、特性、製法或用途，參酌申請時之通常知識，能想像一具體物時，由於能瞭解請求項中所載作為判斷新穎性、進步性等專利要件及界定發明技術範圍之技術特徵，應認定請求項為明確。

5.吉普生請求項

請求項係以吉普生或二段式形式撰寫，其特徵之前，為專利申請標的及與先前技術共有之必要技術特徵；其特徵之後為有別於先前技術之必要技術特徵。例如，請求項1為獨立項，其係一種避震器調整構造，包括有：管體，其內部設入有中空狀之軸桿，軸桿設有開口；頂桿，係供設入於軸桿內部；承接座，係供固定於管體之底部，承接座上凸設有一螺接端，螺接端上環設有螺紋段，螺紋段上相對開設有剖溝，剖溝內係設入有橫桿，以供可以頂抵於頂桿之底部；旋轉環，係供螺接於承接座之螺紋段上；其特徵係在於螺紋段之底部係設有阻擋部，而剖溝之底端係位於螺紋段上[53]。

---

[52] 智慧財產及商業法院105年度行專更(一)字第2號行政判決。
[53] 智慧財產及商業法院97年度民專訴字第19號民事判決。

參、例題解析

一、更正申請專利範圍

(一)維護專利之有效性

發明專利權人申請更正專利說明書、申請專利範圍或圖式，僅得就下列事項為之：1.請求項之刪除；2.申請專利範圍之減縮；3.誤記或誤譯之訂正；4.不明瞭記載之釋明（專利法第67條第1項）。更正，除誤譯之訂正外，不得超出申請時說明書、申請專利範圍或圖式所揭露之範圍（第2項）。依第25條第3項規定[54]，說明書、申請專利範圍及圖式以外文本提出者，其誤譯之訂正，不得超出申請時外文本所揭露之範圍（第3項）。申請更正，不得實質擴大或變更公告時之申請專利範圍（第4項）[55]。例如，系爭專利原公告請求項1記載「二氧化矽與矽酸鹽類混合之無機鍍液」，其明確界定無機鍍液是由「二氧化矽」及「矽酸鹽類」兩者混合，而更正後請求項1刪除「二氧化矽」，明顯實質擴大原公告時之申請專利範圍[56]。再者，新型專利權人除有依第120條準用第74條第3項規定之情形外，僅得於下列期間申請更正：1.新型專利權有新型專利技術報告申請案件受理中；2.新型專利權有訴訟案件繫屬中（專利法第118條）。

2. 更正期間

專利權人於第三人以其專利包含先前技術而提出舉發，或於專利侵害民事訴訟中抗辯專利有應撤銷原因，通常會申請更正申請專利範圍，以減縮其申請專利範圍之方式維護專利有效性[57]。再者，依智慧財產案件審理法第33條第1項規定，當事人於行政訴訟程序中得提出新證據[58]。為兼顧專利權人因新證據之提出未能及時於舉發階段向經濟部智慧財產局提出更正之申請，專利權人於

---

[54] 專利法第25條第3項規定：說明書、申請專利範圍及必要之圖式未於申請時提出中文本，而以外文本提出，且於專利專責機關指定期間內補正中文本者，以外文本提出之日為申請日。

[55] 智慧財產及商業法院103年度行專訴字第38號行政判決。

[56] 智慧財產及商業法院102年度民專訴字第33號民事判決。

[57] 智慧財產及商業法院105年度行專訴字第39號行政判決。

[58] 智慧財產及商業法院107年度行專訴字第13號行政判決。

專利舉發行政訴訟程序中，自得向智慧財產局提出更正之申請[59]。

(二)法院判斷專利有效性

當事人主張或抗辯智慧財產權有應撤銷、廢止之原因者，法院應就其在智慧財產民事訴訟中主張或抗辯有無理由自為判斷，不適用民事訴訟法、行政訴訟法、商標法、專利法、植物品種及種苗法或其他法律有關停止訴訟程序之規定（智慧財產案件審理法第41條第1項）。前項情形，法院認有撤銷、廢止之原因時，智慧財產權人於該民事訴訟中不得對於他造主張權利（第2項）。準此，為改善民事專利侵權事件，動輒因當事人提起行政爭訟而裁定停止訴訟程序，故明定民事法院應自行判斷專利是否有應撤銷之原因，以促進訴訟效率。是被告於訴訟中抗辯專利有應撤銷之原因，民事法院自應探究該專利是否合法有效[60]。因專利是否符合專利要件，係原告請求被告負侵害專利損害賠償之前提要件。

(三)法院審查更正申請專利範圍

1.審理程序

智慧財產及商業法院審理是類訟爭事件就自己具備與事件有關之專業知識，或經技術審查官為意見陳述所得之專業知識，而擬採為裁判基礎者，應予當事人有辯論之機會，以避免造成突襲性裁判及平衡保護訴訟當事人之實體利益及程序利益[61]。準此，法院在專利侵害民事訴訟中依智慧財產案件審理法第29條、第30條規定，經開示專利權有應予撤銷原因之心證後，專利權人向法院陳明依更正後之專利權範圍為請求或主張前，除別有規定外，應先向專利專責機關申請更正（智慧財產案件審理細則第58條第1項）。專利權人向法院陳明依更正後之專利權範圍為請求或主張，如經法院判斷其更正為合法或經專利專責機關准予更正者，法院應依更正後之專利權範圍為本案之審理（第2項）。

2.向智慧財產局申請更正

專利權人已向經濟部智慧財產局申請更正，其可區分：(1)被訴侵害物品依更正後之專利範圍不構成侵權，得依智慧財產案件審理法第41條第2項規定，認為專利權人於該訴訟不得對他造主張權利；(2)被訴侵害物品落入專利

範圍而無撤銷原因部分，且法院認為更正可能准許時，縱使更正程序之結果未確定，法院亦得逕為專利權侵害成立之認定；(3)更正之申請不應准許，專利權人不得於該訴訟中行使其權利[62]。申言之，專利權人未向智慧財產局提出更正之申請，或依更正結果專利權範圍減縮至零，或更正後被告不構成侵權時，法院得逕行認定原告不得對被告主張專利權。準此，法院應自行審查專利權人之更正是否應准許，而不得裁定停止訴訟程序，俟經濟部智慧財產局准駁更正之結果，始符合智慧財產案件審理法第41條規定[63]。

二、請求項之類型

(一)獨立項

手搖鈴之發明專利之請求項1，係敘明專利申請之標的及其實施之必要技術特徵，其為獨立項（專利法施行細則第18條第2項）。因其包含專利申請標的「一種手搖鈴」，為具有長圓柱形之手柄，手柄之一端崁入於鐘形罩頂端之圓筒凹穴內，罩體內頂面設有一掛環，掛環下藉柔軟線材連接有一水滴形狀之錘體者，其係必要技術特徵。

(二)附屬項

附屬項應敘明所依附之項號及申請標的，並敘明所依附請求項外之技術特徵。其於解釋附屬項時，應包含所依附請求項之所有技術特徵（專利法施行細則第18條第3項）。請求項2係依附請求項1，並附加手柄有波浪形之表面之技術特徵，其為詳述式之附屬項。請求項3係依附請求項1，並附加罩體內部壁面上設有數條環形凸肋之技術特徵，其與請求項2相同，均屬獨立項之詳述性附屬項。

(三)多項附屬項

依附於二項以上之附屬項為多項附屬項，應以選擇式為之。而附屬項僅得依附在前之獨立項或附屬項（專利法施行細則第18條第4項）。專利請求項4依附請求項2或3，並附加柔軟線材為彈簧之技術特徵，其為多項附屬項。再者，

---

[62] 謝銘洋，智慧財產法院之設置與專利商標行政救濟制度之改進，月旦法學雜誌，139期，2006年12月，頁36至37。

[63] 智慧財產及商業法院99年度民專訴字第155號、第175號、第180號、第195號民事判決。

請求項5依附請求項1、2或3，並附加圓筒凹穴側邊上開設有一孔洞，得以一螺絲鎖緊，加強手柄之一端與凹穴內之連接之技術特徵，亦為多項附屬項。準此，請求項1至3，僅有單一之構造。而請求項4、5，分別有二種及三種構造。

肆、相關實務見解

一、獨立項與附屬項

　　「車布筆簡」新型專利有2個請求項，請求項1為獨立項，請求項2為直接依附請求項1之附屬項。專利請求項1為一種車布筆簡，其係以長條狀竹條或木條藉引線予串接、編織而成之簾狀體，並於其兩側分別設一較寬之框邊，而其特徵乃在於簾狀體內面之下方車縫有一筆袋，筆袋之兩側及底部係成封閉，且於前、後袋面間縫製有數道直立之分隔線，各分隔線間係具不同之間距，以區隔形成數道大小不一之插口；而於簾狀體內面之上方縫有一遮片，遮片之頂緣係縫合於各竹條或木條間，並於其兩側分別連設一三角狀之摺邊，摺邊之前緣係與遮片相連，其後緣則係繫固於引線上，使遮片得向外掀張；藉上述之構造，而可將大、中、小楷各式毛筆之筆桿，予插置入筆袋上適當大小之插口內，以供收存，並得於其間形成整齊排列，以方便取用，且可藉遮片罩覆於筆尖之外部，使之可免於受損者。專利請求項2如請求項1所述之車布筆簡，其中簾狀體內面之中央處縫固有兩繫線，可供將之予捲繞成圈狀後捆繞繫結之用，另於其頂緣處固接一吊繩，而可方便吊置及手提攜行者[64]。

二、專利更正之行政救濟

　　專利專責機關於核准更正後，應公告其事由（專利法第68條第2項）。說明書、申請專利範圍及圖式經更正公告者，溯自申請日生效（第3項）。專利案之申請專利範圍更正申請，雖係在舉發案行政訴訟程序中向經濟部智慧財產局為之，然更正之技術內容，在專利專責機關准予更正並公告者，溯及申請日生效。法律已明文規定係由專利專責機關核准更正並應公告之權責，此涉及究應由行政機關或由司法機關作第一次裁決判斷之權力分立原則，係國會保留事項，應依立法院制定之法律修改或限制之，法院不應以司法權在個案隨意侵犯

---

[64] 智慧財產及商業法院105年度民專上字第20號民事判決。

行政機關之法定權責。且更正與否關涉專利技術特徵之解釋與確定,是否合於專利法所規定之更正要件,更正後之內容爲何,智慧財產及商業法院應待經濟部智慧財產局之更正處分結果,始得判斷;倘當事人有爭議時,應待更正處分案行政救濟確定,以作爲判斷基準[65]。

---

[65] 最高行政法院109年度判字第28號行政判決。

第五章　專利要件

　　國家賦予專利權人排他之權利，故發明或創作必須符合專利之要件，始得取得專利權，否則將造成專利權濫用及不公平競爭之情事。所謂授予專利要件者（patent ability），係指發明或創作得授予專利之法定要件，其主要包括專利適格標的、產業利用性、新穎性、進步性或創作性及充分揭露原則等要件。就判斷專利要件之步驟而言，發明或創作之本質，是否為專利保護之適格標的，為專利審查之第一步驟，而通常於判斷專利申請案是否具有適格標的之同時，亦會對於申請案是否滿足單一性之條件加以審查，倘不符合單一性要件，亦未改為個別申請者，應為不予專利之審定。申請專利之發明或創作符合專利適格標的與單一性之要件後，繼而判斷專利三性或專利實質要件：產業上利用性、新穎性及進步性或創作性[1]。

第一節　充分揭露要件

　　專利制度給予發明人或創作人申請取得專利權之目的，在於保護其發明或創作免於第三人未經許可而擅自實施，亦確保發明人或創作人取得其發明創作之市場價值，使得以回收投資成本，並獲得相當報酬。發明人或創作人為取得專利權，其申請專利權時，必須以文字界定所請求之發明或創作，敘述發明或創作之內容及其製造、使用發明或創作之方法與步驟，記載該等內容之文書稱為專利說明書。此書面說明要件，在於確定申請時已擁有申請專利範圍所請求之發明或創作[2]。經由專利說明書之充分揭露，得公開其發明或新型之技術內

---

[1] 陳文吟，我國專利法制度之研究，五南圖書出版有限公司，2004年9月，4版，頁129至158。趙晉枚、蔡坤財、周慧芳、謝銘洋、張凱娜，智慧財產權入門，元照出版有限公司，2004年2月，3版，頁21至23。謝銘洋，智慧財產權之取得(2)，月旦法學教室，7期，元照出版有限公司，2003年4月15日，頁148至152。謝銘洋，智慧財產權之取得(3)，月旦法學教室，7期，元照出版有限公司，2003年5月15日，頁124至129。David I Bainbridge, Intellectual Property 263-272 (1992). Stephen P. Ladas, Patent, Trademark, and Related Rights National and International Protection 404-405 (1975).

[2] 鄭中人，專利說明書記載不明確之法律效果——評最高行政法院91年度判字第2422號判決，月旦法學雜誌，126期，2005年11月，頁221。專利說明書之功用主要有二：

容，使其所屬技術領域中具有通常知識之人士，能因而瞭解發明或新型之技術內容，並據以實現，以促進產業之發展，此為可實施性要件，為取得專利所須交付之對價（專利法第26條第1項、第120條）。

第一項 充分揭露之概念

國家准予專利權人一定期限與排他性之專屬權利，該專利申請說明書必須充分揭露專利技術之資訊，以使熟悉該技術者，毋庸過度實驗，即得實施該專利技術，使該揭露內容對於社會具有相當之價值性，而充分揭露原則亦為國家授予專利權之法定要件。再者，授予專利權與否之決定，係國家基於高權地位，對於專利申請人之申請，以行使公權力之方式，作成形成私法關係之行政處分，是專利專責機關作成應准予專利或不予專利之決定，重在於國家公權力之行政行為，其性質屬行政處分，而發生公法上之效果[3]。

例題1

> 我國專利法第26條規定，專利說明書應符合充分揭露要件。試問：(一)充分揭露之性質為何？(二)其與專利三性有何差異？就申請專利權與維持專利之法定要件、未充分揭露得補正或修改，加以說明之。

壹、充分揭露之定義

一、TRIPs協定

TRIPs協定第29條規定，WTO之各會員應規定專利說明書須以清晰及完整之方式，對於專利申請之發明或創作為充分之揭露，其為授予專利權之合法要件（conditions on patent applicants）。TRIPs協定為WTO保護智慧財產權之最低標準，我國為WTO之會員國，自應遵守之，故我國專利法亦有相關規定[4]。質

1.發明或創作說明；2.界定專利權之保護範圍。

[3] 行政程序法第92條第1項規定：本法所稱行政處分，係指行政機關就公法上具體事件所為之決定或其他公權力措施而對外直接發生法律效果之單方行政行為。

[4] 專利法第26條、第120條及第126條規定，專利申請人之揭露義務。

言之，國家為鼓勵技術之發明及創作，故賦予專利權人排他之權利，為避免重複發明、減免專利侵害之發生及證明權利取得，專利權人就申請專利範圍所示之技術內容，必須充分揭露於社會大眾，作為國家賦予專利權之代價。第三人於已公開之專利技術基礎上，正如站在巨人之肩膀，得從事更深入與進步之技術研發，以提升社會整體之技術水準，進而實現專利法促進產業發展之終極立法目的。就目前國際上對專利說明書撰寫方式之趨勢以觀，均課予申請人充分揭露之義務。準此，專利申請人未盡充分揭露義務，自無法賦予專利權[5]。

二、我國專利法

專利制度之基本原則在於以技術公開換取獨占之專利權，對於專利說明書中之技術揭露或開示的完整明確性，具有極高之要求，必須達到熟悉該行業之有關人士，得依據其說明加以實施之程度，故必須將技術內容加以具體化與客觀化之說明[6]。其理由在於鼓勵專利技術之公開，避免重複研發或投資相同之技術，造成有限社會資源之無謂消耗。依據我國專利法規定，專利說明書未能達到充分揭露之要求，除不得授予專利權外，縱使授予專利權，亦成為智慧財權局撤銷專利權之事由[7]。足見發明或創作欲申請取得專利權，除應具備產業上利用性、新穎性及進步性等專利三性之要求外，亦須於專利說明書中充分揭露專利技術內容，始得授予專利權。所謂充分揭露者（sufficient disclosure），係指發明或創作之說明應明確，並充分揭露其發明或創作之技術內容，使該發明所屬技術領域中具有通常知識者，能瞭解其內容，並據其說明加以實現[8]。換言之，專利說明書應包括發明或創作之文字敘述及其製造、使用方法、程序等說明，使熟悉該行業之有關人士，得依據該完整、清晰及正確之說明內容，即可實施專利說明書所揭露之發明或創作[9]。準此，專利說明書要達成充分揭

---

[5] 智慧財產及商業法院103年度行專訴字第115號行政判決。

[6] 日本特許法稱專利說明書為明細書，其記載必須完整，達到該領域業者得重複實施之程度，此稱開示義務。

[7] 專利法第71條第1項第1款、第119條第1項第1款、第141條第1項第1款規定。

[8] W. R. Cornish, Intellectual Property: Patent, Copyright, Trade Marks and Allied Rights 150-54 (5rev. ed. 2003). The specification must disclose the invention clearly enough and completely enough for it to be performed by person skilled in the art.

[9] W. R. Cornish, Materials on Intellectual Property 74-69 (1990); Sheldon W. Halpern, Craig Allen Nard, Kenneth L. Port, Fundamentals of United States Intellectual Property Law:

露之原則，必須符合可實施性、最佳實施例及明確性等要件。

貳、充分揭露之目的

一、公益目的

　　國家爲鼓勵技術之發明及創作，以促進產業之發展，乃賦予專利權具有之排他性（exclusive rights）[10]。爲避免重複發明、減免專利侵害之發生及證明權利取得，專利權所有人就專利申請所示之內容，藉由充分揭露之規定，使專利權人之創新及產業上利用性之技術能完整揭露於社會大眾[11]。反之，申請專利範圍未充分揭露，而有所保留，導致該發明或創作之技術未公開，將無法促進產業發展，國家自無授予專利權之必要性。因專利權人對其所有之專利，擁有禁止他人實施其專利之權利，專利權之保護與公共利益之維護，應兼顧之[12]。

二、私益目的

　　專利權之範圍，係指專利權人根據其所取得之專利，所能受到法律保護之範圍[13]。係專利權人遭受侵害時所能主張之保護範疇，其端賴申請專利範圍所界定之領域判斷。就我國專利法規定而言，發明或新型專利權範圍，以說明書所載之申請專利範圍爲準，其於解釋申請專利範圍時，並得審酌發明、創作之說明及圖式（專利法第58條第4項、第120條）。而設計專利權範圍，除以圖式

Copyright, Patent, and Trademark 187-94 (2rev ed. 2006).

[10] TRIPs協定第28條規定：A patent shall confer on its owner the following exclusive rights.

[11] Bonito Boats, Inc. v. Thunder Craft Boats, Inc., 489 U.S. 141, 151 (1989). The patent system represents a carefully crafted bargain that encourage both the creation and public disclosure of new and useful advances in technology, in return for exclusive monopoly for a limited period of time.

[12] 趙晉枚、蔡坤財、周慧芳、謝銘洋、張凱娜，智慧財產權入門，元照出版有限公司，2004年2月，3版，頁26至27。美國專利法於1952年前使用專有（the exclusive right）製造、使用或銷售之權。嗣於1952年後改爲專有排除他人（the right to exclude others from）製造、使用或販賣之權。

[13] 謝銘洋、徐宏昇、陳哲宏、陳逸南，專利法解讀，元照出版有限公司，1997年7月，頁154。徐演政、陳建銘，就專利權侵害訴訟所需之專利侵害鑑定報告書之探析，2001年10月，萬國法律，119期，頁14。

爲準外，並得審酌說明書（專利法第136條第2項）。準此，專利說明書充分揭露專利之發明或創作，不僅具有公益之目的，就保護專利權之財產價值而言，亦有保護私益之功能[14]。

參、充分揭露之性質

一、TRIPs協定

TRIPs協定第29條第1項規定，會員應規定專利申請人就申請範圍，須以清晰及完整之方式，揭露其發明創作，使該發明或創作所屬領域者，能瞭解其內容並可據以實現，此爲授予專利權之要件。是專利申請人於專利註冊（registration of patent）時，有充分揭露專利申請內容之義務，以減免專利侵害之發生[15]。

二、美國專利法

(一)美國專利法第112條第1項

揭露義務首見於美國聯邦最高法院1945年Precison Instrument Manufacturing Co. v. Automotive Maintenance Machinery Co.事件[16]。1952年專利法修法時，將其列入法定之抗辯事由[17]。依據美國專利法第112條第1項規定，專利申請之說明書，必須使熟悉該行業有關人士或熟習該項技術人士，均得以該發明或創作之描述方式，從事及使用該發明或創作[18]。倘違反充分揭露義務，而不具

---

[14] 林洲富，法官辦理民事事件參考手冊15，專利侵權行爲損害賠償事件，司法院，2006年12月，頁104至106。

[15] Peter Drahos, Ruth Mayne, Global Intellectual Property Rights Knowledge, Access and Development 187 (2006).

[16] Precison Instrument Manufacturing Co. v. Automotive Maintenance Machinery Co., 324 U.S. 806 (1945).

[17] 35 U.S.C. §282.

[18] 35 U.S.C. §112 I: The specification shall contain a written description of the invention, and of the manner and process of making and using it, in such full, clear, concise, and exact terms as to enable any person skilled in the art to which it pertains, or with which it is most nearly connected, to make and use the same, and shall set forth the best mode contemplated by the

備可實施性時,將導致專利權無效。準此,就美國專利法而言,專利說明書(specification)是否充分揭露,其成為專利訴訟之爭點之一。美國聯邦巡迴上訴法院2003年就CFMT, Inc. v. Yieldup Int'l Corp.事件,指出說明書必須充分揭露其發明或創作之內容,使熟習該項技術之人,能瞭解其內容,並據其說明加以實現,否則不具可實施性或不具執行力(unenforceability)[19],其將導致專利無效(nullity or invalid)風險[20]。因不具可執行力之專利,縱使為有效專利,法院得拒絕強制執行該權利,其效果實質與無效相同。質言之,USPTO會要求專利申請人將可能影響申請案專利性之相關習知技術資訊,經過資訊揭露聲明書(information disclosure statement, IDS)方式,加以呈報,俾於審查委員於審查時,得一併考慮比較,以做出適切之審定[21]。

(二)揭露可專利性之重要關係資訊

因專利之授予會影響公共利益,故USPTO於專利審查時,均謹慎評估所有與可專利性有重要關係之教示,以達到最有效率之專利審查,亦使公共利益得到最好之保護。準此,專利申請人有義務對USPTO揭露所有與可專利性有重要關係之資訊,倘有不誠實或有意之不正行為(inequitable conduct)而違反揭露義務,專利申請將遭駁回。倘於訴訟中發現專利權人於獲得專利過程有不正行為,導致專利無法行使權利(unenforceable),專利權人必須賠償被告之律師費用。換言之,揭露義務(duty of disclosure)範圍,包含申請人必須揭露任何有可能影響該專利之可專利性的文獻及資料,甚至涵蓋專利申請案所有相關人員已瀏覽之申請專利的每項專利目錄[22]。

三、日本專利法

日本特許法第36條第4項與實用新案法第5條第4項,均規定發明專利及新

---

inventor of carrying out his invention.

[19] J.P. Stevens & Co. v. Lex Tex Ltd., 747 F.2d 1553, 1561 (Fed. Cir. 1984); Glaverbel Societe Anonyme v. Northlake Marketing & Supply, Inc., 45 F.3d 1550 (Fed. Cir. 1995).

[20] CFMT, Inc. v. Yieldup Int'l Corp., 349 F.3d 1333 (Fed. Cir. 2003).

[21] 王錦寬、林敏浩,簡介美國專利制度之資訊揭露聲明書,智慧財產權月刊,37期,2002年1月,頁3至4。

[22] 葉雪美,淺談美國2005年的專利改革法案及後續發展,智慧財產權月刊,93期,2006年9月,頁79。

型專利之申請人，須詳細說明創作或發明之技術，並應依通商產業省命令所規定之內容，明確及充分記載達該創作或發明所屬技術領域中具有通常知識之人士，得據以實施之程度。倘申請人未盡充分揭露之義務，利害關係人得分別依據特許法第123條第1項第4款及實用新案法第37條第1項第4款，針對發明專利或新型專利，向特許廳提起專利無效審判請求[23]。

四、我國專利法

我國專利法第26條第1項、第120條及第126條第1項均有規定，專利申請權人之說明書或圖式應明確及充分揭露，使該發明或創作所屬技術領域中具有通常知識者，能瞭解其內容，並可據以實現，課予專利申請人充分揭露之義務，以作為授予專利權之要件[24]。倘未具備充分揭露發明或創作之技術內容，縱使已授予專利權，智慧財產局應撤銷該決定。再者，行政法院審理專利授予紛爭事件，倘發現該專利說明書欠缺充分揭露之要件時，應認定授予專利權之行政處分，具有撤銷之事由。倘授予專利權之行政處分應撤銷，民事法院於審理專利權侵害之民事訴訟，自得認定被控侵權行為人，不成立專利侵權，不負損害賠償責任。

肆、例題解析──充分揭露之特徵

一、申請專利權與維持專利權之法定要件

我國專利法第二章第一節專利要件，規定發明專利應具備產業上利用性、新穎性及進步性等專利要件（專利法第22條）。而申請專利權人之充分揭露義務，規定於第二章第二節申請之第26條第1項，是依據專利法之編排體系，充分揭露並非專利實質要件。再者，專利實質要件，係指發明或創作技術本身是否准予專利之要求[25]。充分揭露義務為申請專利權人向專利專責機關申

---

[23] 智慧財產局網站：http://www.tipo.gov.tw/patent/patent_law/patent_law_1_7.asp. 2008年4月4日參閱。

[24] 鄭中人，產業利用性之理論與應用，世新法學創刊號，2004年5月，頁38。

[25] 陳志超，專利法理論與實務，五南圖書出版股份有限公司，2004年4月，2版，頁101。

請專利,其提出之專利說明書或圖式之內容應達到可實施性、最佳實施例及明確性等要件,其為技術內容之記載,而非申請專利權之技術本體,故與專利實質要件之定義未合。倘智慧財產局就未具備充分揭露要件之發明或創作,作成授予專利權之行政處分,智慧財產局應撤銷該決定。準此,充分揭露要件為申請專利權與維持專利權之法定要件,並非實質之專利要件。

二、未充分揭露得補正或修改

申請專利案之發明或創作內容,雖有技術手段,然依據該手段顯然無法達到其功效,其為技術本質上之客觀缺陷,無法經由專利說明書之修改而以治癒瑕疵,此為欠缺產業上利用性之專利要件,並非因專利說明書未充分揭露而無從據以實現。反之,申請專利案之發明或創作,實際上能據以實現或加以利用,因專利說明書未充分揭露,使該發明或創作所屬領域中具有通常知識者,無從據以實現或利用,倘該未充分揭露技術內容之瑕疵,經由修改或補正專利說明書而治癒之,則可依據技術手段達成應有之功效,是未充分揭露之問題,並非發明或創作技術本身所致。

伍、相關實務見解——說明書應明確且充分揭露

說明書應明確且充分揭露,使該發明所屬技術領域中具有通常知識者,能瞭解其內容,並可據以實現(專利法第26條第1項)。申言之:(一)所謂說明書應明確且充分揭露,係指說明書之記載必須使該發明所屬技術領域中具有通常知識者,能瞭解申請專利之發明的內容,而以其是否可據以實現為判斷的標準,倘達到可據以實現之程度,符合說明書明確且充分揭露申請專利之發明;(二)使該發明所屬技術領域中具有通常知識者,能瞭解其內容,並可據以實現,係指說明書應明確且充分記載申請專利之發明,記載之用語亦應明確,使該發明所屬技術領域中具有通常知識者,在說明書、申請專利範圍及圖式三者整體之基礎,參酌申請時之通常知識,無須過度實驗,即能瞭解其內容,據以製造及使用申請專利之發明,解決問題,並且產生預期之功效[26]。

---

[26] 最高行政法院106年度判字第278號行政判決;智慧財產及商業法院103年度行專訴字第115號、104年度行政專訴字第77號行政判決;智慧財產及商業法院106年度民專上字第1號民事判決。

第二項 充分揭露之內容

專利說明書要符合充分揭露技術內容，必須達到可實施性、最佳實施例及明確性等要件。其充分揭露之程度應達：瞭解申請專利所需內容、判斷申請專利是否具備專利要件所需內容及實施申請專利所需內容。

例題2

甲向經濟部智慧財產局申請新型專利，其恐其技術內容遭第三人抄襲或仿用，而於專利說明書之內容記載，對於技術內容及特徵均不記載或故意有所保留。試問甲之專利申請，智慧財產局應否核准？

例題3

試說明產業上利用性與可實施性之差異性與關聯性為何？就得否補正、性質差異、判斷順序、專利准駁及撤銷專利事由等因素，加以說明之？

例題4

乙以「汽輪機轉子葉片拆卸技術處理方法」向經濟部智慧財產局申請發明專利，其請求項僅記載係為汽輪機轉子葉片拆卸技術處理方法：1.核能發電廠汽輪機轉子葉片拆卸技術；2.火力發電廠汽輪機轉子葉片拆卸技術；3.焚化爐廠汽輪機轉子葉片拆卸技術；4.汽電共生之汽輪機轉子葉片拆卸技術。其圖式除未參照工程製圖方法繪製，亦未註明元件符號。試問智慧財產局是否應核准或核駁乙之申請發明專利案？理由為何？

壹、可實施性

一、可實施性之定義

所謂可實施性，係指專利申請權人申請專利時，其提出之專利說明書應公開揭露該發明或創作內容，其揭露之程度，應使申請當時（as of the filing date），熟習該項技術領域之人士或所屬技術領域中具有通常知識者，得具以實現或利用。換言之，專利說明書充分揭露之程度，必須使熟習該項技術領域之人或所屬技術領域中具有通常知識者，參酌專利說明書說明及圖式教導（teach），其無須過度實驗（without undue experiment）或研究，即能達成發明或創作之技術內容（full scope）所載之目的[27]。是否須投入過度之實驗或研究，須經由對該發明或創作有經驗領域之人加以認定（persons experienced in the field of invention）[28]。

二、發明或創作所屬領域中具有通常知識者

所謂該發明或創作所屬領域中具有通常知識者，係為虛擬之人（hypothetical），其具有該發明或創作所屬領域中之通常知識及執行例行工作、實驗之普通能力，並得理解、利用申請日前之先前技術者（prior art）[29]。而通常知識（general knowledge），係該發明或創作所屬技術領域中已知之普通知識，其包括習知或普遍使用之資訊及教科書或工具書內所載之資訊，或自經驗法則所瞭解之事項[30]。準此，專利說明書或圖式不載明實現必要之事項，

---

[27] National Recovery Tech. Inc. v. Magnetic Separation Sys. Inc., 166 F.3d 1190, 1197 (Fed. Cir. 1999). The enablement requirement of 112 demands that the patent specification enable those skilled in the art to make and use the full scope of the claimed invention without undue experimentation; Genentech, Inc. v. Novo Nordisk A/B, 108 F.3d 1361, 1365 (Fed. Cir. 1997). The patent specification would not have enabled a person of ordinary skill in the art to practice the claimed invention without undue experimentation。智慧財產及商業法院98年度行專更(一)字第6號行政判決。

[28] Elan Pharms., Inc. v. Mayo Found., 346 F.3d 1051, 1056 (Fed. Cir. 2003). The determination of what level of experimentation is undue, so as to render a disclosure non-enabling, is made from the viewpoint of persons experienced in the field of the invention

[29] Herbert F. Schwarts, Patent Law and Practice 71 (2nd ed. 2000).

[30] 林國塘，專利審查基準及實務發明及新型，智慧財產專業法官培訓課程，司法院司法

或記載不必要之事項，使實施為不可能或困難者，專利申請人即未盡充分揭露，不具備促進產業發展之公益目的，專利專責機關不應授予專利權，應駁回該專利申請。一般而言，生物科技之發明，相較於其他發明，諸如機械或電子等發明，其較為不可預測。故生物科技之發明，通常應揭露更詳細之資訊，以符合嚴格之可實施性要件[31]。

三、過度實驗或研究之參考因素

是否有過度實驗或研究之情事，得參酌美國聯邦巡迴上訴法院1988年In re Wands事件所歸納之八項考慮因素，茲說明如後[32]：(一)實驗所花費之時間及金錢；(二)專利申請所呈現之指示或指導之數量；(三)專利申請有無實施例（working example）；(四)發明或創作之本質；(五)既有之技術水準；(六)該領域中相關之技術；(七)該技術是否具有預期性；(八)申請專利範圍。而審酌該八項因素並非強制性，其僅為列示之性質[33]。

四、可實施性之判斷

可實施性之定義雖相當簡單，然實際上因技術之複雜性，常導致判斷是否具有可實施性，產生諸多困難。例如，發明人或創作人公開資訊之充分性、熟悉該領域技術人士之技術水準等因素，均構成複製該項發明或創作可能性之重要因素。再者，專利可實施性判斷與專利申請時之技術水準有關，故於具體訴訟事件，實施性之認定，對於每項專利而言，均有其獨特之判斷，其需要累積相當法院判決，始能形成可實施性之見解，顯非易事。至於該發明或創作之技

人員研習所，2006年3月，頁40。

[31] 陳俊寰，生物科技專利申請之可實施要件，智慧財產權月刊，53期，2003年5月，頁16。

[32] In re Wands, 858 F.2d 731, 737 (Fed. Cir. 1988). Factors to be considered in determining whether a disclosure would require undue experimentation have been summarized by the board in In re Forman.They include (1) the quantity of experimentation necessary, (2) the amount of direction or guidance presented, (3) the presence or absence of working examples, (4) the nature of the invention, (5) the state of the prior art, (6) the relative skill of those in the art, (7) the predictability or unpredictability of the art, and (8) the breadth of the claims.

[33] Amgen, Inc., v. Chugai Pharm. Co., 927 F.2d 1200 (Fed. Cir. 1991).

術內容,是否得作爲達到商業實施(commercial practice)之價值,其與該專利是否得以實施,並非有必然之關聯[34]。因專利核准後至有商業實施之價值時,通常需要一段時期,故不得以商業實施價值,作爲認定有無可實施性之唯一依據。反之,具有商業實施之情事,表示具有可實施之事實,得證明專利具有可實施性。

五、我國專利法

(一)一般專利申請

1.申請專利權之要件

我國專利法第26條第1項規定發明專利之揭露程度,申請發明專利之說明,應明確及充分揭露(sufficiently clear and complete disclosure),使該發明所屬技術領域中具有通常知識者,能瞭解其內容,並可據以實現。專利法第120條準用第26條規定,即申請新型專利之說明,應明確及充分揭露,使該創作所屬技術領域中具有通常知識者,能瞭解其內容,並可據以實現。專利法第126條第1項亦規定設計專利之揭露程度,申請設計專利之圖式,應明確且充分揭露,使該設計所屬技藝領域中具有通常知識者(the ordinarily skilled persons in the relevant art),能瞭解其內容,並可據以實現。專利專責機關經審查後,判定發明專利、新型專利或設計之申請,缺乏可實施性,應分別依據專利法第46條、第112條第1項第3款、第5款及第134條規定,應爲不予專利之處分,不得授予專利[35]。

2.維持專利權之要件

專利專責機關就缺乏可實施性要件之專利申請案,倘已授予申請人專利權,依據專利法第71條第1項第1款、第119條第1項第1款及第141條第1項第1款規定,專利專責機關應依舉發(invalidation action)或依職權(ex officio)撤銷專利權,並限期追繳專利證書,無法追回者,應公告註銷。準此,核准之專利不具備可實施性,將導致專利權被撤銷。

---

[34] CFMT, Inc. & CFM Technologies, Inc. v. Yieldup Int'l Corp., 144 F. Supp. 2d 305 (2001).
[35] 林洲富,專利申請之充分揭露義務(上),司法周刊,1264期,2005年12月1日,3版。

3. 請求保護之申請標的

專利說明書是否符合明確且充分揭露要件之審查,係依申請專利範圍請求項所記載之內容,以界定對應於專利說明書中技術領域、發明所欲解決之問題、解決問題之技術手段及對照先前技術之功效、實施方式等事項,而確定審查對象是否符合充分揭露而可據以實施。申請專利之發明,係指記載於專利說明書中請求保護之申請標的,並非就申請專利範圍之各請求項逐項審查[36]。

(二)生物材料之發明專利申請

因申請生物材料或利用生物材料(biological material)之發明專利[37],難以書面公開或揭露其技術,為達充分揭露專利技術之要求,我國專利法第27條第1項、第4項規定,申請人應將該生物材料寄存於專利專責機關指定之國內寄存機構[38],或者專利專責機關認可之國外寄存機構[39],並於申請書上載明寄存機構、寄存日期及寄存號碼,使該生物材料為所屬技術領域中具有通常知識人士,能充分瞭解及辨識該生物材料之專利技術。以寄存(deposit)於公共寄存單位證明代替說明書之方式,達成符合可實施性之要件。

六、美國專利法

美國專利法第112條第1項規定,專利說明書應充分揭露致可實施性。詳言之,說明書應包括發明或創作之文字敘述及其製造、使用方法、程序之敘述,使任何熟悉該行業有關人士或具有關聯之人員,均得依據該完整、清晰、精

---

[36] 最高行政法院107年度判字第161號行政判決。

[37] 歐洲專利公約施行細則第23b(3)條規定:any material containing genetic information and capable of reproducing itself or being reproduced in a biological system.

[38] 經濟部智慧財產局2004年1月30日智法字第09318600060號函,委託財團法人食品工業發展研究所辦理「有關專利申請之微生物寄存」之業務。

[39] 經濟部智慧財產局2001年10月26日(90)智法字第09086001040號函,經濟部智慧財產局認可之國外微生物寄存機構。計有澳洲(Australia)、比利時(Belgium)、保加利亞(Bulgaria)、加拿大(Canada)、中國大陸(China)、捷克(Czech Republic)、法國(France)、德國(Germany)、匈牙利(Hungary)、義大利(Italy)、日本(Japan)、拉脫維亞(Latvia)、荷蘭(Netherlands)、波蘭(Poland)、韓國(Republic of Korea)、俄羅斯(Russian Federation)、斯洛伐克(Slovakia)、西班牙(Spain)、英國(United Kingdom)、美國(United States of America)。

簡及正確之文字，製造與使用相同產品。就生物材料之發明專利申請而言，美國聯邦巡迴上訴法院於2002年Enzo Biochem, Inc. v. Gen-Probe事件，認為生物寄存不僅得克服據以實施之要件方法，亦可使發明專利申請符合書面說明要件[40]。準此，當發生專利侵權事件時，該寄存之生物材料得作為判斷侵權之依據[41]。

貳、最佳實施例

一、最佳實施例之定義

所謂最佳實施例（best mode requirement）、最佳表示方式或最佳模式，係指專利說明書應記載實施該發明或創作之最佳方式，使得熟習該項技術領域之人或所屬技術領域中具有通常知識者，得為有效利用或實施該發明或創作。換言之，倘將專利說明書比喻為技術方案，實施例就是技術方案之具體實現方式或手段。因專利說明書之記載符合可實施性之要件後，熟習該項技術之人或所屬技術領域中具有通常知識者，固能依據說明書所載之內容重複實施或利用該發明或創作。然對於發明或新型專利而言，依據專利說明書所主張技術內容，可能達成多種發明或創作目的之實施態樣或方式。故允許申請人僅揭露該說明或創作之部分實施態樣，而未要求揭露發明或創作之最佳實施態樣，則無法完全符合促進產業發展之目的。準此，為防止發明人或創作人專利申請時，對公眾隱匿實際上可實施之較佳實施例（preferred embodiment），自應要求申請人揭露最佳實施例[42]。

---

[40] Enzo Biochem, Inc. v. Gen-Probe Inc., 296 F.3d 1316, 1327 (Fed. Cir. 2002). The specification to a deposit in a public depository, which makes its contents accessible to the public when it is not otherwise available in written form, constitutes an adequate description of the deposited material sufficient to comply with the written descriptionrequirement of 112.

[41] 尹重君，美國專利法揭露充分性要件之研究，國立交通大學科技法律研究所碩士論文，2003年6月，頁25至30。

[42] Teleflex, Inc.v. Ficosa North America Corp., 299 F.3d 1313,1330 (Fed. Cir. 2002). The purpose of the best mode requirement is to restrain inventors from applying for patents while at the same time concealing from the public preferred embodiments of the inventions they have in fact conceived; Transco Prods. Inc. v. Performance Contracting, Inc., 38 F.3d 551, 560 (Fed. Cir. 1994).

二、最佳實施例之判斷

(一)主觀方面

判斷是否為最佳實施例，首先應探討主觀層面，即必須確定發明人或創作人提出專利之申請日，其當時之心理狀態（state of mind）有無知悉其實施發明或創作之實施方式，優於其他方式（better than any other）[43]。在美國專利申請過程，審查委員固少以發明人違反揭露最佳模式之要求為理由，核駁專利申請案。然在專利侵權訴訟，被控侵權之一方，其經常主張發明人違反揭露最佳模式之要求，故該相關請求項無效。其原因在於判斷發明人是否違反揭露最佳模式之要求之過程，涉及發明人主觀之認定，審查委員無法單由專利說明書中判斷。反之，法院得經由各種證據，從事判斷發明人於專利申請日時，是否有實施其申請專利範圍之最佳模式而未加以揭露[44]。

(二)客觀方面

判斷主觀因素後，繼而分析其客觀層面，即認定發明人或創作人所主觀知悉之較佳實施例後，繼而比較其知悉之實施例與所揭露之內容，以決定該揭露者，是否可使熟習該項技術之人或所屬技術領域中具有通常知識者，實現最佳實施例，其評估之標準，應以申請專利範圍所記載之發明創作與其技術之水準[45]。美國聯邦巡迴上訴法院於1988年Randomex, Inc. v. Scopus Corp.事件，發明人所擁有專利之申請專利範圍，係清理磁碟之裝置（US3803660），發明人於說明書中揭露其公司所生產之某型號清潔劑，為使用該裝置時，所配合之較優清潔劑，並說明該清潔劑為非殘餘清潔劑（nonresidual detergent），其與

---

[43] Applied Medical v. US Surgical Corp., Docket No. 97-1526, 147 F.3d 1374, 1377 (Fed. Cir. 1998). The first is whether at the time the inventor filed his patent application, he knew of a mode of practicing his claimed invention that he considered to be better than any other.

[44] 孫寶成，美國專利說明書中揭露最佳模式之要求，智慧財產權月刊，91期，2006年7月，頁134。

[45] Applied Medical v. US Surgical Corp., Docket No. 97-1526, 147 F.3d 1374, 1377 (Fed. Cir. 1998). The second part of the analysis compares what he knew with what he disclosed-is the disclosure adequate to enable one skilled in the art to practice the best mode or, in other words, has the inventor concealed his preferred mode from the public? Assessing the adequacy of the disclosure, as opposed to its necessity, is largely an objective inquiry that depends upon the scope of the claimed invention and the level of skill in the art.

醫院所使用類型相似，發明人雖未揭露其認為較優清潔劑之化學成分，然法院之判決認為，發明人已善盡揭露其最佳模式之要求，因申請專利範圍所主張者，係清理磁碟之裝置，並非清潔劑。準此，發明人所揭露之資訊，已足以達到實施該申請專利範圍之最佳模式，並不需要揭露其認為較優清潔劑之化學成分[46]。

三、我國專利法

發明或創作之說明書，應足以支持申請專利範圍（*專利法第26條第2項、第120條*）。專利申請說明書之內容，應使熟習該項技術領域之人士得具以實施或利用。參諸專利法施行細則第17條第1項第6款規定，發明或新型說明，就實施方法之敘明，應就一個以上發明或新型之實施方式加以記載，必要時得以實施例說明。有圖式者，應參照圖式加以說明。準此，專利申請人應揭露發明或創作之最佳實施例。因專利說明書所揭示之實施方法不明確或有所隱匿，甚至非真實之實施方法，其勢必無法使熟習此項技術之人或所屬技術領域中具有通常知識者，據以實施說明書所揭露之發明或創作，故對於未揭示最佳實施例之專利申請，是無法完全符合促進產業發展之目的，國家自無授予專利之必要性，以作為公開專利技術之對價[47]。

四、美國專利法

美國專利法第112條第1項規定，專利說明書應記載發明人實現其發明所得設想（contemplate）最佳方式。其藉由授予專利權人取得排他性之權利，以交換（bargained-for exchange）公眾得據以實現專利範圍之發明或創作之較佳實施例[48]。美國專利商標局（USPTO）審查專利申請有無符合最佳實施

---

[46] Randomex, Inc. v. Scopus Corp. 849, F.2d 585, 590 (1988).

[47] 林洲富，專利申請之充分揭露義務（下），司法周刊，1265期，2005年12月8日，3版。

[48] Eli Lilly & Co. v. Barr Labs. Inc., 251 F.3d 955, 963 (Fed. Cir. 2001). The best mode requirement appears in the patent statutes at 35 U.S.C. 112, first paragraph: The specification... shall set forth the best mode contemplated by the inventor of carrying out his invention. The best mode requirement creates a statutory bargained-for exchange by which a patentee obtains the right to exclude others from practicing the claimed invention for a certain time period, and the public receives knowledge of the preferred embodiments for practicing

例之要件，均以申請專利範圍內所界定之發明或創作（invention defined by the claims）爲基準[49]。因專利說明書提出後，即不得加入任何新事項（new matter），因發明人已提出專利說明書，其未揭露最佳模式於該專利說明書中，則不能透過增加新事項之修正方式，補正其未揭露最佳模式之缺失。當發明人被認定蓄意（intentionally）隱瞞其最佳模式時，該行爲得被認定爲不公正行爲（inequitable conduct），該專利及相關專利所有請求項均不可實施（unenforceable）。準此，當專利說明書被判定違反揭露最佳模式之要求時，該相關申請專利範圍將導致無效或應撤銷之[50]。

五、化學物質之特徵記載

(一)可據以實現

發明專利申請人依法負有在發明專利說明書具有明確性，並充分揭露其發明創作技術內容，使該發明所屬技術領域中具有通常知識者，能瞭解其內容，並可據以實現（專利法第26條第1項）。倘發明專利申請人揭露之程度，未達使該發明所屬技術領域中具有通常知識者，能瞭解其內容，並可據以實現者，自未符申請專利權之法定要件[51]。所謂可據以實現，係指說明書之記載，應使該發明所屬技術領域中具有通常知識者以說明書、申請專利範圍及圖式爲基礎，參酌申請時之通常知識，無須過度實驗，即能瞭解其內容，而得據以實現該發明。倘需大量嘗試錯誤或進行複雜之實驗，始能發現實施該發明之方法，逾該發明所屬技術領域中具有通常知識者合理預期之範圍，即未符合充分揭露而可據以實現之要件。判斷需否過度實驗，得審酌申請專利範圍之廣度、申請專利發明之本質、該發明所屬技術領域中具有通常知識者之水準、該發明在所屬技術領域中之可預測程度、說明書所提供指引之數量、先前技術之所述及者、基於揭露內容而實施申請專利之發明所需實驗數量等因素。

---

the claimed invention.

[49] Bayer AG v. Schein Pharm., Inc., 301 F.3d 1306, 1314 (Fed. Cir. 2002). Our cases examining the scope of the best mode requirement demonstrate that the best mode disclosure requirement only refers to the invention defined by the claims.

[50] 孫寶成，美國專利說明書中揭露最佳模式之要求，智慧財產權月刊，91期，2006年7月，頁132、139、141。

[51] 最高行政法院98年度判字第1488號行政判決。

(二)化學物質之技術領域

在化學物質之技術領域，單就物之構造，仍無法推斷如何製造或使用該物之發明，通常須記載一個或一個以上之實施例，以說明發明較佳之具體實施方式。實施例之數目，視申請專利範圍所載之技術特徵之總括程度而定，如並列元件的總括程度或數據之取值範圍。重點在於是否足以支持申請專利範圍所涵蓋之技術手段，以符合充分揭露而可據以實現之要件[52]。

參、明確性

一、明確性之定義

所謂申請專利範圍或請求項，係指將專利申請之發明或創作技術內容，加以抽象化及概括化後之記載。故申請專利範圍必須充分明確（sufficient definite），藉由揭露之方式，告知公眾知悉法律賦予專利之保護範圍，並據以認定潛在之競爭者（potential competitor）是否構成專利侵權[53]。準此，除每一請求項所記載之範疇及必要技術應明確外，每一請求項間之依附關係，應明確化。反之，倘有發明或創作之範疇不明確、發明或創作與申請專利範圍不一致而不明確[54]、界定發明或創作之技術特徵或技術關係不明確，均未符合明確之要求。

二、專利權保護範圍

專利申請權人為尋求較廣之權利保護範圍，通常以涵蓋範圍較廣之抽象用語或上位概念之文字，以敘述其技術內容，其常導致專利權利範圍逾越專利之技術範圍，是申請專利範圍超越專利申請人之真正發明或創作之技術，或未為發明或創作之說明書所支持者，均非申請專利範圍所主張之專利保護範疇。準

---

[52] 智慧財產及商業法院98年度行專更(一)字第6號行政判決。

[53] Amgen Inc. v. Hoechst Marion Roussel Inc., 314 F.3d 1313, 1342 (Fed. Cir. 2003). 112 P 2 assures that claims in a patent are sufficiently precise to permit a potential competitor to determine whether or not he is infringing.

[54] 發明或創作與申請專利範圍不一致而不明確。例如，記載內容不一致、必要技術特徵不一致、申請專利範圍未涵蓋發明或創作說明之部分標的。

此，申請專利範圍與專利之技術相同者，其爲專利申請案之最佳撰寫方式。倘申請專利範圍小於專利之技術範圍，專利專責機關固得於申請專利範圍內授予專利權。然申請專利範圍逾專利之技術範圍時，專利專責機關得命申請人限期修正，減縮申請專利範圍（專利法第43條）。經自願捨棄之部分，嗣後自不得再行主張爲申請專利範圍所及[55]。

三、明確性之判斷

判斷申請專利範圍是否具有明確性，應以熟習該項技術之人或所屬技術領域中具有通常知識者爲標準，即該等人士閱讀專利說明書所記載申請專利範圍，可知悉申請專利範圍者，該說明書之內容，即符合明確性之法定要件（statutory requirement）。反之，無法經由專利說明書，瞭解申請專利範圍，則無法滿足明確性要件[56]。再者，熟習該項技術之人或所屬技術領域中具有通常知識者，其等解讀之程度，必須已盡合理之努力，仍無法明瞭（futile）專利範圍，始可認定該申請專利範圍因不明確而無效，以保護專利權人之發明或創作之貢獻，不致因說明書撰寫方式不理想（less than ideal），而導致專利無效[57]。

四、我國專利法

申請專利範圍應界定申請專利之發明；其得包括一項以上之請求項，各請求項應以明確、簡潔之方式記載，且必須爲說明書所支持（專利法第26條第2項、第120條）。詳言之，專利說明書（specification）記載，應達成明確及足

---

[55] 林洲富，法官辦理民事事件參考手冊15，專利侵權行爲損害賠償事件，司法院，2006年12月，頁124至125。

[56] Exxon Mobil Corp. v. United States, 265 F.3d 1371, 1375 (Fed. Cir. 2002). We have stated the standard for assessing whether a patent claim is sufficiently definite to satisfy the statutory requirement as follows: If one skilled in the art would understand the bounds of the claim when read in light of the specification, then the claim satisfies section 112 paragraph 2.

[57] Id, at 1375. By finding claims indefinite only if reasonable efforts at claim construction prove futile, we accord respect to the statutory presumption of patent validity; N. Am. Vaccine, Inc. v. Am. Cyanamid Co., 7 F.3d 1571, 1579 (Fed. Cir. 1993). We protect the inventive contribution of patentees, even when the drafting of their patents has been less than ideal.

以支持申請專利範圍之權利主張。故申請專利範圍之每一請求項所記載之申請標的，必須係該發明或創作所屬領域中具有通常知識領域者，自發明或創作說明所揭露之內容，直接得到或總括（generalization）得到之技術手段（專利法施行細則第17條、第18條）[58]。

(一)專利名稱

專利說明書應記載發明名稱，並簡明表示所申請發明之內容，不得冠以無關之文字（專利法施行細則第17條第1項第1款、第4項）。例如，申請新型專利名稱為「組合式壁板」[59]。

(二)技術領域

就發明或創作所屬之技術領域而言，應明確指出適用領域或限定於特定之應用領域，使申請專利範圍與專利說明書所公開之技術內容合致（專利法施行細則第17條第1項第2款）。

(三)先前技術

申請人應將其所知之先前技術加以記載，並得檢送該先前技術之相關資料，即所謂之引證，俾於熟習該技術領域之人或所屬技術領域中具有通常知識者，據以解讀申請專利範圍（專利法施行細則第17條第1項第3款）。

(四)發明內容

專利說明書應記載發明或創作所欲解決之問題、解決問題之技術手段及對照先前技術之功效，俾於知悉發明或創作之應用領域及背景（專利法施行細則第17條第1項第4款）。

(五)圖式說明

有圖式者，應以簡明之文字，依圖式之圖樣順序說明圖式（專利法施行細則第17條第1項第5款）。為方便閱讀圖式，應依圖號或符號順序，列出圖式之主要符號，並加以說明（第1項第7款）。

---

[58] 林國塘，專利審查基準及實務發明及新型，智慧財產專業法官培訓課程，司法院司法人員研習所，2006年3月，頁42。

[59] 智慧財產及商業法院104年度行專訴字第16號行政判決。

(六)實施方式

就記載發明或創作實施方式而言，專利說明書就獨立項之申請專利範圍，應有具體之實施例相互對應。如有圖式者，亦得參照圖式加以說明（專利法施行細則第17條第1項第6款）。因申請專利範圍之文字，雖有記載專利技術內容之構成事項，惟實質內容亦得參酌說明書及圖式所揭示之目的、作用及效果，以確定專利之保護範圍。

(七)專利技術特徵

申請專利範圍之請求項得包含獨立項（independent claim）、附屬項（dependent claim）及多項附屬項。獨立項應敘明專利申請之標的及其實施之必要技術特徵，其申請專利範圍應包括達到發明或創作之全部必要技術特徵（專利法施行細則第18條第1項、第2項）。再者，附屬項應敘明所依附之項號及申請標的，並敘明所依附請求項外之技術特徵，故解釋附屬項之申請專利範圍時，自應包含所依附請求項之所有技術特徵（專利法施行細則第18條第3項）。

五、美國專利法

美國專利法第112條第2項規定，說明書應以單項或多項請求項之方式記載，並清晰指出申請人主張之發明或創作標的之內容[60]。而申請專利範圍是否具有明確性，此為法律問題（matter of law）。專利無效之訴訟事件，由法院經由申請專利範圍之解釋，認定專利是否符合明確性之要件（definiteness requirement）[61]。法院在解釋申請專利範圍（claim）文義時，得參考所有之相關之專利文件，其包括專利說明書（the specification）、圖式（the drawings）及申請人於專利審查過程與審查員（examiner）之答詢資料、紀錄（the file

---

[60] 35 U.S.C. §112II: The specification shall conclude with one or more claims particularly pointing out and distinctly claiming the subject matter which the applicant regards as his invention.

[61] All Dental Prodx, LLC v. Advantage Dental Prods., 309 F.3d 774, 778 (Fed. Cir. 2002). A determination that a patent claim is invalid for failure to meet the definiteness requirement of 35 U.S.C. 112 P 2 is a legal conclusion that is drawn from the court's performance of its duty as the construer of patent claims, and therefore, like claim construction, is a question of law that we review de novo.

wrapper）[62]。

六、說明書所支持

專利申請人未盡充分揭露義務，導致申請專利範圍或請求項未獲得專利說明書支持，智慧財產局不應核准其專利申請。例如，甲向智慧財產局申請新型專利，其恐其技術內容遭第三人抄襲或仿用，其於專利說明書之內容記載，對於技術內容及特徵均不記載或故意有所保留，導致專利申請案之申請專利範圍或請求項，不為創作說明書所支持，自無授予專利之必要性。

(一)充分揭露之目的

國家為鼓勵技術之發明及創作，以促進產業之發展，乃賦予專利權具有之排他權能。同時，為避免重複發明、減免專利侵害之發生及證明權利取得，並課以專利權所有人就專利申請所示之內容，應充分揭露之，使專利權人之發明或創作之技術內容能完整揭露於社會大眾。倘申請專利範圍未充分揭露而有所保留，導致該發明或創作之技術未公開，將無法促進產業發展，國家自無給予專利之必要性。準此，我國專利法第26條第1項、第2項及第120條規定，發明或新型專利申請人之揭露義務。詳言之，申請發明或新型專利之說明，應明確及充分揭露，使該發明或創作所屬技術領域中具有通常知識者，能瞭解其內容，並可據以實現。申請專利範圍或請求項，應明確記載申請專利之發明或創作，各請求項應以簡潔之方式記載，且必須為發明或創作說明及圖式所支持。

(二)判斷說明書支持之步驟

判斷發明或創作是否支持專利範圍之步驟有三：1.第一步驟針對各請求項，判定其所涵蓋之範圍；2.第二步驟審閱說明書以認定發明或創作及圖式所揭露之範圍；3.第三步驟自該發明或創作所屬領域中具有通常知識者之立場，依據第二步驟所認定之揭露內容，判斷是否支持依照第一步驟判定之涵蓋範圍。例如，請求項僅記載使用無機酸之技術手段，說明書雖有記載使用有機酸之實施例，惟未記載任何有關無機酸之技術特徵，故申請專利範圍，顯未獲得說明書之支持[63]。

---

[62] Autogiro Co. of America v. United States, 181 Ct. Cl. 55 (Ct. Cl. 1967).

[63] 林國塘，專利審查基準及實務發明及新型，智慧財產專業法官培訓課程，司法院司法人員研習所，2006年3月，頁42。

肆、例題解析

一、欠缺充分揭露要件

　　甲向智慧財產局申請新型專利，其恐其技術內容遭第三人抄襲或仿用，而於專利說明書之內容記載，對於技術內容及特徵均不記載或故意有所保留，使該說明書未揭露必要事項或其揭露明顯不清楚，導致申請專利範圍或請求項，顯未獲得專利說明書支持，即致缺乏充分揭露之法定要件，智慧財產局不得核准其新型專利之申請（專利法第112條第1項第5款）。倘申請人未盡充分揭露之義務，智慧財產局審定而未發現，利害關係人（interested party）對核准之新型專利，依據專利法第119條第1項第1款、第2項規定，就授予專利權之處分向智慧財產局提起舉發，請求撤銷該已核准之新型專利權。倘舉發不成立，具有利害關係之舉發人不服舉發不成立審定，自得向智慧財產法院提起課予義務之訴，請求智慧財產局作成舉發成立之審定行政處分（行政訴訟法第5條；智慧財產及商業法院組織法第3條第1款；智慧財產審理法第31條第1項第1款）。

二、產業上利用性與可實施性之比較

(一)差異處

1.得否補正

　　所謂產業上利用性，係指發明或創作本身能否實施及有無實際用途之問題，倘未具產業上利用性，其屬本質上之客觀缺陷，無法經由專利說明書之修改而加以治癒瑕疵。所謂可實施性，係指於專利申請時，其專利說明書之揭露，能否使熟悉該技術人士，無須過度實驗或研究，即可據以實現之問題[64]，倘未充分揭露技術內容，該瑕疵得經由修改或補正專利說明書而治癒。

2.性質不同

　　產業上利用性，係規定專利申請之發明本質上必須能被製造或使用。而充分揭露而可據以實現之要件，係規定專利申請之發明之記載形式，必須使該發明或創作所屬技術領域中具有通常知識者，能瞭解其內容，並可據以實現。所

---

[64] 劉俊寰，生物科技專利申請之可實施要件，智慧財產權月刊，53期，2003年5月，頁23。

謂產業上利用性，係指能供產業之利用價值，其於產業上得以實施及利用者，應符合實用要件及達到產業上實施之階段。例如，永動機械除違反自然法則外，亦不符合產業利用性。倘申請專利範圍或請求項為特定結構之永動機械，其說明書並無違反自然法則之敘述，因其仍無法據以實現，故無可實施性（專利法第26條第1項）。

(二)關聯處

可實施性與產業上利用性要件雖有區別，惟兩者有密切之關聯性（closely related）[65]。兩者有判斷順序或層次先後之關係，其中有一欠缺，均不得授予專利權，茲說明如後：

1.判斷順序

判斷是否具有可實施性前，應先判斷是否具備產業上利用性。因專利不具備產業上利用性，其發明或創作無法製造或使用時，即欠缺專利要件，則毋庸再審查專利說明書有無充分揭露技術內容。職是，專利申請之發明或創作本質上，並不能被製造或使用，自無據以實現之可能。例如，永動機械之發明或創作，違反自然法則之能量不滅定律，縱使專利申請說明書中明確且充分記載其內容，亦無法據以實現。

2.專利准駁

專利申請符合產業上利用性之要件後，繼而審查發明或創作之專利說明書，是否明確與充分記載對於先前技術之貢獻，其揭露之發明或創作之技術內容，達到該發明或創作所屬技術領域中具有通常知識者，得據以實現之程度，始得授予專利。反之，該技術領域中具有通常知識者，無法按照專利說明書之記載加以操作，以達成專利申請所主張之預期目的者，因其無法教導他人如何使用該發明或創作，則未符合可實施性之要件，不得授予專利權[66]。

3.撤銷專利事由

專利專責機關未發現專利申請案，缺乏產業上利用性或可實施性，而授予申請人專利權，依據我國專利法第71條第1項第1款、第119條第1項第1款及第141條第1項第1款規定，智慧財產局應依舉發或依職權撤銷專利權。再者，就

---

[65] Process Control Corp. v. Hyd Reclaim Corp., 190 F.3d 1350, 1358 (Fed. Cir. 1999). Lack of enablement and absence of utility are closely related grounds of unpatentability.

[66] 經濟部智慧財產局，專利審查基準，2009年版，頁2-3-2至2-3-3。

美國法制而言，不論依據美國專利法第101條規定之產業上利用性[67]，或第112條規定之可實施性，該專利因不符合產業上利用性之專利要件或可實施性之授予專利要件，均屬無效之專利[68]。

三、系爭申請專利不符合專利法第26條第2項

(一)專利法第26條第2項之要件

申請專利範圍應界定申請專利之發明；其得包括一項以上之請求項，各請求項應以明確、簡潔之方式記載，且必須爲說明書所支持（專利法第26條第2項）。質言之：1.所謂請求項應明確，係指每一請求項之記載應明確，且所有請求項整體之記載亦應明確，使該發明所屬技術領域中具有通常知識者，單獨由請求項之記載內容，即可明確瞭解其意義，而對其範圍不會產生疑義。故每一請求項記載之範疇及必要技術特徵應明確，且每一請求項間之依附關係亦應明確；2.所謂請求項應簡潔，係指每一請求項之記載應簡潔，且所有請求項整體之記載亦應簡潔，除記載必要技術特徵外，不得對技術手段達成之功效、目的或用途之原因、理由或背景說明，作不必要之記載，亦不得記載商業性宣傳用語；3.所謂請求項必須爲說明書所支持，係指要求每一請求項記載之申請標的，應依據說明書揭露之內容爲基礎，請求項之範圍，不得逾說明書揭露之內容[69]。

(二)無具體之技術處理方法與內容

系爭申請專利範圍之請求項，僅記載係爲汽輪機轉子葉片拆卸技術處理方法如後：1.核能發電廠汽輪機轉子葉片拆卸技術；2.火力發電廠汽輪機轉子葉片拆卸技術；3.焚化爐廠汽輪機轉子葉片拆卸技術；4.汽電共生之汽輪機轉子葉片拆卸技術。準此，系爭申請專利範圍中之請求項，並無拆卸技術處理方法之具體內容，即系爭申請專利範圍並未界定申請專利之發明，且該發明所屬技

---

[67] 35 U.S.C. § 101: Inventions patentable-Whoever invents or discovers any new and useful process, machine, manufacture, or composition of matter, or any new and useful improvement thereof, may obtain a patent therefore, subject to the conditions and requirements of this title.

[68] Process Control Corp. v. HydReclaim Corp., 190 F.3d 1350, 1358 (Fed. Cir. 1999). If a patent claim fails to meet the utility requirement because it is not useful or operative, then it also fails to meet the how-to-use aspect of the enablement requirement.

[69] 智慧財產及商業法院110年度行專訴字第23號行政判決。

術領域中具有通常知識者,無法單獨由請求項記載之內容,即可明確瞭解其意義,而對其範圍不會產生疑義,不符合專利法第26條第2項之要件[70]。

伍、相關實務見解──設計應充分揭露

設計說明書及圖式應明確且充分揭露,使該設計所屬技藝領域中具有通常知識者,能瞭解其內容,並可據以實現(專利法第126條第1項)。本件專利之申請專利範圍,為如附圖所示「瓶」設計,申請專利之圖式,均不見瓶蓋之其他視角外觀,無法使相同技藝領域中具有通常知識者,瞭解瓶蓋之確實設計外觀,其違反專利法第126條之揭露有不明問題[71]。

第二節　產業上利用性

產業上利用性為專利要件之一[72],其重點在於產業上利用性之概念與其判斷[73]。基於產業上利用性之要件,在於提升產業科技之水準。經濟部智慧財局審查專利申請,其審查專利要件時,通常先審查是否符合產業上利用性之要件,繼而依序審查新穎性、進步性要件。同理,法院判斷已核准之專利決定,是否具備專利要件,自應先認定是否符合產業上利用性。基於屬地主義之原則,各國專利之專利要件、審查基準及法令規範,並非全然相同,取得外國專利非一定可取得我國專利,是向我國申請專利者,其是否符合產業上利用性,應依我國專利制度認定之[74]。

---

[70] 智慧財產及商業法院103年度行專訴字第115號行政判決。

[71] 智慧財產及商業法院97年度行專訴字第86號行政判決。

[72] 最高行政法院91年度判字第1725號、92年度判字第1081號、93年度判字第358號、93年度判字第993號及93年度判字第1364號行政判決,均認為產業上利用性為專利要件之一。

[73] 美國專利法第101條規定產業利用性(usefulness)與可專利標的之要求。

[74] 最高行政法院90年度判字第1882號行政判決。

例題5

> 甲之「冬暖夏涼鞋」新型專利申請案，其特徵在於鞋底中間部分，分開一長方形溝槽，有助於空氣流通，並於鞋底預留空間，夏日裝兩段式鞋墊，冬日改裝弓形腳爐。試問甲據此申請新型專利，其有無符合產業上利用性[75]？

例題6

> 乙之「曆法及日曆牌」新型專利申請案，其特徵在於對原有日曆中之日期重作安排，將原來一周由7日變更為10日或11日，使數字較具有規律性。試問乙據此申請新型專利，其有無符合產業上利用性？

壹、產業上利用性之定義

　　所謂產業上利用性或實用性（utility or industrial applicability），係指能供產業之利用價值，得於產業上實施及利用者（專利法第22條第1項、第120條、第122條第1項）。其應符合實用要件及達到產業上實施之階段。故產業上利用性，必須能供產業之利用價值，而於產業上得以實施及利用者。舉例說明之：(一)某機器僅得為無目的性之原地旋轉或前後振動，其並無特殊用途，故該機器未具備產業上利用性之要件；(二)本案係針對衛星發射之困難，雖提出解決方法，然其主要困難在於氣球之定位，故須推動系統。申請人對於如何將高空汽球或無人飛機維持一定高度與位置、如何提供足夠浮力以搭載通訊器材、如何提供無人飛機上螺旋槳噴射器或火箭推進定位之可靠能量來源、如何解決汽球之熱脹冷縮使高度飄移等事項，均無具體可行技術揭露，而僅為概念性之陳述，無從使熟習該項技術者瞭解其內容並據以實現，不具產業上利用性[76]。

---

[75] 劉瀚宇，智慧財產權法，中華電視股份有限公司，2004年8月，2版，頁147。
[76] 最高行政法院89年度判字第1號行政判決。

貳、產業上利用性之目的

　　鼓勵專利之主要目的，在於提升產業科技水準，使研發之發明或創作具有利用價值，以促進經濟之繁榮。準此，授予專利權之發明或創作之技術，應於工業及產業上具有大量製造、複製之利用價值，是必須具備產業上利用性，始得授予專利權[77]。因產業利用性之主要目的，在於使研發之結果具有利用性，故該專利要件，有避免部分業者提出不具備實用性之發明或創作爲策略性運作，試圖阻礙競爭對手依據該無實用性之發明或創作爲基礎，其於日後申請有實用性之專利，導致產業科技水準無法進步之問題[78]。

參、產業之範圍

　　所謂產業之涵蓋範圍，應採廣義解釋，即各種行業均應包括在內，不限工業及商業本身[79]。例如，工業、農業、林業、漁業、牧業、礦業、水產業、運輸業、通訊業及商業等[80]。準此，金融業或服務業之商業方法（business method），倘具有產業上利用性，自得賦予專利權，加以保護之。

肆、產業利用性之判斷

　　一般而言，欲符合產業利用性之要件，並非難事，就美國專利法而言，其僅要求具備最低之實用價值。本文茲將我國實務就產業上利用性之判斷，整理

---

[77] 最高行政法院50年判字第58號行政判決：新型專利權之取得，必以其物品之形狀構造或裝置，首先創作，合於產業上利用之要件。最高行政法院52年判字第66號行政判決：原告以「地下垃圾箱」申請新型專利，均審查結果，認爲「地下垃圾箱」之內箱底部開關部分，使用長久以後，關合不能完全嚴密，則垃圾及污水均將落入地下外箱之中，不易清除，將失卻設置內箱之作用，未達到合於產業上利用之要件。

[78] 金海軍，智識產權私權論，中國人民大學出版社，2004年12月，頁385。

[79] 經濟部智慧財產局，專利審查基準，2009年版，頁2-3-1。

[80] 徵諸巴黎公約第1條(3)原文：Industrial property shall be understood in the broadcast sense and shall apply not only to industry and commerce proper, but likewise to agriculture and extractive industries and to manufactured or natural products, for example, wines, grain, tobacco leaf, fruit, cattle, minerals, mineral waters, beer, flower, and flour。依據Industrial之文義，其包括農礦漁牧等技術發明，其不限於工業之技術發明。

及分析如後，以作爲認定該專利要件之基準。

一、發明或創作已完成

　　所謂已完成之發明或創作，係指發明或創作應包括技術手段及可達成目的之構思。倘僅屬自然法則或單純之構思（idea）或建議（suggestion），其無技術手段，則不具有可利用性。準此，未完成之發明或創作，則不具備產業上利用性之要件。茲舉例說明之：

(一)理論或構想

　　專利說明書所載技術內容僅係理論或構想，倘未發展成具體之製造或使用之技術者，其尚未達到產業上實施之階段，自不得爲專利申請[81]。準此，理論或構想不得申請專利。

(二)欠缺必要技術手段

　　僅對物品之形狀、構造或組合提出構想，而缺乏必要技術手段，其未具產業上利用性之要件[82]。詳言之，新型專利之專利申請權人，須就創作物品之形狀、構造或組合，其於專利說明書爲詳盡之說明，可依該說明書所載內容之技術手段，製造出合於實用之物品，倘其說明書及圖示，僅簡略說明其創作構想，無從據以製造其專利申請之新型物品，則不符合產業上利用性[83]。

(三)整形或美容

　　整形、美容者，係非以診斷、治療爲目的之外科手術方法，並以有生命之人或動物爲實施對象，其無法供產業上利用，故整形或美容方法，不具產業利用性，無法賦予專利權[84]。

---

[81] 最高行政法院72年度判字第790號行政判決：申請專利說明書所載技術內容僅係理論或構想，未發展成具體之製造或使用之技術者，爲尚未達到產業上實施之階段，不得申請專利。

[82] 最高行政法院73年度判字第1568號行政判決。

[83] 最高行政法院71年度判字第354號行政判決。

[84] 林國塘，專利審查基準及實務發明及新型，智慧財產專業法官培訓課程，司法院司法人員研習所，2006年3月，頁43。

二、具有重現性之特徵

所謂重現性者，係指發明或創作可供重複利用之，其具有再現性，不僅在理論上可實施，實際上亦得反覆利用，具有複製性[85]。例如，申請人以「中藥之混合物」申請發明專利，因其無法在中醫藥已知及應用之基礎，再行複製該混合物，故不具備產業上利用性[86]。

三、可達成預期之目的

產業上利用性必須具備可操作使用（capable of use）特性，以達成所預期之目的[87]。故缺乏達成發明或創作目的之技術手段，或雖有技術手段，惟顯然不能達成發明或創作目的之構想，此所謂想法與實施未一致，均不具備產業上利用性。例如，申請人以「用於藥物之改良局部傳遞加強」皮膚穿透系統申請專利權，其擬將傳統口服及注射之藥劑，改以皮膚外用藥劑之形式，經由皮膚塗抹、穿透及吸收，達成治療效果。參諸其說明書中，並無充分之資料及數據足以證明其具有加強穿透皮膚之功能，所提出之實驗數據無法證明技術內容，可達發明之功效者，爲不合實用要件[88]。

四、有具體之實用結果

發明或創作於產業上應可提供具體或有形之利用（useful），而具有實用之結果，始符合產業上利用性[89]。參諸美國專利法第101條規定，任何人發明或發現任何新穎而有實用之方法、機器、製品或物之組合，或以上之任何新穎而實用之改良者，均得依本法所定之規定及條件下獲得專利[90]。準此，不具備

---

[85] 最高行政法院89年度判字第1480號行政判決。

[86] 最高行政法院83年度判字第523號行政判決。

[87] Donald S. Chisum, Chisum on Patent, Section 4.01 (1997).

[88] 最高行政法院71年度判字第196號、76年度判字第629號行政判決：依其專利說明或圖式，僅論及局部效益，而未能全盤考慮整體經濟效益者，則其解決問題之技術手段，不能完全產生專利說明書所述之具體功效，以達發明之目的，自屬不合實用。

[89] 經濟部智慧財產局，專利審查基準，2009年版，頁2-3-2至2-3-3。

[90] 35 U.S.C. §101: Whoever invents or discoveries any new and useful process, machine, manufacture, or composition of matter, or any new and useful improvement there of, may obtain a patent there for, subject to the condition and requirements of this title.

實用結果之發明或創作,不具備產業上利用性,茲舉數例說明如後。

(一)無法致預期目的

專利申請之機器裝置,無法按照專利說明書,加以操作(operate),達成專利申請所主張之預期目的者,足見其未有具體之實用結果,故該機器裝置不具產業上利用性,無法作為適格之專利權標的(subject matter)。

(二)欠缺實用結果

專利申請係「為防止臭氧層之減少而導致紫外線之增加,將可以吸收紫外線之塑膠膜,包覆整個地球表面之方法」[91]。依據該方法發明之說明,理論雖有可行性,惟在實際上無法實施者,無法產生有形之實用結果。

(三)無經濟上價值

將簡單之烹調動作,做複雜之控制,雖可達成監視之效果,然過於繁多之程式,其所費之時間冗長,將造成誤失機會大增,導致產生非必要之動作,顯無經濟上之價值可言。倘就該複雜之烹調方式申請方法發明專利,顯不具產業上利用性[92]。

伍、例題解析——欠缺產業上利用性

一、冬暖夏涼鞋之新型專利申請案

所謂產業上利用性者,係指能供產業之利用價值,並於產業上得以實施及利用者。換言之,發明或創作於產業上所提供具體或有形之利用,而具有實用之結果。故合於實用者,應可產生相當效果,而對於人類之生活有所貢獻。依甲提出「冬暖夏涼鞋」新型專利申請案技術內容以觀,該鞋之結構於鞋底預留空間,其易導致灰塵或污水等穢物污染鞋襪,實無法有益於日常生活使用,顯然不具備實用之結果。準此,經濟部智慧財產局應以不具備產業上利用性之專利要件,駁回甲之專利申請。

---

[91] 經濟部智慧財產局,專利審查基準,2009年版,頁2-3-2。
[92] 最高行政法院77年度判字第95號、79年度判字第1914號行政判決。

二、曆法及日曆牌之新型專利申請案

乙以「曆法及日曆牌」申請新型專利,申請案係對原有日曆中之日期重作安排,屬於數字上之變更,固將原來一周由7日變更為10日或11日,使數字較具有規律性。然申請人設計之日曆,不僅月份之日數更改,每周之日數亦更改,更有大周小周之分,節氣日期亦有不同之區別,導致社會大眾難以使用,並與既有習慣與國際適用不符,造成諸多之不便,顯不合於產業上利用性要件[93]。準此,智慧財產局應以不具備產業上利用性之專利要件,駁回乙之專利申請。

陸、相關實務見解──說明書記載達成發明目的之技術手段

發明專利為一種用於治療或預防雄性動物之勃起不能之口服藥學組成物。其專利公告說明書記載發明之化合物,已作過體外試驗、動物毒性試驗,並對自願者作研究,以口服單低一劑量及多劑量兩者試驗,並確定特定化合物對陽萎病人可誘使陰莖勃起,其經由口服為最佳途徑。職是,綜合說明書之記載內容判斷,專利說明書明確記載如何達成發明目的之全部技術手段,包括口服投予特定劑量之化合物。並有具體之試驗結果,可證明已達到口服治療男性勃起功能障礙之發明目的。足認專利說明書之記載,有達成目的之技術手段之構想或為有技術手段而能達成目的之構想者,故具有產業上利用性[94]。

第三節　新穎性

新穎性為專利要件之一,就先申請主義而論,先申請主義之國家以申請日或優先權日為準[95]。判斷專利申請是否准許,新穎性要件應優先於進步性要件之審查。

---

[93] 最高行政法院70年度判字第410號行政判決。

[94] 智慧財產及商業法院102年度民專上字第64號民事判決。

[95] 最高行政法院90年度判字第2318號、92年度判字第1569號、93年度判字第993號行政判決。

第一項　新穎性原則

　　原則上發明或創作一經公開，導致他人知悉或可得而知者，不論公開之方式及公開之地點爲何，除非有喪失新穎性之例外情事，均視爲喪失新穎性，無法取得專利。

例題7

　　甲申請「墨汁蓄給法」新型專利案，其技術內容係以蓄汁筒、輸汁管及控制器組成鴨腳筆，該申請前已有「免添墨水鴨嘴筆」申請新型專利權，經濟部智慧財產局核准公告在案。試問甲之申請案有無具備新穎性？理由爲何[96]？

例題8

　　乙申請「A型窗簾」新型專利案，其特徵在於窗簾布及滾筒之一邊或兩邊裝設撕離線，俾於依照窗戶寬度，以徒手撕下多餘之窗簾布及滾筒，而無須借助任何切割工具，此爲公知及公用技術。試問新型專利申請案，智慧財產局應否核准之[97]？

例題9

　　丙之「改良刮鬍刀」新型專利申請案，其基本構造包括刀蓋、刀片及支持部，並於刀蓋及支持體上施以若干結構之特殊設計，其目的在於增加傳統刮鬍刀之可撓性，故該申請案與一般刮鬍刀習用之結構有所不同。而該具有特色之改良刮鬍刀，曾於申請日之1年前，將其技術特徵刊載於美國之某時尚雜誌。試問智慧財產局應否核准丙之專利申請？理由爲何？

---

[96] 劉瀚宇，智慧財產權法，中華電視股份有限公司，2004年8月，2版，頁154。

[97] 劉瀚宇，智慧財產權法，中華電視股份有限公司，2004年8月，2版，頁146、147、153、154。

例題10

　　丁持「改良刮鬍刀」向我國申請新型專利前，戊以相同技術特徵之「改良刮鬍刀」向美國專利商標局（USPTO）提出專利申請。試問丁向我國申請新型專利，是否已喪失新穎性？

壹、新穎性之定義

一、非先前技術

　　新穎性（novelty or new）係指發明或創作者，於專利申請前未被公開，並未形成公知或公用之技術（state of art）而言（專利法第22條第1項、第120條、第122條第1項）[98]。申請專利範圍所載之發明或創作，未構成先前技術之一部分[99]。準此，已公諸於世或以先前技術，無法作為適格之專利標的。況就保護社會大眾而言，申請人已知之技術申請專利，倘授予專利權，將公共財劃歸成私有財，亦有害公共利益（public interest），導致他人實施公知技術之成本提高。

二、未公開發明或創作

　　就新穎性要件以觀，未必等同前所未有者，僅要發明或創作在先之人，從未公開該發明或創作，為第三人所不知者，即具有新穎性之專利要件。依據專利實務審查程序，申請專利之發明或創作是否具新穎性，通常於其具產業利用性之要件後，始進行審查有無新穎性之專利要件[100]。例如，申請人以「丙烯酸脂、苯乙烯及丙烯」鍍金製品申請新型專利，該鍍金製品得作為汽車、器具等之鍍金組件，其具有產業上之利用價值。因丙烯酸脂等塑膠材質均為已知之

---

[98] 美國專利法第101條規定：任何人發明或發現任何新穎而有實用之方法、機器、製品或物之組合，或以上之任何新穎而實用之改良者，均得依本法所定之規定及條件下獲得專利。第102條就新穎性有詳細之規定。即發明或創作必須是新的，故新穎性為專利之要件之一。

[99] 應保密之技術不屬於先前技術之範圍。

[100] 因發明專利之本質，審查申請案是否具備新穎性及進步性之前，應先行判斷有無產業上利用性。

物，而該電鍍技術亦係使用現成配方，並應用習用之技術所致。因專利標的之材質與製作方法，已為相關業者或所屬技術領域中具有通常之知識者所熟知，故不符合新穎性之要件[101]。

貳、新穎性之標準

所謂新穎性者（novelty），係指發明或創作一經公開，導致他人知悉或可得而知者，不論公開之方式及公開之地點為何，均視為喪失新穎性。職是，故世界任何地區之公眾，倘有知悉發明或創作之情事（專利法第22條第1項、第120條、第122條第1項），應有喪失新穎性之適用[102]。

參、新穎性之喪失

在申請專利審查程序，主張專利申請案欠缺新穎性之舉證責任，係由審查官承擔；倘在舉發程序，則必須由舉發人負擔系爭專利欠缺新穎性之舉證責任。我國專利法第22條第1項、第120條及第122條第1項，以負面表列之方式，列舉喪失新穎性之原因[103]。

一、申請前已見於刊物（105年律師、110年司律）

(一)刊物之範圍

所謂申請前，係指申請當日或優先權日之前，其不包括申請當日所公開之技術[104]。而刊物（published）應適用廣義解釋，係指向不特定公眾公開發行為目的，得經由抄錄、影印或複製之雜誌、新聞紙、書籍、商品說明、傳單、

---

[101] 最高行政法院71年度判字第106號行政判決。
[102] 最高行政法院80年度判字第1068號、83年度判字第2875號行政判決：首先創作者，固應為前所未有之技術上思想之創作，即應具備新穎性。惟所謂前所未有之新穎性，非僅限於解決問題之手段及其手段所發生技術上之效果，均為前所未有之創新。其係以舊手段解決新問題，或以新手段解決舊問題者，亦應認為前所未有之創新。
[103] 美國專利法第102條，以負面表列喪失新穎性之事項，即(a)款至(g)款所列出之喪失新穎性原因。
[104] 劉瀚宇，智慧財產權法，中華電視股份有限公司，2004年8月，2版，頁153至154。

海報、照片、資料手冊（data book）、樣品、錄音帶、錄影帶、研究報告、學術論著、書籍、學位論文、演講文稿、微縮影片等印刷品或物品，其為具有公開性之文書或圖畫，可供不特定之公眾足以閱覽之狀態。刊物之發行地域，並不限在我國境內刊行為必要，其包括外國之刊物[105]，亦不以定期公開發行為必要，即產品型錄、網際網路出版（Internet publication）、線上資料庫（on-line database）、廣播、電視發表，均包括在內（專利法第22條第1項第1款、第122條第1項第1款）[106]。各國核准專利申請案，均會於專利公報公告周知。準此，專利公報屬刊物之一種，核准在先之專利為先前技術。

(二)型錄

型錄上之記載日期，雖未明確標示印刷日期或其他特定行為之日期，惟徵諸一般交易法則，不特定人持有該型錄，即可知悉其內容，其應屬公開之方式甚明[107]。依據一般商業習慣而言，型錄為廠商推銷其產品供買方訂貨參考，所預先製作之目錄，倘其上有日期之記載，足可證明該產品，早已公開發行，即喪失新穎性之要件[108]。職是，倘申請前有相同之發明或創作，已見於刊物上公開之，不論為國內或國外公開使用者，僅要可供任何人閱覽，均喪失新穎性[109]。

(三)內部文件

印刷品僅為內部之設計文件，或者未記載日期之廣告海報，倘均未對外公開，其等均屬內部之資料，並不喪失新穎性之要件[110]。同理，刊物之設計、排版及印刷等公開發行前之準備工作，僅已印妥而尚未對外發送或展示，一般不特定人無從藉以查知其內容，即非符合見於刊物之狀態[111]。

(四)會議文件

刊物係指供給公眾取閱所產生之物，故在會議中散發之文件複本得視為刊

---

[105] 最高行政法院75年判字第1348號行政判決。
[106] 最高行政法院77年度判字第1414號行政判決。
[107] 最高行政法院77年度判字第1414號行政判決。
[108] 最高行政法院80年度判字第1605號行政判決。
[109] 最高行政法院72年度判字第898號行政判決。
[110] 最高行政法院73年度判字第381號行政判決。
[111] 最高行政法院77年度判字第1931號、81年度判字第2452號行政判決。

物。反之，倘收受該文件之人，有被要求對該文件保密，則該文件即非刊物。至於文件之數量，並非爲重要因素，故單本書籍放置於圖書館供公眾閱覽，亦屬刊物之範圍[112]。

二、申請前已公開實施者[113]

所謂公開實施者，係指已製成實物，供大眾使用者，足使一般人或該項技術領域中具有通常知識者，瞭解發明或創作之技術內容而言（專利法第22條第1項第2款、第122條第1項第2款）。再者，公開實施之範圍，包括公開販賣在內。詳言之，不特定人得以使用該發明或創作之狀態，即屬公開實施。故公眾經由參觀或展示，可知悉該發明或創作，或者以販賣爲目的，其物品已成爲不特定人得爲交易標的之程度時，均屬公開實施。準此，公開販賣自應視同公開實施[114]。例如，設計係將物品之形狀、花紋、色彩或其結合，經由視覺訴求之方式，即可表現使用，其與發明或新型之本身具有技術性，通常須經多次之實驗，始能公開實施，有所不同。故設計於產製後，即屬公開使用，將導致喪失新穎性[115]。

三、申請前已爲公眾知悉者[116]

所謂公眾知悉者（known），係指不特定多數人所得見聞而言。該不特定多數人，包括國內及國外（專利法第22條第1項第3款、第122條第1項第3款）。

---

[112] 尹守信，淺析美國專利法上之新穎性要件，智慧財產權月刊，78期，2005年6月，頁7。

[113] 美國專利法第102條(a)款後段規定：在發明之前，該創作於世界任何地方，已被他人先申請，並獲准專利（patented），或已見於刊物，則不得獲准專利。

[114] 最高行政法院52年判字第298號、61年判字第248號行政判決：凡新發明之具有工業上之價值者，固得專利申請，但在申請前已見於刊物，他人可能仿效者，即不能稱爲新發明而申請專利。

[115] 最高行政法院73年判字第1642號行政判決。

[116] 美國專利法第102條(a)款前段規定，在發明之前，該創作於美國國內爲公眾所知悉，或已被他人使用（known or used by others），則不得獲准專利。

(一)公開或公眾知悉之程度

演講、說明會及研討會等活動，得使不特定多數人所得見聞。不論所參與之人數之多寡，均視爲喪失新穎性。反之，公開或公眾知悉之程度，倘無法明顯得知其技術內容，並不影響申請專利之新穎性，即不喪失新穎性。

(二)秘密使用

秘密使用者（secret use），並不喪失新穎性。詳言之，專利物品或方法雖已行銷於市場，並爲社會大眾所使用。惟該項技術領域中具有通常知識之人，無從知悉其技術內容者，其如同營業秘密，亦不喪失新穎性。

(三)保密義務

研討會係開放給任何人報名參加，未明文禁止與會者將會場上所聽到之資訊對外散布，故與會者對會場上所發表之發明，即無保密義務，該與會者均屬公眾者。反之，研討會有明文要求與會者未經同意不得利用會場上所發表之資訊，該與會者應視爲對會場上發表研發成果之發明人有保密義務，此時與會者非屬公眾之範圍[117]。

(四)專利申請文件（110年司律）

申請人向經濟部智慧財產局提出專利申請文件，僅要未對外公開之，即不喪失新穎性，因申請案尚屬智慧財產局審查之內部文件（專利法第37條）[118]。況依據專利法第15條規定，專利專責機關職員及專利審查人員對職務上知悉或持有關於專利之發明、新型或設計，或申請人事業上之秘密，有保密之義務。倘專利專責機關人員違反本條所定之保密義務，不僅應負民事侵權行爲之損害賠償責任，倘屬故意洩密者，應成立刑法第318條規定之洩漏職務上工商秘密罪[119]。

---

[117] 宋皇志，新修專利法對於專利要件之規範——以新穎性要件之變革中心，智慧財產權月刊，66期，2004年6月，頁38。

[118] 專利法第37條第1項規定：專利專責機關接到發明專利申請文件後，經審查認爲無不合規定程式，且無應予不公開之情事者，自申請日起18個月後，應將該申請案公開之。第2項規定，專利專責機關得因申請人之申請，提早公開其申請案，此爲早期公開制度。

[119] 刑法第318條規定：公務員或曾任公務員之人，無故洩漏因職務知悉或持有他人之工商秘密者，處2年以下有期徒刑、拘役或6萬元以下罰金。第319條規定，第318條之罪，須告訴乃論。

(五)公眾範圍

所謂公眾者，係指為私人、機密或秘密的之反義詞，僅要非發明人自己或對其有保密義務之人，即屬公眾之涵義，其與人數多寡並無關係。準此，倘在申請專利前，必須將發明告知他人，務必要與其簽訂保密契約，否則即使該他人未再將該發明洩漏給別人，依據我國專利法會喪失新穎性[120]。

肆、擬制喪失新穎性

一、不同申請人與不同申請日（105年律師、110年司律）

申請專利之發明，其與申請在先而在其申請後，始公開或公告之發明或新型專利申請案所附說明書或圖式載明之內容相同者，不得取得發明專利。換言之，先申請案所附說明書或圖式載明之內容，經公告或公開後，即以法律擬制（legal fiction）為先前技術，倘後申請案之申請專利範圍與先申請案所附說明書所載之技術相同時，則擬制喪失新穎性，縱使先申請案有部分內容經修正或更正而被刪除，該刪除部分亦擬制為先前技術（專利法第23條本文）[121]。例外情形，係申請人與申請在先之發明或新型專利申請案之申請人相同者，不在此限（但書）。是擬制喪失新穎性，僅適用於不同申請人在不同申請日，有先後之兩申請案揭露或申請相同發明或新型之情況。先申請案之有效申請日（effective date），包括先申請案之優先權日。

二、一發明一專利

先申請案所載之發明不明確或不充分者，不得作為專利審查擬制喪失新穎性之依據。至於公開日前已撤回，雖有進入公開準備程序而被公開之情形，乃不得作為審查擬制喪失新穎性之依據[122]。擬制喪失新穎性之規範，係專利法制為顧及專利之排他性與一發明一專利之原則，所為之法律擬制，該規定僅能適

---

[120] 宋皇志，新修專利法對於專利要件之規範——以新穎性要件之變革中心，智慧財產權月刊，66期，2004年6月，頁37。

[121] 智慧財產及商業法院102年度行專訴字第115號、106年度行專訴字第17號行政判決。

[122] 林國塘，專利審查基準及實務發明及新型，智慧財產專業法官培訓課程，司法院司法人員研習所，2006年3月，頁51。智慧財產及商業法院99年度行專訴字第103號行政判決。

用於考慮新穎性之參考，不得作為考慮進步性之依據。

伍、例題解析──欠缺或喪失新穎性

一、墨汁蓄給法──技術已有專利核准在先

新穎性係指發明或創作者，必須未形成公知或公用之技術而言。故已公諸於世或已知之技術，無法作為適格之專利標的。甲之申請案，已有「免添墨水鴨嘴筆」新型專利之核准公告在案。參諸甲提出「墨汁蓄給法」創作，與前開新型專利之技術特徵之內容相同，均為輕壓控制器使墨水自筆尖溢出，因該技術已有專利核准在先。準此，甲之技術內容為先前技術所涵蓋，故不具備新穎性之專利要件，經濟部智慧財產局應駁回其專利申請。

二、A型窗簾──使用公知及公用技術

乙申請「A型窗簾」新型專利案，雖無相同或類似之專利核准在案。惟該申請案於物品或材料上設置撕離線，以便撕開薄片物之技術，其為廣泛使用之公知及公用技術，缺乏新穎性，自無法以先前技術作為適格之專利標的，智慧財產局應駁回其專利申請。

三、申請前見於刊物

丙申請新型專利案之刀蓋呈波狀方形，並具可撓性之特殊設計，而修臉刀及拉長之刀片支持部及其元件之結合設計，為申請人首先創作，其解決問題所運用之技術原理及手段，雖與一般刮鬍刀習用者有所不同。然其於專利申請前，已見於美國刊物上（專利法第120條、第22條第1項第1款）。因世界任何地區之公眾，倘有知悉發明或創作之情事，均屬已揭示於公眾，當然喪失新穎性[123]。

四、內部資料或公報刊登

丁持「改良刮鬍刀」向我國申請新型專利前，戊先以相同之技術向美國提

---

[123] 最高行政法院80年度判字第1068號行政判決。

出申請。倘丁向我國申請新型專利後，該技術始於美國專利案之公報刊登，因公開前僅屬美國專利商標局（USPTO）內部資料，此者情形難謂於申請前已見於刊物，而不具備新穎性。反之，丁向我國申請新型專利前，該技術內容已於美國專利案之公報刊登，此與申請前已見於刊物相符，即喪失新穎性。

陸、相關實務見解——不具新穎性之專利

甲之專利為「一種汽車門把之發光結構改良」，其請求項1之技術特徵為「使汽車門把上之門把或扣板之整體或局部部分，可在夜間或黑暗處得以自動發光」。舉發人乙提出之證據1為我國公告「汽車門把警示燈裝置」專利案，證據2為美國公告「一種汽車門把發光裝置」專利案。因甲之專利請求項1所述之內容，已完全為證據1、證據2所揭露，足以證明「一種汽車門把之發光結構改良」專利之請求項1於申請前，已見於刊物或已公開使用者，甲所有專利之請求項1不具新穎性[124]。

第二項　喪失新穎性之例外

我國專利法規定，雖採絕對新穎性要件。然僅要於申請前已公開者，均視為喪失新穎性，有時會對於發明或創作人過於嚴苛，甚至導致社會大眾無法享有該發明或創作[125]。是為補救該等缺失，對特定公開情事，而於公開後之一定優惠期限內（grace period），提起專利申請者，不使其喪失新穎性[126]。我國專利法第22條第3項、第120條規定，就發明與新型新穎性喪失之例外法定事實，僅要於有法定事實發生起12個月內提出申請者，不喪失新穎性[127]。而設計要於有法定事實發生起6個月內提出申請者，不喪失新穎性（專利法第122條第3項）。

---

[124] 智慧財產及商業法院98年度行專訴字第55號行政判決。

[125] David I Bainbridge, Intellectual Property 263-272 (1992). Stephen P. Ladas, Patent, Trademark, and Related Rights National and International Protection 293 (1975).

[126] 申請人主張有優惠期間之適用，必須於事先聲明之，否則於優惠期間中有第三人提出相同之申請，將導致喪失新穎性。

[127] 美國專利法第102條所規定之優惠期限為1年，較我國專利法為長。目前國際優先權之優惠期限趨勢為1年，我國應修法成1年與國際走向接軌。歐洲專利公約第55條第1項亦有規範喪失新穎性之例外。

例題11

　　甲於2023年2月12日以「標準垃圾容器符合國際衛生之組合方法」，提出方法專利申請，其申請專利範圍係「雙邊蓋與容器之結密閉之衛生法」，申請人甲於2022年2月10日公開試驗，並製作模型參加臺北市衛生局召集之會議，申請人甲向與會各單位代表詳加說明後，將模型送與臺北市衛生大隊，試問經濟部智慧財產局應如何處理？

壹、刊物發表

　　專利法規定發明或創作技術有關刊物發表，嗣於發行後12個月內或6個月內專利申請，符合優惠期限之要件，不喪失新穎性（專利法第22條第3項、第120條、第122條第3項）。本款有鼓勵發明人、創作人或設計人將技術或創作發表於刊物，使社會大眾知悉。例如，發明專利申請人從事回收資源之實驗，前於2022年1月間新聞報導，利用寶特瓶製作建材，其遲於2023年2月間始提出發明專利之申請。準此，該申請發明專利案之提起，已逾12個月之優惠期間，其喪失新穎性，經濟部智慧財產局不應准予專利。

貳、公開實施

　　所謂公開實施者，係指已製成實物，供大眾使用者，足使一般人或該項技術領域中具有通常知識者，瞭解發明或創作之技術內容而言。嗣於公開實施後12個月內或6個月內專利申請，符合優惠期限之要件，不喪失新穎性（專利法第22條第3項第2款、第120條、第122條第3項）[128]。例如，新型專利權之取得，以其物品之形狀、構造或組合，係首先創作而有新穎性要件，並合於產業上利用性、進步性為要件。倘該項物品在申請專利前已大量製造，而非從事實驗者，即不適用12個月之優惠期間，已喪失新穎性。

---

[128] 經濟部智慧財產局，專利審查基準，2004年版，頁2-3-14。最高行政法院88年度判字第3417號行政判決。

參、公眾所知悉

所謂公眾知悉者（known），係指不特定多數人所得見聞而言。該不特定多數人，包括國內及國外。嗣於公眾所知悉後12個月內或6個月內專利申請，符合優惠期限之要件，不喪失新穎性（專利法第22條第1項第3款、第122條第1項第3款）。

肆、優惠期間與事由

申請人出於本意或非出於本意所致公開之事實發生後12個月內申請者，該事實非屬第1項各款或前項不得取得發明專利之情事（專利法第22條第3項）。例外情形，因申請專利而在我國或外國依法於公報上所爲之公開係出於申請人本意者，不適用前項規定（第4項）。再者，申請人出於本意或非出於本意所致公開之事實發生後6個月內申請者，該事實非屬第1項各款或前項不得取得設計專利之情事（專利法第122條第3項）。例外情形，因申請專利而在我國或外國依法於公報上所爲之公開係出於申請人本意者，不適用前項規定（第4項）。

伍、例題解析──逾越優惠期間

甲於2023年2月12日以「標準垃圾容器符合國際衛生之組合方法」提出方法專利申請，其申請專利範圍係「雙邊蓋與容器之結密閉之衛生法」，申請人於2022年2月10日公開試驗，並製作模型參加臺北市衛生局召集之會議，申請人向與會各單位代表詳加說明後，將模型送與臺北市衛生大隊。甲雖符合參加政府主辦之展覽會者，惟申請人自參加開會之日起至其於2022年2月12日提出發明專利申請案止，已逾優惠期間12個月，顯屬違反專利法第22條第3項規定之專利申請限期，已喪失新穎性，經濟部智慧財產局不得准予方法發明專利[129]。

---

[129] 最高行政法院60年判字第636號行政判決。

陸、相關實務見解——審查擬制喪失新穎性

專利法將發明或新型專利先申請案所附說明書或圖式載明之內容,以法律擬制為先前技術,倘後申請案申請專利範圍所載之發明與先申請案所附說明書、圖式或申請專利範圍所載之技術相同時,則擬制喪失新穎性[130]。系爭專利之申請日為2014年8月21日,經智慧財產局於2015年3月1日公告。引證案於2014年7月3日提出申請,經智慧財產局於2015年12月1日公告,是引證案申請在先,系爭專利申請在後,且系爭專利之公告日期,亦在引證案之後。繼而界定後申請案所載之發明之技術特徵,並與先申請案說明書全文所載之發明或新型之技術特徵,逐一進行比對判斷。就後申請案每一請求項逐項審查時,倘其中有請求項所載之發明與已核准之先申請案所附說明書全文所載之發明或新型相同,該請求項即擬制喪失新穎性[131]。

第三項　先前技術或技藝

判斷何種技術為先前技術或技藝,其涉及三個問題:(一)為先前技術或技藝在時間上之限制,此為認定先前技術或技藝之基準日;(二)係相關技術或技藝之範圍,因技術或技藝有各種不同領域之區分;(三)為先前技術或技藝之來源[132]。

例題12

專利之先前技術與新穎性或進步性間,具有密切關係,關乎專利要件之取得。試依序說明先前技術之功能、判斷專利要件之順序、認定專利要件之難易程度。

---

[130] 智慧財產及商業法院105年度行專訴字第91號行政判決。
[131] 智慧財產及商業法院103年度民專訴字第68號民事判決。
[132] 董安丹,美國專利法上之非顯著性:歷史發展及GRAHAM原則(中),智慧財產權月刊,8期,1999年8月,頁36。

壹、認定先前技術或先前技藝之基準日

　　就我國專利法而論，認定專利申請是否具有新穎性或進步性，係以申請日為基準，此為先前技術於時間上之限制。準此，作為判斷新穎性與進步性之先前技術（prior art），其應指涵蓋申請當日前，所有能為公眾得知（available to the public）之資訊，其涵蓋世界上任何地方、任何語言或任何形式[133]。申言之，先前技術不包含在申請日及申請日之後始公開或公告之技術，亦不包含專利法第23條擬制喪失新穎性所規定，申請在先而在申請後，始公開或公告之發明或新型專利申請案所載明之內容[134]。

一、先前技術或技藝範圍

(一)先前技術之範圍

　　我國為先申請主義之國家，就發明或新型而言，先前技術係指在專利申請前已存在之技術（state of art）而言。其包括書面、電子、網際網路、口頭、展示或使用等態樣[135]。

(二)先前技藝之範圍

　　設計係指對物品之全部或部分之形狀、花紋、色彩或其結合，透過視覺訴求之創作（專利法第121條第1項）。應用於物品之電腦圖像及圖形化使用者介面，亦得依本法申請設計專利（第2項）。例如，因本件專利申請案形狀有近似之設計申請在先，為先前技藝所涵蓋，屬非首先創作，故不具新穎性之要件。至於專利申請人雖強調其人體工學之設計觀念，然該專利申請案之開關面呈45度角與引證呈水平者相較，何者呈現較為合理之人體工學及較具使用功效，應非設計審究範圍[136]。

---

[133] 基準日並不包括申請當日。
[134] 經濟部智慧財產局，專利法逐條釋義，2014年9月，頁57。李伯昌、吳珮雯、明登、洪于舒、林湧群、江日舜、高萃蔓、林伯修，申請人自承技藝作為先前技術之探討，專利師，23期，2015年10月，頁80。
[135] 智慧財產及商業法院103年度行專訴字第99號行政判決。
[136] 最高行政法院82年度判字第2300號行政判決。

二、先前技術所涵蓋

專利申請案爲先前技術所涵蓋，則不具新穎性或進步性，無法取得專利權。舉例說明之：(一)專利申請案係「排油煙機外殼之新構造及法蘭之改良」，其僅係對於某已知之機器，在外形上或無關緊要之細部要件（element）實施各種改變，本質上並無眞正技術之創作改良。準此，申請案之技術內容於原理及構造上，未具備新穎性之要件[137]；(二)專利申請人就「改良之燒化窯」提出新型專利申請，惟該燒化窯與已商業化之多層爐床焚化爐之構造間，兩者並無多大差異。準此，該燒化窯之技術，爲先前技術所涵蓋，缺乏新穎性[138]。

貳、公眾得知之範圍

所謂能爲公眾得知者，係指先前技術或技藝處於公眾有可能接觸，並能獲知該技術或技藝之實質內容之狀態，此與先前技術或技藝之來源有關。職是，負有保密義務之人所知悉而應保密之技術或技藝，不屬於先前技術或技藝；或者僅向專利專責機關提出專利申請案而未公開，亦非公眾所得知。

參、判斷先前技術範圍之事項

判斷先前技術之範圍，必須考量兩個事項：(一)其屬於專利申請之發明或創作技術範圍或有相關者，即以該先前技術所屬之技術領域與發明或創作所屬之技術領域間，兩者具有相當之關聯性爲限，有一定關聯性之技術領域內的技術，始得引證作爲判斷新穎性或進步性之先前技術；(二)技術存在之時點，就申請主義而言，係指專利申請之發明或創作申請前或完成前之技術。

---

[137] 最高行政法院71年度判字第100號行政判決。
[138] 最高行政法院77年度判字第332號行政判決。

肆、新穎性之判斷

一、逐一或單獨比對

(一)引證案

專利專責機關審查是否具備新穎性之要件，應自先前技術或專利申請案中檢索出相關之文件，作為比對、判斷專利申請之發明或創作是否具備新穎性或進步性，而申請過程中被引用之相關文件，一般稱為引證文件、引證或引證案[139]。引證文件得據以引證之技術範圍有二：1.引證文件揭露之程度，形式上有明確記載之內容，足使所屬技術領域中具有通常知識者，得製造或使用；2.形式上雖未記載，然實質隱含之內容，其使所屬技術領域中具有通常知識者，參酌引證文件公開日前之通常知識，得直接及無歧異得知（unambiguously affirm）內容[140]。

(二)單一先前技術進行比對

審查專利申請之發明或創作與先前技術，應以每一請求項所載發明或創作為對象，逐項加以比對，適用單獨比對原則與逐項審查原則[141]。申言之：1.新穎性之審查應單獨比對，就每一請求項中所載之發明或創作與單一先前技術進行比對，不得與多份引證文件之全部或部分技術內容之組合；2.一份引證文件中之部分技術內容的組合；3.引證文件中之技術內容與其他形式已公開之先前技術內容的組合，進行新穎性比對[142]。簡言之，應以單一技術或文件內容為準，不得結合其他不同技術或文件，以作為判斷基準。

二、不具新穎性之原因

(一)直接置換之技術特徵

專利審查過程中發現專利申請案與先前技術間，兩者完全相同，或其等差

---

[139] 經濟部智慧財產局，專利審查基準，2009年版，頁2-3-12。

[140] 智慧財產及商業法院105年度行專訴字第25號行政判決。

[141] 顏吉承，新專利法與審查實務，五南圖書出版股份有限公司，2013年9月，頁254。

[142] 智慧財產及商業法院98年度民專訴字第15號、102年度民專上字第64號民事判決；智慧財產及商業法院104年度行專訴字第39號、105年度行專訴字第25號行政判決。

異僅在於部分技術特徵,而該部分技術特徵為該發明或創作所屬技術領域中具有通常知識者參酌引證文件,即能直接或容易置換者,該專利申請之技術為先前技術所涵蓋,則不具備新穎性。例如,專利申請案之檢索引證文件,計有引證A與引證B。依據引證A所揭露之內容可知,「螺釘」得作為固定工件之元件,螺釘在引證A所揭露之技術手段,僅須具備固定及鬆脫之功能。另自引證B得知,「螺栓」亦包括上揭之兩項功能。「螺栓」為申請專利範圍請求項所載之技術內容。因發明專利申請案僅將該「螺釘」置換為「螺栓」,參酌引證之技術內容,將該螺釘與螺栓互相或直接置換,為該發明所屬技術領域中具有通常知識者參酌引證文件,得直接或容易置換者,該專利申請之技術為先前技術所涵蓋,不具備新穎性[143]。

(二)相對應技術特徵之上位或下位概念

相對應技術特徵之上位或下位概念不同時,會影響新穎性之要件。舉例說明之:1.先前技術為「用銅製成之產物A」,其得使申請專利範圍「用金屬製成之產物A」喪失新穎性,此為下位概念之先前技術,得使上位概念之申請專利範圍,喪失新穎性。反之,先前技術為「用金屬製成之產物A」,不致於使申請專利範圍「用銅製成之產物A」喪失新穎性,此為上位概念之先前技術,無法使下位概念之申請專利範圍,喪失新穎性;2.先前技術揭露之技術手段包含一技術特徵「彈性體」,其未記載「橡膠」之實施例。申請專利範圍所記載之相對應技術特徵為「橡膠」,其並不喪失新穎性[144]。

(三)文字之形式記載或直接無歧異得知之技術特徵

申請專利之發明或創作與先前技術之差異,僅在於文字之形式記載,而實質上無差異者;或差異僅在於部分相對應之技術特徵,而該發明或創作所屬技術領域中具有通常知識者,基於先前技術形式上明確記載之技術內容,即能直接無歧異得知申請專利之發明或創作所相對應之技術特徵,均不具新穎性。例如,先前技術揭露之技術手段包含一技術特徵「彈性體」,並記載「橡膠」之實施例,而申請專利之發明中所記載之相對應技術特徵為「彈簧」,因彈性體包含橡膠與彈簧等概念,故得認定該發明之彈簧,由先前技術「彈性體」,即

---

[143] 經濟部智慧財產局,專利審查基準,2009年版,頁2-3-7。

[144] 林國塘,專利審查基準及實務發明及新型,智慧財產專業法官培訓課程,司法院司法人員研習所,2006年3月,頁47至48。

能直接無歧異得知[145]。

伍、例題解析——先前技術與新穎性、進步性之關聯

因認定專利申請是否具有新穎性及進步性，原則上以申請日前之先前技術為基準，故有必要說明先前技術之定義與範圍，始能判斷新穎性或進步性之要件。一般而言，判斷是否具有新穎性要件，相較於判斷進步性要件容易。因藉由請求項之文句描述，使之與已揭示於任一先前技術比較，僅要有一先前技術不同，即能符合新穎性要件，不似認定進步性要件時，必須判斷是否有賦予專利之必要性。

陸、相關實務見解——審查新穎性之基準

審查新穎性時，應以引證文件中所公開之內容為準，包含形式上明確記載之內容與實質上隱含之內容。而引證文件揭露之程度，必須足使該發明所屬技術領域中具有通常知識者，能製造或使用申請專利之發明。所謂實質上隱含之內容，係指該發明所屬技術領域中具有通常知識者，參酌引證文件公開時之通常知識，能直接與無歧異得知之內容[146]。而新穎性之審查，應以每一請求項中所載之發明為對象，而就界定該發明之技術特徵與引證文件中所揭露先前技術之事項，逐一進行判斷。倘以先前技術為下位概念發明者，因其內容已隱含或建議其所揭露之技術手段，可適用於其所屬之上位概念發明，故下位概念發明之公開會使其所屬之上位概念發明不具新穎性[147]。例如，當事人之爭點為引證得否證明系爭專利為申請前已公開，而不具新穎性。系爭專利之構件名稱雖與引證不同，惟經對照兩者之全部構件可知：(一)系爭專利之主桿，可對應於引據之含有一壓缸之平行連桿機構；(二)系爭專利之作動油壓缸，可對應於引證之壓缸；(三)系爭專利之跨桿，可對應於引證之上橫桿；(四)系爭專利之動力產生器，可對應於引證之動力箱；(五)系爭專利之跨桿，可對應於引證之傳動軸外套管；(六)系爭專利之拉桿，可對應於引證之調節支桿。準此，系爭專利

---

[145] 經濟部智慧財產局，專利審查基準，2009年版，頁2-3-6至2-3-7。

[146] 最高行政法院104年度判字第764號行政判決；智慧財產及商業法院98年度民專訴字第54號民事判決。

[147] 智慧財產及商業法院99年度民專訴字第26號民事判決。

之構件均逐一對應於引證。準此,系爭專利之構件、技術特徵及組構方式,已逐一對應於引證,足認系爭專利不具新穎性[148]。

第四節　進步性

　　進步性為專利要件之一,係不確定之法律概念,欲知悉進步性要件,應先瞭解進步性之意義,繼而運用判斷之基準,認定是否符合進步性之專利要件[149]。因認定專利要件涉及專利是否有效成立,其為法律問題,故於專利侵權之民事訴訟或專利權有效與否之行政訴訟,均應由法院判斷,既然為法律問題,爭訟之當事人均得就專利要件之判斷,作為上訴最高法院或最高行政法院之理由。專利三性中,進步性要件係發明或新型取得專利權,最難跨越之門檻,不易有絕對客觀之標準,同時亦成為被核駁之專利申請,常引據之理由,故有學者稱為專利制度之最後守門員(final gatekeeper of the patent system)[150]。

第一項　進步性之概念

　　進步性為實質之專利要件,係要求取得專利要件之發明或創作,必須超越現存之技術狀態,故對於已存在於公眾領域之知識不得加以掠取,取得排他之地位,因不具進步性[151]。

例題13

　　甲係以黏土替代以往以金屬或木材為材料之方式而製造門把,甲持該門把向經濟部智慧財產局申請物品發明之專利。試問智慧財產局是否得授予甲專利權?理由為何?

---

[148] 智慧財產及商業法院98年度行專訴字第57號行政判決。

[149] 最高行政法院90年度判字第993號、91年度判字第1725號、92年度判字第1081號、92年度判字第1568號、92年度判字第1569號、93年度判字第159號、93年度判字第690號及93年度判字第993號行政判決,均認為進步性為專利要件之一。

[150] Robert Patrick Merges, Patent Law and Policy 479 (2nd ed. 1997).

[151] Kathleen N. Mckereghan, The Nonobviousness of Invention: In Search of A Functional Standard, 66 Wash. L. Rev. 1061 (1991).

例題14

　　乙創作之「統帥棋」，係由一個9×10線之棋盤及自7種不同之簡單圖案，分別代表7種不同身分之兩色棋子，其各有16個棋子組成，可供2人對奕之棋具。試問乙持該棋具向經濟部智慧財產局申請新型專利，智慧財產局是否得授予乙專利權？

例題15

　　丙設計之物品為香水瓶，其係用男性半身軀體之瓶身與漸縮之瓶蓋所構成，其瓶身上半部固設有7條橫紋設計，瓶口設有環節。試問丙以香水瓶向經濟部智慧財產局申請設計專利，智慧財產局是否得授予丙專利權？

壹、進步性之定義

　　所謂進步性者（inventive step）[152]，係指該發明或創作，並非運用申請前既有之技術及知識，而為其所屬技術領域中具有通常知識者或熟悉該項技術之人（a person skilled in the art）所輕易完成者（專利法第22條第2項、第120條）[153]。換言之，該發明或創作具有非顯而易見之性質（non-obviousness），該申請專利範圍與先前技術（prior art）比較，擁有突出之技術特徵[154]，或明顯優越之功效（superior results），非熟悉該項技術者所顯而易知者[155]。準此，

---

[152] 美國專利法第103條稱進步性之要件為非顯而易知性（non-obviousness），歐洲專利公約則稱發明高度（inventive step）。

[153] 美國專利法第103條、日本許可法第29條第2項、韓國特許法第6條第2項及歐洲專利條約第56條第1款均有進步性要件之規定。美國專利法第103條規定：A patent may not be obtained... if the difference between the subject matter and the prior art are such that the subject matter as a whole would have been obvious. 歐洲專利法第56條規定，An invention shall be consider as involving an inventive step if, have regard to the state of the art, it is not obvious to a person skilled in the art。

[154] 臺北高等行政法院89年度訴字第398號行政判決。

[155] Hotchkiss v. Greenwood, 52 U.S. 248 (1851). Hotchkiss首先認定進步性為專利要件之一。

以申請前之先前技術作判斷，該發明或創作之內容，僅爲簡單轉換之技術結構，具有相同技術背景之人士，可輕易完成者，其功效未有所增進或產生新功效或相乘效果，則不符合進步性之要件[156]。一般而言，開創性發明（pioneer invention）與其他類型之發明相比，其進步性程度最高[157]。因開創性發明與最近之既有技術，其差距甚大，其與專利申請時之技術水準相比，本質上具有技術之開創性，故認定具有進步性，較無疑義[158]。

貳、進步性之性質

一、判斷進步性為法律問題

對於智慧財產及商業法院行政判決之上訴，非以其違背法令爲理由，不得爲之（行政訴訟法第242條）。因進步性爲專利之要件之一，故進步性之判斷應爲法律問題[159]。準此，最高行政法院得受理不服智慧財產法院對進步性判斷之專利事件上訴。至於判斷進步性之前提事實，有先前技術、專利申請技術與先前技術之異同、專利申請當時之技術水準等事項，均屬事實問題，自得囑託專業鑑定機關認定之，以補法官對於有關技術內容智識之不足[160]。因各國專利制度之不同，專利權之保護，原則採屬地原則，我國專利專責機關，自得本諸其專業職能，依據我國專利法規定，判斷是否具備進步性之專利要件[161]。

二、平均水準之專家

所謂所屬技術領域中具有通常知識者或熟悉該項技術之人，係指對於發明或創作所運用之技術領域，充分瞭解，具有該技術領域中之平均水準之專

---

[156] 最高行政法院83年度判字第2298號、84年度判字第882號行政判決：發明專利，其性質屬思想上之創作，必須在技術上、知識上及功效上，均有創新之表現始足當之。

[157] 發明之類型有：開創性發明、轉用發明、用途發明、置換技術特徵發明、改變技術特徵發明、省略技術特徵發明、組合發明及選擇發明等。

[158] 張啓聰，發明專利要件「進步性」之研究，東吳大學法律學系法律專業碩士論文，2002年7月，頁108。

[159] 判斷專利申請案或已取得專利權者，是否符合專利要件，均屬法律問題，應由法院判斷之。

[160] 董安丹，非顯著性之理論與實用，世新法學創刊號，2004年5月，頁104。

[161] 最高行政法院90年度判字第2078號行政判決。

家[162]。其範圍非僅指從事製造之作業人員，包括設計與開發等人員。所謂人員應採廣義解釋，其包含自然人、法人及非法人團體。而平均水準之專家與上揭人員之設計能力及教育水準，並非有絕對關係[163]。在一般情形，熟習該項技術之人，所得知之範圍，應僅止於已公開之技術。至於某特定企業之人，所知悉而未公開之技術秘密，則不包括在內[164]。

三、確定具有通常知識者之知識水準原則

(一)虛擬之人

所謂該發明所屬技術領域中具有通常知識者（person who has the ordinary skill in the art, PHOSITA），係指一虛擬之人，其具有申請時該發明所屬技術領域之一般知識及普通技能之人，且能理解、利用申請時之先前技術。倘所欲解決之問題能促使該發明所屬技術領域中具有通常知識者，在其他技術領域中尋求解決問題之技術手段，其亦具有該其他技術領域中之通常知識。申請時之一般知識，參照可據以實現要件可知，係指該發明所屬技術領域中已知之知識，包括習知或普遍使用之資訊及教科書或工具書所載之資訊，或從經驗法則所瞭解之事項。所謂普通技能，係指執行例行工作、實驗之普通能力。準此，申請時之一般知識及普通技能，簡稱申請時之通常知識，此虛擬之人之建立，對客觀判斷進步性與否至關重要，就進步性為判斷時，亦先依系爭專利所著重之技術領域、先前技術面臨之問題，解決問題之方法、技術之複雜度及其實務從事者通常水準，確立具有通常知識者之知識水準[165]。

(二) 論理法則與經驗法則

所屬技術領域具有通常知識者係虛擬之角色，並非具體存在，其技術能力如何、主觀創作能力如何，必須藉由外部證據資料將其能力具體化，並非單純以學歷或工作經驗、年資予以界定。專利法規定此虛擬之人，其目的在於確立

---

[162] 最高法院104年度台上字第1221號、104年度台上字第1152號、104年度台上字第1111號、104年度台上字第278號、103年度台上字第2717號、103年度台上字第1423號、103年度台上字第1952號民事判決。

[163] 最高行政法院85年度判字第863號行政判決。

[164] 張啓聰，發明專利要件「進步性」之研究，東吳大學法律學系法律專業碩士論文，2002年7月，頁65。

[165] 最高行政法院105年度判字第503號行政判決；智慧財產及商業法院105年度民專上字第21號民事判決、106年度行專訴字第63號、106年度行專訴字第67號行政判決。

進步性審查之技術水準為何,以排除進步性審查之後見之明[166]。在專利訴訟實務中,爭議之專利其所歸類之技術分類及該類技術於爭議之專利申請當時所呈現之技術水平,均足作為具體化此虛擬角色能力之參考資料,當此虛擬角色之技術能力,經由兩造攻擊防禦過程中,漸次浮現時,有關爭議專利之創作,是否與已經存在之技術間,有顯著之不同?相較於既有或已知之技術而言,是否產生顯著之功效?應透過論理法則與經驗法則,在不違自然法則之前提,加以客觀檢視,而非任由爭議當事人以主觀意見恣意左右[167]。

四、要求進步性要件之程度

設計專利之保護與發明或新型專利有所不同,因設計重於保護物品之外觀設計,而非技術之改良或創新,並無技術之概念,亦未涉及技術之判斷,所強調者為創作性及新穎性(專利法第121條)。準此,進步性之要件對設計專利而言,相對於發明或新型專利而言,較不重要,設計較注重創作性。凡該設計,係所屬技藝領域中具有通常知識者,易於思及者,則不具備創作性[168]。

五、進步性之審查

(一)以請求項所載之發明整體為對象

1.得單一引證文件或組合多份引證文件

進步性之審查,應以每一請求項中所載之發明整體為對象,將該發明所欲解決之問題、解決問題之技術手段及對照先前技術之功效作為一整體予以考量,逐項進行判斷[169]。審查進步性時,得組合多份引證文件中之全部或部分技術內容,或組合一份引證文件中之部分技術內容,抑是組合引證文件中之技術內容與其他形式已公開之先前技術內容,判斷申請專利之發明或創作是否能輕易完成[170]。

2.整體考量專利與先前技術之差異

引證文件是否可證明申請專利之發明具進步性之比對判斷,並非機械式之

---

[166] 最高行政法院107年度判字第589號行政判決。
[167] 最高行政法院106年度裁字第597號行政裁定。
[168] 智慧財產及商業法院97年度行專訴字第65號行政判決。
[169] 最高行政法院108年度判字第47號行政判決。
[170] 經濟部智慧財產局,專利審查基準,2009年版,頁2-3-20。

拼圖比對，故不可僅因多個引證文件所揭露者可以拼圖方式湊出該發明之所有
要件，遽謂引證文獻可證明該發明不具進步性。職是，有關進步性之判斷，不
得僅因該發明之各項構件已存在於先前技術，逕行認定其不具進步性，致有後
見之明，自應探究有無具體之理由，促使所屬技術領域中具有通常知識者，將
所揭露之技術作成專利之組合態樣[171]。例如，發明之技術特徵在於A、B、C
要件，不可僅因引證1揭露A、B要件與引證2揭露C要件，即以引證1與引證2分
別揭露之要件可拼湊出發明之A、B、C要件，而驟認發明不具進步性。倘以
此方法認定有無進步性，將使所有以新方式組合舊有技術之發明，均無進步性
可言，導致無法鼓勵創新[172]。準此，經整體考量比對專利與先前技術之差異處
後，舉發證據雖分別含有專利之各技術特徵，仍須探究有無具體之理由，促使
所屬技術領域中具有通常知識者，將所揭露之技術作成專利之組合態樣？而先
前技術對專利之技術內容是否有所教示、建議或提示動機，亦為判斷進步性所
應考量之因素[173]。

(二)個別判斷每一請求項之進步性

　　有關進步性之審查，應以每一請求項中所載之發明整體為對象，將發明所
欲解決之問題、解決問題之技術手段及對照先前技術之功效，作整體考量，逐
項進行判斷。就技術內容組合而言，發明所屬技術領域中具有通常知識者之明
顯程度，應依發明所欲解決之問題，引證文件之內容，探究是否為相關技術領
域、有無合理之組合動機等因素決定[174]。再者，申請專利範圍之請求項有2項
以上時，專利審查機關應就每一請求項各別判斷其進步性，因專利創作不易，
專利審查機關均應就申請專利範圍或各請求項詳加逐項審查，以盡其審定之職
權，並增加專利申請獲准之機會。不論是申請專利範圍或請求項中，記載申請
專利發明之構成之必要技術內容、特點之獨立項，或依附獨立項之附屬項，均
應逐項審查。因附屬項包含獨立項所有的技術內容與特徵，獨立項之發明具有
進步性時，附屬項之發明亦具進步性；倘獨立項之發明不具進步性時，仍應對
該附屬項之發明為進步性之判斷[175]。

---

[171] 最高行政法院104年度判字第308號行政判決；智慧財產及商業法院106年度行專訴字
　　第83號行政判決。
[172] 智慧財產及商業法院102年度行專訴字第71號行政判決。
[173] 最高行政法院103年度判字第126號行政判決。
[174] 最高行政法院104年度判字第214號行政判決；智慧財產及商業法院97年度行專訴字第
　　42號、99年度行專訴字第64號、104年度行專訴字第45號行政判決。
[175] 智慧財產及商業法院97年度行專訴字第34號行政判決。

(三)參考動機與輕易完成

1. 依據先前技術

進步性之判斷應就申請專利之發明整體爲之，非僅針對個別或部分技術特徵。倘該發明所屬技術領域中具有通常知識者，依據先前技術，並參酌申請時之通常知識，顯然可能促使其組合、修飾、置換或轉用先前技術，而輕易完成申請專 利之發明者，應認該發明不具進步性。例如，新型專利將中鍋與內鍋採分離方式，爲先前技術。而電鍋技術領域將分離構件合而爲一或反向將一體分拆爲二，均屬輕易完成之技術。再者，新型專利之斜凸面，僅爲先前技術之環槽簡單改變，且兩者功效均提供鍋蓋蓋合之用，新型專利請求項1之技術特徵，係依先前技術揭露之技術內容所能輕易完成者，且未產生無法預期之功效，足以證明新型專利請求項1不具進步性[176]。

2. 合理組合先前技術之動機

二件以上之先前技術與申請專利之發明屬相同或相關之技術領域，所欲解決之問題、功能或作用相近或具關聯性，且爲申請專利之發明所屬技術領域具通常知識者，可輕易得知，而有合理組合動機，且申請專利之專利技術內容，可爲該等組合所能輕易完成者，則該等先前技術之組合，可據以認定該申請專利之發明不具進步性[177]。

3. 技術內容之關聯性或共通性

審查進步性時，通常會涉及複數引證之技術內容的結合，爲避免恣意拼湊組合引證案內容，造成後見之明，審查時應考量該發明所屬技術領域中具有通常知識者，是否有動機能結合複數引證之技術內容而完成申請專利之發明，倘有動機能結合，即可判斷具有否定進步性之因素。判斷該發明所屬技術領域中具有通常知識者，是否有動機能結合複數引證之技術內容時，應考量複數引證之技術內容的關聯性或共通性。所謂技術內容之關聯性，係指以複數引證之技術內容之技術領域是否相同或相關予以判斷。因各技術領域相關聯之程度有所不同，複數引證之技術內容雖具有關聯性，然通常難以直接認定該發明所屬技術領域中具有通常知識者，有動機能結合該複數引證，尚須進一步考量複數引證之技術內容，是否包含實質相同之所欲解決問題，或是否包含實質相同之功能或作用，抑或相關引證之技術內容中，有無明確記載或實質隱含結合不同引

---

[176] 智慧財產及商業法院106年度行專訴字第85號行政判決。
[177] 最高法院102年度台上字第427號民事判決。

證之技術內容之教示或建議，以綜合判斷其是否有動機能結合該複數引證之技術內容[178]。

參、例題解析

一、未具創造性

　　甲之物品發明專利申請案，係以黏土替代以往以金屬或木材爲材料之方式而製造門把，雖然使用此材料較先前使用之材料較爲經濟、實用及美觀，而以往確無以黏土製造門把之先前技術思想，然其發明僅以通常之黏土材料爲替代，在內容上實無任何創造可言，故不具備進步性之要件[179]。

二、等效物之置換

　　乙創作之統帥棋，係由一個9×10線之棋盤及自7種不同之簡單圖案，分別代表7種不同身分之兩色棋子，其各有16個棋子組成，可供2人對奕之棋具，向經濟部智慧財產局申請新型專利。因本申請案之棋盤與中國象棋相同，棋子亦各成對應，爲統帥圖案對應將、文官對應士、軍官駕吉普車對應象、飛機對應車、軍艇對應馬、戰車對應包、突擊兵對應卒，故實質上與中國象棋爲相同之棋具，其雖以圖案取代文字，惟此僅屬等效物之置換，爲所屬技術領域中具有通常知識者，依據申請前之先前技術，顯能輕易完成者，並未增進新之功效，故不具備進步性要件。況圖案並非物品之形狀，亦與新型專利之要件不符[180]。

三、自然物之形狀

　　自然物之形狀、花紋或色彩，存在於自然界，並非人爲之設計，模仿自然物，其對於物品之造型創新不具視覺性設計，將其實施於物品，顯不具備創作性。丙設計之物品爲香水瓶，其係用男性半身軀體之瓶身與漸縮之瓶蓋所構

---

[178] 最高行政法院106年度判字第651號、107年度判字第647號、108年度判字第30號、108年度判字第70號行政判決。

[179] Hotchkiss v. Greenwood, 52 U.S. 248, 265-66 (1851). A patent granted for a new and useful improvement in making door and other knobs, of all kinds of clay used in pottery, and of porcelain.

[180] 最高行政法院78年度判字第1031號行政判決。

成，其瓶身上半部固設有七條橫紋設計，瓶口設有環節，然該設計之形狀特徵，乃利用男性半身軀體為主體形狀，顯係利用自然人體之模仿轉用。因自然物之形狀為自始即有，並非人為所設計，其直接轉用於物品時，不具視覺性與新穎性特徵，此為判斷設計物品進步性之基本原則。準此，該造形構成為自然人體之簡易應用與簡易修飾所成，為熟習該項技藝者，能輕易完成。以設計整體造形之視覺效果上觀之，該形狀設計除未顯現出新穎性，有異於自然人體之視覺效果外，亦不具備創作性[181]。

肆、相關實務見解

一、判斷新穎性與進步性

因進步性之判斷係以先前技術為基礎，在產業之原有技術基礎，判斷專利申請案是否具有進步性，其重點在於專利之發明或創作與先前技術之差異，是否容易達成。在認定其差異時，應就專利申請案之發明或創作為整體判斷，而非其構成要件分別考慮之。是審查進步性時，應以申請專利之發明整體為對象，除不得僅針對個別或部分技術特徵外，亦不得僅針對發明與相關先前技術間之差異本身，判斷該發明是否能被輕易完成[182]。換言之，判斷是否符合進步性要件，並非就專利申請案之發明或創作之各個構成要件，逐一與先前技術加以比較，而係就申請專利範圍之每項請求項所載發明或創作整體判斷，審視其所屬技術領域中具有通常知識之人或熟習該項技術者，是否依先前技術顯而易知，或依據申請前之先前技術所能輕易完成者。故判斷是否具備進步性，得以一份或多份引證文件組合判斷，其與新穎性採單一文件認定方式，顯有差異[183]。

二、材質差異為習知技術之運用

新型專利係在保護利用自然法則之技術思想，具體表現於物品之形狀、構造或組合之創作，輪轂與筒套之材質屬非結構特徵，其差異並不會改變或影響

---

[181] 對於基本幾何形狀及基本構造、著名創作物之模仿、物品商業用途之置換加以適用或直接轉用者，均不具備創作性。

[182] 最高行政法院108年度判字第47號行政判決。

[183] 智慧財產及商業法院104年度行專訴字第25號行政判決。

散熱風扇的整體結構特徵。準此，可認材質之差異，僅爲習知技術之運用，不具進步性[184]。

三、先前技術之提出

認定申請專利之發明是否不具進步性時，原則上應檢附引證文件。例外情形，係先前技術揭露於字典、教科書、工具書等而爲普遍使用之資訊者，此時智慧財產局之審查意見通知及核駁審定書，應充分敘明理由[185]。

第二項　進步性之判斷

專利申請案僅爲熟習技術之集合，而爲熟習此項技術者容易仿效之發明或創作，其達成之功效，僅囿於習知此項技術者所可預期之範圍，未具有相乘功效，難認具有進步性[186]。

例題16

　　甲之「異種材質強化玻璃之製造方法及其構造」發明專利申請案，其係將玻璃加入適當媒介著劑，使其與樹脂塗料相黏合，並配合適當之補強材料，可形成具耐熱效果及有特殊紋路之美麗家具表面。該製造技術及原理，與先前技術十分相似，均係利用玻璃板與樹脂之層疊技術，形成透明、半透明或具色彩之層疊玻璃。本申請案以「矽利康處理劑」加上「環氧透明漆噴」塗於玻璃上，以增加「膠合體黏著性」，該技術運用於傳統製造或者直接混入中間層，均導致申請之製程更費時與費工。其次，本申請案於玻璃中間，加入可調顏色之不飽和聚酯，其與傳統圖案或顏色之製造方法，並無明顯差異，僅多一道「塗布顏色樹脂層」手段，其技術上均屬相同，僅係材料之單純替換。試問經濟部智慧財產局應否核准專利申請[187]？理由爲何？

---

[184] 智慧財產及商業法院103年度行專訴第92號行政判決。
[185] 智慧財產及商業法院106年度行專訴字26號行政判決。
[186] 最高行政法院84年度判字第3312號行政判決。
[187] 最高行政法院83年度判字第2298號行政判決。

例題17

乙將既有之數個先前技術集合而成，據此為專利申請，而該專利申請之技術內容為該項技術所屬領域中具有通常知識者，所能輕易完成者。試問經濟部智慧財產局是否得授予乙專利權？理由為何？

例題18

丙之「燙印貼紙之製造」方法發明專利申請案，其主要製造過程如後：(一)準備基材：基材最上層為真空蒸著基材，依次為透明龍、背膠及底紙；(二)印刷：將字形圖樣印在基材表層上，並形成一油墨層；(三)設定腐蝕溶液：將鹼性氫氧化鈉與水，以1比3之比例調和為腐蝕溶液，腐蝕時所產生45度之發揮狀況溫度，係由機器予以預定；(四)機器沖洗：以機器之沖洗系統對腐蝕之基材沖洗，此時氫氧化鈉鹼性水溶液降至35度之發揮狀況溫度；(五)機器水沖洗中和：腐蝕完成後，以清水沖刷在基材上之氫氧化鈉溶液；(六)乾燥：機器上之滾筒式裝置設定40至45度間，使未乾燥成品經滾筒快速乾燥；(七)成品：由上述步驟可得燙印貼紙成品。申請案之引證係公告核准之「燙印貼紙結構與製法」專利，主要製造過程如後：(一)準備可變式真空蒸著基材；(二)將基材施以印刷作業，形成一層油墨保護；(三)以海綿沾腐蝕鹼性溶液，在真空蒸著層擦拭，使圖案成形；(四)轉用酸性溶液在真空蒸著層擦拭，使之酸鹼中和，停止腐蝕；(五)清洗化學溶液；(六)擦乾水分；(七)經上述步驟形成燙印貼紙。試問經濟部智慧財產局應否准予申請案方法專利？理由為何？

例題19

丁提出「冷氣空調機空氣淨化處理裝置」新型專利申請案，其係由活性碳濾網、不織布濾網、陰離子產生器、臭氧產生裝置、觸媒轉化器所構成。當含有塵煙、病菌、毒氣、臭味之空氣，經活性碳濾網、不織布濾網之過濾作用，再經過陰離子產生器之淨化作用與臭氧產生裝置之空氣再生

處理，最後經過觸媒轉化器之催化與轉化作用，轉變為無煙、無塵，不帶異味、病菌與毒氣之乾淨新鮮空氣，使冷氣機與空調機具有淨化空氣與再生新鮮空氣之功效，提供使用者有環保與空氣品質提升功能之處理裝置。而專利申請案之活性碳濾網陰離子產生器、臭氧產生裝置、觸媒產生裝置等，已分別見「空氣淨化處理裝置」、「空氣清淨機之結構改良」、「新鮮空氣產生機」、「備有空氣清淨機能之空氣調節機安裝之改良」等新型專利案，該等裝置過濾與清淨空氣之功能，均屬習知公開之技術。試問本件申請案將之合併使用，係屬既有技術之運用，而為熟習該項技術者所能輕易完成者，且其過濾、清淨空氣之效果，亦為習知各元件所能達成者。試問經濟部智慧財產局應否准予專利之審定？理由為何[188]？

壹、新穎性與進步性之差異

認定新穎性與進步性之要件，固均涉及先前技術，惟兩者性質與判斷前後有所不同。本章藉由說明兩者與先前技術之關係，即可瞭解新穎性與進步性間之差異。

一、就新穎性而言（105年律師）

應判斷專利申請案是否存在於先前技術中已被公開，兩者是否具有實質上之同一性（substantial identity），重點在於有無相同之先前技術，採每一請求項逐項審查及單一文件認定，該判斷較為具體。準此，欲判斷是否符合新穎性之要件，必須對先前技術為檢索、調查及認定其範圍。

---

[188] 最高行政法院83年度判字第523號、85年度判字第793號行政判決：非單一有效成分之組成物可為專利之標的者，係指兩種或兩種以上元素或化合物以特定比例組成，利用物理方法製成而呈均質狀態，並產生相乘功效。本件專利申請案之外用治療劑中包含七種天然物為主劑，五種天然劑為副劑，實質上各單一有效成分本身即為未知含量及組成成分之混合物，其將多數混合物組合仍為混合物，而非組成物。況專利說明書並無科學統計分析方法，以整理出足供判定相乘功效之試驗證明，故不具備進步性。

二、就進步性而言（105年律師）

判斷專利申請案是否具有進步性，係以產業之原有技術爲基礎，其重點在於專利之發明或創作與先前技術的差異（the differences between the prior art and the claims at issue）是否容易達成[189]。在認定其差異時，應就專利申請案之發明或創作爲整體判斷，而非其構成要件分別考慮之。換言之，判斷是否符合進步性要件，並非就專利申請案之發明或創作之各個構成要件，逐一與先前技術加以比較，而係就申請專利範圍之每項請求項所載發明或創作整體（as a whole）判斷，審視其所屬技術領域中具有通常知識之人或熟習該項技術者，是否對先前技術顯而易知，或依據申請前之先前技術所能輕易完成者[190]。職是，判斷是否具備進步性，得以一份或多份引證文件組合判斷，其與新穎性採單一文件認定方式，顯有差異。

三、就審查制度而言

專利審查程序中，由審查人員檢索引證文件，因限於成本，僅能找出有限之引證。而於舉發程序，則由舉發人盡其所能提供引證文件。準此，專利常於舉發程序，認定有撤銷理由[191]。

四、就審查順序而言

判斷專利要件，應先判斷新穎性。因專利申請之發明或創作，而與其申請日前已公開、公告或公知之先前技術內容比對，倘係完全相同，該專利申請之發明或創作，則不具備新穎性，毋庸進一步比對兩者之技術內容是否有差異，以確認是否具備進步性。換言之，具備新穎性之專利要件情形，始繼而判斷進步性之專利要件；反之，欠缺新穎性要件時，則毋庸判斷是否具備進步性要件。

---

[189] 張啓聰，發明專利要件進步性之研究，東吳大學法律學系法律專業碩士論文，2002年7月，頁26至28。

[190] Kirkland v. Western Fiberglass, Inc., 915 F.2d 1583 (Fed. Cir 1990).

[191] 智慧財產及商業法院103年度行專更(一)字第5號、103年度行專訴字第2號行政判決。

貳、所屬技術領域之通常知識者

一、定義

　　發明或創作之內容得爲專利之對象，僅具新穎性尚有不足，倘發明或創作所屬技術領域中熟習該項技術者，或具有通常技術水準之人（PHOSITA），或通常知識者，依當時之技術水準，容易仿效該發明或創作，倘授予專利權，反而與促進產業發達爲目的之專利制度有違。申言之，法院判斷進步性時，應先確定所屬技術領域中具有通常知識者爲何？以作爲判斷主體；繼而以專利核准時之該技術專家之能力標準，依申請前既有之技術或知識，判斷專利能否輕易完成，有無增進功效[192]。

二、通常技術水準

　　進步性係可專利性之最主要要件，其具有高度之不確定法律概念。在判斷通常之技術水準，其時間上應以技術完成時，該技術領域內之技術水準決定之，不得以事後之明（hindsight）論斷。因審查人員進行審查該發明或創作時，申請至審查時有相當期間，其已知悉發明或創作之結果，易導致審查人員，誤以爲該等技術爲熟習該項技術者所能輕易完成者，而有事後諸葛之傾向，其如同魔術或謎語一樣，當知悉答案或眞相時，通常會認爲並無特殊或困難處，是審查人員判斷有無進步性，應以申請時之技術水準爲憑。準此，爲合理認定通常技術水準（level of ordinary skill），自應考慮如後之七項因素[193]：(一)發明人或創作人之教育程度[194]；(二)在該技術領域中所遭遇問題之性質；

---

[192] 最高行政法院104年度判字第214號行政判決。

[193] Environmental Desugns, Ltd v. Union Oil Co. of Calif., 713 F.2d 693, 695-96 (Fed. Cir. 1983); Orthopedic Equipment Co., Inc. v. All Orthopedic Appliances, Inc., 707 F.2d 1376, 1382 (Fed. Cir. 1983). Factors that may be considered in determining level of ordinary skill in the art include: (1) the educational level of the inventor; (2) type of problems encountered in the art; (3) prior art solutions to those problems; (4) rapidity with which innovations are made; (5) sophistication of the technology; and (6) educational level of active workers in the field; Joseph P. Meara, Just Who Is The Person Having Ordinary Skill In The Art? Patent Law's Mysterious Perdonage, 77 Wash. L. Rev. 267 (2002).

[194] Stewart-Warner Corp. v. City of Pontic, 767 F.2d 1563, 1570 (Fed. Cir. 1985)。法院於該事件中認爲確定技術領域中之一般水準時，發明人之教育水準不應被考慮。

(三)先前技術對該問題之解決方式；(四)先前技術之成熟程度；(五)技術研發之速度；(六)技術之複雜程度；(七)在該技術領域中實際工作者之教育水平。

三、進步性客觀判斷之重要步驟

進步性判斷構成要件「所屬技術領域中具有通常知識者」，為進步性客觀判斷之重要步驟。因行政法之法規構成要件，本存有諸多未明確表示，且具有流動性質之不確定法律概念。對不確定法律概念，因具有一般性、普遍性、抽象性或多義性，各構成要件適用具體事實時，須先將不確定法律概念經過解釋，並予以具體化以利適用。專利法制對傳統之技術領域，雖可經由先前技術之提出，即可得「所屬技術領域中具有通常知識者」標準。然對於先進技術、待開發之技術、技術交錯、結果較難預期之技術領域，特別是當事人有爭執時，行政機關應先就不確定法律概念加以解釋後，繼而予以具體化適用。人民提起行政爭訟，行政法院應審查該行政處分之合法性，倘特定案件可經由論證而涵攝於不確定法律概念者，行政法院自得對行政機關所為之處分之合法性，為全面之審查。

四、通常知識者（105年律師）

(一)定義

所謂該發明所屬技術領域中具有通常知識者，依據一般性定義，係指某虛擬之人，具有該發明所屬技術領域中之通常知識及執行例行工作、實驗之普通能力，而能理解、利用申請日或優先權日前之先前技術者而言。所謂通常知識（general knowledge），係指該發明所屬技術領域中已知之普通知識，包括習知或普遍使用之資訊及教科書或工具書內所載之資訊，或從經驗法則所瞭解之事項。該具通常知識之人係某虛擬之人，不包含專利審查官、審理專利有效性之法官及技術審查官。法條規定虛擬之人，其目的在於排除以後見之明，審查進步性。因建立某虛擬之人，對客觀判斷進步性與否至關重要，法院就進步性為判斷時，宜確立具有通常知識者之水準，使當事人有辯論之機會，並得適時、適度表明其法律上見解及開示心證，賦予當事人充分攻防與言詞辯論之機會[195]。

---

[195] 最高行政法院105年度判字第503號行政判決；智慧財產及商業法院105年度民專上字第21號民事判決。

(二)避免以後見之明審查進步性

關於舉發案件進步性之判斷，應先確定先前技術或舉發證據之範圍及內容，繼而確定系爭發明與舉發證據間之差異，最後以系爭發明所屬技術領域中具有通常知識者，參酌舉發證據所揭露之內容及申請時之通常知識，判斷是否能輕易完成系爭發明[196]。倘系爭發明與舉發證據間所存在之差異，為系爭發明之重要技術特徵者，審查時應就該技術特徵是否為舉發證據所揭露，或該技術特徵是否為該發明所屬技術領域中具通常知識者，以轉用、置換、改變或組合舉發證據等方式所能輕易完成等情，詳加審酌。進步性之審查不得以發明說明中循序漸進、由淺入深之內容所產生後見之明，作成能輕易完成之判斷，逕予認定發明不具進步性；而應將系爭發明之整體與舉發證據進行比對，以該發明所屬技術領域中具有通常知識者參酌申請時之通常知識觀點，作成客觀之判斷[197]。

參、判斷進步性之步驟

一、Graham factor

美國聯邦最高法院於1966年之Graham v. John Deere Co.事件，認為法院及專利專責機關（USPTO）判斷進步性要件時，應先認定下列事實，此稱Graham factor[198]：(一)先前技術之範圍及內容，使申請專利之發明或創作有可供比較之對象；(二)探求先前技術及專利申請之差異處；(三)專利申請所屬技術領域之技術水準或一般技術，作為判斷進步性之基準。Graham factor所確定者，均屬事實，應由陪審團決定。該三項前提事實確定後，繼而判斷進步性要件，該判斷為法律問題，由法官認定之，對於是否具備進步性要件之爭議，得上訴美國聯邦最高法院[199]。

---

[196] 最高行政法院109年度判字第232號行政判決：手工具製造產業雖為我國相當成熟之製造產業領域，然判斷系爭專利是否具進步性之審查，應確實依據引證資料所載之技術或知識加以判斷。

[197] 最高行政法院109年度判字第29號行政判決。

[198] Graham v. John Deere Co., 383 U.S. 19-21 (1966); Trilogy's nonobviousness Custom Accessories, Inc. v. Jeffrey-Allan Indus., 807 F.2d 955, 962 (Fed. Cir. 1986).

[199] 董安丹，美國專利法上之非顯著性：歷史發展及GRAHAM原則（上），智慧財產權月刊，7期，1999年7月，頁86。

二、四步測試法

判斷進步性要件，除應適用Graham factor，作為事實之基礎外，美國聯邦巡迴上訴法院更進一步認為輔助判斷事項（secondary consideration），亦為決定進步性應考慮之因素，使進步性之判斷更具體及明確。準此，判斷進步性，有所謂之四步測試法（four step test），茲分述如後[200]：

(一)申請專利與先前技術之範圍

首先確定發明或創作之申請專利範圍及申請前已公開之先前技術或知識之範圍，以作為比對及判斷之基礎。繼而依序分析兩者技術特徵之差異，作為認定有無進步性之基礎。

(二)申請專利與先前技術之差異

專利申請之發明或創作，其與申請前之先前技術或知識間有何差異處，並以差異處作為認定是否具備進步性之主要重心。兩者間差異得自物理結構層面（physical structure）與功效層面（function）加以觀察：1.所謂物理結構者，係指發明或創作付諸實施後之物理形體而言；2.所謂功效者，係指將發明或創作之物理結構付諸於實施時，其所固有或必然具有之效果。物理結構與功效間有密切之關係，因物理結構決定發明或創作之功效，是相同之物理結構必有相同之功效，近似之物理結構，原則上具有近似或均等之功效。其判斷之步驟，先區分物理結構之不同，倘物理結構相似者，繼而判斷其功效是否相同或近似[201]。

(三)進步性之認定

專利申請案之發明或創作，其與申請前之先前技術或知識間之差異，是否為所屬技術領域中具有通常知識者，參酌已公開之申請前之先前技術，所能輕易完成或顯而易知。倘能輕易完成或顯而易知者，則不具進步性。

1.輕易完成者

所謂輕易完成者，係指發明或創作所屬技術領域中具有通常知識者，依據

---

[200] Heidelberger Druckmaschinen AG v. Hantscho Commercial Products, Inc., 21 F.3d 1068, 1071 (Fed. Cir. 1994); B.F. Goodrich Co. v. Aircraft Braking Sys. Corp., 72 F.3d 1577, 1582 (Fed. Cir. 1996).

[201] 董安丹，美國專利法上之非顯著性：歷史發展及GRAHAM原則（下），智慧財產權月刊，9期，1999年9月，頁68至70。

引證文件所揭露之先前技術，並參酌申請時之通常知識，而能將該先前技術以轉用、置換、改變或組合等方式，完成專利申請案之發明或創作者，則就該發明或創作之整體以觀，應認定為能輕易完成之發明或創作[202]。例如，申請人所申請之專利，雖與體內藥物濃度與藥物動力學參數有關，然未於說明書內提供相關之濃度或參數之具體關係，其無從證明有相關之增進治療功效，且所揭示之用藥用途、給藥劑量及給藥方式，亦屬技術領域中具有通常知識者，依例行性試驗所能輕易達成者，應可認其所申請之專利，不具備有進步性[203]。

2.顯而易知者

所謂顯而易知者，係指該發明或創作所屬技術領域中具有通常知識者，以先前技術為基礎，經邏輯分析、推理或試驗，即能預期專利申請之發明或創作者。能輕易完成與顯而易知為同一概念，具有一體二面之關係[204]，輕易完成者屬行之層面，顯而易知者則為知之層面。例如，申請案與引證比較，申請案僅為構造之簡單改變，對於熟悉引證之技術者，可輕易思及申請案之構造特徵及技術內容，故申請案並非技術思想之發明或創作，其係運用申請前既有之技術或知識，而為熟習該項技術者所能容易思及或輕易完成，自不能申請取得專利權[205]。

(四)輔助判斷事項之評量

所謂輔助判斷事項或稱客觀證據評量，係指以發明或創作在客觀上之成功或接受程度，作為輔助佐證具有進步性之事證，以避免主觀或擅斷之情事發生，此為判斷進步性之輔助因素，亦稱第二認定因素（secondary consideration）[206]。

1.解決長久未能處理之技術難題

需求為發明之母，故專利申請案之發明或創作，解決先前技術中長期存在（long-felt but unsolved need）問題，或者達成人類長期之需求者，其得佐證該

---

[202] 最高法院103年度台上字第2341號民事判決。

[203] 智慧財產及商業法院99年度行專訴字第6號行政判決。

[204] 經濟部智慧財產局，專利審查基準，2004年版，頁2-3-19。

[205] 最高行政法院85年度判字第1326號、86年度判字第3181號行政判決；智慧財產及商業法院98年度行專訴字第50號行政判決。

[206] 陳智超，專利法——理論與實務，五南圖書出版股份有限公司，2004年4月，2版，頁92。

發明或創作，並非能輕易完成。舉例說明之：(1)某一物品或方法，長期存在某種瑕疵而一直無法解決，專利申請權人提出改進該項瑕疵之發明或創作，該發明或創作即具有進步性；(2)競爭同業在解決該問題上支付甚多研究成本，而未成功者，即屬長久未能處理之技術難題；(3)專利申請所主張之發明，縱使授予專利權，然非屬處理長期需求之技術，仍屬所謂紙專利。

2.採用技術偏見解決長久所面臨之問題

專利申請案之發明或創作，克服該發明或創作所屬技術領域中具有通常知識者，長期根深柢固之技術偏見，而採用因技術偏見而被捨棄之技術，倘其能解決所面臨之問題，自得佐證其並非能輕易完成。例如，該發明或創作推翻專家學說或見解，解決長久所面臨之問題，故他人之失敗（failures of other），得作為判斷進步性之佐證。

3.具有無法預期之功效

將專利申請案之發明或創作對照先前技術，可知其非先前技術所得預期之功效，該非預期之功效（unexpected results），係申請專利範圍之請求項所示發明或創作之技術特徵所導致者。準此，該無法預期之功效，得佐證該發明或創作並非能輕易完成。反之，申請時之通常知識或先前技術，會促使申請案之發明所屬技術領域中具有通常知識者轉用、置換、改變或組合先前技術所揭露之內容，並以此構成專利申請案之發明或創作。換言之，具有差異之技術特徵為該發明所屬技術領域中具有通常知識者，利用申請時之通常知識，即能予以置換，且未產生無法預期之功效者，稱為等效置換[207]。反之，先前技術並未揭露轉用、置換、改變或組合後，會產生無法預期之功效時，可認定專利申請案之發明或創作，並非能輕易完成[208]。

4.具有商業成功之事實

依據專利申請之發明或創作所製得之物品，在商業上獲得成功（commercial success），而該成功係直接由發明或創作之技術特徵所導致，其為判斷進步性之輔助因素中，最常見與最重要之客觀因素，亦為專利制度所期待之目的[209]。該商業成功之區域，不一定必須於國內獲得，其於國外之市場獲得成功，亦屬商業之成功證明。專利申請權人僅提出銷售量、銷售金額或市場

---

[207] 經濟部智慧財產局，專利審查基準，2009年版，頁2-3-23。
[208] 經濟部智慧財產局，專利審查基準，2009年版，頁2-3-23。
[209] J.T. Eaton & Co. v. Altantic Paste & Glue Co., 106 F.3d 1563, 1571 (Fed. Cir. 1997).

之占有率，尚不足證明商業上之成功，其更須證明專利申請之技術，其已取代市場上既有之技術或銷售量，遠逾原有之技術，並非僅因銷售技巧或廣告宣傳所造成者。茲舉列說明如後：(1)市場上有大量仿冒品之出現，表示有其市場之需求而具有商業價值；(2)使用過該產品之相關消費者，證明購買該產品係因該發明或創作之技術特徵及優越功能所致；(3)同業要求授權或商業認同，亦得作為商業成功之證明。蓋競爭同業對於該行業之先前技術及經濟利益，知之甚詳，故要求授權或贊同該發明或創作，足見具備進步性之要件。故被授權者愈多，愈能證明其進步性[210]；(4)發明或創作獲得專業人士或機構評鑑之獎項，該專業之認許（professional approval），亦得作為發明或創作具有進步性之間接證據或情況證據（circumstantial evidences）。再者，發明獲得商業上之成功，為判斷系爭專利是否具進步性之輔助因素，並非唯一因素，且專利商品在商業上成功與否，除其技術特徵外，亦可能因銷售技巧、廣告宣傳、市場供需情形或整體社會經濟景氣等因素所致。專利請求項與引證案之差異，為所屬技術領域中具有通常知識者，顯能輕易完成，則無須再審酌進步性之輔助判斷[211]。

肆、美國之建議原則

一、定義

　　就美國專利實務而言，其判斷進步性要件係採用建議原則（suggestion test）[212]。所謂建議原則，係指修改或組合先前技術，而觀察先前技術是否曾對具有通常技術之人，建議合理預期之創作，其如同發明人所為之創作技術。倘先前技術曾有此建議者，該發明即不具備進步性；反之，則具有進步性。例如，先前技術A揭示元件X與Y，先前技術B建議得以Z取代X，達成所需要之功效，此等先前技術之組合或調整，將使組合X與Z之物品，不具進步性要

---

[210] 董安丹，美國專利法上非顯著性：法律上之判斷標準（下），智慧財產權月刊，12期，1999年12月，頁79。

[211] 智慧財產及商業法院103年度民專上字第2號民事判決、101年度行專訴字第46號行政判決。

[212] 建議原則最早見於1938年之In re Deakins, 96 F.2d 845 (C.C.P.A. 1938)。

件[213]。準此,審查官先找出一個與申請發明最相關之先前技術(closest prior art, CPA),作為第一引證,然後將申請專利範圍與最相關之先前技術作比較,以區分兩者之不同處[214]。

二、確定先前技術範圍

確定先前技術範圍應考慮之因素如後:(一)申請專利之發明所屬技術領域與先前技術之關聯性;(二)申請專利之發明所欲解決的問題與先前技術之關聯性;(三)申請專利之發明與先前技術在功能或特徵上之關聯性;(四)自先前技術可預測申請專利之發明的合理程度。審查官依據不同處,找出與該不同處而有相關之先前技術,此為第二引證。審查官應判斷全部之引證,是否有教示(teaching)或建議(suggestion)作用,藉由引證教示以產生申請專利範圍之發明,此教導之方式,包括明示與默示。例如,申請專利範圍之發明為「離心壓縮機」,在傳動軸有特殊形式之密封。審查官發現之先前技術顯示,第一引證教示在離心壓縮機之傳動軸使用密封,而無申請專利範圍所揭示之特殊形式密封。第二引證雖揭示與申請專利範圍之發明相同的密封,惟係用於密封汽車傳動機構之傳動軸。第二引證教示藉由申請專利範圍之特殊密封,以改良旋轉傳動軸的密封之必要性。準此,該建議組合兩件引證而產生申請專利範圍之發明,故該申請案不具備進步性[215]。

伍、歐洲之問題解決原則

一、建立客觀判斷發明之基準

就歐洲專利實務以觀,歐洲專利局(European Patent Organization)發展出問題解決法(Problem-Solution Approach),作為審查進步性要件之標準,亦稱「問題──解答取向法」其法源係依據歐洲專利公約施行細則第27條第1項(c)。問題解決法之發展目的,在於建立客觀判斷發明行為之基準,故判斷進步性

---

[213] Donald S. Chisum, Chisum on Patent, Section 5.263 (1997).

[214] 找出最相關之先前技術,無須以具有通常技術之人立場而加以判斷。

[215] 林國塘,專利審查基準及實務發明及新型,智慧財產專業法官培訓課程,司法院司法人員研習所,2006年3月,頁57、61。

之要件，應以發明成果爲客觀基礎，避免自先前技術之事後觀點分析，以排除後見之明。申言之，其特色有三：(一)以實質之客觀性作爲判斷發明行爲之依據；(二)有無發明行爲，主要係以申請專利範圍與最接近之先前技術間，兩者進行比較分析；(三)無須考慮比較分析較遠與關係較少之先前技術[216]。準此，其判斷進步性要件階段有三：(一)第一階段爲選擇何者爲最接近之前案或習知技術。何謂習知技術，係指提供判斷進步性之最佳單一參考基準，其與專利申請所主張之發明間擁有最多共同之技術特徵，並具有該發明之功能；(二)第二階段係建立客觀技術問題爲何，其以最接近之前案或習知技術爲基礎，藉由習知技術與專利申請所主張之發明間，發現兩者之不同處，以界定一個有待解決之技術問題；(三)第三階段判斷是否具進步性，其自最接近之習知技術與建構之技術問題出發，以專家（expert）或熟習技術之人（person skilled in the art）以觀，認爲專利申請所主張之發明是否具有進步性[217]。

二、實例說明

　　甲申請「餐桌」發明專利，其專利說明書敍述餐桌桌腳置於不平坦地面之存在問題。創作目的係提供餐桌以三隻腳之方式，置於不平坦地面而不搖晃。申請專利範圍係採獨立項記載方式，即餐桌具有一個桌面而僅以三隻腳支撐，該餐桌之重心位於所指三桌腳間。審查官先檢索二個前案：(一)前案一固爲一般四腳餐桌，惟未提起搖晃之問題；(二)前案二爲擠奶工人於牧場或牛棚所用之三隻腳擠奶用凳子，其雖爲具符合人體工學型態之椅子，然未提及搖晃問題。就從事傢俱領域中具有通常知識者以觀，作出一張桌子後，置於花園就會瞭解桌子之搖晃問題，而農場或牛棚內少有平坦之地面。茲應用問題解決法分析與說明如後[218]：

---

[216] Gerald Paterson M.A., The European Patent System, The Law and Practice of the European Patent Convent 539 (2001).

[217] 劉孔中、倪萬鑾、藤村元彥、永岡重幸、小西惠、Heinz Goddar、Christian Appelt，歐洲專利手冊，翰蘆圖書出版有限公司，2003年4月，頁76至79。歐洲專利公約施行細則第27條第1項(c)之原文：Disclose the invention, as claimed, in such terms that the technical problem (even if not expressly stated as such) and its solution can be understood, and state any advantageous effects of the invention with reference to the background art.

[218] 林國塘，歐洲專利進步性「問題解決法」解析，智慧財產權月刊，74期，2005年2月，頁55至57。

(一)選擇何者為最接近之前案

先確認發明與每項前案之不同，進而認定發明會因不同處而達成之技術效果，此為發明所顯示之技術特徵與技術效果。前案一為最接近之前案，因申請發明與前案一具有相同之一般使用目的，申請案最接近前案所揭露，一個具有桌面之餐桌，以四隻腳支持，其重心位於桌腳間，而不同處係申請案為三隻腳。依據申請案之不同處所產生之技術效果，餐桌得於不平之地面，為穩定之擺置而不搖晃。茲以表5-1分析說明如後[219]。

表5-1　問題解決法之比對分析

本案創作	前案一：四腳餐桌	前案二：三隻腳凳子
餐桌	◎	×
桌面	◎	×
三隻腳	×	◎
重心位於腳之間	◎	◎
穩定於不平地面	×	◎

◎表示具備本案創作之該技術特徵，×表示無該技術特徵。

(二)建立客觀技術問題為何

審查官檢視所蒐集之資料，以確定客觀技術問題，該技術問題與如何避免餐桌在不平之地面產生搖晃，並據此找出解決相同問題之前案二，該前案具有解決該問題之技術手段。

(三)判斷是否具進步性

前案二係擠牛奶凳子，其揭露解決技術問題之技術手段，前案二與申請案比較分析，發現兩者具有相同之解決方案。因擠牛奶凳子通常係使用於不平坦之地面上。故自一個從事傢俱領域中具有通常知識，面對技術問題與二前案時，得將前案二之擠牛奶凳子與前案一之餐桌，以最接近申請案之前案組合，思及解

---

[219] 林國塘，專利審查基準及實務發明及新型，智慧財產專業法官培訓課程，司法院司法人員研習所，2006年3月。

決技術問題之方案，並達成申請專利案之發明[220]。準此，本申請案不具進步性。

陸、相乘效果原則

一、定義

　　所謂相乘效果原則（synergism doctrine），係指判斷專利申請技術由二個或二個以上之先前技術組成，是否具備進步性之方法。係指專利申請之技術組合先前技術而成，而其各個要件、元件或構件與其他要件彼此組合，因相互作用而產生新之效果，其具有進步性[221]。反之，專利申請技術係二個習知技術之組合，第一引證具有A功效，第二引證具有B功效，當二個引證案組合後，所產生之功效僅有A＋B功效，其不具備進步性，此爲判斷進步性之方法[222]。倘A要件與B要件組合成C物品，C物品之功效等於A與B功效之總和，則無相乘效果，並無進步性，其爲集合發明或創作[223]。反之，C物品之功效大於A與B功效之總和，即有相乘效果，有進步性，其爲組合發明或創作。例如，以時鐘與收音機爲元件，而產生於特定時間啓動收音機之功效物品，其具有相乘效果；反之，僅能產生計時及收音機之功效者，不具相乘效果[224]。

二、集合發明與組合發明之區別（105年律師）

　　不論爲集合發明或組合發明，幾乎大部分之技術發展，係以先前技術爲基礎，是判斷屬集合發明或組合發明，應就整體觀之，不應就其分別之要件爲之。而兩者不同之處，在於組合發明可產生突出之技術特徵或顯然進步，非熟

---

[220] 經由前案之教示或建議而產生申請案之技術內容，以判斷有無進步性，其與美國所採建議法，具有相同之原則。

[221] Kevin J. Lake, Synergism and Nonobviousness: The Rhetorical Rubik's Cube of Patentability, 24 Boston College L. Rev 723 (1983).

[222] 林國塘，專利審查基準及實務發明及新型，智慧財產專業法官培訓課程，司法院司法人員研習所，2006年3月，頁69。

[223] 最高行政法院84年判字第1933號行政判決：所謂組合發明，係指將複合數個既有之構成要件組合而成之發明而言。此種組合必須在整體上要有相乘之功效增進，始爲創作，倘僅有相加之效果，則與發明要件不符。

[224] 董安丹，非顯著性之理論與實用，世新法學創刊號，2004年5月，頁100。

習該項技術者所能輕易完成者。反之,集合發明因未能產生突出之技術特徵或顯然進步,故爲熟習該項技術者所能輕易完成[225]。至於組合發明之每個技術特徵本身,是否完全公知或者部分公知,均不影響進步性。倘具有突出之技術特徵與顯然進步,均屬組合發明。

(一)突出技術特徵

所謂突出技術特徵,係指該發明或創作對於熟習該項技術者而言,雖其以先前技術爲基礎,仍不易經由邏輯分析、推理或試驗而知悉申請案之技術特徵。

(二)顯然進步

所謂顯然進步,係指該發明或創作能克服先前技術中所存在之問題或困難,因而獲得功效[226]。例如,首輛汽車之發明,係由引擎、離合器及傳動機構等組合而成,組合後之技術效果,係製造成前所未有之新型交通工具。此種組合發明之技術效果,對該發明所屬技術領域中具有通常知識者而言,是難以預先知悉者,故具有進步性[227]。依據組合發明之統計,在現代技術之開發,技術組合型之發明成果,已占全部發明60%至70%部分。此說明組合發明創造已成爲當前發明創造之主要方式[228]。

柒、輕微改變原則

在技術發展空間有限之領域(in the field of the crowded art),倘在技術上有輕微之改進,而產生實用之效果者,得視爲具有增進某種功效[229]。縱使其構成內容僅有些微改變之發明,仍可能具有進步性,此概念稱之輕微改變原則(the doctrine of small structure change)。例如,美國聯邦最高法院於1923年Eibel Process Co. v. Minnesta & Ontario Paper Co.事件,認爲某造紙機發明專利,

---

[225] 集合發明亦稱單純發明或拼湊發明;組合發明或稱結合發明。

[226] 徐宏昇,高科技專利法,翰蘆圖書出版有限公司,2003年7月,頁27至28。

[227] 黃文儀,專利實務第1冊,三民書局股份有限公司,2004年8月,頁327。

[228] 黃鴻杰,論專利審查基準中之「組合發明」、「組合新型」──兼論臺北高等行政法院91年訴更1字25及91年訴字4835號判決,智慧財產權月刊,81期,2005年9月,頁45。

[229] 徐宏昇,高科技專利法,翰蘆圖書出版有限公司,2003年7月,頁139。

其取得專利之技術內容，僅因其對原有機種某機構之傾斜角度加以改變，而於技術上僅為輕微之改進，此為構成微變原則之實例[230]。

捌、轉用發明

　　所謂轉用發明者，係指一技術領域之既有技術或知識被轉運用至其他技術領域之發明。該轉用之技術或知識，對熟習該技術者而言，可產生突出之技術特徵或顯著之進步，或者克服其他技術領域內之技術問題，則具有進步性。反之，轉用之技術或知識，係於類似或相近之技術領域進行，而未產生突出之技術特徵或顯然之進步，該轉用之技術或知識，視為熟習該項技術者所能輕易完成者，故不具備進步性之要件[231]。例如，專利申請人以「抗腐蝕鋼之熱處理法」申請發明方法專利，其技術特徵在於計算肥粒鐵係數，再考量其係數，在高於「變態溫度」下對鋼材作熱加工，繼而以適當之冷卻速率降溫至低於變態溫度，使鋼材僅轉變為肥粒鐵及碳化物，不致出現麻田散鐵。因該申請案所採之熱處理方法，係轉用傳統「鋼線韌法」處理技術原理，屬習知熱處理技術者所能輕易之運用完成，是申請案不具備進步之要件[232]。

玖、選擇發明

一、具進步性

(一)定義

　　所謂選擇發明者，係指自先前技術的較大範圍中，有目的之選擇先前技術未明確揭露之較小範圍或個體作為其技術特徵之發明。就專利實務而言，選擇發明常見於化學及材料技術領域[233]。

---

[230] Eibel Process Co. v. Minnesta &Ontario Paper Co., 261 U.S. 45, 58 (1923).

[231] 張啟聰，發明專利要件進步性之研究，東吳大學法律學系法律專業碩士論文，2002年7月，頁108。陳秉訓，論專利審查基準中之轉用發明，智慧財產權月刊，74期，2005年2月，頁80。智慧財產及商業法院103年度民專訴字第60號民事判決。

[232] 最高行政法院81年度判字第2674號行政判決。

[233] 智慧財產及商業法院106年民專上訴第15號民事判決。

(二)判斷基準

選擇發明係由較大範圍之先前技術中選擇較小範圍或個體作爲發明之技術特徵，其全部或部分技術特徵必然已爲先前技術所涵蓋。倘選擇發明所選擇之技術特徵，未明確揭露於先前技術，而該發明所屬技術領域中具有通常知識者，參酌申請時之通常知識，無法由先前技術推導出該被選擇之技術特徵，而產有較先前技術，更爲顯著或無法預期之功效時，應認定該發明非能輕易完成，具進步性。例如，以物質A與B在高溫下製造物質C，當溫度在50℃至130℃範圍內，物質C之產量與溫度增加成正比。倘選擇發明設定之溫度在63℃至65℃範圍內，先前技術未明確記載該較小範圍，而物質C之產量顯著超過預期，應認定該發明非能輕易完成，具有進步性[234]。

二、不具進步性

(一)相同可能性之技術特徵

選擇發明僅由一些具有相同可能性之技術中選出某技術特徵。例如，先前技術中存在諸多加熱方法，選擇發明僅在已知須加熱之化學反應中選用一種已知電加熱法，所選出之技術未使該發明產生無法預期功效，應認定該發明能輕易完成，不具進步性。

(二)可能與有限之範圍選擇

選擇發明在可能與有限之範圍內選擇具體之尺寸、溫度範圍或其他參數，而該選擇爲該發明所屬技術領域中具有通常知識者，經由例行工作之普通手段即能得知者。例如，某種已知反應方法之發明，其特徵在於限定某種惰性氣體之流速，而該流速經由普通計算即能得知者，應認定該發明能輕易完成，不具進步性。

(三)直接推導

選擇發明係由先前技術能直接推導之選擇，則不具進步性。例如，一種改進組合物Y之熱穩定性之發明，其特徵在於定出組合物Y中某組成分X之最低含量，而該含量可由某組成分X之含量與組合物Y之熱穩定性關係曲線中，推

---

[234] 經濟部智慧財產局，專利審查基準，2009年版，頁2-3-27。

導得出者，應認定該發明能輕易完成，不具進步性[235]。

拾、例題解析

一、通常技術水準

(一)進步性之判斷

發明或創作具有非顯而易見之性質，該申請專利範圍與先前技術比較，擁有突出之技術特徵或明顯之功效進步。例如，因於全新技術領域內發展，並無既有技術之相關前例；或者與最近之既有技術，其差距甚大，此等發明可謂開創性發明（pioneer invention）。因開創性發明與專利申請時之技術水準相比，本質上具有技術之開創性，故認定具有進步性，較無疑義[236]。故符合進步性之專利申請，必須該發明或創作，在技術上、知識上及功效上，非熟悉該項技術者所顯而易知或輕易完成者。準此，專利申請所述技術思想、知識，均為熟悉該項技術之人所已知或習用者，不符合專利之進步性要件。

(二)不具新穎性與進步性

甲申請案所陳述之技術思想，係利用「玻璃板」與「中間膠合體」實施層疊及強化之方法，其為申請前所習用之先前技術。況矽利康、環氧樹脂及不飽和聚酯等材質，均為熟悉該技術領域之人習用材料，故申請案不具備新穎性之要件。再者，甲申請案之加入可調色彩紋路之不飽和聚酯，其與習用之圖案或顏色之玻璃製法，暨中間可夾圖案之壓克力片之製法，均極類似，足見申請案係運用申請前既有之技術及知識，而為熟悉該項技術者所輕易完成者，是申請案亦欠缺進步性之要件，經濟部智慧財產局應駁回其專利申請。

二、輕易完成者

申請專利範圍，是否為其屬技術領域中具有通常知識者，依據申請前之先前技術能輕易完成者，其進行比對分析申請新型專利與先前技術之差異時，應

---

[235] 經濟部智慧財產局，專利審查基準，2009年版，頁2-3-28。

[236] 張啓聰，發明專利要件進步性之研究，東吳大學法律學系法律專業碩士論文，2002年7月，頁108。

整體觀之[237]。乙所申請新型專利案之技術特徵與先前技術相同，雖申請案改良之標的，在部分零配件及作業架構，存有若干型態及配置差異，然此差異僅屬於習用之整合運用而已，就一般熟習該項技術者而言，在知悉申請案之技術內容後，推論出如申請案之架構，顯能輕易完成，故不具備進步性要件，經濟部智慧財產局應駁回乙之專利申請案[238]。

三、技術特徵為先前技術

丙之專利申請案與引證之創作原理均以印刷方法，在真空蒸著基材印刷，一方面形成保護層，另一方面形成精美圖案，並均以氫氧化鈉腐蝕爲成形顯像方法，其所得最終產品即燙印貼紙之結構組成及特性，均屬相同，可知申請案與引證之創作原理相同，是本件申請案之特徵已屬公開之技術。因丙之專利申請案與引證之差別僅在於「手工操作」與「機器控制」，均屬方法發明之專利。就方法而言，兩者之製造目的、程序步驟及技術手段均屬相同，申請案以機器處理方式進行腐蝕及清洗，此爲熟習該項技術人士所能輕易完成者，不具備進步性，自不符發明專利之要件，智慧財產局應駁回其專利申請[239]。

四、集合發明

丁之申請案設置於空氣調節機內之空氣過濾、清淨單元，包含活性碳濾網、陰離子產生器、臭氧產生裝置、觸媒轉化器等，均屬習用之空氣過濾、清淨裝置，亦屬已知元件。專利申請案將複數個既有之空氣過濾、清淨裝置加以集合，而該集合就冷凍空調之業者而言，係實施先前技術所能輕易完成者或有合理之組合動機[240]。況申請案將二個以上之習知技術集合而來，其集合所得

---

[237] 林洲富，法官辦理民事事件參考手冊15，專利侵權行爲損害賠償事件，司法院，2006年12月，頁91至92。

[238] 最高行政法院86年度判字第732號行政判決。

[239] 最高行政法院82年度判字第136號、86年度判字第2562號行政判決：專利申請案係利用一已揭示於引證之水乳膠組成及合成方法之黏膠製作軟性印刷電路板積層材料，此種膠材屬已知之技術，且與引證作爲黏著劑之用途相同，自難謂創新。最高行政法院78年度判字第1803號行政判決：以無水麥芽糖加入食品中以吸收水分，達到乾燥效果之基本原理，在化學知識上，並無創新處，亦不具化學品新用途之發現性質。

[240] 智慧財產及商業法院102年度民專上字第49號民事判決。

之效果，其與普通可預測效果相比，並無增進功效處，是該等元件或技術之組合，則無相乘效果。職是，本件專利申請不符合新型專利之進步性要件。

拾壹、相關實務見解——進步性之審查

　　關於審查專利之進步性，應整體考量系爭專利與引證案差異性，繼而由發明或新型所屬技術領域中具有通常知識者，參酌相關先前技術所揭露之內容及申請時之通常知識，判斷是否能輕易完成申請專利之發明或新型整體，非僅針對個別或部分技術特徵審究。倘認定會促使其轉用、置換、改變或組合先前技術所揭露之內容，而構成申請專利之發明或新型，其應認定專利能輕易完成[241]。例如，申請專利範圍共4項請求項，請求項1為獨立項所載之結合劑，並非達成說明書中所載「柔軟性」、「舒適性」、「吸水性」等目的之必要技術特徵，僅為習知之結合紙張技術的選用，而使用結合劑來結合兩紙張，暨其所記載擦手紙巾上再設有摺疊，使擦手紙巾可重複循環堆置，容置於抽取盒內使用者。均屬習知之技術，故為所屬技術領域中具有通常知識者，能輕易完成之創作，而不具進步性。至於專利請求項2至4所附加之技術特徵，雖為摺疊之道數，然專利所欲解決之技術問題，在於習知擦手紙巾結構為求能設置為抽取式，而為較厚之單層式，使用上較為粗硬，且吸水性不佳，而專利採取以二張薄狀單紙上滾壓凹紋，而二單紙再以凹紋部位互相對合，使無凹紋部位形成立體空間，產生毛細現象，增加吸水性及柔軟性，俾於解決上述問題。其於紙巾上設有一道以上之摺疊，均係欲達成紙巾得以重複循環堆置，而容置於抽取盒內形成抽取式擦手紙巾之習知結構，即不具進步性[242]。

---

[241] 最高行政法院104年度判字第559號行政判決；智慧財產及商業法院97年度行專訴字第42號行政判決。
[242] 智慧財產及商業法院97年度行專訴字第9號行政判決。

第六章　專利審查制度

專利審查制度分為形式審查主義與實體審查主義，我國採先申請先註冊主義，發明專利與設計專利採實體審查主義，而新型專利採形式審查主義，審查較為快速。

第一節　我國審查制度

經濟部智慧財產局為審查申請案所制定之專利審查基準，其為業務處理方式，論其法律性質為行政規則，所為非直接對外發生法規範效力之一般、抽象之規定（行政程序法第159條）。行政規則為規範機關內部秩序與運作之行政內部規範，有效下達之行政規則，具有拘束訂定機關、其下級機關及屬官之效力（行政程序法第161條）。準此，專利審查基準具有拘束智慧財產局及所屬專利審查員之效力。

例題1

甲申請發明專利欲取得技術市場之獨占地位，其為防止他人仿用，故於申請書上對於關鍵之技術內容與特徵，均語焉不詳或有意不揭露之。試問經濟部智慧財產局專利審查人員應如何審理？核駁或核准專利申請？

例題2

乙明知製造某物品之技術為丙所發明，未經丙同意，竟主張製造某物品之技術為其所發明，據此向經濟部智慧財產局申請物品發明專利，由智慧財產局核准公告在案。試問發明人丙有何救濟途徑？智慧財產局應如何審理？

壹、審查人員

專利專責機關對於發明專利申請案之實體審查，應指定專利審查人員審查之。專利審查人員之資格，以法律定之（專利法第15條第3項）。我國審查人員採內審與外審雙軌制。內審制由專利專責機關之正式編制之審查人員擔任審查工作；而外審制由專利專責機關以外之學者或專家審查。

貳、審查程序（94年檢察事務官）

一、先程序後實體

專利專責機關收受申請案後，審查人員應先進行程序審查，倘有欠缺者，應先命補正，不補正者，則駁回其申請。專利專責機關於形式審查新型專利時，得依申請或依職權通知申請人限期修正說明書、申請專利範圍或圖式（專利法第109條）。故新型專利經智慧財產局形式審查核准處分後，審查程序即告終結，申請人不得再依專利法第109條申請修正說明書、申請專利範圍或圖式[1]。再者，程序審查完備後，繼而就發明專利與設計專利申請案進行實體審查。

二、實體審查

專利專責機關於審查發明專利時，得依申請或依職權通知申請人限期為下列各款之行為（專利法第42條、第43條）：(一)至專利專責機關面詢；(二)為必要之實驗、補送模型或樣品。專利專責機關必要時，得至現場或指定地點實施勘驗；(三)修正說明書、申請專利範圍或圖式。專利專責機關通知面詢、實驗、補送模型或樣品、修正說明書、申請專利範圍或圖式，屆期未辦理或未依通知內容辦理者，專利專責機關得依現有資料續行審查（專利法施行細則第34條）。而說明書、申請專利範圍或圖式之文字或符號有明顯錯誤者，專利專責機關得依職權訂正，並通知申請人（專利法施行細則第35條）。

---

[1] 智慧財產及商業法院107年度行專訴字第90號行政判決。

三、審定書

　　發明專利或設計專利之申請案經審查後，應作成審定書送達申請人或其代理人。經審查不予專利者，審定書應備具理由。審定書應由專利審查人員具名。再審查、舉發審查及專利權延長審查之審定書，亦同（專利法第45條、第142條第1項）。

四、專利公告

　　申請專利之發明經審查認無不予專利之情事者，應予專利，並應將申請專利範圍及圖式公告之。經公告之專利案，任何人均得申請閱覽、抄錄、攝影或影印其審定書、說明書、圖式及全部檔案資料。例外情形，係專利專責機關依法應予保密者，不在此限（專利法第47條；專利法施行細則第83條）。

五、再審查

　　發明專利申請人對於不予專利之審定有不服者，得於審定書送達之日起2個月內備具理由書，申請再審查，不服再審查處分，始得提起訴願。但因申請程序不合法或申請人不適格而不受理或駁回者，得逕依法提起行政救濟。經再審查認為有不予專利之情事時，在審定前應先通知申請人，限期申復（專利法第46條第2項、第48條）。例如，甲先以「彈性購買點數之方法」向經濟部智慧財產局申請發明專利，經智慧財產局審查後，不予專利。甲嗣後於2月內申請再審查，並提出申請專利範圍修正本及修改發明專利名稱為「彈性購買遊戲點數之方法」，經智慧財產局審查，以審查意見通知函，敘明不准專利理由。甲復提出甲復書及本案申請專利範圍修正本，智慧財產局作成再審查核駁審定書，為應不予專利處分，甲不服提起訴願，經濟部作為訴願決定駁回。甲不服原處分及訴願決定，可向智慧財產及商業法院提起行政訴訟[2]。

六、不予專利審定事由採列舉方式

　　發明專利申請案違反第21條至第24條、第26條、第31條、第32條第1項、第3項、第33條、第34條第4項、第6項前段、第43條第2項、第44條第2項、第3

---

[2]　智慧財產及商業法院103年度行專訴字第75號行政判決。

項或第108條第3項規定者，應爲不予專利之審定（專利法第46條第1項）。準此，我國專利法關於發明專利不予專利審定之事由，係探列舉方式，應有專利法第46條列舉之事由，始得就發明專利申請案不予專利之審定，不得以專利法施行細則或專利審查基準之規定，爲不予審定之事由[3]。

參、例題解析

一、充分揭露原則

專利制度之基本原則在於以技術公開換取獨占之專利權，故對於專利說明書中之技術揭露的完整明確性，具有極高之要求，必須達到熟悉該行業之有關人士，得依據其說明加以實施之程度，故必須將技術內容加以具體化與客觀化之說明。其理由在於鼓勵專利技術之公開，避免重複研發或投資相同之技術，造成有限資源之無謂消耗。是依據我國專利法規定，專利說明書未能達到充分揭露之要求，除不得授予專利權外，縱使授予專利權，亦成爲智慧財產局撤銷專利權之事由。足見發明或創作欲申請取得專利權，除應具備產業上利用性、新穎性及進步性等專利三性之要求外，亦須於專利說明書中充分揭露專利技術內容，始得授予專利權。所謂充分揭露者（sufficient disclosure），係指發明或創作之說明應明確，並充分揭露其發明或創作之技術內容，使該發明所屬技術領域中具有通常知識者，能瞭解其內容，並據其說明加以實施。換言之，專利說明書應包括發明或創作之文字敘述及其製造、使用方法、程序等說明，使熟悉該行業之有關人士，得依據該完整、清晰及正確之說明內容，即可實施專利說明書所揭露之發明或創作。準此，申請人甲於說明書上對於關鍵之技術內容與特徵，均語焉爲不詳或有意不揭露之，專利審查人員應不予專利之審定[4]。

二、非發明人申請專利（96年檢察事務官）

利害關係人認該專利申請權人並非專利之發明人或創作人時，得依據發明或創作專利權人爲非發明或創作之專利申請權人，請求智慧財產局應依舉發或

---

[3] 最高行政法院105年度判字第149號行政判決。

[4] 林洲富，專利侵害之民事救濟制度，國立中正大學法律學研究所博士論文，2007年1月，頁241。

依職權撤銷其發明、新型或設計專利權，並限期追繳證書，無法追回者，應公告註銷（專利法第71條第1項第3款、第2項、第119條第1項第3款、第2項、第141條第1項第3款、第2項）。準此，發明人丙得以乙非發明人，並非專利申請權人為由，向經濟部智慧財產局提起舉發（專利法第5條第2項）。

肆、相關實務見解——審定書理由

經濟部智慧財產局之行政處分，雖認定專利案之獨立項欠缺專利要件而不予專利，惟就專利案申請專利範圍其他各附屬項是否具備可專利性，審定理由有未說明之情事，則專利申請之附屬項是否具備專利要件，無法自處分之書面記載得知，準此，原處分顯有理由不備之違法情形，應可認定[5]。

第二節　早期公開制

採行早期公開制，使發明專利申請人於提起申請後之一定期間內前，先行瞭解申請技術有無市場價值與投資商機，以決定是否申請實體審查以取得專利權。再者，早期公開制度，得於發明專利核准公告前，使第三人知悉新技術內容，避免重複研發之情形，有益於產業技術之發展。

例題3

> 我國專利法就專利申請程序，有規定早期公開制度。試問：(一)早期公開制適用對象與要件為何？(二)該制度有何優點？請就專利申請人與第三人之立場，分別說明之？

壹、發明專利之早期公開制（91年檢察事務官、110年司律）

一、發明專利申請案之公開

為配合發明專利之審查制度，專利專責機關對於發明專利申請應指定審

5　智慧財產及商業法院97年度行專訴字第44號行政判決。

查委員進行實體審查（專利法第36條）。專利專責機關接到發明專利申請文件後，經審查認為符合規定程式，並無不予公開之情事者，自申請日起18個月後，應將該申請案公開之，此為早期公開制（laid-open）（專利法第37條第1項）。發明專利申請案不予公開之事由有三：(一)自申請日起15個月內撤回者；(二)涉及國防機密或其他國家安全之機密者；(三)妨害公共秩序或善良風俗者（第2項）。

二、補償金請求權

專利申請人亦得藉由早期公開制度，對於使用其技術者，請求補償金，以填補申請人自公開技術內容起至核准審定公告前之損失，此為暫時性之保護措施。換言之，發明專利申請人對於申請案公開後，曾經以書面通知發明專利申請內容，而於通知後公告前，就該發明仍繼續為商業上實施之人，得於發明專利申請公告後，請求適當之補償金（pecuniary compensation）（專利法第41條第1項）。對於明知發明專利申請已經公開，而於公告前就該發明仍繼續為商業上實施之人，專利申請人亦得為補償金之請求（第2項）。該補償金之請求權，自公告之日起，2年間不行使而消滅（第4項）。

三、請求實審制度

依據專利法第38條第1項規定，發明專利申請之實體審查，須依據申請人之申請始進行審查，不得依職權為之。其請求實體審查有一定期限之限制，此為本制度之特徵，任何人自發明專利申請日起3年內，均得向專利專責機關申請實體審查。逾3年期間申請實體審查者，該發明專利申請，視為撤回（專利法第38條第4項）。簡言之，無申請，即無審查。而任何人提出實體審查之申請，不得撤回（第3項）。提出實質審查者，應檢附申請書，不得以口頭為之（專利法第39條第1項）。專利專責機關應將申請審查之事實，刊載於專利公報（第2項）。倘係申請人以外之人提出審查請求，專利專責機關應通知申請人，使申請人有所準備（第3項）。

四、優先審查制度

為配合早期公開制及保護專利申請人發明專利申請公開後，使專利專責機

關早日確定是否准駁專利申請，以保護專利申請權人。倘有非專利申請人為商業上之實施者，專利專責機關得依申請優先審查之（專利法第40條第1項）。

貳、例題解析──早期公開制度適用對象與優點

　　早期公開制度之適用對象僅限於發明專利申請案，新型與設計之專利技術層次較低，且產品之市場有效生命週期亦較短，故不適用此制度。在發明提起申請後，專利專責機關僅先作程序審查，倘符合規定，並無不予公開之情事者，自申請日起18個月後，應將該申請案公開之。對於申請人而言，其於提起申請後起18個月內，先行瞭解申請技術有無市場價值與投資商機，以決定是否申請實體審查以取得專利權。就第三人以觀，其知悉新技術內容，並得向智慧財產局提出實體審查之申請，以確定該申請案是否得獲准專利，進而修正發明或研發方向，避免資源浪費，其有益於產業技術之發展。

參、相關實務見解──請求實體審查之期間

　　原告於2011年9月2日補正專利申請文件，應以補正日為申請日（專利法第25條第2項）。自該日起算至原告於2014年8月14日提出實體審查申請日止，尚未逾專利法第38條第1項之3年法定期間。原處分以原告逾此3年期間而將申請案視為撤回，不受理原告實體審查之申請，其於法無據。訴願決定予以維持，自有未合。原告聲明請求為撤銷訴願決定及原處分，洵屬有據，應予准許[6]。

第三節　新型專利之形式審查

　　有鑑於知識經濟時代，各種技術或產品之生命週期趨向短期化，為使研發成果迅速投入市場行銷之需要，我國新型專利之審查，適用形式審查制，使申請人得以在較短之期間內，迅速取得專利權。因在授予專利權前，未經實體審查之程序，導致專利權內容處於相當不確定之狀態，倘專利權人利用此不安定之權利，不當濫用專利權，將妨害產業上之正常發展及競爭秩序。準此，專利法有二種救濟方法：公眾審查制與技術報告。

---

[6] 智慧財產及商業法院104年度行專訴字第26號行政判決。

例題4

發明與新型為不同類型之專利，試問兩者之區別為何？試就兩者進步性之差異、專利保護期間、實質與形式審查主義、技術報告、實質審查主義之配套措施等事項，加以論述。

壹、技術報告（92、97年檢察事務官）

一、形式審查之配套

(一)功能

因新型專利採形式審查主義，事先對於新型專利申請案，不進行前案檢索及未為專利實體要件審查，故設計技術報告制度，以救濟有效而未經確認之新型專利所生之不確定性。是新型專利技術報告（technical evaluation report）在功能上具有公眾審查之性質，其藉由公眾向專利專責機關申請技術報告，使任何人行使公眾審查權時，瞭解其有無提出舉發之必要性[7]。故對於申請技術報告之資格，不應限制其資格，應使任何人均得向專利專責機關申請，以釐清該新型專利是否合於專利要件之疑義。經形式審查之新型專利，其實體要件存在與否，係由當事人判斷之。倘當事人難以判斷其與先前技術文獻間，是否具備實體要件時，得向經濟部智慧財產局申請新型專利技術報告，作為客觀判斷之依據[8]。準此，申請之新型專利經公告後，為確認專利權之有效性（validity），任何人得向專利專責機關申請新型專利技術報告（專利法第115條第1項）。專利專責機關應將申請新型專利技術報告之事實，刊載於專利公報（第2項）。

(二)申請人

專利專責機關應指定專利審查人員作成新型專利技術報告，並由專利審查人員具名（專利法第115條第3項）。專利專責機關對於第1項之申請，應就第120條準用第22條第1項第1款、第2項、第120條準用第23條、第120條準用第31

---

[7] 新型專利技術報告書於日本稱為實用新案技術評價書。

[8] 智慧財產局，「新型專利技術報告」答客問，智慧財產權月刊，88期，2006年4月，頁110。

條規定之情事，作成新型專利技術報告（第4項）。因新型專利權消滅後，其與權利相關之損害賠償請求權、不當得利請求權等，仍有可能發生或存在，因行使此等權利時，有必要參考新型專利之技術報告。發明初審或再審查之審定書，僅得作成一次決定，而任何人均得申請新型專利技術報告，故得依據多次申請，而製作多份之技術報告。

二、技術報告之內容

　　技術報告應參考請求項所說明之先前技術文獻，並對專利權之有效性加以評價，其係智慧財產局核發之先前技術檢索報告，其檢索範圍包括[9]：(一)是否符合先申請主義要件；(二)是否符合新穎性要件；(三)是否符合進步性要件。技術報告得作為客觀調查先前技術之結果，其對於調查能力不足或同一技術領域之相關人士，形成有益之資訊[10]。故智慧財產局應將申請新型專利技術報告之事實，刊載於專利公報，使相關利害關係人得適時知悉（專利法第115條第2項）。既然新型專利技術報告之申請，必須刊載專利公報，故為保護利害關係人之權益，明定對於新型專利技術報告之申請，不得撤回（第7項）。而智慧財產局應指定專利審查人員作成新型專利技術報告，經由專利審查人員具名，以示負責（第3項）[11]。新型專利技術報告，須對每一請求項進行比對，不論有無可專利性，均須提示引用文獻，且當比對某一請求項時，必須明白指出引用文獻之某部分，以作為判斷之依據[12]。準此，智慧財產局出具之技術報告，係將各請求項比對結果區分六代碼，詳如表6-1所示。

表6-1　比對項目結果

代碼	比對項目結果
一	表示無新穎性（專利法第22條第1項第1款）
二	表示無進步性（專利法第22條第2項）

---

[9]　徐宏昇，高科技專利法，翰蘆圖書出版有限公司，2003年7月，頁144。

[10]　楊崇森，專利法理論與應用，三民書局股份有限公司，2003年7月，頁381。

[11]　因新型專利採形式審查，故原審查人員於嗣後之新型專利案件，不論係技術報告書或舉發案，均無須迴避。

[12]　經濟部智慧財產局，「新型專利技術報告」答客問，智慧財產權月刊，88期，2006年4月，頁112。

表6-1　比對項目結果（續）

代碼	比對項目結果
三	表示與其所列申請在先而在申請後始公開或公告之發明或新型專利申請案所附說明書或圖式載明之內容相同（專利法第23條）
四	表示所列申請日前提出之申請案相關發明或新型相同（專利法第31條）
五	表示所列同日提出之申請案相關發明或新型相同（專利法第31條）
六	表示無法發現足以否定其新穎性等要件之先前技術文獻（專利法第31條）

三、技術報告書之性質

(一)保護規範理論

1.第三人效力之處分

　　行政處分不僅對於相對人發生效力，其效果並及於相對人以外之人者，該行政處分稱為第三人效力處分，其可分為：(1)對第三人產生授益效果之行政處分；(2)對第三人產生負擔效果之行政處分。第三人欲訴請撤銷其不利之行政處分，僅主張行政處分違法尚有不足。更重要者，應證明其權利或法律利益受到行政處分之侵害，倘非權利或法律利益之損害，僅為反射利益受到侵害，其並無請求法律救濟可言[13]。如何判斷是否為權利或法律利益受侵害，依據德國法院所發展之保護規範理論（Schutznorm theorie），其認為行政處分所違背之法規，是否於保護公益外，亦同時追求保護私人之目的，故該權利受損者，自得提起訴願與行政訴訟[14]。就專利事件而言，除利害關係人外，專利法亦允

---

[13] 最高行政法院71年度第124號行政判決、最高行政法院1982年10月份庭長評事聯席會議：針對商標法所稱利害關係人之界定，以認定是否得續行訴願及行政訴訟。商標法上之利害關係，係指對現尚存在之權利或合法利益有影響關係者而言，相關消費大眾所受商標法之利益，係反射利益之結果，而非本於其權利或合法利益所發生，不得以利害關係人自居，對於審定商標提出異議或就註冊商標申請評定。商標有欺罔公眾或致公眾誤信之虞，其一般之競爭同業，能否對之提出異議或申請評定，應就具體案件審認其就系爭商標之存廢有無商標法上之利害關係，暨該項關係有無依商標法由法院加以保護之價值及必要定之。

[14] 大法官會議釋字第469號解釋：法律規定之內容，非僅屬授予國家機關推行公共事務之權限，其目的係為保護人民生命、身體及財產等法益，人民得行使公法上請求權，以資保護其利益。

許任何人對核准之專利提起舉發，學理上稱為民眾爭訟，其與利害關係人提起爭訟之情形有別。因賦予專利權之行政處分對於利害關係人而言，其性質係對專利權人為授益處分之同時，亦產生對於第三人負擔之效果，故利害關係人得對該第三人效力處分提起舉發，作為救濟之手段[15]。對於智慧財產局就審查舉發所作成之行政處分不服者，僅有利害關係人得提起訴願，其應先向經濟部訴願會提起訴願（訴願法第1條、第18條）。對於訴願決定不服者，認為其權利或法律上利益受損害者，始具有原告當事人適格要件，得向智慧財產及商業法院提起行政訴訟（行政訴訟法第4條）[16]。

2.行政救濟程序

(1)舉發處分

經濟部智慧財產局就舉發之結果，有作成舉發成立或不成立之行政處分兩種類型。前者，專利權人得對該不利己之舉發成立處分提起訴願，倘經濟部作成駁回訴願之決定，專利權人得以智慧財產局為被告（行政訴訟法第24條第1款）。向智慧財產法院提起撤銷訴訟，請求撤銷舉發成立之行政處分，其訴訟對象為原處分，並非訴願決定。反之，倘經濟部認為訴願有理由，撤銷舉發成立之行政處分，利害關係人得以經濟部為被告，係以訴願決定為訴訟對象（行政訴訟法第24條第2款）[17]。後者，利害關係人得對舉發不成立之處分提起訴願，經濟部作成駁回訴願之決定，其得以智慧財產局為被告，向智慧財產及商業法院提起課予義務訴訟（行政訴訟法第5條第2項；智慧財產及商業法院組織法第3條第1款；智慧財產審理法第31條第1項第1款）。請求智慧財產及商業法院或智慧財產局作成撤銷專利權之處分[18]。反之，倘經濟部認為訴願有理由，撤銷舉發不成立之行政處分，專利權人得以經濟部為被告，提起撤銷之訴，係以訴願決定為訴訟對象（行政訴訟法第24條第2款）。

---

[15] 吳庚，行政法之理論與實用，三民書局股份有限公司，1999年6月，增訂5版，頁316至317。

[16] 最高行政法院69年判字第234號行政判決。

[17] 徐瑞晃，行政訴訟法第一審程序，智慧財產專業法官培訓課程，司法院司法人員研習所，2006年4月，頁3至4。

[18] 法院認為案件可自行判斷者，依據行政訴訟法第200條第3款規定，原告之訴有理由，且案件事證明確者，應判命行政機關作成原告所申請內容之行政處分。法院認為案件不可自行判斷者，依據第4款規定，原告之訴雖有理由，惟案件事證尚未臻明確或涉及行政機關之行政裁量決定者，應判命行政機關遵照其判決之法律見解對於原告作成決定。

(2)必要共同之獨立參加

訴訟標的對於第三人及當事人一造必須合一確定者，智慧財產法院應以裁定命該第三人參加訴訟，此為必要共同之獨立參加（行政訴訟法第41條）。例如，專利權共有人之一提起撤銷之訴，智慧財產及商業法院得裁定通知其他專利權共有人參加撤銷訴訟，以達紛爭解決正確性與一次性之目的[19]。不論為專利權人或利害關係人，對於智慧財產及商業法院之行政判決不服者，得以違背法令為理由，向最高行政法院提起上訴（行政訴訟法第242條）。

(二)法律諮詢意見

1.非行政處分

專利專責機關所出具之新型專利技術報告，性質上應屬專利專責機關對任何人依據專利法第115條對已公告之新型專利，詢問有關第22條第1項第1款、第2項、第23條、第31條規定之情事[20]。專利專責機關依據法定義務所提供之法律諮詢意見，對新穎性與進步性加以判斷[21]。依據保護規範理論以觀，該法律諮詢之意見，並非保護專利權人或其他任何人為目的，不至於損害私人之權益，其對專利專責機關、申請人、新型專利權人並不直接發生拘束力，故技術報告書非屬行政處分[22]。日本、德國、韓國及中國大陸法制均為此模式[23]。換言之，雖任何人均得依據專利法第115條規定，向專利專責機關請求技術報告書，惟對於專利專責機關所做成之技術報告，係屬專利專責機關所出具而不具

---

[19] 陳計男，行政訴訟法總則，智慧財產專業法官培訓課程，司法院司法人員研習所，2006年4月，頁3。

[20] 專利法第31條第1項規定：同一發明有二以上之專利申請案時，僅得就其最先申請者准予發明專利。但後申請者所主張之優先權日早於先申請者之申請日者，不在此限。第2項規定：前項申請日、優先權日為同日者，應通知申請人協議定之，協議不成時，均不予發明專利；其申請人為同一人時，應通知申請人限期擇一申請，屆期未擇一申請者，均不予發明專利。第3項規定：各申請人為協議時，專利專責機關應指定相當期間通知申請人申報協議結果，屆期未申報者，視為協議不成。第4項規定：同一發明或創作分別申請發明專利及新型專利者，準用前三項規定。

[21] 周仕筠，新型專利形式審查回顧與現況分析，智慧財產權月刊，80期，2005年8月，頁34。

[22] 陳國成，專利行政訴訟之研究，司法院研究年報，25輯18篇，2005年11月，頁137。

[23] 黃文儀，我國與日本新型技術報告制度之比較，智慧財產權月刊，63期，2004年3月，頁33。

拘束力之報告，僅作為關係人權利行使或技術利用之參考，其非行政處分，其不得作為行政爭訟之標的[24]。準此，專利專責機關作成專利舉發成立與否之處分，自不受新型專利技術報告之拘束[25]。

2.本文見解

技術報告書經專利專責機關本於職權所出具，倘該技術報告將合法之專利權評價為不合法，易使申請人憂心將被追索責任，導致怯於行使權利，對申請人將造成某種程度之不利效果，對該新型專利後續之權利行使有重大影響。職是，本文認為應有如後二種救濟方式：

(1)程序參與權

專利專責機關認技術評估不具新型專利權之新穎性或進步性時，應使專利權人在技術報告核發前，有表達意見之機會，以求新型專利技術報告之妥適性，此為程序參與權之賦予，乃行政民主化之表徵。

(2)不利益救濟

參諸韓國法制將新型專利技術評價制度，設計為類似事後審查制度，專責機關依據申請進行新型專利技術評價後，對於評價結果為權利有效之判斷，對於申請人並無不利，自不得提起不服；反之，評價結果為權利無效之判斷，得依據行政救濟之方式請求撤銷該無效之判斷[26]。

(三)無法循行政程序救濟

技術報告非行政處分，請求者或專利權人，對於技術報告書之評價結果，縱有不利之結果，其僅有反射利益之受損，專利法並未賦予申訴機會或行政救濟之途徑。任何人就已公告之新型專利或申請中之新型專利案，對專利專責機關提供與該專利案有關之資料，僅作為技術報告書之參考，對提供資料者而言，亦無救濟之方法[27]。

---

[24] 專利法第103條修正理由，認為技術報告書僅作為關係人權利行使或技術利用之參考，其非行政處分。

[25] 智慧財產及商業法院101年度行專訴字第95號行政判決。

[26] 王錦寬，韓國新型專利改採註冊制，智慧財產權月刊，14期，2000年2月，頁62。王美花，韓國專利制度現況與新型不審制介紹，智慧財產權月刊，15期，2000年3月，頁57至58。李鎂，新型專利形式審查制度下的一些政策抉擇，智慧財產專業法官培訓課程，司法院司法人員研習所，2006年3月，頁8至9。

[27] 周仕筠，新型專利形式審查，智慧財產月刊，63期，2004年3月，頁23至24。

(四)提示技術報告之效果

1.防制新型專利權人濫用權利

　　新型專利權人行使該權利時，應提示技術報告作為警告（專利法第116條）。其立法目的在於防範新型專利權人濫用其權利，導致影響第三人對於技術之利用與開發，其並非限制人民之訴訟權利。故縱使新型專利權人未提示新型專利技術報告，仍得對於被控侵權行為人提出民事訴訟，法院就未提示新型專利技術報告之事件，亦應受理之[28]。申言之：(1)新型專利人未申請技術報告書或委請專業機構出具專業意見，導致其行使權利時，無法提示技術報告作為警告，應提出其他事證，證明被控侵權行為人實施專利權之行為，具有故意或過失時；(2)倘被控侵權行為人證明其具備專利要件，雖得進入訴訟程序，惟亦無法請求損害賠償。故有實務見解認為，新型專利權人未取得新型專利技術報告前，無法逕自推論其所有專利具備專利要件，即無法請求損害賠償責任[29]。

2.損害賠償責任之認定

　　新型專利權人之專利權遭撤銷時，就其於撤銷前，對他人因行使新型專利權所致損害，應負賠償之責。倘係基於新型專利技術報告之內容且已盡相當注意而行使權利者，不在此限（專利法第117條）[30]。換言之，新型專利權人申請技術報告，得作為新型專利權遭撤銷時，對他人因行使新型專利權所致之損害，主張無過失而不負賠償責任之證據資料[31]。反之，新型專利僅經形式審查即取得專利權，為防止權利人不當行使權利，致他人遭受損害，應要求專利權人在審慎行使權利。新型專利權人行使權利後，倘該新型專利被撤銷，而專利權人未盡相當之注意，得推定其行使權利時有過失，應對他人所受之損害負賠償責任。

3.保護他人之法律

　　新型專利權僅就形式審查，並未經實體審查，為防範新型專利權人濫用其權利，影響第三人對技術之利用及開發，故新型專利權人行使其權利時，應有

---

[28] 專利法第116條立法理由係參照日本實用新案法，大法官會議釋字第507號解釋亦有論述。智慧財產及商業法院100年度民專訴字第33號民事判決。

[29] 臺灣臺北地方法院94年度智字第57號民事判決。

[30] 最高法院107年度台上字第2360號民事判決。

[31] 陳國成，專利行政訴訟之研究，司法院研究年報，25輯18篇，2005年11月，頁137。

客觀之判斷資料，亦即應提示新型專利技術報告，核其意旨，僅係防止新型專利權人濫用之權利，並非謂未提示新型專利技術報告，即不得請求損害賠償。且專利法係為鼓勵、保護、利用發明、新型及設計之創作，以促進產業發展而制定，自屬保護他人之法律（專利法第1條）。倘有侵害專利權者，致專利權人受有損害，依民法第184條第2項規定，除證明其行為無過失外，即應負賠償責任[32]。

貳、例題解析——發明與新型之區別

一、進步性之差異

(一)進步程度判斷不易

　　發明專利與新型專利均係利用「自然法則技術思想」創作，不論是判斷發明專利或新型專利是否具備進步性時，均應比對發明或新型所屬技術領域與先前技術之差異，整體研判發明或新型技術手段之選擇與結合，是否為熟習該項技術者或該項技術領域中具有通常知識者，所能輕易完成者，始得論斷其是否具備進步性之要件。發明與新型於進步性程度有高低之區分，即發明專利係為技術層次較高之創作，而新型專利之技術層次較低，其差別在於發明或創作之進步性之程度。故對進步性之判斷，難免涉及對技術完成難易之主觀評價與判斷。準此，以進步性之高低程度，區別申請案屬於發明或新型專利，對於專利專責機關之審查而言，顯屬不易，並易流於主觀認定，其對於申請人而言，是難以處理之問題。例如，發明係運用申請前既有之技術或知識，而為熟習該項技術者所能輕易完成時，雖無欠缺新穎性情事，然不得申請取得發明專利。在判斷是否符合發明專利之進步性要件時，並不能僅考慮是否有功效之增進，而主要係以技術貢獻之跨幅，是否足夠達到利用自然法則之技術思想之高度創作為標準。倘發明係運用申請前既有之技術或知識，而為熟悉該項技術者所能輕易完成時，固具有功效之增進，惟難認已達到高度創作之技術水平而具進步性，自不得核准發明專利[33]。

---

[32] 最高法院96年度台上字第2787號民事判決。
[33] 最高行政法院94年度判字第2104號行政判決。

(二)申請人之選擇

進步性之程度是否符合發明之要件，或者僅限於新型之要件，就目前專利實務以觀，難有一明確之區別標準。準此，專利法規定新型專利為形式審查制度，而發明專利採實質審查制度，以區分兩者之保護強度及審查機制，故申請人自得依據其需求，決定係申請發明專利或新型專利。

二、專利權之保護期間不同

因發明專利為技術層次較高之創作，自應授予較長之專利保護年限，依據專利法第52條第3項規定，發明專利權期限，自申請日起算20年屆滿。反之，新型專利之技術層次較低，所受到專利保護年限則較發明專利為短，依據專利法第114條規定，新型專利權期限，自申請日起算10年屆滿。準此，倘欲獲得較長期間之專利保護，則以申請發明專利為佳，因發明專利保護期限為新型專利之2倍。

三、專利審查主義不同

(一)實體審查與形式審查

發明專利採實體審查制，專利專責機關對於發明專利申請應指定專利審查人員為實體審查（專利法第36條）。其審查為逐項審查，發明專利於審查期間，專利專責機關與申請人間，得經由書面或口頭方式，進行諮商。反觀，新型專利採用形式審查制，不審查專利實質要件（專利法第112條）。審查人員不須為前案檢索或提出引證，故通常於申請日起4至6個月後，可獲得專利權，其取得專利權之時間較發明專利為快速，發明人或創作人得迅速將其創作投入市場。準此，採取形式審查之優點，有迅速取得保護、提供暫時性保護、成本較低廉及節省審查人力等優點[34]。

(二)新型專利之技術報告書

申請專利之新型經公告後，任何人均得申請技術報告書（專利法第115條第1項）。並無申請時間之限制，其於新型專利權消滅後，亦可為之。新型專

---

[34] 謝銘洋，新型、新式樣專利採取形式審查之發展趨勢，律師雜誌，237期，1999年6月，頁40。

利之技術報告書，係採行逐項評價之方式進行，就申請之評價範圍，得依據專利法第22條第1項第1款、第2項、第23條、第31條之任一規定，單獨請求之。倘申請者無須就全案申請逐項評價，得請求部分逐項評價。準此，專利專責機關為求技術報告書內容之完整性，縱使申請人僅提出部分逐項評價，其亦得採行全案申請逐項評價[35]。因形式審查制之目的，在於使申請人早日取得權利，故形式審查之範圍，儘量限縮於明顯不符合新型專利權保護目的之事項，詳如表6-2所示（專利法第112條）：

表6-2　形式審查項目

編　號	項　目
一	申請標的適格性
二	有無妨害公共秩序、善良風俗或衛生
三	說明書、圖式之記載是否符合法定程式
四	有無符合單一性規定
五	說明書或圖式是否記載必要事項或其記載是否明顯不清楚
六	修正明顯超出申請時說明書、申請專利範圍或圖式所揭露之範圍者

(三)專利專責職權撤銷新型專利決定之範圍

　　因智慧財產局就新型專利申請案審查之職權，已限縮至專利法第112條所列事項，縱使嗣後發現該權利，有其他不符實體要件之情事，亦難認核准新型專利權之行政處分，有何違法情事。雖有實務認為不符合專利實體要件之授予新型專利的行政處分，智慧財產局得本於職權撤銷該違法行政處分（行政程序法第117條至第121條）[36]。然智慧財產局所為行政處分合法時，自不得依據職權任意撤銷之。況智慧財產局審查新型專利權時，並無權審查專利實體要件，自不得於事後，以欠缺新穎性、進步性等專利實體要件，撤銷專利權。準此，本文認為智慧財產局職權撤銷新型專利權，必須限縮專利法第112條所列事項，因該等項目為專利專責機關應審查之法定要件，倘於審查時未依法為之，導致不應核准專利權而誤以核准，該授予專利權之行政處分為違法者，自得依據行政程序法之相關規定，依職權撤銷之。是任何人認為新型專利有不應核准

35 周仕筠，新型專利形式審查，智慧財產月刊，63期，2004年3月，頁17至19。
36 臺北高等行政法院91年度判字第374號行政判決。

專利之事由,應依專利法第119條規定提起舉發,智慧財產局始得撤銷該新型專利權。

四、實質審查制度之配套措施

(一)早期公開制度

早期公開制度,得於發明專利核准公告前,讓第三人知悉新技術內容,避免重複研發之情形,有益於產業技術之發展。早期公開僅限於發明專利申請,而新型及設計之專利申請,因其等技術層級較低及產品生命週期較短,不適合採用早期公開制度。

(二)補償金請求權

發明專利申請人亦得藉由早期公開制度,對於使用其技術者,請求補償金,以填補申請人自公開技術內容起至核准審定公告前之損失,此為暫時性之保護措施,並非侵害專利之損害賠償請求權。

(三)請求實質審查制度

1.申請人

發明專利申請無申請實質審查,即無審查,此與新型專利申請必須經實體審查,兩者有所不同。而任何人提出實體審查之發明專利申請,則不得撤回(專利法第38條第3項)。因案件已公開,撤回後再以原案提出申請時,將喪失新穎性。而提出實質審查者,應檢附申請書,不得以口頭為之(專利法第39條第1項)。專利專責機關應將申請審查之事實,刊載於專利公報(第2項)。倘係申請人以外之人提出審查請求,專利專責機關應通知申請人,使申請人有所準備(第3項)。

2.申請期間

申請人逾3年期間申請實體審查,該發明專利申請,視為撤回。因該發明專利申請自申請日起18個月後公開之,已喪失新穎性。職是,原申請人再以原案提出申請時,專利專責機關應以不符合新穎性之專利要件,駁回其申請。因新型專利之申請採形式審查制度,故並無請求實體審查之必要,此與發明專利不同。

(四)優先審查制度

為配合早期公開制及保護專利申請人發明專利申請公開後,使專利專責機

關早日確定是否准駁專利申請，減少權利之不確定性。準此，倘有「非專利申請人」就公開之發明專利申請案為商業上實施者，專利專責機關得依申請優先審查之（專利法第39條第1項）。因新型專利之申請採形式審查制度，通常於申請日起4至6個月後，即可獲得專利權，其取得專利權之時間較發明專利為快速，並無優先審查之迫切性。

參、相關實務見解——法院判斷專利有效性

新型專利技術報告，為經濟部智慧財產局依據法定義務所提供之法律諮詢意見，對新穎性與進步性加以判斷。依據保護規範理論以觀，該法律諮詢之意見，並非保護專利權人或其他任何人為目的，亦不至於損害私人之權益，其對專利專責機關、申請人、新型專利權人並不直接發生拘束力，故技術報告書非屬行政處分，其不具拘束力之報告，僅作為關係人權利行使或技術利用之參考，其不得作為行政爭訟之標的。準此，智慧財產局作成專利舉發成立與否之處分，智慧財產及商業法院不受新型專利技術報告之拘束[37]。

第四節　公眾審查制

發明專利權有下列情事之一，任何人得向專利專責機關提起舉發：(一)違反第21條至第24條、第26條、第31條、第32條第1項、第3項、第34條第4項、第6項前段、第43條第2項、第44條第2項、第3項、第67條第2項至第4項或第108條第3項規定者；(二)專利權人所屬國家對中華民國國民申請專利不予受理者；(三)違反第12條第1項規定或發明專利權人為非發明專利申請權人。因此等專利權之核發與授予，自始既屬不當。倘事後發現有此情形，自當撤銷其專利權，倘專利權經撤銷者，則專利侵害之民事訴訟亦將失所附麗，自無任何專利侵權行為成立之可言。

---

[37] 智慧財產及商業法院101年度行專訴字第95號行政判決。

例題5

　　下列之情形均已取得專利權在案，其是否構成撤銷專利權之事由，導致專利權不存在[38]：(一)甲、乙共同發明A物品，甲未經乙之同意，單獨持該發明物品向經濟部智慧財產局申請取得物之發明專利；(二)丙發明一種國文之教學方法，其特徵在於使學習者容易背誦唐詩三百首；(三)丁之申請專利範圍記載，使用塑膠膜包覆整個地球表面以吸收紫外線，可防止臭氧層減少，而取得方法專利；(四)戊發明之省力型腳踏車之主要技術內容，為專利申請日時之先前技術所涵蓋；(五)己取得省電型檯燈之發明，為該發明所屬技術領域中具有通常知識之製造燈具業，依據專利申請時之先前技術所能輕易完成者；(六)B發明物品之技術內容，已為他人申請在先之專利說明書或圖式所揭露；(七)庚發明一種預防感冒之方法；(八)辛發明一種數位型照相機，依據其專利說明書所揭露之技術內容，無法使製造該相關類型之業者，依據該行業領域所屬技術之通常知識者，加以實施或利用；(九)同一發明有二個專利申請，智慧財產局准予後申請者提出之發明專利申請；(十)專利說明書之補充、修正，逾越申請時原說明書或圖式所揭露之範圍，而准予專利在案；(十一)C國不授予我國人民專利，而C國人民於我國取得專利權；(十二)非發明專利申請權人取得發明專利權。

例題6

　　甲對乙之專利提出舉發，舉發理由為舉發證據足以證明系爭專利不具新穎性及進步性，請求撤銷系爭專利權。經濟部智慧財產局審定結果，認舉發證據足以證明系爭專利不具新穎性，乃為舉發成立應撤銷系爭專利權之處分，對於系爭專利是否不具進步性部分，認毋庸再予審查。乙不服提起訴願，遭決定駁回，遂提起行政訴訟，請求撤銷訴願決定及原處分。試問智慧財產及商業法院審理後，認為舉發證據雖不足以證明系爭專利不具新穎性，然可證明系爭專利不具進步性時，應如何判決？

---

[38] 林洲富，法官辦理民事事件參考手冊15，專利侵權行為損害賠償事件，司法院，2006年12月，頁387至395。

例題7

> 甲以新型專利侵害為由，對乙提出民事訴訟，而乙於訴訟前檢具相關資料提起舉發。兩造涉訟逾10年，專利侵權事件之民事確定判決認定乙確有侵害甲之專利權在案。智慧財產局審查舉發結果，以本件新型專利權已屆滿10年期間而失效，且本件專利權所致損害賠償之民事訴訟，業經終審法院判決確定，具有不可廢棄性之確定力，認定乙已無因系爭專利權之撤銷而有可回復法律上利益可言，為舉發不成立之行政處分。試問乙有何救濟方法[39]？理由為何？

例題8

> 乙於2011年間以A專利全部請求項計2項，均不具進步性，對之提起舉發。經濟部智慧財產局審查，認A專利請求項1具進步性，請求項2不具進步性，乃函請專利權人乙更正刪除A專利請求項2，惟乙逾期並未更正。智慧財產局遂於2012年間作成撤銷A專利全部專利權之處分。乙不服該處分，依法提起行政救濟。行政救濟期間，現行專利法於2013年1月1日施行，第73條第2項及第82條第1項規定，專利權有二以上之請求項者，得就部分請求項提起舉發，部分請求項為審定，即逐項審定之原則。試問智慧財產局之實體技術見解並無違誤，行政救濟機關或智慧財產及商業法院，應如何審理？

壹、舉發制度之目的

　　因專利專責機關審查專利申請，係以提出專利申請當時之技術水平為判斷基準，審酌該專利申請時之先前技術，是否具備核准專利之專利要件。而先前技術包括專利申請技術有關之任何資料，基於專利檢索與審查時間之有限，專利審查人員無法查明當時所有之公開及公知之技術或文獻。準此，專利權之審

---

[39] 林洲富，法官辦理民事事件參考手冊15，專利侵權行為損害賠償事件，司法院，2006年12月，頁383至387。

查及授予是否合法及適當，即有其不確定處，是實施專利制度之國家多設有公眾審查制度，以救濟專利專責機關之審查不足。倘經專利專責機關授予專利權後，嗣後發現不具備專利權之要件，應撤銷原授予專利之行政處分[40]。

貳、舉發撤銷事由

依據專利法第71條第1項、第119條第1項及第141條第1項規定，有下列情事之一者，專利專責機關應依舉發撤銷其發明、新型或設計專利權，並限期追繳證書，無法追回者，應公告註銷。茲說明應撤銷原因如後，其中專利申請案非全體共有人提起申請與非專利申請人等事由，僅限於利害關係人可提起舉發，倘民事專利侵權事件之被告非利害關係人，自不得以此作為抗辯專利有應撤銷之原因，而其餘事由任何人均可提起舉發，並得於民事專利侵權事件抗辯專利有應撤銷之原因（智慧財產案件審理法第16條）。

一、專利申請案非全體共有人提出申請者

專利申請權為共有者，應由全體共有人提出申請（專利法第12條第1項）。利害關係人得依據本款事由提起舉發（專利法第71條第1項第1款、第2項、第119條第1項第1款、第2項、第141條第1項第1款、第2項）。因本件專利申請案，違反第12條第1項規定之專利申請權為共有者，應由全體共有人提起申請，始符合撤銷專利權之事由。

二、不符發明、新型或設計定義者

所謂發明者，係指利用自然法則之技術思想之創作（專利法第21條）。所謂新型，係指利用自然法則之技術思想，對物品之形狀、構造或組合之創作（專利法第104條）。所謂設計，係指對物品之全部或部分之形狀、花紋、色彩或其結合，透過視覺訴求之創作。應用於物品之電腦圖像之圖形化使用者介面，亦得依本法申請設計專利（專利法第121條）。

---

[40] 智慧財產及商業法院106年度行專訴字第27號行政判決。

三、不具備專利要件

　　發明專利要件應具備專利法第22條之產業利用性、新穎性、進步性及第23條之擬制新穎性，新型專利要件準用之[41]；設計專利要件應具備專利法第122條之產業利用性、新穎性、進步性及第123條之擬制新穎性。在專利侵權之民事訴訟，被告常以原告之專利不具備新穎性或進步性，作為專利應撤銷之抗辯事由。被告抗辯原告之專利不具備新穎性或進步性，此為不成立專利侵權之有利事實，基於舉證責任分配原則（民事訴訟法第277條本文）。被告應提出專利不具備新穎性或進步性之證據或引證，該等引證之公告日均應前於專利申請日，始可作為專利之先前技術，以證明其是否不具備新穎性或進步性[42]。

四、非專利保護客體

　　專利法第24條、第105條及第124條規定非專利保護之客體，該等法條採列舉方式，排除可受專利之保護標的。準此，非列舉事項，倘具專利要件者，得受專利法之保護。

五、不符說明書、圖式之記載內容或充分揭露要件

　　發明或新型說明書應載明發明或新型名稱、發明或新型技術領域、先前技術、發明或新型內容、圖式簡單說明、實施方式、符號說明（專利法施行細則第17條第1項）。發明或新型說明書應明確且充分揭露，使該發明或新型所屬技術領域中具有通常知識者，能瞭解其內容，並可據以實現（專利法第26條第1項、第120條）。設計說明書應載明設計名稱、物品用途、設計說明（專利法施行細則第50條）。設計說明書及圖式應明確且充分揭露，使該設計所屬技藝領域中具有通常知識者，能瞭解其內容，並可據以實現（專利法第126條第1項）。準此，是違反揭露要件者，應撤銷其專利（專利法第141條第1項第1款）。

---

[41] 智慧財產及商業法院107年度行專訴字第46號行政判決。

[42] 智慧財產及商業法院99年度民專訴字第57號、第74號、第137號、第138號、第140號及105年度民專上字第31號民事判決。

六、違反先申請主義

同一發明、新型或設計有二個專利申請，智慧財產局僅得就其最先申請者，准予專利（專利法第31條、第120條、第128條）。倘有准予後申請者發明專利，顯然違反先申請主義原則，專利專責機關不應授予後申請者專利權，而為撤銷專利權之事由之一（專利法第46條）。

七、重複申請

同一人就相同創作，而於同日分別申請發明專利及新型專利者，應於申請時分別聲明；其發明專利核准審定前，已取得新型專利權，專利專責機關應通知申請人限期擇一；申請人未分別聲明或屆期未擇一者，不予發明專利（專利法第32條第1項）。發明專利審定前，新型專利權已當然消滅或撤銷確定者，不予專利（第3項）。

八、修正內容逾越原申請案範圍

專利說明書之補充、修正，不得逾越申請時原說明書或原圖式所揭露之範圍之規定。倘原申請人得提出逾越申請時原說明書或原圖式所揭露之範圍，違反專利法第43條第4項、第110條第2項、第133條第2項規定，逾越原申請案所揭露之範圍，其應撤銷已核准之專利權。再者，原申請案核准審定書、再審查核准審定書送達後3個月內所為分割，應自原申請案說明書或圖式所揭露之發明且與核准審定之請求項非屬相同發明者，申請分割，違反者應撤銷專利（專利法第43條第6項前段）。

九、補正或訂正超出申請時外文本所揭露之範圍

依第25條第3項規定補正之中文本，不得超出申請時外文本所揭露之範圍（專利法第44條第2項）。前項之中文本，其誤譯之訂正，不得超出申請時外文本所揭露之範圍（第3項）。

十、更正內容逾越原申請案範圍

專利權人申請更正專利說明書、申請專利範圍或圖式更正，除誤譯之訂正

外，不得超出申請時說明書、申請專利範圍或圖式所揭露之範圍（專利法第67條第2項）。依第25條第3項規定，說明書、申請專利範圍及圖式以外文本提出者，其誤譯之訂正，不得超出申請時外文本所揭露之範圍（第3項）。更正，不得實質擴大或變更公告時之申請專利範圍（第4項）。新型專利準用之（專利法第119條、第120條）。

十一、改請內容逾越原申請案範圍

申請發明或設計專利後改請新型專利者，或申請新型專利後改請發明專利者，改請後之申請案，不得超出原申請案申請時說明書、申請專利範圍或圖式所揭露之範圍（專利法第108條第3項、第119條）。

十二、不符合互惠原則

我國專利法採專利保護之互惠原則，是他國不保護我國人民之專利，基於平等互惠之原則，我國亦無須保護該國人民（專利法第4條）。準此，違反互惠原則者，任何人均得提起舉發（專利法第71條第1項第2款、第119條第1項第2款、第141條第1項第2款）。

十三、非專利申請權人

所謂專利申請權，係指得依本法申請專利之權利（專利法第5條第1項）。為鼓勵研究或創作成果，僅有發明人、創作人或其受讓人或繼承人得成為研究或創作成果之專利申請權人。例外情形，除專利法另有規定或契約另有約定外，第三人始得成為專利申請權人。倘非發明專利申請權人取得發明專利權，符合第71條第1項第3款、第119條第1項第3款、第141條第1項第3款規定之撤銷事由。本款僅利害關係人之身分，得向經濟部智慧財產局提起舉發，請求撤銷專利權（專利法第71條第2項、第119條第2項、第141條第2項）。

十四、核准延長發明專利權期間應撤銷

任何人對於經核准延長發明專利權期間，認有下列情事之一，得附具證據，向專利專責機關舉發之：(一)發明專利之實施無取得許可證之必要者；(二)專利權人或被授權人並未取得許可證；(三)核准延長之期間超過無法實施

之期間；(四)延長專利權期間之申請人並非專利權人；(五)申請延長之許可證非屬第一次許可證或該許可證曾辦理延長者；(六)核准延長專利權之醫藥品為動物用藥品（專利法第57條第1項）。專利權延長經舉發成立確定者，原核准延長之期間，視為自始不存在（第2項本文）。但因違反第1項第3款規定，經舉發成立確定者，就其超過之期間，視為未延長（第2項但書）[43]。

參、舉發程序

一、舉發申請書

　　舉發應備具申請書，載明舉發聲明、理由，並檢附證據（專利法第73條第1項）。舉發事由之舉證責任，舉發人對其主張負有舉證責任者[44]。舉發聲明應表明舉發人請求撤銷專利權之請求項次，以確定其舉發範圍。專利權有二以上之請求項者，得就部分請求項提起舉發（第2項）。故申請專利範圍有複數請求項者，可就部分請求項提起舉發。專利專責機關進行舉發審查時，將就該部分請求項逐項進行審查[45]。舉發聲明提起後，雖不得變更或追加，然得減縮，以確定舉發範圍，俾使雙方攻擊防禦爭點集中，並利於審查程序之進行（第3項）。舉發人補提理由或證據，固應於舉發後3個月內為之。惟在舉發審定前提出者，仍應審酌之，因該3個月並非法定不變期間（第4項）[46]。

二、專利權人答辯

　　專利專責機關接到前條申請書後，應將其副本送達專利權人（專利法第74條第1項）。專利權人應於副本送達後1個月內答辯；除先行申明理由，准予展期者外，屆期未答辯者，逕予審查（第2項）。舉發案件審查期間，專利權人僅得於通知答辯、補充答辯或申復期間申請更正。例外情形，係發明專利權有訴訟案件繫屬中，不在此限（第3項）。專利專責機關認有必要，通知舉發人

---

[43] 林洲富，民事法院審理醫藥品專利權期間延長處分之權限，全國律師，2017年10月，頁5至17。智慧財產及商業法院105年度民專上字第8號民事判決。
[44] 智慧財產及商業法院106年度行專訴字第63號行政判決。
[45] 智慧財產及商業法院106年度行專訴字第1號行政判決。
[46] 智慧財產及商業法院106年度行專訴字第63號行政判決。

陳述意見、專利權人補充答辯或申復時，舉發人或專利權人應於通知送達後1個月內為之。除准予展期者外，逾期提出者，不予審酌（第4項）。為使舉發案之雙方當事人得以充分陳述意見，舉發案雖以不限制舉發人提出理由或證據為原則，對於舉發人所提之理由或證據，固應交付專利權人答辯。惟審查人員對於舉發人不斷提出之理由或證據認有遲滯審查之虞，或其事實及已提出之證據已臻明確時，為促使爭訟早日確定，避免審查程序延宕，專利專責機關得逕予審查（第5項）。

三、職權審酌舉發人未提出之理由及證據

專利專責機關於舉發審查時，在舉發聲明範圍內，得依職權審酌舉發人未提出之理由及證據，並應通知專利權人限期答辯；屆期未答辯者，逕予審查（專利法第75條）。申言之，在舉發聲明範圍內，倘審查人員有因職權明顯知悉之事證；或依第78條規定於合併審查時，不同舉發案之證據間，可互為補強時，應容許審查人員依職權審酌之。依職權審酌舉發人未提出之理由者，應賦予專利權人有答辯之機會[47]。

四、舉發與更正合併審查及合併審定

專利權人提出更正案者，無論係於舉發前或舉發後提出，抑是更正案係單獨提出或併於舉發答辯時所提出之更正，為平衡舉發人與專利權人攻擊防禦方法之行使，均將更正案與舉發案合併審查及合併審定，以利紛爭一次解決（專利法第77條第1項）。因更正之提出常與舉發理由有關，倘經審查認為將准予更正者，舉發審之標的已有變動，故應將更正說明書、申請專利範圍或圖式送交舉發人，使其有陳述意見之機會。例外情形，更正僅刪除請求項者，不在此限（第2項）。為使舉發案審理集中，不應同時在同一件舉發案中有多數更正案，倘專利權人提出多次更正申請者，將以最後提出之更正案進行審查，申請在先之更正案，均視為撤回（第3項）。

---

[47] 智慧財產及商業法院103年度行專訴字第106號行政判決。

五、專利權人於舉發行政訴訟提出更正申請

依智慧財產案件審理法第70條第1項規定,當事人於行政訴訟程序中得提出新證據。為兼顧發明或新型專利權人因新證據之提出,導致未能及時於舉發階段向經濟部智慧財產局提出更正之申請。準此,專利權人於專利舉發行政訴訟程序中,自得向智慧財產局提出更正之申請[48]。

六、行政訴訟提出同一撤銷專利理由之新證據

關於撤銷專利權之行政訴訟繫屬中,當事人於言詞辯論終結前,就同一撤銷理由提出之新證據,智慧財產法院仍應審酌之(智慧財產案件審理法第70條第1項)。所謂新證據者,係指當事人本於同一舉發基礎事實,所另提之獨立新證據而言,倘非另提之獨立新證據,而係原舉發證據補強之用,即非新證據,無該規定之適用,應適用行政訴訟法證據調查相關之規定[49]。例如,原告主張新證據足以證明系爭專利請求項不具進步性,其於原處分及訴願階段時,均未提出新證據。原告提出新證據,主張為證明系爭專利不具進步性,核與原處分與訴願階段為同一撤銷理由。準此,法院自應審酌新證據本身或結合其他證據,是否足以證明系爭專利請求項不具進步性[50]。

七、法院依職權調查舉發證據相關之輔助證據

專利專責機關應依舉發撤銷其發明專利權,而於專利舉發事件,基於處分權主義,行政法院固應僅就舉發人所主張之舉發理由及其所提之舉發證據加以審查,以判斷系爭專利應否撤銷。然並非謂法院審理時,除舉發證據外,不能再就基於同一基礎事實之關聯性輔助證據加以調查。因專利行政訴訟寓有促進產業發展之公益目的,專利權應否撤銷非限於私利之考量。因而輔助證據係用以補充證明原有舉發證據之證據能力或證明力之用,倘舉發證據之可信度尚有不足,致法院無法獲得明確之心證時,基於公益之考量,法院得依職權調查與

---

[48] 最高行政法院105年度判字第337號行政判決;最高行政法院2015年4月份第1次庭長法官聯席會議(二)。

[49] 最高行政法院104年度判字第657號行政判決;智慧財產及商業法院106年度行專訴字第37號行政判決。

[50] 智慧財產及商業法院107年度行專訴字第13號行政判決。

舉發證據相關聯之輔助證據，以期發現真實[51]。

肆、舉發之效力

一、舉發期限

專利權之舉發，固應於有效專利權期間爲之，然專利權存續期間所形成之法律效力，不因其期滿而消滅。例外情形，係利害關係人對於專利權之撤銷有可回復之法律上利益者，得於專利權期滿或當然消滅後提起舉發（專利法第72條）。

二、一事不再理

舉發案經審查不成立而確定者，即可認定專利有效存在，任何人不得以同一事實及同一證據，再爲舉發，此爲一事不再理（專利法第81條第1款、第120條、第142條第1項）。

三、溯及效力

專利權經撤銷後，有下列情形之一者，即爲撤銷確定：(一)未依法提起行政救濟者。(二)經提起行政救濟經駁回確定者。專利權經撤銷確定者，專利權之效力，視爲自始即不存在（專利法第82條、第120條、第142條第1項）。

伍、例題解析

一、舉發撤銷之事由

(一)違反專利法第12條第1項

甲、乙共同發明A物品，其專利申請權爲共有（專利法第5條第2項）。甲未經乙同意，自行持該發明物向經濟部智慧財產局申請物之發明專利，經核准公告專利權，乙得以利害關係人之身分，向智慧財產局提起舉發，請求撤銷專

---

[51] 最高行政法院105年度判字第41號行政判決。

利權（專利法第71條第2項）。

(二)違反專利法第21條

　　丙發明一種國文之教學方法，其特徵在於使學習者容易背誦唐詩三百首。因教學活動本身係有關人類之推理力及記憶力之精神活動，並非自然界固有規律所產生之技術思想之創作，其不具備技術性（technical character）。其固得提升學習者背誦詩詞之能力，然該發明並非利用自然法則，不符合發明之定義，違反專利法第21條規定。任何人均得提起舉發，請求撤銷專利權。

(三)違反專利法第22條第1項

　　丁之申請專利範圍記載以吸收紫外線之塑膠膜包覆整個地球表面，以防止臭氧層減少，並取得方法專利。因該方法專利無法在產業上加以製造及使用，並產生積極與有益之效果，違反專利法第22條第1項規定，缺乏產業上利用性專利要件，任何人均得提起舉發，請求撤銷專利權。

(四)違反專利法第22條第1項第1款、第2款

　　戊發明之省力型腳踏車之主要技術內容，為專利申請日時之先前技術所涵蓋。既然該技術內容已公開或公用而為公眾所知悉，自無再授予他人獨占或排他之專利權之必要，依據專利法第22條第1項第1款、第2款規定，缺乏新穎性之專利要件，任何人均得提起舉發，請求撤銷專利權。

(五)違反專利法第22條第2項

　　己取得省電型檯燈之發明，係其所屬技術領域中具有通常知識之製造燈具業者，依據專利申請時之先前技術所能輕易完成者。換言之，其技術內容與申請前之先前技術相比，兩者差異不大，依據專利法第22條第2項規定，缺乏進步性之專利要件，任何人均得提起舉發，請求撤銷專利權。

(六)違反專利法第23條

　　專利申請之發明，與申請在先而在其申請後始公開或公告之發明或新型專利申請所附說明書或圖式載明之內容相同者，不得取得發明專利。此為新穎性喪失之擬制。準此，B物品發明之技術內容，已為他人申請在先之專利說明書或圖式所揭露，依據專利法第23條規定，其有新穎性喪失之擬制，任何人均得提起舉發，請求撤銷專利權。

(七)違反專利法第24條

庚發明一種預防感冒之方法，其性質屬人體疾病之治療方法之範圍（專利法第24條第2款）。其為法定不授予發明專利標的，基於公益因素，不得作為專利之標的，任何人均得提起舉發，請求撤銷專利權。

(八)違反專利法第26條

辛發明一種數位型照相機，依據其專利說明書所揭露之技術內容，無法使製造該相關類型之業者，依據該行業領域所屬技術之通常知識，加以實施或利用，其不具備可據以實施之要求，是欠缺充分揭露性之要件，而無益促進產業之發展，違反專利法第26條規定之充分揭露性義務，專利專責機關不應授予其專利權（專利法第46條）。其為撤銷專利權之事由之一，任何人均得提起舉發[52]。

(九)違反專利法第31條

同一發明有二個專利申請，智慧財產局僅得就其最先申請者，准予專利。倘竟准予後申請者發明專利，顯然違反第31條規定之先申請主義原則，專利專責機關不應授予後申請者專利權，而為撤銷專利權之事由之一，任何人均得提起舉發（專利法第46條）。

(十)違反專利法第43條第2項

專利說明書之修正，不得逾越申請時說明書或圖式所揭露之範圍。倘原申請人得提出逾越申請時說明書或圖式所揭露之範圍，違反專利法第43條第2項規定，智慧財產局應撤銷已核准之專利權，任何人均得提起舉發。

(十一)違反專利法第71條第1項第2款

C國不授予我國人民專利，C國人民於我國取得專利，基於互惠原則（專利法第4條）。我國自得撤銷C國人民於我國取得之專利權，任何人均得提起舉發（專利法第71條第1項第2款）。

---

[52] 最高行政法院90年度判字第2212號行政判決：專利說明書雖未詳載數學邏輯運算方法，惟其圖式，以實施例說明利用骨幹及控制點達成文字粗細變化之技術特徵，熟習此項技術者，得依專利說明書對文字筆畫骨幹所建立之方法，自行調整控制點及參數，故本件發明專利可達成，並據以實施之程序。

(十二)違反專利法第71條第1項第3款規定

受雇人於職務上所完成之發明、新型或設計，其專利申請權及專利權屬於雇用人，非屬實際之發明人或創作人（專利法第7條第1項）。倘非發明專利申請權人取得發明專利權，符合第71條第1項第3款規定之撤銷事由。本款僅利害關係人之身分，得向智慧財產局提起舉發，請求撤銷專利權（專利法第71條第2項）。

二、智慧財產局之第一次判斷權

原處分及訴願決定均僅對舉發證據，是否足以證明系爭專利不具新穎性加以審查，故智慧財產法院審理之範圍應僅限於此部分之適法性。原處分既有違誤，即應連同訴願決定併予撤銷。至於舉發證據是否足以證明系爭專利不具進步性，因原處分機關並未加以審查，法院應毋庸贅審。此部分應於撤銷原處分，發回原處分機關智慧財產局另為處分時，由智慧財產局行使第一次判斷權。準此，原處分機關就系爭專利是否具進步性部分，既未加以審查，倘法院就此部分逕予審理，無異剝奪權利人更正之程序利益，自應發回原處分機關另為處分，給予權利人更正之機會[53]。

三、對專利權之撤銷有可回復法律上利益

(一)專利法第72條

對專利權提起舉發程序，主張撤銷其專利權，原則應以專利權存在為前提，倘專利權因專利期限屆滿或未繳納專利年費等原因而消滅，撤銷專利權之舉發程序之客體，既已不存在，即無須再對之提起舉發程序之必要。同理，專利期間屆滿，專利權即不存在，原專利權人以專利權受侵害為由，請求排除侵害，法院雖得以欠缺保護要件駁回其起訴[54]，然專利舉發程序之提起，常伴隨專利侵權訴訟而來，有時專利侵權訴訟未經判決確定，該專利權已消滅，專利權是否有撤銷之事由存在，對於專利侵權之訴訟當事人而言，即有實益。準此，專利法第72條規定，利害關係人對於專利權之撤銷有可回復之法律上利益

---

[53] 2010年高等行政法院法律座談會提案四。
[54] 臺灣高等法院臺中分院88年度上易字第90號民事判決。

者，得於專利權期滿或當然消滅後提起舉發。

(二)提起民事再審救濟

1.利害關係人

新型專利權因審查專利申請之新型而核准之行政處分確定，新型專利權期限，始自申請時起算10年，次日當然消滅（專利法第120條、第70條第1項第1款）。新型專利權消滅後，利害關係人對之舉發請求撤銷新型專利權，固無必要。惟新型專利權當然消滅前所形成之法律效果，並非隨新型專利權之消滅而一同消滅，利害關係人因新型專利權之撤銷而有可回復之法律上利益時，依據專利法第72條規定，自應許利害關係人提起舉發或續行訴訟[55]。

2.舉發不成立

甲所有新型專利權期間自申請日起算10年屆滿，期間甲以專利侵害為由，對乙提出民事訴訟，而乙於訴訟前檢具相關資料提起舉發（專利法第119條第2項）[56]。兩造涉訟逾10年，專利侵權事件之民事判決業經確定在案。專利專責機關審查舉發結果，以本件新型專利權已屆滿失效，且本件專利權所致損害賠償之民事訴訟，業經終審法院判決而有不可廢棄性之確定力，認定乙已無因系爭專利權之撤銷而有可回復法律上利益可言，而為舉發不成立之行政處分。

3.可回復之法律上利益

(1)民事訴訟法第496條第1項第11款之再審事由

因本件專利侵權之民事事件，係甲以乙侵害其所有新型專利權提起訴訟而發生，該民事事件業經判決確定，認定乙確有侵害新型專利權之事實。而乙提起本件舉發時，尚無民事事件繫屬法院中，如該民事確定判決有法定再審事

---

[55] 大法官會議釋字第213號解釋：行政處分因期間之經過或其他事由而失效者，如當事人因該處分之撤銷而有可回復之法律上利益時，仍應許其提起訴訟或續行訴訟。最高行政法院92年度判字第1648號行政判決：新型專利權因審查申請專利之新型而核准之行政處分確定始自申請時發生，其於專利權期滿之次日當然消滅。新型專利權消滅後，利害關係人對之舉發請求撤銷新型專利權，固無必要；惟新型專利權當然消滅前所形成之法律效果，倘非隨新型專利權之消滅而一同消滅，利害關係人亦因新型專利權之撤銷而有可回復之法律上利益時，因專利法對於舉發期間別無限制之規定，除因基於誠信原則不許再次舉發而生失權效果外，應許利害關係人提起舉發，進而爭訟。

[56] 最高行政法院82年度判字第1351號行政判決：舉發人向智慧財產局提出舉發時，應就有無效或撤銷新型專利權之情事，負舉證責任。

由，自得以再審之訴推翻。該民事確定判決已認定乙有侵害新型專利權之事實，係以新型專利權發生效力為前提，是確定判決係以核准新型專利權之行政處分為判決基礎。新型專利權因舉發而被撤銷確定，即為判決基礎之行政處分，依其後之確定行政處分而已變更，依據民事訴訟法第496條第1項第11款規定，乙得於法定期間內（民事訴訟法第500條第1項、第2項）。對上開民事確定判決提起再審之訴，行使其訴訟救濟權，以推翻所受不利益之判決。職是，乙主張其就系爭專利權之撤銷，有可回復之法律上利益，倘該新型專利經舉發撤銷確定，乙自得以新型專利不存在為事由，對該確定之民事判決提起再審之訴，主張其未侵害甲之新型專利權，不負損害賠償責任[57]。

(2)民事訴訟法第496條第1項第13款之再審事由

　　當事人主張或抗辯智慧財產權有應撤銷、廢止之原因者，法院應就其主張或抗辯有無理由自為判斷，不適用民事訴訟法、行政訴訟法、商標法、專利法、植物品種及種苗法或其他法律有關停止訴訟程序之規定（智慧財產案件審理法第41條第1項）。倘本件專利侵權民事訴訟經法院自為判斷專利是否有撤銷之事由，而認定甲之新型專利有效，並無撤銷原因存在，判決乙應賠償甲之損害，該民事判決確定後，行政爭訟部分認定甲之新型專利有撤銷事由，其亦有民事訴訟法第496條第1項第11款規定之再審事由，乙自得提起再審之訴[58]。惟本文認為民事判決係自行判斷新型專利有效，並非依據行政處分為判決基礎，倘嗣後行政爭訟部分認定新型專利有撤銷事由，自與民事訴訟法第496條第1項第11款規定之再審事由不符。倘乙欲提起再審之訴，應適用發現未經斟酌之證物或得使用該證物者，而經斟酌可受較有利益之裁判者，作為再審事由（民事訴訟法第496條第1項第13款）。

四、依舉發審定時之規定為審查

　　修正前專利法並無專利權可予分割之法條依據，亦無舉發案作成部分准專利，部分不准專利之相關規定，專利權人自不得主張將專利中不具專利有效事由部分之請求項與具專利有效性之請求項割裂審查，專利專責機關亦無為部分

---

[57] 最高行政法院90年度判字第1085號行政判決；最高法院104年度台上字第407號民事判決。

[58] 司法院2009年智慧財產法律座談會彙編，2009年7月，頁33至34、63至65。

舉發成立、部分舉發不成立審定之依據（專利法第73條第2項）[59]。況依修正前專利法規定，專利經認定舉發成立者，應追繳證書或依法註銷，在專利權無法分割、復無法割裂審查之情形，專利之各請求項倘部分有無效或舉發成立事由，在專利權人不願更正之情事，依法自僅能為撤銷全部專利權之處分，始符法制，亦與當時專利審查基準相符（專利法第73條第1項）[60]。準此，智慧財產局已將A專利請求項2不具進步性之理由通知專利權人乙，並限期請其更正刪除A專利請求項2。因乙未更正，故智慧財產局基於專利整體性之原則，自應為撤銷A專利全部專利權之處分。至於現行專利法雖明定逐項審定原則，惟基於法律安定性之考量，自不適用於舊案[61]。

陸、相關實務見解

一、不具進步性與不具新穎性為不同撤銷理由

關於撤銷專利權之行政訴訟，當事人於言詞辯論終結前，就同一撤銷理由提出之新證據，智慧財產及商業法院仍應審酌之。智慧財產專責機關就前項新證據應提出答辯書狀，表明他造關於該證據之主張有無理由（智慧財產案件審理法第70條）。原告雖於舉發與訴願程序提起證據1與證據2之組合，作為證明參加人之發明專利請求項1不具進步性之證據（專利法第71條第1項第1款）。然均未於專利之行政救濟程序提出證據3，作為證明專利不具新穎性之證據（專利法第71條第1項第1款）。而參加人抗辯稱有專利法第22條第3項第2款之喪失新穎性之例外事由。因該發明專利不具新穎性乃違反專利法第22條第1項規定，而專利不具進步性為違反專利法第22條第2項規定，兩者就關於撤銷專利權之行政訴訟，並非同一撤銷理由。揆諸前揭說明，原告不得於行政訴訟，提出該發明專利不具新穎性之新撤銷事由，法院不得審酌證據3，是否可證明參加人之專利不具新穎性，亦毋庸探討有無喪失新穎性之例外事由[62]。

---

[59] 智慧財產及商業法院106年度行專訴字第17號行政判決。
[60] 智慧財產及商業法院105年度行專訴字第80號行政判決。
[61] 司法院2013年智慧財產法律座談會，行政訴訟類相關議題提案及研討結果第2號，2013年5月7日。
[62] 智慧財產及商業法院103年度行專訴字第103號行政判決。

二、特殊專業知識之適度揭露

(一)民事法院判斷專利權有應撤銷

智慧財產權民事訴訟事件，當事人主張或抗辯專利權有應撤銷之原因者，民事法院應就其主張或抗辯有無理由自爲判斷，不適用民事訴訟法等法律有關停止訴訟程序之規定（智慧財產案件審理法第41條第1項）。專利權之審定或撤銷，其與經濟部智慧財產局依職權審查所爲判斷相關，因專利事件涉及跨領域之科技專業知識，故智慧財產法院配置有技術審查官，使其受法官之指揮監督，依法協助法官從事案件之技術判斷，蒐集、分析相關技術資料及對於技術問題提供意見，性質屬於受諮詢意見人員（智慧財產及商業法院組織法第16條第4項；智慧財產案件審理法第6條）。

(二)賦予當事人辯論之機會

智慧財產法院審理專利民事訴訟就自己具備與事件有關之專業知識，或經技術審查官爲意見陳述所得之專業知識，倘認與專責機關之判斷歧異，將所知與事件有關之特殊專業知識對當事人適當揭露，令當事人有辯論之機會，或適時、適度表明其法律上見解及開示心證，或裁定命智慧財產專責機關參加訴訟及表示意見，經兩造充分攻防行言詞辯論後，依辯論所得心證本於職權而爲判決（智慧財產案件審理法第29條、第30條；智慧財產案件審理細則第16條）[63]。準此，法院已知之特殊專業知識，應予當事人有辯論之機會，始得採爲裁判之基礎。審判長或受命法官就事件之法律關係，應向當事人曉諭爭點，並得適時表明法律見解及適度開示心證，避免造成突襲性裁判及平衡保護訴訟當事人之實體利益及程序利益，以保障當事人之聽審機會及使其衡量有無進而爲其他主張及聲請調查證據之必要。故法官依上開規定開示心證時，倘當事人於第二審提出新攻擊防禦方法時，應認其符合民事訴訟法第447條第1項第5款、第6款規定，其與智慧財產案件審理法第29條之立法意旨相應[64]。

---

[63] 最高法院100年度台上字第480號民事判決。
[64] 最高法院101年度台上字第38號民事判決。

第七章　專利權限

　　專利權限係國家賦予專利權人於特定期間與特定地域內，享有排除他人未經其同意，不得製造、販賣、販賣要約、使用或為上述目的而進口專利物品或專利方法之權利。準此，專利權之存續有特定期限，其權利之行使亦有一定之範圍。

第一節　專利權期間

　　專利權之存續期限與其生效日，兩者並不相同。而發明、新型或設計其專利保護之標的及技術程度有所不同，故授予之專利期間亦有差異。國家為使社會大眾得知悉專利權人、專利權標的及權利期間，專利專責機關乃核發專利證書予專利權人，以作為證明專利權之文書。

例題1

　　甲於2018年1月1日提出設計專利申請，直至2021年1月1日專利專責機關經實質審查後，認應核准其專利，專利申請人並於收到審定書後3個月內繳納證書費及第1年年費。嗣專利專責機關於2021年5月20日將該設計專利公告，並授予專利申請人專利證書。試問專利權何時生效？理由為何？

例題2

　　乙於2020年6月6日申請新型專利，智慧財產局於2020年10月1日核准審定後，乙於2020年12月12日向智慧財產局申請延緩至2021年3月3日公告。試問乙之專利權何時生效？依據為何？

壹、專利證書

一、核發機關

經審定公告之專利,自公告之日起授予專利權,並發給專利證書(patent certificate)。發明或新型專利應由專利專責機關將申請專利範圍及圖式公告於專利公報(Official Gazette)[1]。而設計專利應將圖式公告之(專利法第47條第1項、第113條、第142條)。職是,專利證明書之作用,在於證明專利權人、專利權之標的及權利期間。

二、專利證書之內容

專利證書之內容有:(一)專利權人姓名或名稱;(二)發明人或創作人姓名;(三)專利權號數;(四)發明或新型名稱,如為設計,其物品名稱與指定施與之物品及類別;(五)申請專利範圍;(六)專利期間;(七)核發證書之日期。

貳、權利期間(90年檢察事務官)

一、期間

發明專利權期限,自申請日起算20年屆滿(專利法第52條第3項)。新型專利權期限,自申請日起算10年屆滿(專利法第114條)。設計專利權期限,自申請日起算15年屆滿;衍生設計專利權期限與原設計專利權期限同時屆滿(專利法第135條)。而申請專利經核准審定後,申請人應於審定書送達後3個月內之法定期間,繳納證書費及第1年年費後,始予公告;屆期未繳費者,不予公告,其專利權自始不存在(專利法第52條第1項、第120條、第142條第1項)[2]。準此,專利權生效日係自公告日起算,專利權期限之始日,係自申請日起算,兩者不同。

---

[1] 專利公報上除專利法規定應刊登之事項外,亦包括行政命令與專利業務有關之資訊。

[2] 最高行政法院97年度裁字第569號行政裁定;智慧財產及商業法院99年度行專訴字第170號行政判決。

二、延長

(一)醫藥品、農藥品或其製造方法發明

醫藥品、農藥品或其製造方法發明專利權之實施，依其他法律規定，應取得許可證者，其於專利案公告後取得時，專利權人得以第1次許可證申請延長專利權期間，並以1次為限，且該許可證僅得據以申請延長專利權期間1次（專利法第53條第1項）。前開核准延長之期間，不得超過為向中央目的事業主管機關取得許可證而無法實施發明之期間；取得許可證期間超過5年者，其延長期間仍以5年為限（第2項）。

(二)因戰事之申請延長

發明專利權人因中華民國與外國發生戰事受損失者，原則上得申請延展專利權5年至10年，以1次為限。例外情形，屬於交戰國人之專利權，不得申請延展（專利法第66條）。

三、延緩公告

原則上核准審定之專利案應即時予以公告，例外為延緩公告制度。詳言之，專利申請人有延緩公告專利之必要者，應於繳納證書費及第1年年費時，備具申請書，載明理由向專利專責機關申請延緩公告。所請延緩之期限，不得逾3個月（專利法施行細則第86條）。準此，申請人申請延緩公告，其於公告前即未取得專利權。

參、專利權之消滅

所謂專利權之消滅，係指專利權失其效力，其不待專利專責機關之行政處分，即當然消滅之謂。專利權當然消滅之事由有四（專利法第70條第1項、第120條、第142條第1項）：

一、專利權期滿

專利權自期限期滿之次日消滅，除非有專利法第53條之醫藥品及農業品或第66條之戰事等規定，延展專利權期間之情事，專利權於專利權期滿時，專利權即歸於消滅，社會大眾均得使用該專利之發明或創作，其屬公共財（專利法

第70條第1項第1款）。

二、專利權人死亡而無人繼承

專利權人死亡，其專利權為遺產，自得由其繼承人繼承。惟無人主張為繼承人者或無人繼承，專利法保護專利權人之目的，業已不存在，應視為當然消滅（專利法第70條第1項第2款）。

三、未依據期限繳交第2年以後之專利年費

(一)當然消滅

專利權人於取得專利權之第2年以後，其專利年費未於補繳期限屆滿前繳納者，自原繳費期限屆滿之次日消滅，此為法律明定之當然效果，不待專利專責機關為處分[3]。因專利法規定專利權繳納年費之主要目的之一，在於藉以瞭解專利權人對於繼續持有專利之意願，既然專利權人未於補繳期限屆滿前繳納，視為當然消滅（專利法第70條第1項第3款）[4]。

(二)命補繳專利年費期限為指定期限

專利權人逾應繳專利費之補繳期間，而仍不繳費時，專利權自原繳費期間屆滿之日當然消滅，專利專責機關公告專利權消滅，係於專利權當然消滅之後，是專利權消滅，並非應先經公告專利權，始為消滅[5]。例外情形，係依專利法第17條第2項規定回復原狀者，不在此限。詳言之，申請人因天災或不可歸責於己之事由，延誤法定期間者，其於原因消滅後30日內，雖得以書面敘明理由向專利專責機關申請回復原狀。然延誤法定期間已逾1年者，不在此限[6]。本文認為專利專責機關命補繳專利年費，應屬專利專責機關所為之指定期間，並非所謂法定期間，是否得依據第17條第2項規定主張復權，顯有疑義[7]。

---

[3] 智慧財產及商業法院101年度行專訴字第60號行政判決。

[4] 智慧財產及商業法院105年度民專上字第20號行政判決。

[5] 最高行政法院75年度判字第2351號行政判決。

[6] 專利法第17條第1項規定：申請人為有關專利之申請及其他程序，遲誤法定或指定之期間者，除本法另有規定外，應不受理。但遲誤指定期間在處分前補正者，仍應受理。第3項規定：申請回復原狀，應同時補行期間內應為之行為。

[7] 最高行政法院82年度判字第1833號行政判決。

四、書面拋棄專利權

專利權人拋棄專利權，自其書面表示之日消滅。專利權人自願拋棄專利權，將該專利之技術成爲公共財，固自不待專利專責機關核准（專利法第70條第1項第4款）。然爲兼顧利害關係人之權益，專利權人未得被授權人或質權人之同意，不得爲拋棄專利權（專利法第69條第1項、第120條、第142條第1項）。

肆、例題解析

一、專利權之生效日

甲之設計專利權之期限，固自其申請日2018年1月1日起算15年，即至2035年12月31日起屆滿。然專利權之生效日，係自公告日起生效，故甲之專利自2021年5月20日起開始發生專利權之效力。準此，專利審查之期間愈久，則專利申請之專利權將愈晚取得，導致受專利權保護之期間將愈短。故專利權人所得受專利權保護之期間，將繫於專利專責機關之審查時間。

二、延緩公告效力

乙申請延緩公告，其於公告前即未取得專利權。因在智慧財產局公告之前，原核准審定之行爲，對外既爲不生效力，乙尚未獲准專利權可言。職是，乙於2020年12月12日向智慧財產局申請延緩至2021年3月3日公告，乙自公告日取得專利權（專利法第52條第2項）。

伍、相關實務見解——法院得判斷核准專利權延長之有效性

一、舉發事由

任何人對於經核准延長發明專利權期間，認有下列情事之一，得附具證據，向專利專責機關舉發之：(一)發明專利之實施無取得許可證之必要者；(二)專利權人或被授權人並未取得許可證；(三)核准延長之期間超過無法實施之期間；(四)延長專利權期間之申請人並非專利權人；(五)申請延長之許可證非屬第1次許可證或該許可證曾辦理延長者；(六)以取得許可證所承認之外國

試驗期間申請延長專利權時,核准期間超過該外國專利主管機關認許者;(七)核准延長專利權之醫藥品為動物用藥品(專利法第57條第1項)。專利權延長經舉發成立確定者,原核准延長之期間,視為自始不存在。但因違反前項第3款、第6款規定,經舉發成立確定者,就其超過之期間,視為未延長(第2項)。

二、智慧財產案件審理法第41條

任何人對於經核准延長發明專利權期間,認有專利法第57條第1項規定之情事之一,即得附具證據,向專利專責機關舉發之,而經舉發審查成立確定後,原核准延長之期間,視為自始不存在,原不當核准之延長期間之專利權應予撤銷。職是,此延長期間之專利權應否撤銷,依智慧財產案件審理法第41條規定,法院自有判斷之權限[8]。

第二節 專利權效力

專利權之效力,係指國家授予專利權人於特定期間內,享有排除他人未經其同意而實施其專利之權利,具有排他之權利。而專利權之效力範圍與專利權之性質有關,對於專利權之效力範圍,大陸法系與英美法系有不同解釋,前者認專利權兼具排他權及實施權,後者則認為僅有消極之排他權。

例題3

甲將侵害乙專利之物品,標定賣價陳列於商店內。試問:(一)甲有無侵害乙之專利權?(二)倘甲係以寄送價目表之方式,銷售該侵害專利之物品,有無侵害專利權?

---

[8] 智慧財產及商業法院102年度民專上字第64號民事判決。

壹、專利權之性質

一、兼具排他權及實施權

　　大陸法系之國家，認為專利權屬無體財產權（intangible property）或準物權（quasi in rem），其有別於動產或不動產[9]。由於界定為準物權，故對於專利權之解釋即自物權之觀念加以延伸。準此，認為專利權人具有支配權，除有積極之實施權外，並具有消極之排除他人干涉之權利，具有絕對權之性質[10]。易言之，專利權人直接支配其保護客體，並得對任何人主張專利權。依據德國專利法第9條第1項規定，專利權人專有利用該發明之權利。同條第2項規定，禁止任何第三人未經專利權人之同意，為下述之行為：(一)就專利物品為製造、要約、使用，或為此等目的而輸入或持有；(二)就專利方法為使用，或以使用之目的在專利法規範之領域內為要約；(三)以方法專利之發明所直接製造之物品，為要約、交易，或為此等目的而輸入或持有。

二、僅有排他權

(一)美國專利法

　　英美法系認為專利權僅有消極之排他權能，並無所謂之積極實施權。故美國專利法第154條規定，專利權係有權排除他人在美國境內，製造、使用、販賣該項發明品，發明如為方法者，並包括排除他人在美國境內使用、販賣或進口該方法所製成之產品[11]。詳言之，專利權其為消極之權利，性質上僅係禁止他人為特定行為之權利，僅有排他效力，即排除他人實施、製造、販賣或銷售發明人之發明或創作之權利。其並非賦予權利人支配之發明或創作之權利，是

---

[9] 無體財產權與一般有體物之所有權有下列不同處：1.無體財產權均有一定之存續期間；2.無體財產權係為各國單獨授予個別權利；3.無體財產權於外形上不占有一定空間；4.無體財產權不具形體上之存在性，故無法為事實上之占有。

[10] 蔡明誠，專利侵權之民事責任與相關智慧財產責任之比較要件、損害賠償計算，智慧財產專業法官培訓課程，司法院司法人員研習所，2006年5月，頁7。

[11] The right to exclude others from making using, offering for sale, or selling the invention throughout the United States, if the invention is a process, the right to exclude others from using, offering for sale, or selling throughout the United State, or importing into the United States, products made by that process.

專利權人未具備積極自行使用發明或創作之權利[12]。準此,是發明人或創作人縱使以其發明或創作取得專利權,不必然對專利權具有實施、製造、販賣或銷售之權利[13]。

(二)改良專利

發明人或創作人是否得使用自己之發明或創作,要視他人對於使用發明或創作所須之技術,有無專利或其他排他權。準此,有改良專利之專利權人,未必得自由實施其改良發明或創作,改良專利權人可否實施其改良專利,完全取決於被改良之發明,其是否有人主張專利權。申言之,發明或新型專利權之實施,將不可避免侵害在前之發明或新型專利權,且較該在前之發明或新型專利權,具相當經濟意義之重要技術改良,倘未經原專利權人同意或強制授權者,不得實施其再發明或新型(專利法第87條第2項第2款)[14]。

(三)專利之定義

1971年版之Blacks Law Dictionary對專利之定義,則採取較嚴格之解釋,認為專利權並非准予專利權人可以製造、使用販賣之權利。甚者,亦非直接或間接表示有製造、使用、販賣之權利,專利權人僅有排除他人之權利(right to exclude)[15]。準此,專利權並非賦予發明人或創作人有製造、使用或販賣之權利,而是在於排除他人製造、使用或販賣發明。

貳、專利權之定性

我國法律制度及體系大多承襲自德國或日本,對專利權效力之界定方式,亦與德國與日本相仿,而認為專利權具有積極實施權與消極排他權。例如,1986年12月24日修正通過之舊專利法第42條第1項規定,專利權為專利權人專有製造、販賣或使用其發明之權。同法第81條規定,專利權受侵害時,專利權或實施權人或承租人,得請求停止侵害之行為,賠償損害或停止訴訟。

---

[12] 鄭中人,智慧財產權法導讀,五南圖書出版股份有限公司,2003年10月,3版,頁11至12。

[13] 鄭中人,智慧財產權法導讀,五南圖書出版股份有限公司,2003年10月,3版,頁51至52。

[14] 鄭中人,專利法逐條釋論,五南圖書出版股份有限公司,2002年9月,頁156。

[15] Blacks Law Dictionary,1971年版,頁1282。

基上可知，修正前之專利法，認為專利權具有積極實施權與消極排他權。然2003年2月6日修正之專利法第56條第1項規定，物品專利權人，除本法另有規定外，專有排除他人未經其同意而製造、販賣、使用或為上述目的而進口該物品之權。第2項規定，方法專利權人，除本法另有規定外，專有排除他人未經其同意而使用該方法及使用、販賣或為上述目的而進口該方法直接製成物品之權，是方法專利之範圍及於該方法直接製成之物品[16]。職是，學者對於專利法第58條有不同之見解。

一、專利權為消極之排他權利

專利權人有排除他人實施、製造、販賣或銷售發明人之發明或創作之權利。故賦予專利權，係賦予一種排除他人實施之消極權利，而非可以實施之積極權利。依據TRIPs協定第28條第1項規定，專利權人享有下列之專屬權（A patent shall confer on its owner the following exclusive rights）：(一)同項(a)款規定，物品專利權人得禁止未經其同意之第三人製造、使用、要約販賣、販賣或為上述目的而進口其專利物品[17]；(二)同項(b)款規定，方法專利權人得禁止使用、要約販賣、販賣或為上述目的而進口其方法直接製成之物品[18]。準此，專利權僅有一種排除他人實施之消極權能，並無積極之實施權能。

二、專利權兼具有消極排他權與積極實施權

(一)消極排他權

專利權具有支配權之性質，如同物權之效力，除有直接實施其權利內容之積極效力外，亦有排除他人干涉之消極效力[19]，是專利權效力之本質，為一種

---

[16] 大致與1994年1月21日之修正相同。

[17] Where the subject matter of a patent is product, to prevent third parties not having the owner's consent from the acts of: making, using, offering for sale, selling, or importing for these purposes that product.

[18] Where the subject matter of a patent is process, to prevent third parties not having the owner's consent from the acts of using the process, and from the acts of: using, offering for sale, selling, or importing for these purposes at least the product obtained directly by that process.

[19] 蔡明誠，發明專利法研究，國立臺灣大學法學叢書103，臺大法學叢書編輯委員會，

專利權人專有製造、販賣使用及進口之排他權及實施權。所謂排他權者，係指排除他人對特定專利之實施權利，即他人未經權利所有人之同意或授權，不得製造、販賣、使用及進口該專利說明書中之申請專利範圍（claim）所揭露之專利。職是，專利權人在專利保護期間內，享有權利排除或阻止他人使用其專利，欲取得該項專利使用權者，應取得專利權人之授權，並支付相應授權費，此為專利權之排他特性[20]。

(二)積極實施權

所謂實施權者，係指專利權人對於特定專利有實施之權利，其於專利說明書中之申請專利範圍所揭露之專利，有製造、販賣要約、販賣、使用及進口等權利。

三、本書見解[21]

(一)準物權

專利權、著作權及商標權等智慧財產權，通說稱之為無體財產權或稱之為準物權，既稱準物權者，自得適用民法第765條規定之所有權之權能及第767條第1項之物上請求權[22]。再者，倘以美國關於專利權效力之理論為據，認為專利權僅有消極之排他權能，並不具有積極之實施權能，實施自己之專利時，仍可能構成專利侵權，顯與權利之本質有違。參諸1990年版之Blacks Law Dictionary對於專利之定義，亦認為其有實施權能[23]。

1997年4月，頁175。

[20] 林立峰，專利制度對專利蟑螂之管制，國立中正大學法律學系研究所碩士論文，2014年11月18日，頁7。

[21] 楊崇森，專利法理論與應用，三民書局股份有限公司，2003年7月，頁315。除消極說與積極說外，亦有無益說，其認為專利權究竟為獨占權或排他權，雖有爭論，然此並無實益。蓋有獨占權者，當然有排他權。反之，有排他權者，亦當然享有獨占權。

[22] 民法第765條規定：所有人，於法令限制之範圍內，得自由使用、收益、處分其所有物，並排除他人之干涉。第767條第1項規定：所有人對於無權占有或侵奪其所有物者，得請求返還之。對於妨害其所有權者，得請求除去之。有妨害其所有權之虞者，得請求防止之。

[23] Blacks Law Dictionary，6版，1990年，頁1125。A grant from the government conveying and securing for inventor the exclusive right to make, use, and sell an invention for seventeen years.

(二)專利制度設立之目的

僅有排他權而不具積極實施權之專利權，實不足以促進產業技術之發展及有違專利制度設立之目的。參諸1994年1月21日修正前之專利法第102條規定，專利權人就其取得之新型專有製造、販賣或使用之權，而該製造、販賣或使用係新型專利權之基本權能。而1994年修正後之專利法第103條第1項規定，立法上擴充新型專利權之權能，使新型專利權具有排他之效力，非謂專利權人因該條規定即喪失其專利權原有之基本權能，否則擁有專利權者僅能對他人排除侵害，並無製造、販賣之專有實施權能，如同指稱物之所有權人，僅有民法第767條第1項之物上請求權，無同法第765條使用、收益及處分之權能，顯非我國設立專利制度之目的[24]。

參、我國專利法（101年檢察事務官）

我國專利有發明、新型與設計等類型。發明或新型專利權人，除本法另有規定外，專有排除他人未經其同意而實施該發明之權（專利法第58條第1項、第120條）。物之發明之實施，指製造、為販賣之要約、販賣、使用或為上述目的而進口該物之行為（專利法第58條第2項、第120條）。而方法發明之實施，係指使用該方法，或使用、為販賣之要約、販賣或為上述目的而進口該方法直接製成之物（專利法第58條第3項）。設計專利權人，除本法另有規定外，專有排除他人未經其同意而實施該設計或近似該設計之權（專利法第136條第1項、第58條第2項）。簡言之，第三人未經專利權人同意或授權，不得有製造、使用、進口、販賣及販賣要約之行為。

一、製造

所謂製造者（making），係指以物理、化學、生物技術等手段生產出具經濟價值之物品，該製造之客體必須與得使用之裝置（an operable assembly）有所關聯[25]。準此，所製造之客體僅為無法使用之零組件，非屬製造之範圍。製造行為係指物品生產之一切行為，包括完成物品為之必要行為及準備行為。

---

[24] 最高行政法院45年判字第56號行政判決。
[25] 專利侵害鑑定要點，司法院，2005年版，頁8。

二、使用

所謂使用者（using），係指實現專利之技術效果行為，其包括對物品之單獨使用或作為其他物品之部分品使用。僅屬單純占有或持有之事實，而未使用之，其並無侵害使用權[26]。例外情形，該持有本身導致持有者受有利益，始會構成專利權之侵害[27]。

三、販賣要約或販賣

販賣要約者（offering for sell），一方以訂立買賣契約為目的，而喚起相對人承諾之意思表示。所謂販賣者（selling），係指有償讓與物品之行為。即當事人約定，一方允諾交付買賣標的物及移轉所有權與他方，他方支付價金之契約（民法第345條）。販賣係指販入與賣出，僅要當事人間就標的物及價金達成合意即可，不以現物交易為限。

四、進口

所謂進口者（import），係指專利物品在國內以使用、販賣或販賣要約為目的，而自國外輸入物品或以製造方法所直接製成之物品者[28]。專利權人之進口權，並不及於經過我國國境之交通工具或其裝置，或非為上述目的之輸入（專利法第59條第1項第4款）。

肆、實例解析——專利權之效力

甲將侵害乙專利之物品，標定賣價陳列於商店內，此為販賣要約之行為，其已構成對乙專利權之侵害。而甲寄送價目表之方式，銷售該侵害專利之物品，該商品促銷廣告之行為，性質為要約引誘之性質，是否成立專利侵害行為。其關鍵在於要約行為是否包括要約引誘。本文認為應涵蓋其中，因無論為要約或要約引誘，其均以訂立契約為主要目的，對專利權人均會構成相當程度

---

[26] 李鎨，智慧財產專業法官培訓課程——論專利權人之使用權，經濟部智慧財產局，2006年3月6日，頁1。

[27] Olsson v. U.S.A, 25 F. Supp. 628 (1938).

[28] Olsson v. U.S.A, 25 F. Supp. 628 (1938).

之侵害。申言之，專利法「爲販賣之要約」與民法「要約之引誘」概念，雖在文字用語有異，然解釋前者之概念應涵蓋後者，故向不特定之大眾告知有生產、製造、販賣如其廣告、網頁、展示所載產品型錄、樣本產品之能力，應認屬專利法上販賣之要約行爲態樣。專利權人得依專利法第58條第1項規定，請求侵權行爲人不得陳列或散布其廣告、標貼、型錄、說明書、價目表或其他具有宣傳性質之文書，或於報章雜誌、網際網路或其他任何傳播媒體爲任何廣告之行爲[29]。

伍、相關實務見解——進口與販賣之產品侵害專利

被告進口與販賣系爭產品適用均等論原則，致侵害原告之專利，原告得向被告行使侵害專利之損害賠償請求權。原告主張依專利法第97條第2款規定，依被告因侵害專利行爲所得之利益，請求被告應給付新臺幣600萬元。準此，法院自應審究被告侵害專利期間，有關侵權產品之市場單價、銷售數量及純益率等項目，作爲計算被告因侵害專利之所得利益[30]。

第三節　專利權之處分

專利授權與專利權讓與並不相同，因專利授權係專利權人未將其權利完全移轉讓與他人，被授權人未終局取得專利權人之資格或地位，其僅授權他人行使專利權，自己仍爲專利權人，俟約定之授權期間屆滿，其權利即行回復之[31]。

---

[29] 智慧財產及商業法院97年度民專訴字第66號民事判決；司法院2013年智慧財產法律座談會之民事訴訟類相關議題提案及研討結果第1號。

[30] 智慧財產及商業法院101年度民專上更(二)字第2號民事判決。

[31] 權利移轉分爲二種類型：1.繼受移轉：所謂之讓與（assignment）；2.創設性移轉：授權之意（license）。故權利主體是否變更，係讓與及授權之主要區分所在，前者有變更，後者則否。

例題4

> 甲於2021年10月11日將A發明專利讓與乙，A發明專利權業於當日發生讓與之效力，乙已取得該專利權，甲與乙翌日向經濟部智慧財產局申請讓與登記，智慧財產局於完成登記前，收受法院禁止甲處分之命令。試問智慧財產局應如何處理？理由為何？

壹、專利移轉

專利申請權及專利權為共有時，除共有人自己實施外，非經共有人全體之同意，不得讓與、信託、授權他人實施、設定質權或拋棄（專利法第64條、第120條、第142條第1項）。專利權共有人非經其他共有人之同意，不得以其應有部分讓與、信託他人或設定質權。專利權共有人拋棄其應有部分時，該部分歸屬其他共有人（專利法第65條、第120條、第142條第1項）。

貳、專利授權

專利授權為技術授權之一環，因技術授權之標的不以專利為限，亦得以相關的專門知識（know-how）作為技術授權標的。意定授權依據專利權之授權有無專屬為區分，可分專屬授權與非專屬授權，被授權人所取得之地位有強弱不同，茲說明如後：

一、專屬授權（104年律師）

所謂專屬授權者（exclusive license），係指專利權人僅單獨將專利權全部或一部授權被授權人，被授權人於被授權之範圍內，單獨享有關於該被授權範圍內之專利權。專利權人在專屬被授權人所取得之授權範圍內，不得再授權或同意他人行使之。倘無特別約定，專利權人在已專屬授權之範圍內，本身亦不得再行使該權利（專利法第62條第3項）。準此，專屬被授權人在其取得之專利專屬授權範圍內，取得專利權之排他權能與實施權能，具有物權或準物權之性質[32]。

---

[32] 智慧財產及商業法院109年度民專上字第24號民事判決。

二、非專屬授權

非專屬授權（nonexclusive license）場合，因被授權人在其取得專利授權之範圍內，專利權人仍得就該授權之範圍內容，再授權予第三人使用或實施。就非專屬授權之被授權人而言，其非經專利權人或專屬被授權人同意，不得將其被授予之權利，再授權第三人實施（專利法第63條第2項）。

三、獨家授權

獨家授權（sole license）與專屬授權概念近似，雖係專利權人保證於相同授權範圍內，除被授權人外，不再授權他人實施，然專利權人本身仍得於相同範圍內實施該專利權，其與專屬授權有排除專利權人行使權利，兩者有所差異[33]。

參、設定質權

專利權為財產權，得為質權之標的（民法第900條）。而專利申請權，不得為質權之標的（專利法第6條第1項）。以專利權為標的設定質權者，除契約另有約定外，質權人不得實施該專利權（第2項）。衍生設計專利權，應與其原設計專利權一併設定質權（專利法第138條第1項）。

肆、登記對抗主義（104年律師）

一、登記事項

專利權之核准、變更、延長、延展、讓與、信託、授權實施、特許實施、撤銷、消滅、設定質權及其他應公告事項，專利專責機關應刊載專利公報（專利法第84條、第120條、第142條第1項）。而發明專利權人以其發明專利權讓與、信託、授權他人實施或設定質權，非經向專利專責機關登記，不得對抗第三人（專利法第62條第1項）。新型與設計專利準用之（專利法第120條、第142條第1項）。

---

[33] Stephen P. Ladas, Patent, Trademark, and Related Rights National and International Protection 439 (1975).

二、適用對象

所謂非經登記不得對抗第三人，係指當事人間就有關專利權之讓與、信託、授權或設定質權之權益事項有所爭執時，始有適用，其目的在保護交易行為之第三人，而非侵權行為人。準此，侵權行為人不得以專利權讓與或授權未經智慧財產局登記，對抗專利權受讓人或被授權人[34]。

伍、實例解析──登記對抗主義

經濟部智慧財產局雖為專利讓與之登記機關，惟其僅能自形式之外觀，認定是否有專利讓與之事實，並無實質審查專利權歸屬之權限。倘智慧財產局不顧法院禁止處分命令，仍為專利權讓與登記，恐對專利權人之債權人不利。因專利權核准登記後，即生對抗效力，而以專利專責機關核准登記日為準，並應刊載於專利公報公告之（專利法第84條、第120條、第142條第1項），並登載於專利權簿（專利法第85條第1項、第120條、第142條第1項）。準此，專屬被授權人或非專屬被授權人，未向智慧財產局登記之，不生對抗第三人之效力，無法判斷權利之歸屬，故智慧財產局准予讓與登記，將導致專利權人之債權人受損。

陸、相關實務見解

一、專屬授權之權利

甲於2004年8月6日向智慧財產局申請「記憶體模組之保護裝置」新型專利，經智慧財產局審查核准後，發給第M261967號專利證書，專利權期間自2005年4月11日起至2014年8月5日止。嗣甲將該新型專利權專屬授權予乙，授權期間自2008年11月1日起至2014年8月5日止。準此，專屬被授權人乙在取得之專利專屬授權範圍，取得專利權之排他權能與實施權能[35]。

---

[34] 司法院2009年智慧財產法律座談會彙編，2009年7月，頁33至34、63至65。
[35] 智慧財產及商業法院104年度民專上易字第1號民事判決。

二、意思表示請求權之執行

　　民事判決命為專利移轉登記之判決，其內容係命被告為一定之意思表示，依法自判決確定時，即視為已為其意思表示，智慧財產局應本於確定判決為移轉登記，此項登記係智慧財產局本於確定判決為強制執行以外之行為，依其性質應待判決確定後始能為之，民事判決確定前，並無強制執行以外之執行，不得宣告假執行（強制執行法第130條第1項）[36]。

---

[36] 智慧財產及商業法院106年度民專抗字第3號民事裁定。

第八章　專利權人之義務

　　基於權利社會化之原則，專利制度除賦予專利權獨占市場之權利外，為兼顧產業技術之發展與公眾權益，亦加諸專利權人一定之義務。例如，年費之繳納、專利權之強制授權及專利權之標示。

第一節　繳納費用

　　專利費用包含證書費、申請費及年費。所謂年費（annual fee），係指逐年應繳納之費用，經核准專利者，專利權人均應繳納年費，年費之繳納不僅為取得專利權之費用，亦為維持專利權之費用，故專利權人未繳納年費，其將喪失專利權。

例題1

> 　　甲、乙及丙等三人共同創作新型物品，渠等共同向經濟部智慧財產局專利申請，並指定甲為應受送達人，智慧財產局經核准審定後，未公告前，將繳納證書費及第1年年費通知函合法送達予甲之配偶戊收受，因甲並未於指定期限內繳納證書費及第1年年費，導致專利權自始不存在。試問：(一)乙或丙有何救濟途徑？(二)倘甲於指定期限內繳納證書費及第1年年費，共有之新型專利於2021年1月1日公告生效，甲未繳納第2年年費，智慧財產局有無通知甲繳納年費之義務？

壹、專利費用

一、申請費

　　基於使用者與受益者付費之公平原則，關於專利之各項申請，申請人於申請時，應繳納申請費（專利法第92條第1項、第120條、第142條第1項）[1]。申

---

[1] 經濟部智慧財產局，專利法逐條釋義，2014年9月，頁291。

請費得作爲專利行政經費，以維持專利專責機關之運作。

二、年費

(一)首年專利年費

核准專利者，專利權人應繳納證書費及專利年費；請准延長、延展專利權期間者，在延長、延展期間內，仍應繳納專利年費（專利法第92條第2項、第120條、第142條第1項）。專利年費自公告之日起算，第1年年費，應依第52條第1項規定繳納；第2年以後年費，應於屆期前繳納之。專利年費得1次繳納數年；遇有年費調整時，毋庸補繳其差額（專利法第93條、第120條、第142條第1項）。

(二)第2年後之年費

第2年以後之專利年費，未於應繳納專利年費之期間內繳費者，得於期滿後6個月內補繳之。但其專利年費之繳納，除原應繳納之專利年費外，應以比率方式加繳專利年費。前項以比率方式加繳專利年費，指依逾越應繳納專利年費之期間，按月加繳，每逾1個月加繳20%，最高加繳至依規定之專利年費加倍之數額；其逾繳期間在1日以上1個月以內者，以1個月論（專利法第94條、第120條、第142條第1項）。

貳、例題解析──年費之繳納

一、取得專利權之要件

專利申請權共有者，應由全體共有人提出申請。二人以上共同專利申請，除約定有代表者外，辦理一切程序時，應共同連署，並指定其中一人爲應受送達人（專利法第12條）。其立法意旨在於二人以上專利申請人，其利害與共，必須合一確定，以避免分別送達發生歧異，導致處分無法同時確定，而影響處分之安定[2]。因甲、乙及丙三人共同創作新型物品，渠等共有該新型物品之專利申請權，應由渠等共同申請，並於申請書及說明書上載明代表人爲甲，智慧財產局經核准審定後，固將繳納證書費及第1年年費通知函合法送達予甲

---

[2] 最高行政法院91年度判字第640號行政判決。

之配偶戊收受，惟甲並未於指定期限內繳納證書費及第1年年費，導致無法取得專利權（專利法第52條第1項）。準此，甲受乙與丙之委託而擔任渠等送達代收人，處理送達事宜，甲處理委任事務有過失，導致共有之專利權自始不存在，乙或丙自得依據委任關係請求甲負損害賠償責任（民法第544條）[3]。

二、補繳年費

　　專利之第2年以後之年費（annuity），依據專利法第93條第1項後段規定，應於屆期前繳納之。倘第2年以後之年費，未於應繳納專利年費之期限內繳費者，得於期滿6個月內補繳之（專利法第94條、第120條及第142條第1項）。故專利法並未規定智慧財產局有通知專利權人繳納第2年以後年費之義務。甲延誤本案專利年費補繳期，依專利法第70條第3款規定，第2年以後之專利年費未於補繳之6個月期限屆滿前繳納者，自原繳納期限屆滿之次日消滅，是專利權消滅，係法律明定之當然效果，不待智慧財產局為不受理處分始發生[4]。職是，甲、乙、丙三人共有之新型專利於2021年1月1日公告生效，渠等應於2022年1月1日前繳納第2年之年費，其未於該期限內繳納，得於2022年6月30日前繳納之，倘亦未於該期限內繳納2倍之年費，其專利權自2022年1月2日起消滅。縱使事後函知原專利權人有關專利權消滅之事由，僅屬單純之意思通知，而非行政處分，自不得為行政訴訟之標的[5]。因乙、丙有委任甲處理繳費事務時，因甲處理委任事務有過失，導致共有之專利權消滅，乙或丙自得依據委任關係請求甲負損害賠償責任。倘屬無償委任關係，甲處理委任之專利事務，應依乙或丙之指示，並與處理自己事務為同一之注意，負具體之輕過失責任。如為有償委任者，甲應以善良管理人之注意為之（民法第535條）[6]。

---

[3] 專利法第52條第1項規定：專利申請之發明，經核准審定後，申請人應於審定書送達後3個月內，繳納證書費及第1年年費後，始予公告；屆期未繳費者，不予公告，其專利權自始不存在。民法第544條規定，受任人因處理委任事務有過失，或因逾越權限之行為所生之損害，對於委任人應負賠償之責。

[4] 最高行政法院86年度判字第1022號行政判決。

[5] 智慧財產及商業法院101年度行專訴字第60號行政判決。

[6] 最高法院62年台上字第1326號民事判決。

三、申請回復專利權

專利權非因故意而未依時繳納，即不准其申請回復，恐有違專利法鼓勵研發、創新之用意，故得於繳費期限屆滿後1年內，申請回復專利權，繳納3倍專利年費後，由專利專責機關公告之（專利法第70條第2項）。準此，甲、乙及丙得於上開期間，向智慧財產局申請回復專利權，並繳納3倍專利年費，維護其專利權。

參、相關實務見解——通知繳納專利年費之性質

行政機關所為單純事實之敘述或理由之說明，並非對人民之請求有所准駁，既不因該項敘述或說明而生任何法律上效果，自非屬行政處分[7]。因經濟部智慧財產局通知專利權人繳納專利年費之函文，性質上應為觀念通知，並非行政處分，該函文非行政處分，原告對之提起訴願，訴願決定以此為觀念通知，並非行政處分，而決定不受理其訴願，其於法並無違誤。職是，原告提起本件行政訴訟，屬行政訴訟法第107條第1項第10款後段規定，起訴不備其他要件之情形，此亦無從命其補正，爰依同條第1項本文規定，予以駁回[8]。

第二節　強制授權

專利授權實施者，係指專利權人授予他人製造、為販賣之要約、販賣、使用或進口等專利實施權。因專利權具有專屬性，原則上未經專利權人同意或授權不得實施上揭行為。例外情形，係專利之特許實施。對於開發中國家而言，因專利權人依據專利法享有獨占專利技術之權利，倘無法經由協議授權之途徑取得專利實施權時，強制授權具有相當之功效，因該規範得間接鼓勵專利發明或創作於國內實施，以提升國內之科學與技術水準，促進經濟繁榮與維護公共利益[9]。

---

[7] 最高行政法院44年判字第18號行政判決、62年裁字第41號行政裁定。

[8] 智慧財產及商業法院101年度行專訴字第60號行政判決。

[9] 蕭彩綾，美國法上專利強制授權之研究，國立中正大學法律學研究所碩士論文，2000年6月，頁14。

例題2

> 　　試說明我國2004年有光碟強制授權案與2005年有克流感強制授權案，前者與商業利益有關，後者與公共利益有關。試說明兩者強制授權之緣起，其取得強制授權之原因？

壹、強制授權之定義[10]

　　所謂強制授權者（compulsory license），係指法院或主管機關經被授權人申請或依職權，未經專利權人同意，而准予專利權人以外之人或機關得以實施該專利技術。對於開發中國家而言，因專利權人依據專利法享有獨占專利技術之權利，倘無法經由協議授權之途徑取得專利實施權時，強制授權具有相當之功效，因該規範得間接鼓勵專利發明或創作於國內實施，以提升國內之科學與技術水準，促進經濟繁榮與維護公共利益[11]。依據巴黎公約與TRIPs協定之內容，強制授權之事由，係以保障公共利益與糾正專利濫用爲主要目的，而我國強制授權之內容，其與上述之國際公約十分類似。

貳、強制授權之事由與要件

一、智慧財產權授權類型

　　我國智慧財產權授權之種類有三：(一)意定授權或自願授權；(二)法定授權（statutory license），係在法律規定之條件，利用人得依據法律規定之費率實施智慧財產權；(三)強制授權者，係符合一定條件，利用人不必經智慧財產權人之授權，僅要向國家提出申請，依據核定之使用報酬實施智慧財產權。就強制授權而言，我國專利強制授權之型態有基礎專利、再發明、緊急危難或重大緊急、非營利、違反公平競爭、半導體技術、醫藥品。

---

[10] 林洲富，專利侵害之民事救濟制度，國立中正大學法律學研究所博士論文，2007年1月，頁132至135。

[11] 蕭彩綾，美國法上專利強制授權之研究，國立中正大學法律學研究所碩士論文，2000年6月，頁14。

二、強制授權之類型

(一)基礎專利之強制授權

發明或新型專利權之實施，將不可避免侵害在前之發明或新型專利權，且較該在前之發明或新型專利權，具相當經濟意義之重要技術改良。再發明或新型專利人專利權申請強制授權者，以申請人曾以合理之商業條件，在相當期間內仍不能協議授權者爲限，始得向經濟部智慧財產局申請強制授權（專利法第87條第2項第2款、第4項）。

(二)再發明或新型之強制授權

專利權經依專利法第87條第2項第2款規定，申請就原專利強制授權者，原專利權人得提出合理條件，請求就再發明或新型之專利權強制授權（專利法第87條第5項）。

(三)國家緊急危難或重大緊急之強制授權

爲因應國家緊急危難或其他重大緊急情況，專利專責機關應依緊急命令或中央目的事業主管機關之通知，強制授權所需專利權，並儘速通知專利權人（專利法第87條第1項）。例如，我國有2004年光碟之強制授權案與2005年克流感之強制授權案。

(四)增加公益之非營利強制授權

爲增加公益性質之非營利實施而申請強制授權者，以申請人曾以合理之商業條件在相當期間內，仍不能協議授權者爲限，始得向智慧財產局申請強制授權（專利法第87條第2項第1款、第4項）。

(五)有限制或不公平競爭之強制授權

專利權人有限制競爭或不公平競爭之情事，經法院判決或公平交易委員會處分者，得向智慧財產局申請強制授權（專利法第87條第2項第3款）。例如，我國2004年之光碟強制授權案。

(六)半導體技術專利之強制授權

就半導體技術專利申請強制授權者，以有增加公益之非營利實施授權；或專利權人有限制競爭或不公平競爭之情事，經法院判決或公平交易委員會處分者爲限（專利法第87條第3項）。

(七)醫藥品專利之強制授權

　　為協助無製藥能力或製藥能力不足之國家，取得治療愛滋病、肺結核、瘧疾或其他傳染病所需醫藥品，專利專責機關得依申請，強制授權申請人實施專利權，以供應該國家進口所需醫藥品（專利法第90條第1項）。依前開規定申請強制授權者，原則上以申請人曾以合理之商業條件，在相當期間內仍不能協議授權者為限。例外情形，係所需醫藥品在進口國已核准強制授權者，則不在此限（第2項）。

參、強制授權之性質

一、審查程序

　　專利專責機關於接到第87條第2項及第90條之強制授權申請後，應通知專利權人，並限期答辯；屆期未答辯者，得逕予審查（專利法第88條第1項）。原則上強制授權之實施，應以供應國內市場需要為主。例外情形，依第87條第2項第3款規定強制授權者，不在此限（第2項）。強制授權之審定應以書面為之，並載明其授權之理由、範圍、期間及應支付之補償金（第3項）。

二、強制授權之處分

　　強制授權不妨礙原專利權人實施其專利權（專利法第88條第4項）。強制授權不得讓與、信託、繼承、授權或設定質權。但有下列情事之一者，不在此限：(一)依第87條第2項第1款或第3款規定之強制授權與實施該專利有關之營業，一併讓與、信託、繼承、授權或設定質權；(二)依第87條第2項第2款或第5項規定之強制授權與被授權人之專利權，一併讓與、信託、繼承、授權或設定質權（第5項）。

肆、強制授權之廢止

一、中央目的事業主管機關認無強制授權之必要

　　依第87條第1項規定強制授權者，嗣經中央目的事業主管機關認定無強制授權之必要時，專利專責機關應依其通知廢止強制授權（專利法第89條第1項）。

二、申請廢止事由

有下列各款情事之一者,專利專責機關得依申請廢止強制授權:(一)作成強制授權之事實變更,致無強制授權之必要;(二)被授權人未依授權之內容適當實施;(三)被授權人未依專利專責機關之審定支付補償金(專利法第89條第2項)。

伍、例題解析

一、光碟強制授權

我國目前有2004年光碟強制授權案與2005年克流感強制授權案。前者,即光碟之強制授權案涉及高科技業者之競爭,應探討權利人有無違反公平交易法或濫用權力[12]。詳言之,因我國科技產業之發展快速,需要大量之專利技術授權,以當前科技產業技術之錯綜複雜,單一產品之製造常須包含大量之技術,為取得有效率之授權,以降低成本,其常涉及專利聯合授權之問題。光碟之強制授權案之起因,係2001年飛利浦專利聯合授權案,飛利浦、新力及太陽誘電等公司將其各自擁有之製造CD-R相關專利,藉由彼此交互授權方式,建立統一之專利授權窗口,由飛利浦公司負責對外授權及收取、分配授權金。因被授權人認為有不合理之高權利金,除向智慧財產局申請強制授權案外,被授權人亦因權利金之爭議,聯合其他廠商向我國公平交易委員會提出檢舉,公平交易委員會作成專利聯合授權違反公平交易法之處分,飛利浦等公司不服該處分並提起行政訴訟救濟,經臺北高等行政法院認定上開獨占事業有公平交易法禁止之行為。

二、克流感強制授權

克流感專利之強制授權案則與公共衛生之議題有關。詳言之,行政院衛生署為防止禽流感大流行將對我國之醫療、社會及經濟體系帶來極為嚴重之後果,其主張羅氏藥廠所供應之抗病毒藥量嚴重短缺,且我國並非世界衛生

---

[12] 賴文智、劉承慶、劉承愚、顏雅倫,益思科技法律──智權篇,益思科技法律事務所,2003年5月,頁110至111。

組織會員國，導致我國接受國際組織救援之困難度，故認為我國自購或自製抗病毒藥劑之急迫性與必要性。準此，向智慧財產局申請強制授權克流感專利，並經審定核准在案。美國雖未明文規定專利藥品之強制授權，惟事實上美國亦有強制授權之案例。例如，美國聯邦第九巡迴上訴法院於1945年Vitamin Technologist, Inc. v. Wisconsin Alumni Research Foundation事件，基於有益民眾健康之考量，將Wisconsin所擁有三項「可將食用價值之有機物質暴露於紫外線產生維他命D的方法專利」強制授權與Vitamin[13]。

陸、相關實務見解──檢舉函覆之性質

委員會對於違反本法規定，危害公共利益之情事，得依檢舉或職權調查處理（公平交易法第26條）。明定任何人對於違反該法規定，危害公共利益之情事，均得向公平交易委員會檢舉，公平交易委員會有依檢舉而為調查處理行為之義務。至於對檢舉人依法檢舉事件，主管機關依該檢舉進行調查後，所為不予處分之復函，僅在通知檢舉人，主管機關就其檢舉事項所為調查之結果，其結果因個案檢舉事項不同而有異，法律並未規定發生如何之法律效果。縱使主管機關所為不予處分之復函，可能影響檢舉人其他權利之行使，乃事實作用，而非法律作用。該復函既未對外直接發生法律效果，自非行政處分。職是，公平交易委員會就檢舉人指稱專利授權合約，關於授權金之訂定及被授權人回饋授權之機制，認未違反公平交易法。因公平交易委員會所為檢舉不成立或成立函，並非行政處分，倘檢舉人或被檢舉人向行政法院提起訴訟，行政法院得以起訴不合法，裁定駁回其訴[14]。

第三節　標示專利權

專利人在專利物品或其包裝標示專利權，有告知社會大眾該發明、創作具有專利權，避免有侵權情事。故專利權人已有標示專利權，而有第三人侵害專利權，應推定侵害專利權之行為人有過失，專利權人毋庸舉證（民法第184條

---

[13] Vitamin Technologist, Inc. v. Wisconsin Alumni Research Foundation, 146 F.2d 941 (9th Cir. 1945).

[14] 最高行政法院100年度判字第112號行政判決。

第2項）[15]。專利權人僅要支出附加標示之事先成本，專利權人則得減少負擔舉證證明行為人侵害專利有過失之事後訴訟成本，兩者成本之比較，前者顯低於後者甚多。準此，得認為專利法第98條為保護專利權人之法律。

例題3

> 　　甲公司將其所有「指針式警鈴鬧鐘」、「鬧鐘」、「分度式鬧鐘」之新型專利權轉讓與乙公司。乙公司指控丙公司製造及販賣含有上開新型專利之鬧鐘之機蕊，侵害乙公司之專利權，而丙公司抗辯乙公司未在其專利品上附加專利標記及專利證書號數，故不須負損害賠償責任。試問丙公司應否對乙公司之損害負賠償之責？理由為何？

壹、標示專利權之目的

一、舉證責任

　　專利物上應標示專利證書號數；不能於專利物上標示者，得於標籤、包裝或以其他足以引起他人認識之顯著方式標示之；其未附加標示者，於請求損害賠償時，應舉證證明侵害人明知或可得而知為專利物（專利法第98條、第120條、第142條第1項）。專利權標示之立法目的，在於協助社會大眾辨識是否為專利物品，以避免無辜之第三人侵害專利，其亦有易於認定侵害者之故意行為。倘有專利權之產品未作標示，不知情之侵害者，自得據本條款規定，向法院主張免於負擔損害賠償責任[16]。而對於明知他人有專利權而仍為侵害行為者，其屬故意行為，即無保護之必要，故他人知為專利品而侵害專利權，縱使專利權人未加標示，仍得請求侵權行為人賠償[17]。

---

[15] 陳世杰，發明專利權侵害及民事救濟，國立臺灣大學法律研究所碩士論文，1995年6月，頁203至204。

[16] 陳櫻琴、葉玟妤，智慧財產權法，五南圖書出版股份有限公司，2005年3月，頁258。

[17] 最高法院65年台上字第1034號民事判決。

二、專利權人之義務

　　專利核准後，專利專責機關均將其申請專利範圍及圖式加以公告，使不特定之第三人有檢索查閱之機會。準此，倘專利經公告則推定過失之規定。要求一般人應隨時注意掌控公告專利之資訊，顯屬過苛，故要求專利權人應於專利物品或包裝上附加標示，以緩和不特定第三人非故意侵害專利權，而應負擔損害賠償責任之風險。反之，未獲專利之物品或方法，亦不得標示為專利物品或方法。倘專利申請人使用已專利申請（patent applied for）或專利審查中（patent pending）等字樣，此等文字並不具有專利法規定之效力，其僅為告知專利申請已向經濟部智慧財產局提出之資訊。因專利法所賦予之保護，必須俟專利申請核准後始生效力。

貳、例題解析——專利標示義務[18]

一、認定侵權之主觀要件

　　專利法第98條之立法目的，在於專利物品上應附加標示，使第三人能輕易得知該專利權之存在，避免有因不知該專利權存在而發生侵害專利權行為之情形，並易於認定侵害者之故意行為。是不知情而侵害專利權者，自無可歸責事由。故專利權人未盡其專利標示之義務，除非能證明侵權行為人係明知或有事實足證其可得而知為專利物品之情事，專利權人不得對專利侵權行為人請求民事上之損害賠償。準此，被控侵權行為人亦得以此為抗辯，主張其不須負擔專利侵權行為之損害賠償責任。反之，對於明知他人有專利權而仍為侵害行為者，其屬故意行為，即無保護之必要，是他人知為專利品而侵害專利權，縱專利權人未加標記，亦得請求侵權行為人賠償[19]。

二、禁止侵害請求權

　　專利權人請求第三人停止其侵害行為之民事救濟，並不以侵權行為人有故

---

[18] 林洲富，法官辦理民事事件參考手冊15，專利侵權行為損害賠償事件，司法院，2006年12月，頁395至399。
[19] 最高法院65年台上字第1034號民事判決。

意或過失為前提,故專利權人確未有依法進行專利標示之情事,其亦得行使停止專利侵害行為之請求(專利法第96條第1項)。準此,乙公司未在其專利品上附加專利標記及專利證書號數,倘其無法舉證證明丙公司明知或有事實足證其可得而知為專利物品者,丙公司雖不須負損害賠償責任,然乙公司得請求丙公司不得再製造或販賣該被控侵權物品。

參、相關實務見解——侵害專利之舉證責任

　　要求專利權人應在專利物或其包裝上標示專利證書號數,未附加標示者,其於請求損害賠償時,應舉證證明侵害人明知或可得而知為專利物(專利法第98條)。核其立法意旨在使第三人得經由專利物品或其包裝上之標示得知專利權存在,以保護因不知情而侵害專利權之人。例外情形,對於明知或可得而知他人有專利權,竟實施侵害行為者,即無保護必要,行為人應對專利權人負損害賠償責任,否則專利法保護專利權之意旨將無法實現,且有違公平正義之原則[20]。

---

[20] 智慧財產及商業法院102年度民專上字第36號民事判決。

第九章　專利侵害之判斷

　　就專利侵害之事件而言，被控侵權之標的是否爲專利權人所有之專利範圍所涵蓋，向來爲專利爭議之重心所在，故專利範圍通常成爲專利訴訟之勝敗焦點。美國法院在馬克曼聽證程序（Markman Hearing），會參酌專利權人所提證據與本案所確立之原則，確定系爭專利之範圍，此程序大致即可決定雙方輸贏之走向，其有促使雙方儘早達成和解之目的。準此，爲尋求專利權人及被控專利侵權行爲人間之合理平衡點，並兼顧社會大眾之權益，學者學說及法院實務均致力建構完善之認定專利侵害理論，以作爲判斷專利侵害之標準模式。通說認爲判斷第三人所製造、使用、爲販賣要約、販賣或進口之物品，或其使用之方法，是否落入物之發明專利、方法專利或新型專利之專利權範圍而成立專利侵權，其應進行如後步驟判斷之：(一)解釋該發明專利、方法專利或新型之專利權範圍；(二)解析申請專利範圍之技術特徵與鑑定對象之技術內容，作爲比對分析之基礎；(三)繼而依據全要件原則、均等論原則、逆均等論原則、禁反言原則及先前技術之阻卻，依序就經解釋後之專利範圍與被控專利侵權物品或方法之技術特徵或內容，進行比對與分析，以認定被控侵權之物品或方法是否落入（fall within）專利權之範圍；或者爲申請專利範圍所讀取（read on）[1]。就我國專利侵害民事訴訟事件以觀，判斷重心厥在全要件原則與均等論原則。再者，判斷侵害設計專利之程序如後：(一)第一步驟爲解釋該設計專利之設計範圍；(二)第二步驟依據設計範圍及被控侵權物品之整體外觀、圖示及物品種類等特徵，加以解析；(三)繼而應用比較鑑定法判斷是否成立侵權，經判斷結果，認爲設計範圍與被控侵權物品構成近似性，最後審究有無先前技藝之阻卻事由、禁反言原則之適用。

第一節　界定專利權之範圍

　　所謂專利權範圍，係指專利權人根據其所取得之專利權，所能受到法律保護之範圍，其必須藉由解釋以確定專利權所及範圍。而解釋專利權範圍之主

---

[1] 最高法院100年度台上字第480號民事判決。

義，就比較法之觀點，主要有中心限定主義、周邊限定主義及折衷限定主義三種類型[2]：(一)中心限定主義界定發明之方法，係敘述發明之核心概念；(二)周邊限定主義，係限定發明之周邊外延；(三)折衷限定主義則屬執兩用中。準此，不同之解釋主義，其所界定之專利權範圍，亦有所差異。

例題1

> 我國專利法就專利權範圍解釋認定之原則，係採折衷限定主義。試問：(一)法院於具體事件解釋申請專利範圍時，是否應主動參酌說明書及圖式，以認定專利權之範圍？(二)申請專利範圍明確時，是否審酌說明書及圖式，以判定專利權之範圍？

壹、中心限定主義

一、中心限定主義之定義

(一)文字非界定專利技術之範圍

中心限定主義（The Central Claiming Doctrine）認為發明或創作本身係一種技術思想，申請專利範圍之文字內容，僅將技術思想具體化，指出發明或創作所具有之特徵，並敘述最典型之實施例（the best mode）[3]。申請專利範圍之作用，在於決定發明或創作之對象，並非確定專利權之保護範圍[4]。準此，文字並非用以界定專利技術獨占之範圍，文字描述僅記載發明或創作之精神特質及技術核心。

(二)申請專利範圍以技術方案為核心

以中心限定主義解釋申請專利範圍，並非侷限於申請專利範圍之記載本身，而係以申請專利範圍之技術方案為中心，承認於外側有一定範圍之擴張空

---

[2] 蔡明誠，發明專利侵權時保護範圍認定與申請專利範圍解釋原則，植根雜誌，10卷5期，1994年5月，頁162至163。

[3] 日本學者亦將中心限定主義稱為「要點定義主義」。

[4] 曾陳明汝，工業財產權專論，自版，1986年9月，增訂新版，頁34。

間。其在與發明或創作之技術核心所一致範圍內，以不逾越發明或創作精神之各種設計與修改爲限，其得藉由均等理論之應用，延伸解釋專利權之保護範圍，故中心限定主義亦稱自由主義，申請專利範圍所界定之技術內容，不等同於專利保護範圍，其保護範圍之概念較申請專利範圍所界定之內容爲廣[5]。以撰寫方式而言，採中心限定主義者，其申請專利範圍中僅簡單記載發明或創作之實施例或代表例，故大多均採單項式寫法，解釋申請專利範圍得應用均等論，以擴大專利權之保護範圍[6]。

二、中心限定主義之特徵

(一)對專利權人較爲有利

採中心限定主義者，專利申請標的之技術內容是否具備可專利要件，係授權專利權之行政機關決定至於專利權之保護範圍，則委由法院於具體個案，參酌申請專利範圍所舉之典型實施例、說明書、圖式及其中心思想，加以判斷[7]。準此，以該主義解釋申請專利範圍，較有彈性，對專利權人較爲有利，因其得藉由均等理論之應用，延伸解釋專利權之保護範圍。

(二)權利保護之不確定性

中心限定主義之缺點，係解釋申請專利範圍有相當之彈性，導致專利權之保護有不確定性，公眾難以預測權利之範圍所在，其易造成不特定第三人，動輒被控訴侵害專利權，致有損害公眾利益與交易安全之虞[8]。採取中心限定理論者，以昔日大陸法系之德、日、法、荷等國爲主[9]。

---

[5] 翁金鍛，發明專利權保護範圍之研究，國立臺灣大學法律研究所碩士論文，1991年6月，頁48。

[6] 黃文儀，法官如何解讀專利侵害鑑定報告書，萬國法律，119期，2001年10月，頁24至25。我國專利法施行細則第18條所規定者，屬周邊限定主義之撰寫方式。

[7] 駱增進，中美專利審查基準中申請專利範圍之比較研究，東吳大學法律研究所碩士論文，1996年7月，頁55。

[8] 翁金鍛，發明專利權保護範圍之研究，國立臺灣大學法律研究所碩士論文，1991年6月，頁49。

[9] 趙晉枚、蔡坤財、周慧芳、謝銘洋、張凱娜，智慧財產權入門，元照出版有限公司，2004年2月，3版，頁54。

貳、周邊限定主義

一、周邊限定主義之定義

(一)嚴格文義解釋

周邊限定主義（The Peripheral Claiming Doctrine）視申請專利範圍爲國家授予專利權之契約條款，使專利權人獨占專利權，爲避免逾越一般專業人士依據專利說明書之內容所能預期範圍，故對於申請專利範圍，採嚴格之文義解釋，原則上不得再藉均等理論，將權利範圍作擴充之解釋[10]。準此，專利申請人必須明白指出其申請標的之技術內容範圍，例舉構成要件之所有要素及各要素之關係[11]。

(二)申請專利範圍為技術方案之全部

周邊限定主義爲維持法律之安定，對申請專利範圍採嚴格之文義解釋，其得避免造成專利權保護範圍過大及文字本身之不確定性（uncertainty）等爭議。就撰寫方式而言，周邊限定主義者，其於申請專利範圍時，爲求保護之最大範圍或邊界，通常採多項式寫法，儘量詳列申請專利範圍，以求撰寫完整之申請專利範圍[12]。準此，判斷有無具備專利要件，應以申請專利範圍所載之發明或創作爲準。換言之，依據申請專利範圍之撰寫文字，審查或檢視申請專利範圍之發明或創作，是否具備無產業利用性、新穎性及進步性等專利要件[13]。

二、周邊限定主義之特徵

(一)對專利權人較為不利

以周邊限定主義解釋專利範圍，就專利權人而言，較爲不利。因申請專利範圍爲專利權保護範圍之極限，不得加以擴張解釋，未明載於申請專利範圍

---

[10] 日本學者就周邊限定主義亦稱全體定義主義。

[11] 翁金緞，發明專利權保護範圍之研究，國立臺灣大學法律研究所碩士論文，1991年6月，頁47至49。

[12] 黃文儀，法官如何解讀專利侵害鑑定報告書，萬國法律，119期，2001年10月，頁24至25。

[13] 鄭中人，判斷專利要件的時點──評最高行政法院93年度判字第358號，月旦法學雜誌，128期，2006年1月，頁191。

中，不屬專利權之保護範圍，縱使說明書已記載某技術內容，仍不受保護。職是，申請專利範圍之文字，經專利專責機關審查確定，法院於解釋保護範圍時，必須嚴格遵守授權之申請專利範圍的內容，不得逾越該範圍[14]。

(二)撰寫申請專利範圍不易

對專利權人而言，申請專利範圍，如同土地之界址，藉由鑑界之功能，而精確界定土地位置、面積，以保護相鄰關係之所有權。準此，專利權人不得將申請專利範圍作擴張之解釋，造成第三人之損害。故申請人爲防止其專利之保護範圍有所遺漏，必須詳列申請專利範圍，以求能涵蓋所有可能侵害之態樣，其造成申請專利範圍之項數過於繁雜，欲撰寫完整之申請專利範圍，實屬不易。反而使申請專利範圍之記載趨向抽象化，導致有判斷之困難[15]。

(三)確定性高

採周邊限定主義者，以昔日海洋法系之英、美爲主[16]。美國聯邦最高法院前於1891年之McClain v. Ortmayer事件，表示申請專利人必須確實詳盡描述發明之範圍，並以此作爲保護專利權之範圍，以嚴格限定申請專利範圍，專利權範圍爲發明之疆界（the metes founds of invention）[17]。準此，專利權人之權利範圍較安定，得防止專利權人任意擴張解釋其權利範圍，第三人得安心從事其他新技術之開發，無須擔心有侵害他人專利權之情事。

參、折衷限定主義

一、解釋申請專利範圍之因素

在解釋專利權之範圍時，應考慮之主要因素有二：(一)賦予專利權人適當之保護，藉以鼓勵發明及創作；(二)爲維持法律之安定性，避免專利範圍過大

---

[14] 尹新天，專利權之保護，專利文獻出版社，1998年11月，頁143。

[15] W. R. Cornish, Intellectual Property: Patent, Copyright, Trade Marks and Allied Rights 127 (2nd ed. 1989).

[16] 陳智超，專利法——理論與實務，五南圖書出版股份有限公司，2004年4月，2版，頁280。谷山祥三，米國特許解說，技報堂，昭和42年（1967年），2版，頁64至65。

[17] McClain v. Ortmayer, 141 U.S. 419, 424 (1891).

而損及第三人之權益[18]。準此,不論係採中心限定主義或周邊限定主義,均屬較極端之見解,自有修正之必要性,故折衷限定主義應運而生[19]。

二、折衷限定主義之定義

(一)修正中心限定與周邊限定主義

中心限定主義以發明或創作之技術為中心,應用均等理論以擴張解釋申請專利範圍,雖得提供專利權人之有效保護,惟其易導致專利範圍不確定。反之,周邊限定主義採嚴格之文義解釋,固易界定申請專利範圍。然科技之進步日新月異,難免因專利申請時之撰寫範圍有所遺漏或無法預見,是申請人於撰寫申請專利範圍時,必須非常謹慎及周全,否則對其保護會有疏漏之情形發生,使有心人士有機可乘。準此,為兼顧私益與公益,自應調和兩者之解釋方法,而採折衷限定解釋較為周全。

(二)折衷限定解釋

不論係中心限定主義或周邊限定主義均有其缺陷之處,而專利制度除有鼓勵、保護發明與創作外,亦具有促進產業發展之功能。故為兼顧專利權人及社會大眾之權益,原則應採折衷限定解釋,解釋申請專利範圍,除依據申請專利範圍之文字及說明外,得參酌專利說明書與圖式,以確定申請專利範圍所應涵蓋之實質內容。

肆、我國專利法

一、折衷限定主義

(一)申請專利範圍與圖式為解釋基準

發明專利權範圍,以申請專利範圍為準,其於解釋申請專利範圍時,並得審酌說明書及圖式(專利法第58條第4項)。摘要不得用於解釋申請專利範

---

[18] 熊誦梅,法官辦理專利侵權民事訴訟手冊,司法研究年報,23輯4篇,司法院,2003年11月,頁132。

[19] 蔡明誠,發明專利侵權時保護範圍認定與申請專利範圍解釋原則,植根雜誌,10卷5期,1994年5月,頁163。

圍（第5項）。新型專利準用之（專利法第120條）。設計專利權範圍，以圖式
爲準，並得審酌說明書（專利法第136條第2項）。而衍生設計專利權得單獨主
張，且及於近似之範圍（專利法第137條）。足見我國專利法之立法例，係採
折衷限定主義，對於專利保護之範疇，係依據申請專利範圍之內容爲基準，並
得參考說明書與圖式，用以解釋該申請專利範圍，此限定主義介於中心限定及
周邊限定主義之間[20]。茲以判決書爲例比喻發明或新型專利，說明書與判決書
相當，申請專利範圍係判決主文，發明或創作之說明爲判決理由，而圖式相當
於判決之附表。換言之，專利法規定以文字界定請求專利之發明或創作，並限
於申請專利範圍所界定之發明或創作爲準。

(二)解釋申請專利範圍為法律問題

　　欲以具體之文字界定抽象之發明或創作，並非易事，導致有解釋申請專利
範圍之問題及解釋之必要。解釋請求項應自本身之文字爲準，有不清楚處，得
斟酌發明或創作說明及圖式。先以內部證據作爲解釋之依據，繼而審酌外部證
據。申請人得於請求項，選擇賦予特定用語，使其不同於熟悉該項技術者或一
般人所認定之文字意義。準此，請求項之用語解釋有不同之意義時，應以申請
人之定義爲優先，其次依序熟悉該項技術領域者之術語、字典之意義解釋請求
項之內容[21]。因申請專利範圍之解釋，此屬法律問題，應由法官判斷之[22]。

(三)法院職權事項

　　由於文字用語之多義性及理解之易誤性，發明申請專利範圍之文字用語會
有多種解釋之可能，故於必要時，得參酌發明說明或圖式，以求其所屬技術領
域中具有通常知識者可以理解及認定之涵義。而解釋申請專利範圍，係比對專
利要件之前提程序，必確定申請專利範圍之意義或結構、技術後，始能再加以
比對與引證案之差異。準此，解釋申請專利範圍係屬法院之職權，並不以當事
人爭執爲限[23]。

---

[20] 專利侵害鑑定要點，司法院，2005年版，頁31至36、51至54。其有說明解釋發明、新
　　型及新式樣之申請專利範圍。

[21] 鄭中人，專利說明書記載不明確之法律效果——評最高行政法院91年度判字第2422號
　　判決，月旦法學雜誌，126期，2005年11月，頁227。

[22] 智慧財產及商業法院105年度民專上字第11號民事判決。

[23] 最高行政法院106年度判字第351號行政判決。

二、解釋申請專利範圍之原則

我國係採折衷式之立法例，申請專利範圍之文字通常僅記載專利之構成要件，其實質內容得參酌說明書及圖式所揭示之目的、作用及效果而加以解釋（專利法第58條第4項）。解釋申請專利範圍之原則，就發明或新型之專利權而言，係以公告說明書所載之申請專利範圍為準。而設計專利權，則以圖式為準。至於實施例（embodiment）及摘要部分（abstract），並非屬解釋之基礎[24]。運用折衷限定主義解釋專利權範圍，應遵循下列三要點，茲說明如後[25]：

(一)以申請專利範圍為準

解釋專利權範圍應以申請專利範圍或請求項之內容為基準，倘其記載內容與發明或新型說明及圖式所揭露之內容不一致時，應以申請專利範圍為準。未記載於申請專利範圍之事項，不在保護之範圍，縱使發明或新型說明有揭露，仍不得被認定為專利權範圍，而說明書所載之先前技術，應排除於申請專利範圍之外。而解釋申請專利範圍時，未侷限於字面意義，其不採周邊限定主義之嚴格字義解釋原則。

(二)得參酌說明書及圖式

因申請專利範圍之請求項係以簡潔方式記載專利構成要件，為確定其實質內容，自得參酌說明書及圖式所揭示之目的、作用及效果，以確定專利之保護範圍。說明書及圖示於解釋申請專利範圍時，其屬從屬與輔助地位，必須依據申請專利範圍之記載，作為解釋之內容。申請專利範圍所載之技術特徵明確時，不得將發明或新型說明及圖式所揭露之內容，引入申請專利範圍。

(三)確認專利技術之涵義

確認申請專利範圍或請求項之專業技術涵義，得參酌申請程序中申請人及經濟部智慧財產局間有關專利申請之文件[26]。因知悉相關之專利文件，得確定

---

[24] 趙晉枚、蔡坤財、周慧芳、謝銘洋、張凱娜，智慧財產權入門，元照出版有限公司，2004年2月，3版，頁53。黃湘閔，申請專利範圍解釋之研究，世新大學法學院碩士論文，2005年6月，頁31至35。

[25] 林洲富，法官辦理民事事件參考手冊15，專利侵權行為損害賠償事件，司法院，2006年12月，頁274至276。

[26] 專利侵害鑑定要點，司法院，2005年版，頁30至31、50至51。

禁反言與先前技術之範圍。所謂禁反言之範圍，係指專利權人於申請過程之階段或提出之文件，已明白表示放棄或限縮之部分，其嗣後於取得專利權後或專利侵權訴訟，不得再行主張已放棄或限縮之權利。再者，先前技術除可作為判斷進步性與新穎性之要件外，亦有限制均等論原則之適用。因專利權人不得應用均等論將其專利之技術內容，擴張至申請日前之先前技術範圍，先前技術非專利保護之範圍。

三、申請專利範圍為界定專利權範圍之依據

(一)所屬技術領域中具有通常知識者所認知或瞭解

專利權範圍主要取決於申請專利範圍之文字，倘申請專利範圍之記載內容明確時，應以其所載之文字意義及該發明所屬技術領域中具有通常知識者，所認知或瞭解該文字在相關技術中通常總括範圍，予以解釋。因說明書非定義專利權範圍之依據，定義專利權範圍之基礎，在於申請專利範圍。專利說明書雖可作為解釋申請專利範圍之參考，然申請專利範圍，始為界定專利權範圍之依據，專利說明書之內容不可讀入申請專利範圍[27]。參酌專利說明書解釋申請專利範圍時，僅是對申請專利範圍中，既有之限制條件加以解釋，而非經由專利說明書之內容，增加或減少申請專利範圍所記載之限制條件，致變動申請專利範圍對外所表現之客觀專利權範圍[28]。

(二)參考專利說明書與圖式

專利法第58條後段規定，解釋申請專利範圍時，得審酌說明書與圖式。例如，專利請求項1記載：一種CCD及CMOS影像擷取模組，其包括有一電路基板，電路基板上具有一影像感測元件（CMOS、CCD）及相關之電子元件，並於該影像感測元件之封裝體上緣設有一鏡頭座。因請求項1載明：一種CCD及CMOS影像擷取模組，其包括有一電路基板，電路基板上具有一影像感測元件（CMOS、CCD）及相關之電子元件。並參酌說明書第1、2圖所示，電路基板與影像感測元件封裝體確係不同元件，且專利之電路基板具有一影像感測元件。準此，專利請求項1之電路基板，應解釋為承載影像感測元件及其他相關

---

[27] 智慧財產及商業法院101年度行專訴字第18號行政判決。

[28] 顏吉承，專利說明書撰寫實務，五南圖書出版股份有限公司，2013年3月，3版，頁401。

電子零件作為電子訊息傳遞之載板[29]。

(三)最合理寬廣之解釋

因文字用語之多義性,解釋申請專利範圍時,得審酌說明書及圖式,並應就專利說明書整體觀察,以瞭解發明之目的、作用及效果。因申請專利範圍係就說明書中所載實施方式或實施例作總括性之界定,圖式之作用僅在補充說明書文字不足之部分,使發明所屬技術領域中具有通常知識者閱讀說明書時,得依圖式直接理解發明各技術特徵及其所構成之技術手段,參酌說明書之實施例及圖式所為之申請專利範圍解釋時,應以申請專利範圍之最合理寬廣解釋為準,除說明書明確表示申請專利範圍之內容,應限於實施例及圖式外,自不應以實施例或圖式加以限制,而變更申請專利範圍對外公告而客觀表現之專利權範圍[30]。

四、內部證據與外部證據

解釋申請專利範圍,得參酌內部證據與外部證據:(一)所謂內部證據係指請求項之文字、說明書、圖式及申請歷史檔案;(二)所謂外部證據係指內部證據以外之其他證據。例如,創作人之其他論文著作與其他專利、相關前案、專家證人之見解、該發明所屬技術領域中具有通常知識者之觀點、權威著作、字典、專業辭典、工具書、教科書等[31]。關於內部證據與外部證據之適用順序,係先使用內部證據解釋申請專利範圍,倘足使申請專利範圍清楚明確,即無考慮外部證據之必要。反之,內部證據有所不足,始以外部證據加以解釋。倘內部證據與外部證據對於申請專利範圍之解釋有所衝突或不一致者,以內部證據之適用為優先[32]。準此,有關專利請求項之解釋,悉依專利之申請專利範圍為準,原則上應以系爭專利請求項所記載之文字意義,暨文字在相關技術中通常總括之範圍,予以認定。對於申請專利範圍中之記載有疑義而需要解釋時,始應一併審酌說明書、圖式[33]。

---

[29] 智慧財產及商業法院99年度民專上易字第17號民事判決。

[30] 最高行政法院106年度判字第634號、107年度判字第154號行政判決;智慧財產及商業法院107年度行專訴字第72號行政判決。

[31] 最高行政法院104年度判字第308號行政判決。

[32] 智慧財產及商業法院107年度行專訴字第53號行政判決。

[33] 最高行政法院99年度判字第1271號行政判決;智慧財產及商業法院101年度民專訴字

五、手段功能用語及步驟功能用語

(一)定義

物之發明通常應以結構或性質界定申請專利範圍，方法發明通常應以條件或步驟界定申請專利範圍，倘某技術特徵無法以結構、性質或步驟界定，以功能定較爲清楚，且依說明書中明確充分之記載，加以實驗或操作，能直接確實驗證該功能時，得以功能界定申請專利範圍。複數技術特徵組合之發明，其申請專利範圍之技術特徵，得以手段功能用語或步驟功能用語（Means/Step Plus Function Language）表示，其於解釋申請專利範圍時，應包含說明書中所敘述對應於該功能之結構、材料或動作及其均等範圍[34]。再者，電腦軟體相關發明之創作特點，通常在於功能或功能之組合，故電腦軟體相關發明之請求項，適於以手段功能用語或步驟功能用語記載該功能，並於說明書中記載實現該功能之習知結構、材料或動作。

(二)用語記載方式

手段功能用語係用於描述物之請求項中之技術特徵，其用語「手段或裝置用以」，用語應記載特定功能。而說明書中應記載對應請求項中所在之功能之結構或材料。步驟功能用語係用於描述方法請求項中之技術特徵，其用語爲「步驟用以」，而說明書中應記載對應請求項中所載功能之動作[35]。例如，請求項中某一技術特徵功能敘述爲「手段，用以轉換多個影像成爲一特定之數位格式」，說明書中對應該功能之構造，是資料擷取器或電腦錄影處理器，僅能將類比資料轉換成數位格式，雖「以程式完成之數位對數位轉換」技術亦能達成該功能，然因說明書並未記載該技術，解釋申請專利範圍時，請求項範圍不包含「以程式完成數位對數位轉換」技術[36]。

第60號、101年度民專上字第26號民事判決；智慧財產及商業法院101年度行專訴字第90號、102年度行專訴字第30號行政判決。

[34] 美國專利法第112條第6項；專利法施行細則第19條第4項。

[35] 顏吉承，新專利法與審查實務，五南圖書出版股份有限公司，2013年9月，頁183。

[36] 蔡明誠，商業方法專利適格性相關案例解析，102年第6期智慧財產專業理論與實務課程巡迴講座——進階智財法院場，2013年8月2日，頁173至174。智慧財產及商業法院101年度民專上字第10號民事判決。

伍、例題解析──我國實務解釋專利申請範圍

適用折衷限定主義解釋專利範圍，可區分積極論及消極論兩種類型。積極論者，係指解釋專利範圍時，應主動參酌說明書與圖式，以確定申請專利範圍之實質內容與精神。而採消極論者，認為解釋應限於申請專利範圍之記載，有意義不清或用語不明之情事，始得參酌說明書與圖式，屬被告性質[37]。詳言之，我國專利法之規定而言，發明專利權範圍，以申請專利範圍為準，其於解釋申請專利範圍時，並得審酌說明書及圖式（專利法第58條第4項）。摘要不得用於解釋申請專利範圍（第5項）。新型專利準用之（專利法第120條）。設計專利權範圍，以圖式為準，並得審酌說明書（專利法第136條第2項）。而衍生設計專利權得單獨主張，且及於近似之範圍（專利法第137條）。足見我國專利法就專利權範圍解釋認定之原則，係採折衷限定主義，其適用具體事件解釋專利權範圍時，是否應主動斟酌發明、創作之說明及圖式；或者於申請專利範圍不明時，始審酌說明書及圖式[38]。茲說明兩者之區別如後：

一、積極說

我國專利法解釋申請專利範圍係採折衷限定主義，因申請專利範圍之文字，通常僅記載專利之必要構成要件，故其實質內容得參酌說明書及圖式所揭示之目的、作用及效果而加以解釋。對於專利保護之範疇，原則依據申請專利範圍之內容為基準，而於確認實質內容時，得參酌說明書及圖式。適用採折衷主義解釋專利範圍者，可區分積極論及消極論兩種類型：(一)所謂積極論，係指法院於解釋專利權時，應主動參酌說明書與圖式；(二)所謂消極論，係指解釋應限於申請專利範圍之記載，有意義不清或用語不明之情事，始得參酌說明書與圖式[39]。準此，採積極說者，認為發明專利權之範圍，除依據申請專利範圍外，應主動斟酌說明書與圖式內容。為求明確瞭解專利權之保護範圍，自申

---

[37] 陳蕙君，論「專利權範圍」、「專利權效力範圍」與「專利權保護範圍」之區辨，智慧財產權月刊，38期，2002年2月，頁8。

[38] 宋皇志，專利明確性要件與申請專利範圍之解釋，智慧財產訴訟制度相關論文彙編，4輯，司法院，2015年12月，頁101至106。

[39] 洪瑞章，對專利侵害鑑定基準的一些閱後心得（上篇），工業財產權與標準月刊，1997年3月，頁57。

請以至核准過程，申請人所表示之意圖及補充資料，在未逾變更申請案之實質範圍，應予審酌[40]。

二、消極說

(一)申請專利範圍為基準

專利法保護對象係以專利說明書之請求專利部分所申請範圍為限，是申請專利範圍未記載之事項，縱使於說明書之其他部分有所記載或說明，均非專利權之範圍[41]。例如，專利權人雖取得化學物品之發明專利，惟其未將其化學反應物、反應條件及其所涵蓋製程條件之範圍記載於申請專利範圍內，則其實際請求內容僅為化學物品本身。因專利權之範圍，僅限於請求專利部分之申請專利範圍，故請求專利部分之內容，應就發明或創作之範圍及特點具體明確敘述，使其權利範圍得以明白確定。況化學物品之製法乃不同之請求標的，而專利權人所申請之發明專利，並非化學物品之製法，其係化學物品之本身[42]。準此，認定專利權之保護範圍，應以申請專利範圍內容作為解釋之界限，有意義不清或用語不明之情事，始參酌說明書與圖式。

(二)說明書與圖式為輔

專利權之範圍應以說明書所載之申請專利範圍為準，而發明、創作說明及圖式，僅是於必要時，得審酌之。故該說明及圖式作為解釋申請專利範圍時，係用以輔助說明與瞭解申請專利範圍之內容，其本身並不具有直接確定專利保護範圍之作用。既然申請專利範圍對於專利保護範圍之認定，具有決定性之作用，僅有於申請人於申請專利範圍中曾提及之技術，始為專利保護範圍所及。倘某項技術雖於說明書或圖式中曾被述及，惟在申請專利範圍未被提及之，則其縱使嗣後取得專利權，該部分應不在受專利保護之範圍內。準此，申請人提出專利申請時，其於說明書所載之申請專利範圍，應涵蓋申請人所有欲受到保護之內容。至於說明書中之其他說明與圖式，其僅是法院在解釋認定申請專利範圍之必要時，得以參酌者。而參酌之結果，可能會對申請專利範圍有所限縮或擴張，在擴張之情形，不得逾申請專利範圍所提及之部分。在限縮之情形，

[40] 最高行政法院75年度判字第35號行政判決。
[41] 智慧財產及商業法院103年度民專上字第32號、102年度民專上(一)字第7號民事判決。
[42] 最高行政法院73年度判字第742號、76年度判字第724號行政判決。

申請人嗣後則不得再行主張其仍爲專利權保護之範圍[43]。

三、本書見解

我國專利法規定，發明專利權範圍，以申請專利範圍爲準，其於解釋申請專利範圍時，並得審酌說明書及圖式（專利法第58條第4項）。摘要不得用於解釋申請專利範圍（第5項）。新型專利準用之（專利法第120條）。設計專利權範圍，以圖式爲準，並得審酌說明書（專利法第136條第2項）。而衍生設計專利權得單獨主張，且及於近似之範圍（專利法第137條）。依據法條所規範之內容，可知我國專利法就專利權範圍解釋之認定原則，就發明及新型專利而言，其適用具體個案解釋時，專利權範圍以專利申請範圍記載爲準，並得審酌說明書及圖式之觀點。而設計專利權範圍，以圖式爲準，亦得審酌創作說明。準此，發明或新型之專利權範圍，以說明書所載之申請專利範圍爲準；而設計專利權範圍，以圖式爲準。既然法條文字就說明書、圖式或創作說明之部分，係得審酌而非應審酌，故解釋之順序，自以專利申請範圍或圖式爲優先考量。故解釋申請專利範圍，應採折衷限定主義之消極說，係以申請專利範圍或圖式爲原則，申請人於申請專利範圍中所提及之技術，始屬專利保護範圍，故僅有申請專利範圍之用語不明或圖式之描述不清楚時，始得審酌說明書、圖式或創作說明，以確定申請專利範圍或專利權範圍。反之，申請專利範圍之用語明確或圖式之描述清楚時，自不將說明書、圖式或創作說明所揭露之內容，作爲確定申請專利範圍或專利權範圍[44]。

陸、相關實務見解──申請專利範圍之解釋

一、不可將說明書及圖式之限定條件讀入申請專利範圍

申請專利範圍或請求項之解釋，雖得參考專利說明書，然不得將專利說明書所述之限制條件，讀入申請專利範圍。前者乃利用專利說明書，以確定申請專利範圍文字、用語之意義；後者是將專利說明書之記載，導入申請專利範圍，而增加申請專利範圍，所未記載之限制條件。因舉發案之爭點，係針對專

---

[43] 臺灣高等法院90年度上易字第642號、90年度上易字第1151號刑事判決。
[44] 智慧財產及商業法院106年度民專上字第1號民事判決。

利之申請專利範圍者，審定理由中記載請求項之內容時，不得將說明書中有記載或圖式有揭露，而請求項未記載之技術特徵引入請求項，以免影響專利要件之判斷。申言之，說明書及圖式固可於申請專利範圍不明確時，作爲解釋申請專利範圍之參考，惟申請專利範圍，始爲定義專利權之依據，說明書及圖式僅能用來輔助解釋申請專利範圍，既有之限定條件。而不可將說明書及圖式中之限定條件，讀入申請專利範圍，增加或減少申請專利範圍所載之限定條件。否則將混淆申請專利範圍、說明書及圖式之各自功用與目的，將造成已公告之申請專利範圍，對外所表彰之客觀權利範圍變動，違反信賴保護原則[45]。

二、專利權範圍應以請求項記載者為直接依據

專利權範圍應以申請專利範圍或請求項所記載者爲直接依據，倘申請專利範圍之記載內容與專利發明或新型說明書、圖式所揭露之內容不一致時，應以申請專利範圍爲準[46]。例如，智慧財產局於舉發審定中對於「認證資料集合」解釋，將專利說明書之記載導入申請專利範圍，增加申請專利範圍所未記載之限制條件，其解讀應屬有誤[47]。

第二節　全要件原則

全要件原則肇始於美國聯邦最高法院1889年Peter v. Active Mfg. Co.之事件[48]，經美國審判實務之發展，已成爲初步判斷專利侵權之普世標準，並認爲全要件原則係屬法律問題，當事人得據此爭議以作爲上訴理由。所謂全要件原則或字面侵害或文義侵害判斷原則（literal infringement），係指被控侵權物品或方法具有專利權人所申請專利範圍請求項之每一個構成要件，且其技術內容相同時，完全落入申請專利範圍之字義範圍[49]。例如，申請專利範圍之要件爲

---

[45] 最高行政法院107年度判字第154號行政判決；智慧財產及商業法院99年度行專訴字第128號行政判決。
[46] 智慧財產及商業法院101年度行專訴字第18號、第82號行政判決。
[47] 智慧財產及商業法院97年度行專訴字第70號行政判決。
[48] Peter v. Active Mfg. Co., 129 U.S. 530, 537 (1889).
[49] 全要件原則得稱字義侵害之表面證據（a prima facie of literal infringement is established）。更精確之說法，全要件原則應被稱爲全限制原則（all-limitations rule）。其係指經適當解釋後，每一個申請專利範圍之限制（imitation）均可被讀在

A、B、C，而被控侵權物品或方法之要件亦為A、B、C，故被控侵權物品或方法完全落入申請專利範圍之字義侵害。

例題2

> 甲係製造鋁門窗之業者，其所製造之產品中之構成要件「網料」，係依據「空心鋁格網崁合構造改良」新型專利權所製造之專利物品。乙以甲所製造之鋁門窗，侵害其所有「鋁擠型空心網架之固定結構」新型專利權，其技術特徵係使用「框料」及「接頭」構成要件之組合結構。試問被控侵權物品，是否適用全要件原則[50]？

壹、全要件原則之定義

所謂全要件原則（All Element Rule），係指被控侵權物品或方法，具有專利權人所申請專利範圍請求項之每一個構成要件，且其技術內容相同時，而完全落入（fall within）申請專利範圍之字義範圍，即構成初步之專利侵權，被控侵權人僅要能提出相當之證據，證明申請專利範圍有一項以上之技術特徵，為被控侵權物品或方法所缺少者，其不符合全要件原則。簡言之，全要件原則之適用，必須專利之請求項中每一技術特徵完全對應表現（express）在被控侵權物品或方法，其包括文義表現及均等表現[51]。全要件原則之立論基礎，在於申請專利範圍係經由專利之專責機關審查，並為專利權人同意之所有限制條件而構成。其藉由公告及發證之方式告知社會大眾，是專利權人及社會大眾均應受申請專利範圍之限制，不得任意擴張或縮減[52]，其為周邊限定主義所發展之侵

（read on）被控對象物，即構成字義侵權。

[50] 林洲富，法官辦理民事事件參考手冊15，專利侵權行為損害賠償事件，司法院，2006年12月，頁337至339。

[51] Pennwalt Corp. v. Durand-Wayland, Inc., 833 F.2d 931, 934 (Fed. Cir. 1987).

[52] 羅炳榮，工業財產權論叢──專利侵害與迴避設計篇，翰蘆圖書出版有限公司，2004年1月，頁133。

害判斷原則[53]。茲分析全要件原則之涵義如後[54]：

一、解析申請專利範圍之請求項

　　應用全要件原則，須先解析申請專利範圍之請求項（asserted claims），以確認其技術特徵。解析請求項包括：(一)構成要件（essential element）；(二)構成要件間之連接關係（connection）；(三)各構成要件所發揮之功能（function）。解析工作爲侵權鑑定之基礎工作，直接影響認定結果之重要性。全要件原則之應用，要求請求項每一構成要件或技術特徵應表現在被控侵權對象，其包括文義與均等表現。故申請專利範圍所記載內容，係整體之技術手段，所組成之構成要件或技術特徵，均不得省略[55]。解析申請專利範圍時，必須將技術特徵組合或拆解，使申請專利範圍之每一技術特徵，均對應表現於被控侵權對象[56]。

二、解析被控侵權對象之技術內容

　　解析被控侵權對象所得之元件、成分、步驟或其結合關係，其與申請專利範圍之構成要件，必須形成對應項。將請求項能相對獨立實現特定功能、產生功效之元件、成分、步驟及其結合關係，設定爲構成要件，再與被控侵權對象之解析結果，形成對應項[57]。

---

[53] 李文賢，論專利侵害鑑定基準，月旦法學雜誌，83期，2002年4月，頁157。

[54] 落入與讀取不同，前者係指被控物件，落入系爭專利範圍之所有限制條件所構成之權利範疇內；後者，乃指系爭專利之限制條件讀至被控物件。而限制條件係指技術特徵或必要元件。

[55] 張仁平，專利侵害鑑定基準修正紀要，萬國法律，143期，2005年10月，頁11。

[56] 顏吉承，淺談發明及新型專利範圍侵害判斷（上）——以外國專利侵權訴訟判決爲他山之石，智慧財產權月刊，88期，2006年4月，頁43。

[57] 洪瑞章，專利侵害鑑定理論與實務（發明、新型篇），智慧財產專業法官培訓課程，司法院司法人員研習所，2006年3月，頁15至16。請求項之所有構成要件完全對應在被控侵權對象，則符合文義讀取。至於對應於構成要件之雜質或製造過程之殘留物（量微小）或對應構成要件之中性元素（質中性），原則上不予比對，因其不影響比對之結果。

三、構成要件逐一比對

解析請求項之技術特徵後,繼而以解析所得之每個構成要件,其與被控侵權物品或方法相對應之對比項所構成要件(corresponding element),兩者逐一比對(element by element),而非申請專利範圍整體比對(claim as a whole)。倘技術特徵或構成要件完全相同,就專利侵害之初步判斷而言,即成立侵害專利。反之,被控侵權對象欠缺解析後,申請專利範圍之任一構成要件,則不符合文義讀取。

四、上位概念與下位概念

申請專利範圍所載之技術特徵爲上位概念總括用語,而被控侵權對應之技術內容,係相對應之下位概念,應判斷被控侵權對象符合文義讀取。申言之:(一)所謂上位(genus)概念,係指複數個技術特徵屬於同族或同類之總括概念,或複數個技術特徵具有某種共同性質之總括概念;(二)下位(species)概念,係指相對於上位概念表現爲下位之具體概念[58]。例如,電腦係依人工輸入信號或預存之程式或指令或記錄資料,而執行演算處理使可產生結果之有形物品,包括電子計算機、微處理器、單晶片微處理機、中央處理機。準此,電腦係上位概念,而電子計算機、微處理器、單晶片微處理機、中央處理機爲下位概念[59]。

貳、全要件原則之運用

一、逐項比對原則

美國聯邦最高法院1883年Fay v. Cordesman事件,認爲專利權人直接於申請專利範圍所記載之構成要件,既然爲專利權人之權限範圍,其所有之構成要件均應視爲重要,法院不得宣告某一構成要件爲不重要[60]。美國聯邦最高法院雖於1919年之Harvey Steel Co. v. United States事件,曾認爲被控侵權物品或方

---

[58] 智慧財產及商業法院110年度行專訴字第5號行政判決。

[59] 顏吉承,專利侵權分析理論及實務,五南圖書出版股份有限公司,2014年6月,頁173、362。大陸地區北京高級法院之專利侵權判定指南第36條。

[60] Fay v. Cordesman, 109 U.S. 408 (1883).

法欠缺之要件，屬於申請專利範圍之不重要之構成要件，亦成立專利侵權[61]。反之，欠缺申請專利範圍之重要構成要件，則不成立專利侵權。然本文認為區分重要構成要件或不重要構成要件，以認定是否成立專利侵權，應於均等論原則加以區分，全要件原則判斷是否構成侵權，申請專利範圍之各要件，均不得忽視之。美國聯邦第七上訴巡迴法院於1979年American Hoist & Derrick Co. v. Manitowoc Co.事件，認為申請專利範圍所記載之全部構成要件，均為全要件原則所判斷之對象，是不論係重要或不重要之構成要件，僅要欠缺其中一個構成要件，即不成立專利侵權[62]。美國聯邦巡迴上訴法院於1991年Laitram Corp. v. Rexnord, Inc.事件指出，具體事件中判斷是否成立專利侵害時，應將申請專利範圍之每一要件，視為重要及必要者，而與被控侵權物品或方法之要件，作全面逐一比對[63]。

二、讀取原則或落入原則

美國聯邦巡迴上訴法院於1987年之Pennwalt Corp. v. Durand-Wayland, Inc.事件、1989年Johnston v. IVAC Corp.事件、1993年Morton Int'l Inc. v. Cardinal Chemical Co.事件、1994年之Lantech, Inc. v. Keip Mach. Co.事件及1996年之Engel Industries, Inc. v. Lockformer Co.事件，均指出字義侵害之判斷，在於將申請專利範圍之每一要件及被控侵權之物品或方法之要件，兩者作逐一比對，據以認定被控侵權物品或方法，有無落入申請專利範圍之文義範疇[64]。此發展成

---

[61] Harvey Steel Co. v. United States, Ct. Cl. 298 (1911)。認為被告排除方法專利中之不必要之步驟而實施，仍構成方法專利之侵害。

[62] American Hoist & Derrick Co. v. Manitowoc Co., 603 F.2d 629 (7th Cir. 1979)。被控侵權物品欠缺申請專利範圍之不重要之構成要件，縱使其他構成要件具備，仍不成立專利侵害。

[63] Laitram Corp. v. Rexnord, Inc. 939 F.2d 1533, 1535 (Fed. Cir. 1991).

[64] Pennwalt Corp. v. Durand-Wayland, Inc. 833 F.2d 931, 934 (Fed. Cir. 1987); Johnston v. IVAC Corp., 885 F.2d 1574, 1577 (Fed. Cir. 1989); Engel Industries, Inc. v. Lockformer Co., 96 F.3d 1398, 1405 (Fed. Cir. 1996). Every limitation recited in the claim is found in the accused device; Morton Int'l Inc. v. Cardinal Chemical Co., 5 F.3d 1464, 1468 (Fed. Cir. 1993); Lantech, Inc. v. Keip Mach. Co., 32 F.3d 542, 547 (Fed. Cir. 1994). Literal infringement is found where the accused device falls within the scope of the asserted claims as properly interpreted.

美國審判實務所稱之讀取原則（read on）或落入原則（fall within）。

參、全要件原則之比對類型

運用全要件原則進行比對申請專利範圍與被控侵權物品或方法之要件，其比對結果主要有要件完全相同、要件過剩及要件欠缺等三種類型[65]。倘系爭對象之技術內容，落入請求項之上位概念的技術特徵者，應判斷構成文義侵害。準此，前兩者成立初步之專利侵權，最後者則不成立初步之專利侵權。茲依序說明如後：

一、精確原則

所謂要件完全相同或精確原則（rule of exactness），係指申請專利範圍之所有構成要件或限制條件，均得於被控侵權物品或方法發現之，其構成字義侵害。換言之，申請專利範圍之技術特徵文字意義完全對應表現於被控侵權對象。即對象物直接抄襲申請專利範圍之全部構成要件，並無任何修改、附加或刪減。例如，申請專利範圍之要件為A、B、C、D，被控侵權物品或方法之要件亦為A、B、C、D，兩者比對項之構成要件相同。準此，被控侵權物品或方法構成初步之專利侵害。

二、附加原則

所謂要件過剩或附加原則（rule of addition），係指被控侵權物品或方法，除包括申請專利範圍所有之構成要件或限制條件外，並添加或存有額外之構成要件，其亦成立字義侵害[66]。倘其為組合物之請求項時，會因連接詞不同而有所區別：

(一)開放式連接詞

申請專利範圍所記載之連接詞為「包含」，係開放式之連接詞，其意為不

[65] 陳智超，專利法──理論與實務，五南圖書出版股份有限公司，2004年4月，2版，頁336。

[66] Sheldon W. Halpern, Craig Allen Nard, Kenneth L. Port, Fundamentals of United States Intellectual Property Law: Copyright, Patent, and Trademark 265 (2rev. ed. 2006).

排除請求項未記載之技術[67]。例如，申請專利範圍之構成要件包括A、B、C，被控侵權物品或方法之構成要件為A、B、C、D，被控侵權物品或方法之構成要件涵蓋申請專利範圍之全部構成要件，縱使被控侵權物品或方法多一項D要件，依據字義侵害之原則判斷，被控侵權物品或方法之構成要件，具備申請專利範圍之全部構成要件，已落入申請專利範圍之字面意義，構成初步之專利侵害。

(二)封閉式連接詞

申請專利範圍所記載之連接詞為「僅有」，係封閉式之連接詞，其意排除請求項未記載之技術[68]。例如，申請專利範圍之構成要件由A、B、C組成，被控侵權物品或方法之構成要件為A、B、C、D，其與申請專利範圍之構成要件不完全相同，應判斷不構成初步之專利侵害。

(三)半開放式連接詞

申請專利範圍所記載「主要係由何構成」，屬於半開放式連接詞，雖表示元件之組合所列舉者為主要元件，然不排除其他未記載之元件[69]。例如，申請專利範圍之構成要件主要由A、B、C組成，被控侵權物品或方法之構成要件為A、B、C、D，被控侵權物品或方法之構成要件，涵蓋申請專利範圍之全部構成要件，被控侵權物品或方法多一項D要件，D要件為實質上會影響主要技術特徵，應判斷構成初步專利侵害；反之，D要件為實質上不會影響主要技術特徵，應判斷不構成初步之專利侵害。

三、刪減原則

所謂要件欠缺或刪減原則（rule of omission），係指申請專利範圍與被控侵權物品或方法之對比項中，缺乏任何一項構成要件，則不構字義侵害。例如，申請專利範圍之要件為A、B、C，被控侵權物品或方法之要件為A、B、D，將兩者之要件，依序逐一加以比對、分析，其中雖有A、B要件相同，惟申請專利範圍之C要件與被控侵權物品或方法之D要件，經比對分析結果，並不相同。簡言之，被控侵權物品或方法，僅具備部分申請專利範圍之構成要

---

[67] 智慧財產及商業法院103年度行專訴字第8號行政判決。
[68] 智慧財產及商業法院99年度行專訴字第152號行政判決。
[69] 智慧財產及商業法院98年度行專訴字第37號行政判決。

件，是兩者之構成要件，非完全相同，故被控侵權物品或方法，未落入申請專利範圍之字面意義，不構成初步之專利侵害。

肆、例題解析——字義侵害判斷原則

一、初步判斷專利侵權

應用全要件原則係分解申請專利範圍之請求項，其包括構成要件、構成要件間之連接關係及各構成要件所發揮之功能。並以分解之各構成要件，與被控物品或方法相對應之對比項所構成之要件，兩者逐一比對，倘技術特徵或構成要件完全相同，其於專利侵害之初步判斷，即成立侵害專利。易言之，被控侵權物品或方法，完全落入申請專利範圍之字義範圍，則構成專利侵權，故全要件原則亦稱字義侵害判斷原則[70]。

二、不適用全要件原則

被控侵權物品具有申請專利範圍之全部構成要件，且其技術內容相同，始侵害成立初步之專利侵權。倘被控侵權物品缺少一個以上之構成要件，依據申請專利範圍所涵蓋之字面意義，不適用全要件原則。本件將專利申請範圍之所有構成要件與甲製造之鋁門窗之所有構成要件，作逐一比對，發現甲製造之鋁門窗所包括之構成要件「網料」，其與乙所有新型專利之構成要件「框料」及「接頭」，兩者之構成要件不同。故本件被控侵權物品之構成要件「網料」，並未讀入乙所有新型專利之申請專利範圍，其亦缺乏申請專利範圍之「框料」及「接頭」構成要件，故不適用全要件原則。準此，初步判斷不成立專利侵權，須再應用均等論及禁反言原則，判斷是否成立專利侵權。

伍、相關實務見解

一、解析專利請求項之技術特徵要件

專利請求項有三，請求項1為獨立項，請求項2至3為附屬項。請求項1記

---

[70] 智慧財產及商業法院99年度民專上字第68號、第79號民事判決。

載：一種寵物籠鎖扣接合裝置，寵物籠係由上、下籠體組合，並藉由數鎖扣加以扣結。其特徵在於上籠體之底端周側適當處突伸設以數上組接塊，各上組接塊具有二開口朝上之開槽；下籠體之頂端周側對應上籠體之組接塊，乃設以下組接塊，各下組接塊分別具有二開口朝下之開槽；數鎖扣於其底部內側面樞接扣勾，據以卡設組入下組接塊二開槽內，而鎖扣內側壁則突伸有卡勾，以使卡勾嵌組於上組接塊二開槽內者。經解析專利請求項1之內容，可得其技術特徵要件有五：(一)一種寵物籠鎖扣接合裝置；(二)寵物籠係由上、下籠體組合，並藉由數鎖扣加以扣結；(三)特徵在於上籠體之底端周側適當處突伸設以數上組接塊，各上組接塊具有二開口朝上之開槽；(四)下籠體之頂端周側對應上籠體之上組接塊，乃設以下組接塊，各下組接塊分別具有二開口朝下之開槽；(五)數鎖扣於其底部內側面樞接扣勾，據以卡設組入下組接塊二開槽內，而鎖扣內側壁則突伸有卡勾，以使卡勾嵌組於上組接塊二開槽內者[71]。

二、被控侵權產品未落入專利請求項文義範圍

專利請求項1分為A至E要件，被控侵權產品應相對分為a至e要件，a至d要件雖為A至D要件所讀取。然被控侵權產品e要件「搭接部之二側頂緣則導引槽之截面略成L型，斜度約略相同，上層鋼板以搭接方式組合於在下層鋼板之上，組合後將再以螺絲鎖固」技術特徵，經比對專利請求項1之E要件「搭接部之二側頂緣則分別設有圓弧凹槽，俾形成浪板搭接處之扣接結構」技術特徵，可知被控侵權產品之e要件無圓弧凹槽，未形成具扣接功能之結構，故被控侵權產品之e要件與專利請求項1之E要件，未為文義讀取。準此，被控侵權產品未落入系爭專利請求項1之文義範圍[72]。

第三節　均等論原則

美國專利法第112條第6項規定，係均等論之法源基礎，美國司法實務於專利法規範下，利用衡平觀念，以兼顧專利權人之保護及公眾對於專利權保護範圍之認知，發展出均等論原則以處理專利侵權事件。所謂均等論原則，係指被控侵權物品或方法雖未落入申請專利範圍之字面意義內，倘其差異或改變對其

所屬技術領域中具有通常知識之人而言，有置換之可能性及置換之容易性時，被控侵權之物品或方法，其與申請專利範圍所載之技術均等，則爲專利權之範圍所及，即得認定成立專利侵權。因專利係爲技術思想之成果，欲以文字式撰寫申請專利範圍，使該技術思想不致遺漏，對申請人而言，並非易事。是均等論理論得補救文字描述之不足，以追求實體眞實之專利權範圍，而具體有效保護專利權人之利益。準此，均等論係站在保護專利權人之立場出發，故均等論對於專利權人之保護較爲周全[73]。

例題3

> 　　機械實務而言，欲固定兩元件或工件，得選用螺絲或鉚釘加以連結。倘專利請求項利用螺絲連接A、B連桿，而被控侵權產品係利用鉚釘連接A、B連桿。試問專利與被控侵權產品是否成立均等要件？理由爲何？

壹、均等論之定義

一、保護專利權人

　　所謂均等論者（Doctrine of Equivalent），係指被控侵權物品或方法雖未落入申請專利範圍之字面意義，倘其差異或改變，對其所屬技術領域中具有通常知識之人而言，有置換可能性或置換容易性時，則被控侵權之物品或方法與申請專利範圍所載之技術內容間，兩者成立均等要件。簡言之，被控侵權之物品或方法實質侵害請求標的，爲申請專利範圍所及，自得認定成立專利侵權。因欲以文字精確、完整描述發明或創作之範圍，實有先天無法克服之困難，倘將專利權範圍限於申請專利範圍之文義，對專利權人顯然保護不周，亦使第三人有機可乘。故爲保障專利權，防止他人抄襲發明或創作之成果，對於僅爲非實質之微小改變，藉以輕易迴避專利權範圍而規避侵權責任者，應判斷其有均等侵害。

---

[73] 引用均等論之目的在於擴大專利權之保護範圍，並非擴大專利權之權利範圍。

二、擴大專利權之保護範圍

發明人或專利人於申請專利時，欲設想未發生之諸類侵權仿冒模式態樣，其於客觀有困難度。反之，仿冒人於專利公告後，得依據公告之申請專利範圍，參酌行為時已知之技術思考迴避專利之替代方案。準此，隨時間之經過，專利權人欲執行排他性權利逐漸困難，致專利價值與時間長短呈反比，並於專利權屆滿而消滅，此與商標價值與時間經過而增加，其權利得延展，兩者有所不同；反而仿冒人欲迴避專利權，則隨時間之經過而愈加容易，其迴避專利之機率成正比。導致專利權人與仿冒者有先天性之不公平。審諸專利權人係揭露技術與社會分享者，並非與仿冒者共享。故對於先天之失衡現象，專利制度必須酌情對專利權有利之方向調整，使專利權之均等範圍，隨時間之經過而擴大[74]。

貳、均等論之目的

一、調整及修正周邊限定主義

被控侵權物品或方法與申請專利範圍之各構成要件，經解釋後之字面涵義，兩者相互比對，倘被控侵權物品或方法未具備申請專利範圍之所有構成要件，依據全要件原則，則可初步判定未構成專利侵權。因大多數專利侵權事件，並非全然仿照抄襲申請專利範圍，而係對申請專利範圍作少許之改變，以迴避侵害專利權，故此等非字面涵義所能包括之細微變化，倘認為非專利權所保護之範圍，實不足以保護專利權人之權利，是藉由均等論之原則，有調整及修正周邊限定主義所解釋申請專利範圍之功能[75]。準此，修正周邊限定主義為中心限定主義所衍生之侵害判斷原則[76]。

---

[74] 洪瑞章，專利侵害鑑定理論與實務（發明、新型篇），智慧財產專業法官培訓課程，司法院司法人員研習所，2006年3月，頁24至25。

[75] 周邊限定主義認為申請專利範圍之記載為保護專利權之最大範圍。而從事均等論解釋之證據，包括外部與內部證據。

[76] 李文賢，論專利侵害鑑定基準，月旦法學雜誌，83期，2002年4月，頁157。

二、補救文字描述之侷限

專利係為技術思想之成果，欲以文字式撰寫申請專利範圍，使該技術思想不致遺漏，對專利申請權人而言，並非易事，是應用均等論原則解釋專利技術之內容及特徵，自得補救文字描述之不足，以確實保護專利權人。為避免過度擴大解釋之範圍，運用均等論解釋之申請專利範圍，應受如後限制，認定非均等之效力所及：(一)先前技術之範圍；(二)依據先前技術顯得易見者；(三)專利技術所涵蓋之技術。

參、均等論成立要件

判斷被控侵權物品或方法，與申請專利範圍所載之技術內容間，兩者是否有實質之差異（substantial difference），此涉均等之成立要件，其成立要件有二：置換可能性與置換容易性，先判斷置換可能性，繼而認定置換容易性[77]。

一、置換可能性

所謂置換可能性（interchangeability），係指被控侵權之物品或方法，是否得經由申請專利範圍或專利說明書之記載，而加以修改或改變而取得者。換言之，將專利發明或創作要件之一部，以其他實質上相同方法或物品，予以更換或置換，亦可達成專利發明或創作實質上相同之功能及效果，該發明或創作在客觀上與專利物品或方法，具有同一性，屬置換可能性。其係就技術結果加以研判，具有價值判斷之性質。簡言之，二個構成要件係以實質同一方式（way）發揮實質同一功能（function），並產生實質上同一之結果（result），兩者間具可置換性，為非實質性之改變，被控侵權物品或方法構成均等侵害。例如，申請專利範圍之構成要件為A＋B＋C，被控侵權之物品以D置換C，成為A＋B＋D，倘D與C實質上之功能相同，亦可達成實質上相同之效果，則屬專利技術所涵蓋之範圍，故可判斷被控侵權物品或方法，係與申請專利範圍所載之技術均等。因被控侵權之物品或方法，將申請專利範圍之部分構成要件，固以其他相異之構成要件置換，惟其實質上之功能及效果均相同，依據均等論之理論，應構成專利侵權。反之，C變換成D，兩者之技術內容不

---

[77] 均等論有廣義與狹義之分，置換可能性與置換容易性屬狹義之概念。

同,則與申請專利範圍所載之技術不具均等關係[78]。

二、置換容易性

所謂置換容易性,係指被控侵權之物品或方法,其於所屬技術領域中具有通常知識之人,依據或參考申請專利範圍或專利說明書之記載,進行改變或置換是否容易者。倘該置換行為係發明或創作所屬技術領域中具有通常知識者,易於推知或得簡易變更者,則與專利物品或方法,具有同一性,屬置換容易性。因更改或置換,對熟習該項技術者而言,兩者之置換係屬顯而易知。詳言之,被控侵害專利物品或方法,對其所屬技術領域中具有通常知識之人士而言,依據申請專利範圍或說明書之記載,容易進行改變或置換者,屬專利技術所涵蓋之範圍,兩者之技術內容均等。反之,不易進行改變或置換者,技術內容不相同,即非與申請專利範圍所載之技術均等[79]。

三、置換可能性與置換容易性之關係

置換可能性與置換容易性之判斷有先後順序,前者係客觀要件,後者屬主觀要件,因判斷客觀要件有一定標準,故先判斷置換可能性,繼而認定置換容易性。換言之,經置換可能性之檢視後,認為符合客觀要件時,即無須再進行置換容易性之檢視。反之,經置換可能性之檢視後,雖認為不符合客觀要件,然判斷結果,令熟習該項技術者無法接受時,始有續行置換容易性之檢視。例如,待鑑定物之技術內容與申請專利範圍技術特徵之文義完全一致者,原則上可判定構成侵權。文義不一致之情形,倘其不一致,僅因待鑑定物就申請專利範圍之技術特徵為「非重大差異」修改,實質並無不同時,為公平及適切保護專利權,應許專利權人主張該部分為其專利範圍,認定構成侵害,此稱為均等侵害。至於是否屬非重大差異之修改,得以兩者之技術手段、功能及結果,是否實質相同,以為判斷;倘差異為該發明所屬技術領域中具有通常知識者,依其專業知識能輕易置換者,應認實質相同[80]。

---

[78] 智慧財產及商業法院101年度民專上更(二)字第2號民事判決。

[79] 智慧財產及商業法院101年度民專上更(二)字第2號、103年度民專上更(一)字第6號、104年度民專上字第17號、103年度民專訴字第29號民事判決。

[80] 最高法院102年度台上字第1986號民事判決。

四、能輕易完成之發明

發明所屬技術領域中具有通常知識者依據一份或多份引證文件中揭露之先前技術，並參酌申請時的通常知識，而能將先前技術以轉用、置換、改變或組合等方式完成申請專利之發明者，發明之整體屬顯而易知，應認定為能輕易完成之發明。而技術內容之組合，對於發明所屬技術領域中具有通常知識者，是否明顯，應依發明所欲解決之問題、技術領域及組合之動機等因素，加以決定。例如，證據1係一種適用於無刷直流馬達軸流式風扇的軸承座，證據2為散熱風扇馬達之軸管固定構造，證據3為一種具有支撐裝置板之主軸馬達，故證據1、2均係屬於風扇馬達之技術領域，證據3係屬馬達之相關技術領域，且證據3之主要構造與風扇馬達之結構相較，具有共同關聯之實施必要元件，其技術領域具有關連性。因系爭專利所欲解決之問題，在於克服習知技術以超音波熔接之加工方式，將框體與馬達底座結合時，所造成馬達底座偏心距過大造成底座脫落之缺失。證據3係為解決裝置板與軸承套結合定位時，造成馬達中心軸精準度誤差之缺失，兩者所採用之技術手段，均係以先成形某一部件，再成形另一部件之同時，將兩者形成結合，是系爭專利與證據3所欲解決之問題及解決問題之技術手段相同。而證據1、2均涉及框體與底座結合之技術內容，且證據1與系爭專利請求項1之差異僅在於「底座係預先成形後，再成形框體，並同時使底座與框體相結合」技術特徵，證據2與系爭專利請求項1之差異，在於「底座與框體之材質係不同」及「底座係預先成形後，再成形框體，並同時使底座與框體相結合」技術特徵，上開差異之技術特徵為證據3所揭露。準此，發明所屬技術領域中具有通常知識者，其於證據3之教示，在面臨組裝品質不良及簡化製程之問題時，自有動機將證據3之技術運用於證據1或2之組裝構件，而輕易完成系爭專利請求項1之發明，並據以認定證據1、3之組合或證據2、3之組合，足以證明系爭專利請求項1不具進步性[81]。

---

[81] 最高行政法院107年度第154號行政判決。

肆、均等論之發展

一、衡平原則

(一)Winans v. Denmead

美國專利法第112條第6項規定，係均等論之法源基礎，美國司法實務據此發展出均等論原則，作為判定專利侵權之基準[82]。詳言之，美國法院於美國專利法規範，利用衡平（equitable）觀念，以兼顧專利權人發明或創作之保護及公眾對於專利權保護範圍之認知，發展出均等論原則以處理專利侵權事件。均等論成為判斷專利侵害之原則，肇始於美國聯邦最高法院1853年Winans v. Denmead事件，該專利技術為有關煤礦貨車所裝置之圓錐形底卸盤，該裝置得均勻地分布裝載之煤礦物，以便減少貨車側面所承受之壓力。而被告被控侵權之鐵路貨車，係採用八角形底卸盤。經陪審團認為被告貨車係以實質上以相同原則及運作模式確實達成同一效果。準此，法院判定第三人雖就物品形狀作單純之變化，惟實質上係利用專利之發明或創作原理，故被控侵權對象與專利範圍間，僅有微小與非實質性之差異（minimum and insubstantial difference），縱使被控侵權物品與發明或創作之形狀或尺寸不相同，因其技術特徵不具備實質性之差異，基於衡平法（equity）觀念，認為系爭對象構成均等侵害（infringement under doctrine of equivalent），應成立專利侵權[83]。

(二)Machine Co. v. Murphy

美國聯邦最高法院於1877年Machine Co. v. Murphy事件，指出二個物件間，倘以實質上相同之方法（way），可達到相同之功能（function）及完成實

---

[82] 35 U.S.C. §116 P 6: An element in a claim for a combination may be expressed as a means or step for performing a specified function without the recital of structure, material, or acts in support thereof, and such claim shall be construed to cover the corresponding structure, material, or acts described in the specification and equivalents thereof.

[83] Winans v. Denmead, 56 U.S. 330, 338 (1853). The defendant constructed cars that, substantially, on the same principle and on the same mode of operation, accomplished the same result。專利物品為圓錐體車廂，系爭對象為倒八角錐體車廂，雖未構成文義侵害，惟兩者之功能與效果具有實質相同。

質相同結果（result），縱使名稱、形式或外觀並不相同，均屬相同之物件[84]。

(三)Sanitary Refrigerator Co. v. Winters

美國聯邦最高法院嗣於1929年Sanitary Refrigerator Co. v. Winters事件，其認為第三人之物件雖已改變專利之名稱、形式或外觀，惟其具有方法、功能及結果，均與專利之物件相同，亦構成專利之侵害[85]。

二、三部測試法

美國聯邦最高法院1950年Graver Tank & MFG. Co. v. Linde Air Products Co.事件，其認為相同之抄襲並不常見，為避免不道德之仿冒者（unscrupulous copyist），藉由不重要而非實質之改變與置換，規避專利侵權責任，均等論之保護有其必要性，以避免專利權之空洞化[86]。準此，被控侵權物品或方法物雖未構成字義侵害之情事，如被控侵權物品或方法係實質上用同一技術手段或方法，實施實質上同一功能或作用，而產生專利物品或專利方法上相同之實質結果者，以均等論原則觀之，係成立專利侵權，此為三部測試法（function-way-result test, FWR）[87]。以Graver Tank事件為例，美國聯邦最高法院於判斷被控侵權行為人使用「矽酸錳」，是否為專利權人熔接組成物專利之必要要件「矽酸鎂」均等物，法院將被控侵權行為人使用「矽酸錳」行為，其與擅長熔接組成物之技術者之相同行為，互相比較之結果，發現將「矽酸鎂」換成「矽酸錳」，是熟悉該項領域者所擅長，其具有「置換容易」與「置換可能」均等要件，故兩者屬均等物，並未具備新穎性或進步性，被控侵權物品不具備發明

---

[84] Machine Co. v. Murphy, 97 U.S. 120, 125 (1877). If two devices do the same work in substantially the same way, and accomplish substantially the same result, they are same, even thought they differ in name, form, or shape.

[85] Sanitary Refrigerator Co. v. Winters, 280 U.S. 30, 42 (1929). Generally speaking, one device is an infringement of another, if it performs substantially the same function in substantially the same way to obtain the same result.

[86] 均等論之核心在於防止第三人盜用專利發明或創作之成果，其不僅適用開創性發明，亦適用改良發明。

[87] Graver Tank & MFG. Co. v. Linde Air Products Co., 339 U.S.605, 607-608 (1950). If it performs substantially the same function in substantially the same way to obtain the same result.

之要件，應成立專利侵權[88]。就專利舉發行政程序以觀，舉發人所提之舉發證據，所欲解決之問題、解決問題之技術手段及所欲達成之功效，其與被舉發之專利實質相同，彼此間有結合動機，且其組合可實現被舉發之專利，足以證明被舉發之專利不具進步性[89]。

三、比對原則

(一)構成要件逐項比對原則

　　美國法院判斷系爭對象是否構成均等侵害，其運用三步測試法檢測時，有二種方式：1.構成要件逐一比對[90]；2.請求項整體比對。前者（element by element rule）為主流之方式，係美國聯邦最高法院所採見解。故被控物品欠缺申請專利範圍之任一元件時，雖不構成字義侵害，惟構成要件經逐一比對後，其屬實質相同之物品或方法時，均等論亦有適用處[91]。舉例說明之：1.美國聯邦巡迴上訴法院於1985年Lemelson v. United States事件[92]、1987年之Pennwalt Corp. v. Durand-Wayland, Inc.事件及Perkin-Elmer Corp. v. Westinghouse Electric Corp.事件中，認為進行均等侵害判斷時，應採用技術特徵逐一比對之方式，將被控侵權對象之技術內容與請求項中所對應之技術特徵進行個別比對，倘兩者實質相同，則構成均等侵害[93]；2.美國聯邦最高法院於1997年Warner-Jenkinson Co. v. Hilton Davis Chemical Co.之事件中，再度詮釋均等論作為判斷專利侵權之原則。準此，申請專利範圍之每一構成要件，對於界定專利範圍均屬重要（deemed material）。均等論必須適用於專利申請之每一構成要件（element by element），而非發明或創作之整體（as a whole）。

---

[88] 三部測試法係美國最高聯邦法院於1950年Graver Tank & MFG. Co. v. Linde Air Products Co.事件所確立。

[89] 最高行政法院107年度判字第391號行政判決。

[90] 智慧財產及商業法院99年度民專訴字第189號、99年度民專上字第80號民事判決。

[91] 劉孔中、倪萬鑒，均等論在我國實務應用上所生問題之檢討，智慧財產權月刊，40期，2001年4月，頁57。

[92] Lemelson v. United States, 752 F.2d 1538 (Fed. Cir. 1983).

[93] Pennwalt Corp. v. Durand-Wayland, Inc., 833 F.2d 931, 948 (Fed. Cir. 1987); Perkin-Elmer Corp. v. Westinghouse Electric Corp., 822 F.2d 1528 (Fed. Cir. 1987).

(二)構成要件整體比對原則

所謂請求項為整體比對（invention as a whole），係指將被控侵權對象與請求項整體進行比對，倘兩者實質相同，則構成均等侵害。一般而言，整體比對方式對於專利保護範圍之認定較為寬鬆，較有利於專利權人。舉例說明如後：1.美國聯邦巡迴上訴法院1983年Hughes Aircraft Company v. United States事件，法院於有關同步通訊衛星專利之侵害訴訟中，就均等侵害判斷採整體比對方式[94]；2.1986年Taxas Instruction Inc. v. U. S. International Trade Commission事件，認為就系爭專利之各元件與被控產品之各元件分別比較結果，固成立均等要件，然以整體觀之，則並無均等可言[95]；3.美國聯邦巡迴上訴法院於1989年Corning Glass Works v. Sumitomo Electric USA事件，就有關光纖傳遞訊號之波導管專利侵害訴訟，就均等侵害判斷，亦採整體比對方式[96]。

四、判斷均等要件為事實問題

均等要件之判斷為事實問題，當事人均得提出專家證詞、相關文件及先前技術引證等作為證據。有陪審團（a jury trial）之專利侵權事件，法官必須作出適當之指示，使陪審團得依據均等論原則認定之；無陪審團（a bench trial）事件，則由法院逕行認定事實[97]。美國聯邦上訴巡迴法院2000年之IMS Technology, Inc. v. Haas Automation, Inc.事件，認為就保護專利權目的而言，侵權行為人以變更不重要部分或枝微末節之修正，企圖規避專利之侵權責任（fraud on a patent），應運用均等論之方法，逐一比對申請專利範圍及被控侵權物品或方法之構成要件[98]，並分析兩者間之功能、手段及結果之差異，倘未有實質上之差異者（insubstantial differences），則應判定構成專利侵權[99]。

---

[94] Hughes Aircraft Co. v. United States, 717 F.2d 1351, 1364 (Fed. Cir. 1983).

[95] Taxas Instruction Inc. v. U.S. International Trade Commission, 805 F.2d 1558 (Fed. Cir. 1986).

[96] Corning Glass Works v. Sumitomo Electric USA, Inc., 868 F.2d 1251, 1253 (Fed. Cir. 1989).

[97] Warner-Jenkinson Co., v. Hilton Davis Chemical Co., 520 U.S. 17, 29 (1997).

[98] IMS Technology, Inc. v. Haas Automation, Inc., 206 F.3d 1422, 1429 (Fed. Cir. 2000).

[99] 林發立、黃仕勳，專利侵害刑事判決觀察──均等論之運用與檢討，萬國法律，119期，2001年10月，7頁。

五、貢獻原則

(一)Alexander Milburn Co. v. Davis-Bournonville Co.

美國聯邦最高法院1926年之Alexander Milburn Co. v. Davis-Bournonville Co.事件，認爲申請人揭露於說明書或圖式之技術手段，雖未記載於申請專利範圍，其應視爲貢獻於社會公眾，因而成爲先前技術，其得做爲核駁後申請案之新穎性及進步性之依據，不得就該部分主張均等論，此解釋申請專利範圍之法則，稱爲貢獻原則（dedication rule）[100]。美國聯邦上訴巡迴法院於1996年Maxwell v. Baker, Inc.事件亦認爲揭露於說明書者，而未記載於申請專利範圍之部分，應視爲貢獻於社會，已成爲公共財產，專利權人就此不得主張均等理論，將專利權擴及於該未記載部分[101]。

(二)Johnson & Johnston Ass. Inc. v. R.E. Serv. Co.

美國聯邦上訴巡迴法院2002年之Johnson & Johnston Ass. Inc. v. R.E. Serv. Co.事件，原告申請專利範圍（claim）將發明物件之材料限制於鋁金屬，而於專利說明書（specification）記載鋁金屬係目前較理想之材料。至於其他材料，如不銹鋼或鎳合金亦得使用。法院認爲原告之申請專利範圍僅限於特定材料，縱使於專利說明書記載亦得使用其他材質，惟未於申請專利範圍主張之，非專利權範圍所及。原告於專利說明書所揭露之部分，因揭露而成爲公有（dedicate to the public）。準此，被告R.E. Serv. Co.之系爭產品使用申請專利範圍以外之材料，因其爲專利說明書所揭露之材料，原告Johnson & Johnston，不得依據均等論原則，主張系爭產品侵害其專利權。法院依據被告請求，認爲本件訴訟之申請專利範圍已經界定，並無重要事實之爭議存在，依據F.R.C.P. 56規定，以簡易判決（summary judgment）判決被告R.E. Serv. Co.勝訴[102]。

---

[100] Alexander Milburn Co. v. Davis-Bournonville Co., 270 U.S. 390, 399 (1926).

[101] Maxwell v. Baker, Inc., 86 F.3d 1098, 1100 (Fed. Cir. 1996).

[102] Johnson & Johnston Ass. Inc. v. R.E. Serv. Co., 285 F.3d 1046, 1067 (Fed. Cir. 2000).

伍、三部測試法之應用

一、實質相同

被控侵權物品或方法，藉由實質上相同（substantial equivalent）之方法，而獲得實質上相同之結果，並達到實質上相同之功能，則應適用均等論，成立專利侵權[103]。詳言之，倘被控侵權對象之對應元件、成分、步驟或其結合關係，其與申請專利範圍之技術特徵分析比對，係以實質相同技術手段（way），達成實質相同功能（function），而產生實質相同結果（result），應判斷待鑑定對象之對應元件、成分、步驟或其結合關係，其與申請專利範圍之技術特徵並無實質差異，應適用均等論原則。所謂實質相同者，係指兩者之差異為該發明所屬技術領域中具有通常知識者，所能輕易完成者、易於思及所能輕易置換者[104]。美國法院認為三部測試法則為法律問題，當事人得就此向聯邦法院提起上訴[105]。

二、分析方法

運用均等論於實際侵權之案例時，得運用三步測試法，即「功能─方法─結果三部分析法」[106]。其係考慮申請專利範圍之技術特徵與待鑑定對象之對應元件、成分、步驟或其結合關係之相似性。FWR之檢驗方法提供客觀判斷專利侵權訴訟之基準。茲將其三階段（tripartite test）分析方法，說明如後[107]：

(一)實質相同方法

第一階段係就被控侵權物品或方法與申請專利範圍，加以比較分析，認

---

[103] 美國專利事典，財團法人工業技術研究院，1993年5月，頁113。

[104] 專利侵害鑑定要點，司法院，2005年版，頁41。最高法院106年度台上字第85號民事判決。

[105] 顏吉承，淺談發明及新型專利範圍侵害判斷（上）──以外國專利侵權訴訟判決為他山之石，智慧財產權月刊，88期，2006年4月，頁50。

[106] 孫遠釗，論專利均等（等同侵權）與禁反言──兼評美國最近司法判例，法學叢刊，2001年7月，頁90。智慧財產及商業法院100年度民專訴字第38號民事判決。

[107] 智慧財產及商業法院98年度民專上字第62號、105年度民專上字第43號民事判決。

定是否以相同之方法或手段（the same way）加以實施，作為確認被控侵權物品或方法，是否為申請專利範圍之實質均等物（substantial equivalent）[108]。在三部分析法之任何階段，被控侵權物品或方法應與申請專利範圍間之每一構成要件，應逐一比對與分析（element-by-element），不得以申請專利範圍之整體（as a whole）與被控侵權物品或方法，作比對及分析。

(二)實質相同功能

　　第二階段為被訴侵權對象達到與申請專利範圍相同之方法或手段，繼而判斷被控侵權物品或方法，是否與申請專利範圍具有實質相同之功能（the same work）。倘不具有實質相同之功能者，則不構成專利侵權，無須進行第三階段之判斷。

(三)實質相同結果

　　第三階段係判斷被控侵權物品或方法，是否達到與申請專利範圍相同之結果（the same result），倘未達到相同之效果，縱使有實質相同方法與實質相同功能，仍不構成專利侵權。

三、成立專利侵權要件

　　依據三部測試法進行比對時，申請專利範圍之每一構成要件必須與對比之被控侵權物品或方法之構成要件間，逐一比對與分析，而兩者之全部構成要件為均等物或方法，始適用均等論原則。換言之，被控侵權物品或方法就每一構成要件判斷，均有實質上相同之方式，實施實質上相同之功能，而達成實質上相同之結果，即成立專利侵權[109]。反之，被控侵權物品或方法就每一構成要件判斷，實質之方法、功能或結果，有一不同者，不成立專利侵權[110]。

---

[108] 雷雅雯，侵害專利權之民事責任與救濟，司法研究年報，23輯2篇，司法院，2003年11月，頁43。

[109] Pennwalt Corp. v. Durand-Wayland, Inc., 833 F.2d 931 (Fed. Cir. 1987) (in banc), cert. Denied, 108 S. Ct. 1226 (1988).

[110] 最高法院102年度台上字第1684號民事判決。

陸、均等之類型

將專利之各構成要件結合或分離，以對應待鑑定對象之元件，而為前後、左右、上下位置改變，均有可能成立均等。一般而言，均等之類型大致有六種類型，茲分述如後[111]：

一、均等物

以「替代物」取代專利物品之要件，達成與專利相同之目的。例如，參諸「用鹽酸洗淨劑之製造方法」專利發明，對其所屬技術領域中具有通常知識之人，得以鹽酸具有相同洗淨作用「硫酸」代替，足認鹽酸與硫酸為均等物。

二、均等方法

以「替代方法」取代專利物品之要件，達成與專利相同之目的。例如，某容器原以煮沸作為滅菌之方法，並申請方法專利。現持相同之目的，改以「紫外線照射」取代煮沸之方法，是煮沸與紫外線照射，為均等方法。

三、迂迴設計

當事人為迴避專利侵權，對專利物品或方法之要件，為細微之設計變更，以達成與專利相同之目的。例如，以「齒輪」代替橡皮帶之驅動功能，以更換零件之方式，迴避專利侵權。

四、材料變更

當事人僅變更專利物品或方法所用之材料。例如，以「天然橡膠」代替人工橡膠；或者「人造鑽石」代替天然鑽石，其技術內容特徵均屬相同，僅材質不同。

---

[111] 楊崇森，專利法理論與應用，三民書局股份有限公司，2003年7月，頁365至366。

五、添加非必要之要件

對於專利物品或方法，添加非必要性之要件，藉以迴避專利侵權，而其未改變專利之目的。例如，在專利之電動馬達上「添加某構件」，而該構件並無增進馬達之動力或減少電力之消耗，其顯屬非必要性之要件，並無實質之改變。

六、減少非必要之要件

當事人就專利發明或創作之構成要件，減少非必要之構成要件，其所缺乏之部分，除有迴避侵害專利之目的外，並不發生新之效果，其所達目的與專利相同。例如，將機械錶之秒針除去，該構件並非必要之構成要件，其所缺乏之部分，並不發生新之效果，所達目的亦為計時，即與機械錶之申請專利範圍相同。

柒、例題解析——三部測試法之分析

一、固定工件之零件

三部測試法	分　　　析	判斷結果
技術手段	欲達到固定之目的，螺絲須被「旋轉進入」一螺孔或螺母，螺絲藉由螺牙及其斜面之「摩擦現象」加以定位。鉚釘則被「直接接入」圓洞中，藉由「塑性變形」加以定位	實質不相同
技術功能	螺絲之固定藉由「可調漸進式」之達成，鉚釘之固定為「直接快速」之實現	實質不相同
技術結果	螺絲為「可拆式」固定或連接，而鉚釘則為「永久性」固定或連接	實質不相同
置換可能性	不成立	實質不相同
置換容易性	不成立	實質不相同

二、無置換可能性與非置換容易性

本件依據三部測試法之檢視結果,故認為專利物件與被控侵權物品於手段、功能及結果均屬實質不相同,均無成立置換可能性之情形。就機械所屬技術領域中具有通常知識者而言,選用螺絲或鉚釘連接工件或元件,兩者間有實質之差異性,認為兩者未符合均等要件,屬合理之研判。再者,就置換容易性而言,該置換行為係發明或創作所屬機械技術領域中具有通常知識者,並非易於推知或得簡易變更者,故與專利物品不具有同一性,非屬置換容易性。準此,不適用均等論原則[112]。

捌、相關實務見解

一、界定專利所屬技術領域之技術水準

系爭專利請求項1界定主機本體內設有充氣幫浦、洩氣閥、導氣管、震動馬達、蜂鳴器、接線板等構件,暨外表延伸一導線與控制器銜接等技術特徵,就系爭專利所屬技術領域中具有通常知識者而言,將系爭專利之主機本體之充氣幫浦、洩氣閥及蜂鳴器等構件設於控制器內,並將導氣管用於連接控制器內之充氣幫浦、洩氣閥與主機本體內之氣囊,而完成系爭產品,該等技術特徵是否為容易置換者,此為本件判斷是否適用均等論,所應審酌之範疇。準此,首先應先界定侵權行為時,系爭專利所屬技術領域中具有通常知識者之技術水準。法院判斷系爭產品就充氣幫浦、洩氣閥、蜂鳴器等之位置予以改變,此項置換對其所屬技術領域中具有通常知識之人而言,是否可簡易思及而完成者,並參考我國第93201476號、第94201194號、第94106605號及大陸地區第99105913.1號、第99258557.0號、第00234571.4號等專利案,作為判斷本件所屬技術領域通常知識者之技術水準[113]。

---

[112] 洪瑞章,專利侵害鑑定理論與實務(發明、新型篇),智慧財產專業法官培訓課程,司法院司法人員研習所,2006年3月。

[113] 智慧財產及商業法院101年度民專上更(二)字第2號民事判決。

二、被控侵權對象不適用均等論

基於全要件原則，判斷被控侵權對象是否符合文義讀取，倘被控侵權對象不符合文義讀取；繼而比對被控侵權對象是否適用均等論，判斷被控侵權對象之對應元件、成分、步驟或其結合關係與申請專利範圍之技術特徵，是否以實質相同之技術手段，達成實質相同之功能，而產生實質相同之結果。倘被控侵權對象之對應元件、成分、步驟或其結合關係與申請專利範圍之技術特徵無實質差異，即應適用均等論，成立專利侵權[114]。例如，經分析比對結果，烘碗機與專利請求項1共有5個技術特徵不符合文義讀取，該等技術特徵再依均等論分析比對，其中有4個技術特徵無均等論之適用，故被告之烘碗機未落入原告之專利範圍，不成立專利侵權，原告不得向被告主張侵害專利之損害賠償請求權[115]。

第四節　逆均等論原則

逆均等論所扮演之功能與均等論之功能相反。詳言之，被控侵權物品或方法雖落入專利權人申請專利範圍之文義，應再運用逆均等論判斷是否排除侵權成立，倘被控侵權物品或方法於發明或創作原理，已有相當程度之改變，係實質上以不同方式達成相同或類似之功能時，不符合均等之成立要件。準此，逆均等論原則可以用於限制專利之申請範圍，阻卻專利侵權之成立。

例題4

　　甲之發明專利請求項記載利用熱能之產生電力裝置，依據專利說明書之具體實施例內容，可知其係以汽油或煤油之燃燒而產生電力之裝置。試問乙嗣後製造利用太陽能之產生電力之設備，乙所製造之物品，有無適用逆均等原則？

---

[114] 最高法院99年度台上字第406號、第1255號民事判決。
[115] 智慧財產及商業法院97年度民專訴字第55號民事判決。

例題5

> 　　丙之發明專利名稱為電池電極，其申請專利範圍記載一個由多數微孔金屬板組成之電極，在說明書中雖指出電極微孔之作用，在於控制氣泡之壓力，微孔之直徑在1到50mm間，然申請專利範圍並未記載關於微孔直徑及其作用之技術特徵。試問丁嗣後製造之電池電極，由多數微孔金屬板組成，其金屬板上之微孔直徑遠大於50mm。試問丁之物品有無適用逆均等原則？理由何在？

壹、逆均等論之定義

　　專利侵害之判斷，並非僅就申請專利範圍之字義為唯一判斷標準，其於被控侵權物品或方法與申請專利範圍進行分析與比對時，亦應考慮被控侵權物品之方法、功能及結果。詳言之，當被控侵權物品或方法未落入專利權人申請專利範圍之文義，繼而運用均等論判斷是否成立侵權，倘被控侵權物品或方法與申請專利範圍間，具有以實質上相同之方法，可達到相同之功能及完成實質相同結果者，則成立專利侵權，是均等論之適用對於專利權人較為有利。反之，被控侵權物品或方法雖落入專利權人申請專利範圍之文義，進而運用逆均等論判斷，是否排除侵權成立，倘被控侵權物品或方法於發明或創作原理，已有相當程度之改變，係實質上以不同方式達成相同或類似之功能時，即不符合均等之成立要件。準此，逆均等論之適用對於被控侵權人較為有利。

貳、逆均等論之目的

一、限縮申請專利範圍之文義

(一)消極均等論

　　逆均等論（Reverse Doctrine of Equivalents）或消極均等論，係為防止專利權人任意擴大申請專利範圍之文義範圍，而對申請專利範圍之文義範圍予以限縮。被控侵權對象雖為申請專利範圍之文義範圍所涵蓋，然被控侵權對象，係

以實質不同之技術手段達成實質相同之功能或結果時，則不成立專利侵權[116]。進行逆均等論比對時，應依據說明書所載發明或新型說明之內容，加以決定，就申請專利範圍所載之構成要件，逐一分析比對。

(二)避免申請專利範圍有不當擴張

專利權人撰寫之申請專利範圍於實質上已逾發明或創作之範圍，則必須運用逆均等論，將專利之保護範圍限縮至專利權人實際上發明或創作之範圍內。準此，被控侵權物品或方法與申請專利範圍之要件，經逐一比對分析後，申請專利範圍涵蓋被控侵權物品或方法之全部要件，雖落入字義之侵害範圍，惟被控侵權物品或方法所使用之方法與申請專利範圍於實質上完全不同[117]，則未構成專利之侵害。準此，逆均等論得用以限制專利申請之範圍，防止申請專利範圍有不當擴張之功能，其功能恰與均等論相反[118]。換言之，專利權人得利用均等論作為訴訟之攻擊方法，而被告得利用逆均等論做為防禦之方式，加以反制。逆均等論為系爭對象構成文義侵害後，始進行比對判斷，由被告負舉證責任。

二、逆均等論為均等論之反向思考

均等論係被控侵權物品或方法未構成字義侵害之情況，持之判斷是否仍構成專利侵害，適用均等論者，則成立專利侵權。反之，逆均等論係被控侵權物品或方法落入申請專利範圍，而構成字義侵害時，用以判斷被控侵權物品或方法，是否未構成專利之侵害，適用逆均等論，則不成立專利侵權。準此，均等論與逆均等論係就同一被控侵權物品或方法，為反向思考，以熟悉該項技術之人或所屬技術領域中具有通常知識者，其於侵權行為時為準，就申請專利範圍之技術內容，是否涵蓋被控侵權之物品或方法[119]。簡言之，逆均等論所扮演之功能與均等論之功能相反，逆均等論原則得以用於限制專利之申請範圍，阻卻

---

[116] 專利侵害鑑定要點，司法院，2005年版，頁39。
[117] 所謂實質上不同方法，係指相較於申請專利範圍，被控侵權物品或方法有根本之改變，或者被控侵權物品或方法已改變申請專利範圍之原理。
[118] 雷雅雯，侵害專利權之民事責任與救濟，司法研究年報，23輯2篇，司法院，2003年11月，頁64。
[119] 曾勝珍，智慧財產權法專題研究，金玉堂出版社，2004年6月，頁213。

專利侵權之成立，對於被控侵害專利者，較為有利[120]。

參、逆均等論之發展

逆均等論起源於美國聯邦最高法院於1898年之Westinghouse v. Boyden Power Brake Company事件，認為縱使被控侵權物品或方法構成字義侵害，惟被控之物品或方法已改變申請專利範圍之原理，並非單純重製專利之發明或創作，自不成立專利侵權[121]。

一、阻卻專利侵害之成立

美國聯邦最高法院於1950年Graver Tank v. Linde Air Products Co.事件指出，被控侵權物品或方法固落入專利權人申請專利範圍之文義，然其係實質上以不同方式達成相同或類似之功能時，得適用逆均等論以限制申請專利範圍，導致專利權人所提侵權訴訟不成立[122]。美國申訴法院（The Court of Claims）於1976年Leesona Corp. v. United States事件，亦採同樣之見解[123]。美國聯邦巡迴上訴法院於1983年Mead Digital Systems, Inc. v. A.B. Dick Co.事件，認為均等論與逆均等論，有如雙面均磨光之利刃，適用均等論得以保護專利權人之專利權，避免遭受侵害。反之，逆均等論可作為被控侵權行為人侵權不存在之抗辯。本件專利權人之專利標的為「列表機」，被控侵權行為人之列表機，雖係運用專利權人之機型之基本概念而來，惟其將專利權人之列表機之內部裝置加以結合，更具創作性，並非完全複製專利權人之列表機。準此，被控侵權行為人與專利權人間之列表機的主要技術內容，兩者並不相同，故法院應認定不成立專利侵權，其結論對被控專利侵權行為人有利[124]。

---

[120] 李文賢，論專利侵害鑑定基準，月旦法學雜誌，83期，2002年4月，頁159。

[121] Westinghouse v. Boyden Power Brake Co., 170 U.S. 537, 568 (1898).

[122] Graver Tank v. Linde Air Products Co., 339 U.S. 605, 608-609 (1950).

[123] Leesona Corp. v. United States, 530 F.2d 896 (Ct. Cl. 1976). Court of Claims of United States為美國聯邦上訴巡迴法院之前身。

[124] Mead Digital Systems, Inc. v. A.B. Dick Co., 723 F.2d 455, 456 (6th Cir. 1983).

二、被控侵權人之舉證責任

美國聯邦巡迴上訴法院於1985年SRI Imitational v. Matsushita Electric Corp. 事件，指出專利權人應負優勢證據之舉證責任。所謂優勢證據之舉證責任（preponderance of the evidence），係民事訴訟之舉證責任之原則，即原告舉證所主張之事實，其發生或存在之可能性，大於不可能性，則已盡舉證責任。其與刑事訴訟之舉證原則，係採無合理懷疑之法則，兩者所負之舉證程度，前者較低[125]。換言之，專利權人必須先證明被控侵權物品或方法構成字義侵害。倘專利權人已盡舉證責任時，證明被控侵權物品或方法構成字義侵害，則被控專利侵權行為人抗辯應適用逆均等論而不構成專利侵權，被控專利侵權行為人對於逆均等論之相關事實，應負舉證責任[126]。美國聯邦巡迴上訴法院嗣於1986年Moleculon Research v. CBS, Inc.事件，再度指出當被控侵權物品或方法構成字義侵害時，被控專利侵權行為人必須證明被控侵權物品或方法係以實質上不同方式，實施與申請專利範圍或類似之功能，反證證明不構成專利侵權[127]。

肆、例題解析——技術手段不同

一、產生電力裝置

就字面之涵義而言，利用熱能產生電力之設備，雖於字義上可能落入申請專利範圍之產生電力裝置，而符合全要件原則之判斷。然利用「汽油或煤油」產生電力之原理，其與利用「太陽能」產生電力之原理，兩者於手段上並不相同，故以逆均等論判定，則不成立專利侵權。

二、電池電極

被控侵權對象之電極由多數微孔金屬板組成，其技術內容與專利之申請專利範圍比對後，雖符合全要件原則，然被控侵權對象之金屬板上之微孔直徑遠大於50mm，其不足控制氣泡之壓力。準此，被控侵權對象實質上未利用該發

---

[125] 林世宗，合理懷疑與優勢證據法則，全國律師，2002年9月，頁67至68。

[126] SRI International v. Matsushita Electric Corp., 775 F.2d 1107, 1111 (Fed. Cir. 1985).

[127] Moleculon Research v. CBS, Inc., 793 F.2d 1261, 1263 (Fed. Cir. 1986).

明專利,所揭示直徑1至50mm微孔之技術手段,可適用逆均等論[128]。

伍、相關實務見解——不適用逆均等論

逆均等論係為防止專利權人藉申請專利範圍所載之文義,主張其不當取得之專利權範圍,而對申請專利範圍之文義範圍予以限縮。被控侵權對象雖為申請專利範圍之文義範圍所涵蓋,然被控侵權對象以實質不同之技術手段達成實質相同之功能或結果時,則阻卻文義讀取,應判斷未落入專利權文義範圍。故被控侵權對象符合文義讀取,而實質上未利用說明書所揭示之技術手段時,應適用逆均等論。查系爭專利與系爭產品在解決問題之技術手段,均以複數彈性元件,使夾具相對於罩體彈性擺動,以達成穩固設於吹風機口,兩者技術手段實質相同,並可達成相同之功效,產生相同結果。再者,系爭專利請求項1並未限定「轉動方向」及「凸柱」技術特徵,且系爭專利請求項1記載「彈性元件可使夾具相對於該罩體彈性擺動」技術特徵,系爭產品雖有「弧形拉桿」結構,然仍與系爭專利運用「彈性元件可使夾具相對於罩體彈性擺動」相同原理,被控侵權物之「轉動方向」及「弧形拉桿」結構,並不影響系爭專利可由「彈性元件可使夾具相對於罩體彈性擺動」事實。準此,系爭產品利用與系爭專利請求項1實質相同之技術手段,發揮實質相同之功效,達成相同之結果,上訴人主張被控侵權物有「逆均等論」適用,不足為憑[129]。

第五節　禁反言原則

所謂禁反言原則,係指專利權人於申請過程之階段或提出之文件,已明白表示放棄或限縮之部分,其嗣後於取得專利權後或專利侵權訴訟中,不得再行主張已放棄或限縮之權利。均等論係衡平法所衍生之法則,以保護專利權人;而禁反言原則係阻卻均等論之適用,即專利範圍經修正之部分,不得再被主張屬於均等範圍,其有維持法律安定性之功能。禁反言被認為具有衡平之本質,在應用上必須遵守衡平與公共政策原則(guided by equitable and public policy

---

[128] 專利侵害鑑定要點,司法院,2005年版,頁40。被控侵權對象固符合「文義讀取」,然實質上未利用發明或新型之說明所揭示之技術手段時,適用「逆均等論」。

[129] 智慧財產及商業法院103年度民專上易字第8號民事判決。

principles）[130]。禁反言原則禁止，非僅限於私法之專利侵權訴訟，公法之專利行政訴訟亦適用之[131]。是否適用禁反言，其屬法律問題，應由法院判斷之。

例題6

新型專利之申請專利範圍，係一種具有套座之筷子，其結構包括：(一)一筷體，尾端凸設一方形套桿：一空心套座，兩端開設有相同之套孔，其內徑較上述之方形套桿外徑略大：(二)筷體係以「PP材質」所製成。創作說明記載不採用「美耐皿塑膠」為筷體材質，因該材質之產品係不理想之先前技術。被控侵權對象，係一種具有套座之筷子，其結構包括：(一)一筷體，尾端凸設一方形套桿：(二)一空心套座，兩端開設有相同之套孔，其內徑較上述之方形套桿外徑略大：(三)且其筷體係以「美耐皿塑膠」所製成。試問被控侵權對象，是否得主張適用禁反言原則？

例題7

專利名稱為「人工呼吸器」，申請專利範圍係一種人工呼吸器，其包括一撓性通風裝置，其形成袋狀，並由「透明」撓性材料以不同厚度所構成，該袋狀於不使用時，得由軸向被摺疊，有助於收藏。被控侵權物品為一種人工呼吸器，其雖與專利物品具有相同構造，然以「不透明」撓性材料構成袋狀撓性通風裝置。試問被控侵權物品，有無適用禁反言原則？

壹、禁反言原則之定義

禁反言（Doctrine of File Wrapper Estoppels）或專利審批歷史禁反言原則（Prosecution History Estoppels），源自英美法之衡平原則（equity），其相當我國民法總則規定之誠實信用原則（民法第148條第2項）。此為法律領域之帝

---

[130] Warner-Jenkinson Co., v. Hilton Davis Chemical Co., 520 U.S. 17, 39 (1997).

[131] 臺北高等行政法院92年度訴更(一)字第114號行政判決；最高行政法院92年度判字第1258號行政判決。

王條款，不僅私法領域應適用，對於公法領域亦同[132]。是我國就專利侵害之判斷，自應適用及承認該原則。所謂禁反言原則，係指專利權人於申請過程之階段或提出之文件，已明白表示放棄或限縮之部分，其嗣後於取得專利權後或專利侵權訴訟，不得再行主張已放棄或限縮之權利[133]。換言之，授予專利權之性質，係採契約理論者，就該理論之觀點而言[134]，專利申請人與國家訂定契約之過程，就專利權之範圍進行協議，申請人為取得專利權之保護，而對專利權之範圍有所讓步，其就放棄或限縮之部分，自不得再行主張，是專利權保護之範圍，應與國家授予專利權人之專利範圍相同。準此，申請專利範圍曾有補充、修改或更正，倘其與可專利性有關者，自有禁反言之適用。

貳、禁反言原則之目的

一、阻卻均等論成立

禁反言原則之作用，係對於申請專利範圍作擴張解釋之限制，係防止專利權人藉均等論，再行為主張申請專利範圍，衍生至維護專利權之任何階段或任何文件，已被限定或被排除之事項。參諸均等論原則，係用以擴張申請專利範圍所涵蓋之專利範圍。準此，禁反言原則限制均等論原則之適用，故應至適用均等論原則後，繼而加以討論與檢驗，因禁反言原則不容許專利權人藉「均等論」，重為主張其原先已限定或排除之事項，故禁反言原則得為「均等論」阻卻事由。

二、排除侵權之成立

就有關判斷侵害專利之程序以觀，均等論原則認為有專利侵害者，繼而以禁反言原則判斷，是否得排除侵權之成立。反之，逆均等論認為未發生侵害，自無須再以禁反言原則判斷，認定是否構成專利侵權。準此，禁反言原則之分析應屬專利侵害認定之一環，禁反言原則與均等論在適用上發生衝突時，應優先適用禁反言原則。

---

[132] 張瑞容，專利說明書的補充、修正是否有禁反言限制之探討──兼論最高行政法院92年度判字第1258號行政判決，智慧財產權月刊，77期，2005年5月，頁28。

[133] 專利侵害鑑定要點，司法院，2005年版，頁40。

[134] 智慧財產及商業法院100年度民專訴字第53號民事判決。

參、舉證責任

一、被控侵權者

因主張禁反言有利於被控侵權行為人，應由其負舉證責任（民事訴訟法第277條）。是判斷是否適用禁反言所需之相關申請歷史檔案，應由被控侵權行為人提供，或者由被控侵權行為人向法院聲請調查。倘被控侵權行為人主張專利物品或方法有禁反言原則之適用時，法院應向專利專責機關調閱申請歷史檔案。所謂歷史檔案，係指自專利申請起至維護專利過程中，原說明書以外之文件檔案，其得提供界定專利權範圍之參考資料。例如，申請、舉發或行政救濟階段之補充、修正文件、更正文件、申復書、答辯書及理由書等相關文件。

二、有利被控侵權者之事實

美國聯邦第一巡迴上訴法院，雖認為禁反言原則係專利侵害判斷時解釋申請專利範圍之一種獨立手段，並非僅為一種抗辯，其得作為專利權範圍之限制，法院不應被動等待當事人主張，其應主動調查是否有適用禁反言原則之事實[135]。然我國依據司法院所頒布之專利侵害要點，其於鑑定流程中明確說明「禁反言」與「先前技術阻卻」有利於被告，故應由被告負舉證責任。倘被告未主張禁反言，他人不得主動要求被告或法院提供申請歷史檔案。準此，鑑定機構於法院或被告未主動提供申請歷史檔案資料之情況，其不得審酌該資料，法官亦不得以未進行禁反言原則之審查，而視為侵害鑑定報告之瑕疵[136]。

肆、禁反言之發展

美國聯邦最高法院於1853年Winans v. Denmead事件首先適用均等論原則[137]。嗣後美國法院並據此發展出之禁反言原則及均等論原則之關聯性，構成美國專利制度之重要部分。當適用均等論原則，認定成立專利侵害，始有應用禁反言之必要，倘不適用均等論原則，則被控侵權行為人無須提出禁反言原則

---

[135] General Instrument Corp. v. Huges Aircraft Co., 399 F.2d 373, 375 (1st Cir. 1968).

[136] 陳建銘，專利侵害鑑定要點釋疑──現行侵害鑑定之爭議，萬國法律，143期，2005年10月，頁4。

[137] Winans v. Denmead, 56 U.S. 330, 340 (1853).

之防禦抗辯[138]。

一、放棄理論

　　美國聯邦最高法院於1921年之Weber Elec. Co. v. E.H. Freeman Elec. Co.事件，認為專利權人限縮申請專利範圍以獲准專利，嗣後不得再經由解釋或應用均等論原則，主張其專利範圍與未修正前之申請專利範圍相同[139]。美國聯邦最高法院於1942年之Exhibit Supply Co. v. Patents Corp.事件，認為禁反言原則係以放棄理論（abandonment and disclaimer）為基礎，專利權人既然修正或放棄之申請範圍，其就原申請專利範圍與修正或放棄申請專利範圍間之差異部分，視同全部放棄[140]。美國聯邦巡迴上訴法院於1988年Diversitech Corp. v. Century Steps, Inc.亦認為專利權人於專利審查之過程，曾捨棄遭駁回之部分申請範圍，則專利權人不得於專利侵權之訴訟程序，再行主張被控侵權物品或方法與該捨棄部分，構成專利侵權[141]。

二、彈性阻卻說

(一)美國聯邦巡迴上訴法院

　　美國聯邦巡迴上訴法院於2000年之Festo Corp. v. Shoketsu Kinzokukabushiki Co., Ltd.事件[142]，認為因專利申請權人涉及專利要件而為之修正（amend），不論是申復審查委員之核駁所為之修正，或是非自願性之修正，該修正後之要件，均不得再主張均等範疇（scope of equivalents），其有完全阻卻（complete bar）均等論之適用，不採彈性阻卻（flexible bar），完全阻卻與彈性阻卻均為禁反言原則之阻撓理論（Foil Theory）範圍，前者對均等論之適用程度，限制最為嚴格[143]。當系爭被控侵權對象構成均等侵害時，法院考慮有無禁反言原則之適用，其判斷之步驟如後：1.確認成立均等侵害之構成要件；2.認定該構

---

[138] Keith v. Charles E. Hires Co., 16 F.2d 46, 47-48 (Fed. Cir. 1940).

[139] Weber Elec. Co. v. E.H. Freeman Elec. Co., 256 U.S. 668 (1921).

[140] Exhibit Supply Co. v. Patents Corp., 315 U.S. 126, 136-37 (1942).

[141] Diversitech Corp. v. Century Steps, Inc., 850 F.2d 675, 680 (Fed. Cir. 1988).

[142] Festo Corp. v. Shoketsu Kinzoku kabushiki Co., 234 F.3d 558, 563-68 (Fed. Cir. 2000).

[143] Huges Aircraft Co. v. United States, 717 F.2d 1351, 1360 (Fed. Cir. 1983)。彈性阻卻原則就禁反言原則對於均等論之適用，有適用程度不一之阻卻。

成要件是否曾被申復或修正；3.考慮該構成要件所屬之請求項是否被減縮；4.上揭步驟之結果均為肯定時，繼而認該申復或修正理由是否為「有關可專利性」[144]；5.倘申復或修正理由不明時，法院應推定為「有關可專利性」；6.專利權人得舉反證，以推翻法院之推定。

(二)美國聯邦最高法院

有鑑於CAFC就Festo事件，係採完全阻卻之見解，對於「均等論」運用與產業界間產生重大衝擊，美國聯邦最高法院於2001年6月間同意審理本件上訴案，並於2002年5月28日做出判決，以9比0之票數未維持CAFC之見解，明白表示拒絕採取全面阻卻之理論，將Festo事件發回CAFC重新審理[145]。其主要理由係專利審查均持續適用均等論與彈性阻卻理論，諸多專利權人已對彈性禁反言理論建立信賴與期待，倘法院見解變更與溯及採用全面禁反言，使舊有專利權人喪失主張均等論之權利，將是不公平之決定[146]。詳言之，美國聯邦最高法院於2002年之Festo Corp. v. Shoketsu Kinzokukabushiki Co., Ltd.事件，修正聯邦巡迴上訴法院之完全阻卻見解，其針對禁反言之適用範圍作出明確之指示，認為自願（voluntary）修正申請專利範圍，導致捨棄或限縮原始申請專利範圍，該捨棄或限縮之部分，始有禁反言原則之適用。至於修正專利範圍時，就熟悉該領域技術之人士而言（a person having ordinary skill in the art）[147]，申請人所無法合理知悉及預見之部分，並無放棄之意思，自無禁反言原則之適用，此為可預見性之概念（foresee ability），支持彈性阻卻說[148]。CAFC亦於2003年對Festo事件作出判決，將美國聯邦最高法院所採之彈性阻卻說，列入考慮[149]。例如，專利申請人對於申請專利範圍所為之修正或說明，僅係將申請專利範圍

---

[144] 所謂可專利性，係指任何與核准專利有關之要件。例如，可據以實現、書面揭露。

[145] 陳歆，美國最高法院Festo案的判決解讀，智慧財產權月刊，72期，2004年12月，頁40。

[146] 錢逸霖，論美國專利法下之均等論與禁反言——深入剖析美國Festo案，智慧財產權月刊，70期，2004年10月，頁55。

[147] 熟悉該領域技術之人士除為判斷進步性之標準外，亦得作為是否放棄修正專利範圍之認定基準。

[148] Festo Corp. v. Shoketsu Kinzoku kabushiki Co., Ltd., 122 S.Ct. 1831, 1833-35 (2002).

[149] Festo Corp. v. Shoketsu Kinzoku Kogyo Kabushiki Co., 344 F.3d 1359, 1363-64 (Fed. Cir. 2003)。黎運智，從Festo案件看彈性排除規則，電子知識產權，7期，2006年7月，頁51至54。

中記載不適切、誤載或不明瞭處，加以補充或修正，其並無限縮申請專利範圍之目的及意圖，論其性質屬單純之文字補正，並非對專利申請之既有技術加以補正，自無禁反言原則之適用。因禁反言原則係對均等論之法律限制，故本文認為以均等論判斷是否成立專利侵害，應適用彈性阻卻說，不採完全阻卻說之理論，全面限縮均等論之適用。

伍、例題解析

一、套座之筷子

(一)說明書記載

依據文義判斷之，兩者不適用全要件原則。繼而應用均等論原則之判斷，僅為材料之變更，固符合均等論之實質相同定義。然依據說明書所載創作之特點：1.硬度超強，因本創作係以PP材質製成，故結構具有強韌性，且硬度甚高，不會輕易地斷裂；2.其耐熱度高，即PP材質可耐熱至180℃，必要時能充作叉子燒烤食物，而無須擔心筷子會燒焦、熔化或變質。其創作說明亦記載，中國人傳統所使用之筷子，多為木材或竹筷，經過一段時間之使用後，常會發覺有清洗不易與不耐高溫等缺陷。以美耐皿當作筷子之材料，固可稍加改進上述缺失，然因材質本身不盡理想，倘不慎落地，極易發生斷裂，且其斷裂之筷片尖銳，容易割傷使用者，材質本身相當脆弱易斷，並非理想之餐具。依據創作說明之內容，可知本件新型獲得專利權之原因之一，係其不採用「美耐皿塑膠」為筷體材質，因該材質之產品係不理想之先前技術。依據禁反言原則，本件新型專利已聲明放棄「美耐皿塑膠」為筷體材質，專利權人自不得再為相反意思之主張，故待鑑定對象並非其申請專利範圍所及[150]。

(二)材質非請求項之技術特徵

依據專利法第104條規定，物品之材料部分，並非新型專利之定義要件，物品之材質雖為構成要件之一部，惟並非請求項之技術特徵，其於認定侵害時，以均等論為研判方法，不作比對分析。禁反言與先前技術均得阻卻均等論之適用，禁反言對均等論之阻卻，包括個別構成要件與請求標的之整體。而先

---

[150] 臺灣臺北地方法院89年度訴字第3338號民事判決；臺灣高等法院91年度上易字第345號民事判決。

前技術對均等論之阻卻，僅得針對請求標的之整體，並不得直接針對個別之構成要件，因請求標的之每一構成要件，均得爲習知之元件或材料[151]。

二、人工呼吸器

三部測試法	分　　析	判斷結果
技術手段	專利物件之撓性通風裝置爲「透明」，對象物「不透明」	實質不相同
技術功能	「透明」撓性通風裝置得被透視，「不透明」撓性通風裝置無法被透視	實質不相同
技術結果	「透明」撓性通風裝置得檢視內部有無異物堵塞呼吸，「不透明」撓性通風裝置無法檢視	實質不相同
置換可能性	不成立	實質不相同
置換容易性	成立	實質相同
禁反言原則	阻卻均等論成立	不成立侵權

　　「透明」及「不透明」之撓性人工呼吸器爲已知技術，可被摺疊「撓性」管狀物亦爲已知技術。本件雖不成立置換可能性，然以「不透明」之「撓性」通風裝置，替代「透明」之「撓性」通風裝置，係屬先前技術所教示之簡單轉換，故兩者具有「置換容易性」，判斷均等論成立。因透明之非撓性人工呼吸器與可被摺疊之撓性管狀物，均爲已知技術，故申請人於申請程序中主張「透明性」與「摺疊性」，係不可分之技術特徵，其非屬先前技術之範圍，專利專責機關始賦予專利權。對象物「不透明」撓性通風裝置，已將「透明性」及「摺疊性」加以分離。基於「利之所趨、損之所歸」衡平原則，以作爲解釋均等論所及範圍，是解釋本件時應受此主張拘束，此爲禁反言原則之適用，其有阻卻均等之成立。準此，本件被控侵權物不成立侵權行爲[152]。

---

[151] 洪瑞章，專利侵害鑑定理論與實務（發明、新型篇），智慧財產專業法官培訓課程，司法院司法人員研習所，2006年3月，頁44。
[152] 洪瑞章，專利侵害鑑定理論與實務（發明、新型篇），智慧財產專業法官培訓課程，司法院司法人員研習所，2006年3月。

陸、相關實務見解──*毋庸審究禁反言原則*

　　法院依據申請專利範圍解釋與解析申請專利範圍之要件，據以判斷被訴侵害專利之標的，是否落入系爭專利之專利權範圍內而成立專利侵權。故首先應解釋系爭專利之專利權範圍或請求項，繼而解析申請專利範圍之技術特徵與鑑定對象之技術內容，再依序運用全要件原則、均等論原則、逆均等論原則、禁反言原則及先前技術之阻卻，進行比對與分析，以認定被訴侵權之標的是否落入專利權之範圍，或為申請專利範圍所讀取。兩造爭執在於系爭產品是否落入系爭專利之申請專利範圍？法院依據申請專利範圍解釋與解析申請專利範圍之技術特徵為基礎，解析系爭產品之技術內容，首先運用全要件原則，判斷是否符合文義侵害，倘未符合文義讀取；繼而運用均等論原則，認定有無落入系爭專利之申請專利範圍。因當事人未提出適用逆均等論原則、禁反言原則或先前技術阻卻之主張或抗辯，故法院毋庸審究本件是否適用逆均等論原則、禁反言原則或先前技術之阻卻[153]。

第六節　先前技術及技藝之阻卻

　　先前技術阻卻與禁反言原則，雖均得阻卻均等論之適用，均應於構成均等侵害後，始得提出主張。惟先前技術阻卻係以外部證據之先前技術阻卻均等論之適用；禁反言原則係以內部證據之申請歷史檔案阻卻均等論之適用，兩者之舉證來源不同[154]。再者，被控侵權對象適用均等論時，倘被告主張適用先前技術阻卻，且經判斷被控侵權對象與某一先前技術相同，或雖不完全相同，然為該先前技術與所屬技術領域中之通常知識的簡單組合，則適用先前技術阻卻。換言之，適用先前技術阻卻之情形如後：(一)被控侵權對象與某一先前技術相同；(二)被控侵權對象為該先前技術與所屬技術領域中之通常知識之簡單組合[155]。

---

[153] 智慧財產及商業法院103年度民專上字第3號民事判決。
[154] 顏吉承，淺談發明及新型專利範圍侵害判斷（下）──以外國專利侵權訴訟判決為他山之石，智慧財產權月刊，89期，2006年5月，頁63。
[155] 智慧財產及商業法院99年度民專訴字第223號民事判決。

例題8

　　申請專利範圍之技術特徵為A、B、C，被控侵權對象之對應元件、成分、步驟或其結合關係為A、B、D′，先前技術之對應元件、成分、步驟或其結合關係為A、B、D。試問被控侵權對象，有無適用先前技術阻卻？

壹、先前技術阻卻之定義與要件

一、先前技術阻卻之定義

　　所謂先前技術者（prior to art），係指涵蓋申請日或優先權日之前所有能為公眾得知之資訊，不限於世界上任何地方、任何語言或任何形式。例如，書面、電子、網際網路、口頭、展示或使用等。先前技術屬於公共財，任何人均可使用，不容許發明或新型專利權人藉均等論擴張而涵括先前技術，因其明顯侵犯公眾利益與專利制度之目的[156]。準此，先前技術阻卻得作為均等論之阻卻事由，使均等範圍不得擴張至先前技術之範圍或以先前技術顯而易見之部分，其具有減縮申請專利範圍之效果[157]。

二、先前技術阻卻之要件

　　先前技術阻卻之要件，在於被控侵權對象縱使適用均等論或不適用逆均等論原則，倘被控侵權人抗辯有先前技術阻卻之適用，經判斷被控侵權對象與某一先前技術相同；或雖不完全相同，然為該先前技術與所屬技術領域中之通常知識之簡單組合，其可適用先前技術阻卻。再者，被控侵權對象適用均等論或不適用逆均等論原則，且不適用禁反言原則及先前技術阻卻，應認定被控侵權對象成立專利侵權；反之，被控侵權對象雖適用均等論或不適用逆均等論原則，然適用先前技術阻卻，則應判斷待鑑定對象不成立專利侵權。

---

[156] 專利侵害鑑定要點，司法院，2005年版，頁43至44。

[157] Wilson Sporting Goods Co. v. David Geoffery & Associate, 940 F.2d 677 (Fed. Cir. 1990); Senmed Inc. v. Richard-Allan Medical Industries, Inc., 888 F.2d 815 (Fed. Cir. 1989) ; Tate Access Floors, Inc. v. Interface Architectural Res., Inc., 179 F.3d 1357, 1366-67 (Fed. Cir. 2002).

三、整體比對方式

　　先前技術阻卻，係在限縮專利權之均等範圍，並非限縮個別技術特徵之均等範圍。是被控侵權產品落入專利請求項之均等範圍，而被控侵權人主張先前技術阻卻時，自應以被控侵權產品 與被控侵權人主張之先前技術做整體比對，判斷被控侵權產品與先前技術是否相同或僅為先前技術與所屬技術領域中之通常知識的簡單組合，而並非以被控侵權產品拆解後之某技術特徵，進行逐要件比對[158]。

貳、先前技藝阻卻之定義與要件

一、先前技藝阻卻之定義

　　所謂先前技藝者，係涵蓋申請日或優先權日之前所有能為公眾得知之資訊，不限於世界上任何地方、任何語言或任何形式。例如，書面、電子、網際網路、口頭、展示或使用等。先前技藝屬於公共財，任何人均可使用，不容許設計專利權人藉擴張申請專利之設計近似範圍，繼而涵括先前技藝。準此，先前技藝阻卻得為申請專利之設計近似範圍之阻卻事由[159]。

二、先前技藝阻卻之要件

　　先前技藝阻卻之要件，在於被控侵權物品包含新穎特徵，並與申請專利之設計視覺性設計整體相同或近似，倘被控侵權行為人抗辯有「先前技藝阻卻」之適用，經判斷被控侵權物品與其所提供之先前技藝相同或近似，則適用「先前技藝阻卻」。再者，被控侵權物品包含新穎特徵，而與申請專利之設計視覺性設計整體相同或近似，且不適用禁反言原則及先前技藝阻卻者，應判斷待鑑定物品落入專利權範圍；反之，被控侵權物品雖包含新穎特徵，而與申請專利之設計視覺性設計整體相同或近似，然適用先前技藝阻卻者，應判斷待鑑定物品不成立專利侵權。

---

[158] 智慧財產及商業法院103年度民專訴字第32號民事判決。
[159] 專利侵害鑑定要點，司法院，2005年版，頁60至61。

參、舉證責任

專利侵害訴訟時，推定每一請求項均為有效（a patent shall be presumed valid），不論其為獨立項或附屬項[160]。美國聯邦巡迴上訴法院認為先前技術或技藝阻卻之判斷，係屬法律問題，被告對於申請專利範圍涵蓋先前技術，應負擔舉證責任，被告提出證據後，專利權人應負擔說明責任，證明該申請專利範圍未涵蓋先前技術[161]。準此，先前技術阻卻之事由，有利於被控侵權行為人，故該行為人應負舉證責任。倘該行為人未抗辯先前技術阻卻之事由，他人不得主動提供相關先前技術資料，以判斷被控侵權對象是否適用先前技術。故法院囑託鑑定機構，應本於中立之地位，不須調閱或檢索先前技術，除非法院依聲請調閱申請歷史檔案，鑑定機關始須審酌該等資料。兩造於訴訟進行中，兩造均得提出先前技術作為攻擊或防禦之方法。原告提出先前技術之主要目的，在於證明被告之技術內容具有可置換性，屬惡意專利迴避，不得阻卻侵權責任之成立。反之，被告提出先前技術之目的則在阻卻侵權成立，抗辯其技術內容屬先前技術之範圍，認為非專利權可執行性之範圍，非專利權所及；或者抗辯專利技術內容屬先前技術，故授予專利權為無效或應撤銷之。

肆、例題解析──先前技術阻卻之適用

假設申請專利範圍之技術特徵為A、B、C，待鑑定對象之對應元件、成分、步驟或其結合關係為A、B、D'，先前技術之對應元件、成分、步驟或其結合關係為A、B、D。雖於侵權行為發生時，以該發明所屬技術領域中所具有通常知識者之技術水準而言，C與D'之間無實質差異，適用均等論。然D'與D相同或為D與所屬技術領域中之通常知識的簡單組合時，應適用先前技術阻卻，不成立專利侵權。

---

[160] 35 U. S. C. §282: A patent shall be presumed valid (whether in independent, dependent, or multiple dependent from).

[161] Streamfeeder, LLC v. Sure-Feed Sys., 175 F.3d 974, 984 (Fed. Cir. 1999). When the patentee has made a prima facie case of infringement under the doctrine of equivalents, the burden of coming forward with evidence to show that the accused device is in the prior art is upon the accused infringer, not the trial judge.

伍、相關實務見解

一、判斷專利侵權之程序

確定是否侵害專利權,首先應確定申請專利範圍,並解析被控侵權物品之構成元件。繼而將申請專利範圍與被控侵權物品之構成元件逐一比對。倘被控侵權物品具有申請專利範圍之所有元件,即構成文義侵害;進而以逆均等理論檢驗之,被控侵權物品如以實質上不同之方法表現出同一或類似機能者,則不構成專利侵害。反之,被控侵權物品欠缺申請專利範圍之任一元件時,即不構成文義侵害,專利權人可主張均等論之侵權,探討被控侵權物品所欠缺而用以替代之元件,是否與專利元件具有均等效果,即替代元件是否以實質上同一方法,表現出實質上同一之功能,並獲致實質上同一之結果,倘符合三部測試法之判斷,可認定均等侵害,成立專利侵害。例外情形,係有阻卻均等理論適用之事由,即先前技術之限制、申請過程禁反言等事由,則不成立專利侵害[162]。職是,原告之專利與被告之產品比對,不符合全要件原則,其不符合部分,亦不成立均等論,足認被告之產品,未落入原告專利之申請專利範圍,被告自毋庸舉證證明,適用禁反言或適用先前技術阻卻,故原告主張被告侵害其專利,為無理由[163]。

二、專利權人不得藉均等論擴張至先前技術

上訴人之系爭專利「浪管接頭結構」與被上訴人之浪管接頭,均係利用系爭專利申請前已公開之浪管接頭技術,該先前技術屬公共財,任何人均不得據為己有,不容許專利權人藉均等論擴張而涵括先前技術。準此,該被上訴人之浪管接頭應有先前技術阻卻之適用,未侵害系爭專利[164]。

第七節 設計專利侵害之判斷

判斷設計專利侵害,先依據設計範圍及被控侵權物品之整體外觀、圖式及

---

[162] 最高法院104年度台上字第1698號民事判決。
[163] 智慧財產及商業法院97年度民專訴字第29號民事判決。
[164] 最高法院101年度台上字第38號民事判決;智慧財產及商業法院99年度民專上字第24號民事判決。

物品種類等特徵，加以解析，作為被控侵權物品是否侵害設計範圍之分析比對基準。繼而應用認定設計專利侵權之比較鑑定法判斷是否成立侵權，方法包括歸納鑑定法與目視鑑定法。依序分析比對物品是否相同或近似、視覺性設計整體是否相同或近似、是否包含新穎性特徵。經判斷結果，倘認為設計範圍與被控侵權物品構成近似性，繼而審究有無先前技藝之阻卻事由，並應用禁反言原則，判定被控侵權物品是否有排除侵權成立之可能，其流程如本節最後之附圖所示。

例題9

　　設計專利為視覺之創作，而發明與新型為技術思想之創作。試問判斷設計專利侵害之程序，其與判斷發明或新型專利侵害之程序，兩者有何不同？

壹、設計範圍

　　所謂設計，指對物品之全部或部分之形狀、花紋、色彩或其結合，透過視覺訴求之創作（專利法第121條第1項）。應用於物品之電腦圖像及圖形化使用者介面，亦得依本法申請設計專利（第2項）。故必須經由解釋設計範圍，以確認專利權之效力所及。因判斷是否侵害設計專利權，其不同於發明及新型專利權，其主要差異在於解釋設計範圍。準此，以設計專利之定義為準，其所保護者，係物品外觀之形狀、花紋及色彩等之視覺效果創作，其有別於發明、新型專利所保護者，係利用自然法則之技術思想，表現於物品、方法及用途之「可供產業上利用」創作。因物品之形狀、花紋及色彩三者，均難以用文字表達，故其解釋設計範圍之方式，異於解釋發明或新型範圍，係以文字記載方式表示。解釋設計專利之保護範圍，應以圖式為準。

貳、解釋設計範圍之原則[165]

一、以圖式為準

設計專利權保護範圍，係以文字指定及具體表現在圖式上之形狀、花紋及色彩為準。以該三項標的與被控侵權物品分析比對，判斷是否相同或近似。圖式範圍包括照片與色卡。

(一)圖式

1.視覺性與功能性

所謂圖式者（drawing），係由立體圖及六平面視圖所呈現，平面視圖分別為前視圖、後視圖、左側視圖、右側視圖、俯視圖及仰視圖。圖式得以墨線繪製、照片或電腦列印之圖式呈現。自圖式所呈現之內容，包括視覺性及功能性設計。

2.立體圖與平面圖

設計圖式係由立體圖及六平面視圖或二個以上立體圖呈現，必要時，並得繪製其他輔助之圖式，具體與寫實呈現物品外觀之形狀、花紋或色彩。解釋申請專利之設計範圍時，應綜合各圖面所揭露之點、線、面，再構成具體之設計三度空間設計，不得侷限於各圖式之圖形。

(二)視覺性設計

所謂視覺性設計，係指專利申請之設計必須為肉眼能夠確認，並具備視覺效果（through eye appeal）設計。視覺性設計之規定，排除功能性設計及肉眼無法確認而必須藉助其他工具始能確認之設計，因不具備視覺性之設計，非屬專利權範圍。法院或審查人員應模擬相關消費者選購商品之觀點，比對、判斷專利權範圍之視覺性設計整體與被控侵權物品，是否相同或近似。倘被控侵權物品所產生之視覺印象，會使相關消費者將視覺性設計誤認為專利物品，則產生混淆之視覺印象者，應判斷該視覺性設計與被控侵權物品相同或近似。至於視覺性設計相同或近似之判斷始點，應以相關消費者於侵權行為發生時之觀點，作為考量。

---

[165] 專利侵害鑑定要點，司法院，2005年版，頁50至54。

(三)功能性設計

　　所謂功能性設計，係指物品之外觀設計特徵純粹取決於功能需求，而為因應其本身或另一物品之功能或結構之設計。例如，螺釘與螺帽之螺牙、鎖孔與鑰匙條之刻槽及齒槽。因設計專利所保護者係物品外觀之形狀、花紋及色彩等之視覺效果創作。準此，功能性設計並非經由視覺訴求之創作，不符合設計之定義。

(四)視覺性設計與功能性設計之關聯

　　設計係工業產品之造形創作，因工業產品之基本機能與實用目的等限制，使外觀形狀難以改變其基本型態，而基本型態非設計專利審查之重點，應就其可透過造形設計技巧作造形變化之部分予以審酌，是否具有創意上之變化，並產生不同之視覺效果。準此，設計專利係結合設計與產品，產品必然有其功能性，故判斷設計是否屬純功能性特徵，應在於所論斷之特徵除功能性外，亦具有裝飾性而可產生不同之視覺效果，則不應認定其為純功能性特徵[166]。

二、參酌創作說明之內容

　　設計專利權範圍，以圖式為準，並得審酌說明書（專利法第136條第2項）。衍生設計專利權得單獨主張，且及於近似之範圍（專利法第137條）。設計專利範圍得指定立體、平面形狀或立體、平面之花紋，當指定之標的對應於圖式，無法區別形狀或花紋時，得參酌創作說明文字所載內容。原則上設計專利權範圍，以圖式所揭示之整體造形為準。

(一)物品用途

　　物品用途係輔助說明設計所指定之物品，其內容包括物品之使用、功能等有關物品本身之敘述。故設計專利應指定所施予設計之物品（designate the article），並敘明其類別（專利法第129條第3項）。為防止第三人取巧行為，為保護設計專利權人，設計專利範圍除及於相同物品之外，並擴及於相近之同類物品。準此，判斷設計專利侵害時，應確定被控侵權物品與專利權，是否屬相同或相近之同類物品，其不應為跨類判斷。倘不屬同類物品，縱使為近似之

---

[166] 智慧財產及商業法院104年度行專訴字第32號行政判決。

設計，並不成立專利侵權。

(二)創作特點

創作特點有輔助說明圖式所揭露，而應用於物品外觀有關形狀、花紋、色彩設計之功能。故進行分析、比對造形特徵時，倘創作特點不近似時，即非屬相同或近似之設計。

(三)新穎性特徵

所謂新穎性特徵，係指申請人主觀認知申請設計專利之創新內容。解釋設計範圍時，得先以創作說明中所載之文字內容為基礎，經比對設計範圍與申請前之先前技藝後，始能客觀認定具有創新內容之新穎性特徵。

參、解析技藝內容

解析設計範圍與被控侵權物品之技藝內容，應先界定立體圖式，再分析比對平面視圖，其分析比對之圖式，依序為正視圖、後視圖、左側視圖、右側視圖、俯視圖及仰視圖等六面視圖。

一、設計之設計範圍

設計之設計範圍，以圖式所揭示者為準。專利內容為物品之形狀、花紋、色彩或其結合等造型設計。解析設計範圍時，應先界定整體外型（overall appearance）；繼而分析比對局部或視圖，並斟酌創作說明或申請過程之文件，作為分析比對之基準。確定設計之設計範圍後，並以此為基礎，解析設計範圍及被控侵權物品之技藝內容，作為比對及分析之項目。

二、被控侵權物品

被控侵權物品依據設計範圍之分析比對項目，相對應作成被控侵權物品之分析比對項目。詳言之，解析被控侵權物品之技藝內容之步驟，應先界定整體外型，繼而為細部描述，以作為與設計範圍之分析比對項目[167]。

---

[167] 羅炳榮，工業財產權論叢，專利侵害與迴避設計篇，翰蘆圖書出版有限公司，2004年1月，頁208至209。

肆、比較鑑定法

一、近似性判斷之原則

(一)相關消費者之立場

認定被控侵權物品是否侵害設計專利權範圍，主要判斷基礎在於兩者是否相同或近似（similarity）。是對兩者進行分析比對時，認定近似與否，實為判斷是否侵權之重心，其認定之層次有二：1.物品；2.視覺性設計整體。因設計之功能，在於經由物品外觀之獨特性，以提高商品之價值，藉以與他人之商品相區隔，以促進相關消費者之購買慾。準此，就物品整體外觀是否構成近似性，法院或專利審查者應居於相關消費者之立場，而非以該設計所屬技藝之專家角度加以辨別判斷[168]。至於是否為純功能性設計或是否為先前技藝所涵蓋，應以該行業者熟習該項技藝者之水準觀點，加以判斷，而非以相關消費者之水準來判斷。

(二)物品之近似性範圍

1.類型

物品是否相同或近似，係以普通消費者之水準判斷。原則上，設計專利範圍不及於不同分類之物品。倘因分類重疊或不明確時，應參考一般社會之通念與習慣認定之。因衍生設計沿襲原設計專利，其包括相同及相近似之物品。故相同或近似之設計之型態有四：(1)相同設計應用於相同物品，其為相同之設計；(2)近似設計應用於相同物品，其為近似之設計；(3)相同設計應用於近似物品，其為近似之設計；(4)近似設計應用於近似物品，其為近似之設計。

2.相同與近似物品

所謂相同物品者，係指用途相同及功能相同。所謂近似物品者，係指用途相同而功能不同者，或者指用途相近，不論其功能是否相同者。判斷設計專利所指定之物品，其與被控侵權物品是否具有相同或近似性，應以相關消費者水準，作為認定之基準。舉例說明之：(1)凳子與附加靠背功能之靠背椅，其為近似物品；(2)鋼筆與原子筆兩者均屬書寫用途，雖兩者之墨水供輸功能不同，然亦為近似物品；(3)餐桌與書桌，兩者用途相近，亦為近似物品；(4)汽

---

[168] 楊崇森，專利法理論與應用，三民書局股份有限公司，2003年7月，頁409。

車與玩具汽車，為非相同或近似之物品。

二、近似性之判斷因素[169]

(一)同時同地及異時異地之肉眼觀察

利用「肉眼觀察」設計專利物品與被控侵權物品，不得經由儀器觀察，其於「同時同地」及「異時異地」，作綜合性判斷。同時同地係直接觀察比對，將比對標的予以併置與比對。異時異地係間接觀察比對。先直接比對再間接比對，其中有一比對判斷為近似，比對標的間則屬近似之設計。舉例說明之：1.構成設計物品之形狀、花紋、色彩，倘隔離觀察其兩設計物品之主要部分，足以發生混淆或誤認之虞，縱其附屬部分外觀稍有改易，亦屬近似之設計；2.申請人申請設計專利「羽毛球」，經核其外形與一般習見之羽毛球近似，雖有局部之修飾改易，然僅為附屬部分之外觀稍異，仍不失為與習見之羽毛球形狀近似，難謂具有創作性，顯與設計專利之要件不合，自不得作為設計專利申請。

(二)外觀造型觀察

設計應以物品使用狀態之外觀造形，作為判斷是否相同或近似。例如，物品之構造、功能、材質及大小，均非屬外觀特徵，而僅屬一般設計常識範圍內者，自不列為判斷要素。例外情形，設計物品係透明物，應考慮內部可視造形及其光學效果。

(三)整體觀察

認定是否相同或近似性，應為整體觀察，不限於部分之造形客體。即設計是否相同或近似，係以其物品外觀之整體造形或整體設計（design as a whole）為觀察之重點，並非以其部分零組件或局部設計之特徵，作為比較之依據。應以宏觀方式比較，而非以微觀方式比較[170]。詳言之：

1.整體外觀造形或設計

設計之審查，應就其整體外觀形狀為之比對與觀察，故設計是否相同或

---

[169] 專利侵害鑑定要點，司法院，2005年版，頁56至59。

[170] 蔣昕佑，我國工業設計權利保護制度之再探求——檢視我國以專利制度保護工業設計之合理性，國立臺灣法律學院科技整合法律學研究所碩士論文，2016年7月，頁113。

近似，係以其物品之整體外觀造形或設計（overall appearance），作為觀察比對之重點，而非將其分解支離為各個零組件，再以各零組件之特徵作為比較之依據，自不得以零件有不同，而認定不同[171]。申言之，判斷設計外觀是否相同或近似時，應以圖式所揭露之形狀、花紋、色彩構成之整體外觀，作為觀察與判斷之對象，不得拘泥於各個設計要素或細微之局部差異，並應排除純功能性特徵[172]。物品之構造、功能或尺寸等項目，通常屬於物品上之純功能性特徵，不屬於設計審究範圍，縱使顯現於外觀，仍不得作為比對或判斷之範圍[173]。例如，申請專利案應用於攜帶式電子裝置之組件，在相關消費者購買時，可直接觀察到組件完整之外觀形狀，包括後側之觸控面板、中框、後蓋，並對顯示面板後側之元件配置、導線布局等項目，施以一定程度之視覺注意，而非僅針對電子裝置組裝後之完成品。故審查申請專利案之電子裝置組件，是否具有可專利性時，應以交易時之組件整體外觀考量為宜[174]。準此，自圖式中可理解申請專利案之後側部分，應屬物品之構造，屬於物品上之純功能性特徵，雖顯現於外觀，不得作為比對與判斷之範圍[175]。

2.就圖式為整體比對與觀察

不得僅就六面視圖之每一視圖與被控侵權物品之每一面，分別進行比對之結果，作為判斷近似性之基準。準此，應就設計物品與被控侵權物品之圖式，為整體比對與觀察。

3.通體觀察原則

為近似性判斷時，比較被控侵權物品與設計專利之物品形狀、花紋、色彩，認定兩者是否相同或近似時，不能將構成要件分析比較判定，應掌握通體觀察原則。因解釋設計之設計範圍，應以設計一體為基礎，就物品之整體外型觀察，不得割裂之，僅就局部或細部主張專利保護範圍，而拘泥於各個設計要

---

[171]最高行政法院84年度判字第617號行政判決：並非物品造形一有不同，即得為設計專利。

[172]專利審查基準「第三篇設計專利實體審查」「第三章專利要件」，頁3-3-9。

[173]專利審查基準「第三篇設計專利實體審查」「第三章專利要件」，頁3-3-11。

[174]智慧財產及商業法院104年度行專訴字第32號行政判決。

[175]徐銘夆，從美國Ethicon Endo-Surgery, Inc. v. Covidien, Inc.案解析設計專利功能性之判斷原則——兼述智慧財產法院104行專訴32號行政判決，專利師，24期，105年1月，頁86。

素或細微之局部差異[176]。

4.主要部位造形特徵

　　為整體觀察設計與被控侵權物品時，應將重點置於所屬產業或技藝領域中認為重要之特徵部分。設計主要部位造形特徵與系爭物品主要造形特徵相同，兩者整體外觀相較，經通體隔離觀察，無法辨別其間差異，已構成近似[177]。

(四)綜合判斷

　　以整體設計為對象進行比對時，首應以經解釋之設計範圍中主要部位設計特徵為重點，繼而綜合其他次要部位之設計特徵，構成整體視覺性設計統合之視覺效果，即考量所有設計特徵之比對結果，客觀判斷其與待鑑定物品是否相同或近似。準此，全新功能或突破性設計之物品，其設計所及之近似範圍，通常較既有改良物品為廣。

(五)要部觀察

　　所謂要部觀察，係指以視覺焦點所在之主要部位，作為近似性之判斷重點，此為容易引起相關消費者注意之部分。雖設計之近似判斷，應適用整體觀察之方法，惟應著重最易引起相關消費者注目之部分，予以判斷。準此，主要部分有二種類型[178]：

1.視覺正面

　　設計係由六面視圖所揭露之圖形構成物品外觀之設計，各圖式所示者，均屬專利權範圍之構成部分。因有些物品在使用狀態下，某些部位之外觀，並非相關消費者注意之焦點（matter of concern）或可能被遮蔽。對於此類物品，應以普通消費者選購或使用商品時，所注意之部位作為視覺正面。例如，冷氣機之操作面板、冰箱之門扉或吸頂燈之仰視面，均為視覺正面，而以該視覺正面為主要部位，倘其他部位無特殊設計，通常不致於影響相同、近似之判斷。

2.使用狀態下之設計

　　物品因運輸、商業、新奇等需求，可組合、折疊或變化為多種造形。針對此類物品，應以使用狀態下之外觀設計為主要部位，倘圖面所揭露伸展後之使

---

[176] 羅炳榮，工業財產權論叢，專利侵害與迴避設計篇，翰蘆圖書出版有限公司，2004年1月，頁206。

[177] 最高行政法院74年度判字第456號、第520號行政判決。

[178] 專利侵害鑑定要點，司法院，2005年版，頁58。

用狀態之設計與被控侵權物品不可摺疊之設計為相同或近似者，應判斷兩者之設計為相同或近似。舉例說明之：(1)組合玩具可拆卸為若干組件或拆散為各個獨立零件；(2)折疊燈可伸展為使用狀態或折疊成收藏狀態；(3)手工具組可結合成不同用途之工具。其等應以使用狀態下之外觀設計為主要部位，非以組合、折疊或變化等造形，作為要點觀察。

(六)新穎性特徵判斷

專利申請之標的為物品之形狀，應以形狀為整體比對。倘設計與引證物品之形狀特徵及整體外觀表現均相同，而其等之差異，並非在於創作特徵，則不符合設計專利要件。換言之，以新穎性部分作為判斷重點，並以該設計所屬技藝領域中具有通常知識者之水準判斷。

伍、歸類鑑定法

判定設計專利侵害方法，可依序應用比較鑑定法之歸類鑑定法及目視鑑定法，作為認定是否成立侵權之方法。所謂歸類鑑定法（appraisement by attributes），係指決定設計專利及被控侵權物品，是否為某一特定之類別，而將專利權與被控侵權物品予以分類者。換言之，先認定設計專利權內容及被控侵權物品之歸類；繼而以目視鑑定法判定是否成立侵權。例如，依據專利分類為第23類之衛生設備，其包括浴室、蓮蓬頭、洗臉臺、蒸氣浴室及水箱。設計專利物品與被控侵權物品均為洗臉盆，故兩者均屬第23類之衛生設備，適用歸類鑑定法之結果，屬於同類別之物品。

陸、目視鑑定法

所謂目視鑑定法（visual appraisement），係指利用人類之肉眼，觀察被控侵權物品是否已侵害設計專利權之內容，作為判斷專利侵權之方法。申言之：(一)狹義之目視鑑定法，係指應用肉眼觀察物品之近似性；(二)廣義之目視鑑定法，不僅限於用肉眼觀察，其包括敲擊、測量及使用光學儀器等其他方式。目視鑑定法為非破壞性之鑑定，可有效率認定被控侵權物品是否成立侵權。目視鑑定法利用人類眼睛與非破壞性設備，直接觀察被控侵權物品，並憑直接之觀察所得，以決定被控侵權物品是否與設計專利物品，具有同一性或近似性。目視鑑定法應用眼睛詳察被控侵權物品外形之步驟有二：(一)首先界定整體外

觀,其著重於所屬產業或技藝領域中認爲重要之特徵部分,並分別於同時同地及異時異地,進行綜合判斷;(二)繼而就形狀、花紋、色彩或其結合,判斷其與設計物品,是否具有同一性或近似性。

柒、例題解析──判斷設計與發明或新型專利侵害之差異

判斷設計專利侵害之程序,其與判斷發明或新型專利侵害之程序,兩者不同。申言之:(一)就判斷設計專利侵害而言,依序爲設計範圍、解析設計範圍與被控侵權物品之技藝內容、判斷物品是否相同或近似、判斷視覺性設計整體是否相同或近似、判斷是否包含新穎性特徵、判斷有無先前技藝之阻卻事由、應用禁反言原則;(二)判斷發明或新型專利侵害,依序爲解釋申請專利範圍、解析申請專利範圍與被控侵權物品或方法之構成要件、應用全要件原則、應用均等論與逆均等論原則、判斷有無先前技術之阻卻事由、應用禁反言原則。

捌、相關實務見解

一、判斷侵害設計專利之基準

判斷行爲人所製造、爲販賣要約、販賣、使用或進口之物品,是否成立侵害設計與衍生設計,首先應以設計所屬技藝領域中具有通常知識者之水準,解釋申請專利之設計範圍,作爲解析申請專利之設計範圍與待鑑定物品技藝內容之基礎;繼而以普通消費者之水準判斷待鑑定物品與申請專利之設計物品,兩者是否相同或近似、視覺性設計整體是否相同或近似。倘待鑑定物品與申請專利之視覺性設計整體相同或近似,即以設計所屬技藝領域中具有通常知識者之水準,判斷相同或近似之部位是否包含申請專利之設計新穎特徵;最後適用禁反言或先前技藝阻卻,判斷該物品有無落入專利權範圍[179]。

二、直接轉用其他技藝領域

申請專利之設計之整體或主要設計特徵,係直接轉用其他技藝領域中之先前技藝者,應認定設計所屬技藝領域中具有通常知識者,可簡易即可思及者,

---

[179] 智慧財產及商業法院98年度民專訴字第117號、105年度民專上字第25號民事判決。

不具創作性[180]。甲爲「胎邊裝飾片」設計專利之專利權人，甲雖主張乙銷售之輪胎產品侵害其設計專利。然乙提出雨刷作爲引證，抗辯稱該設計專利不具創作性。查系爭專利爲「胎邊裝飾片」，其國際工業設計分類爲12-15「車輛輪胎和防滑鏈」，而雨刷爲12-16「其他類未包括的車輛零件、設備和附件」，兩者分類雖不同，惟兩者同屬車輛附屬產品，且就創作性之審查，先前技藝之領域並不侷限於所申請標的之技藝領域。比對「胎邊裝飾片」設計專利與乙提出之雨刷實物之花紋整體觀，兩者視覺效果並無顯著差異。準此，足證甲之設計專利不具創作性，而有專利法第122條第2項之撤銷原因，依智慧財產案件審理法第41條第2項規定，甲自不得以設計專利權對乙主張權利[181]。

---

[180] 智慧財產及商業法院97年度民專訴字第31號民事判決。
[181] 智慧財產及商業法院98年度民專上易字第11號民事判決。

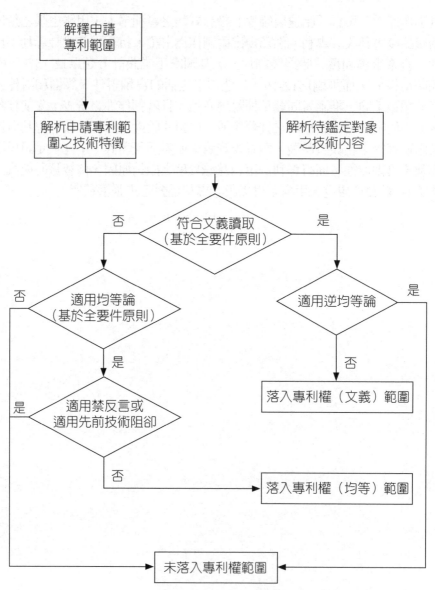

附圖9-1　判斷發明或新型專利侵權之流程圖

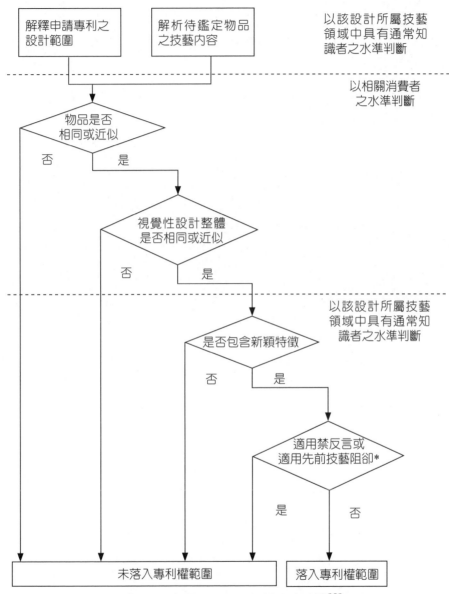

附圖9-2　判斷設計專利侵權之流程圖[182]

[182] 經濟部智慧財產局網站：http://www.tipo.gov.tw/ch/AllInOne_Show.aspx?path=819
&guid=af253442-f923-4ee3-9606-a2f8e691806d&lang=zh-tw，2011年1月5日查訪。

第十章　專利侵害之民事保全

　　保全之概念有狹義及廣義區分：(一)狹義之保全，係指民事訴訟法第七編第522條之假扣押、第532條之假處分、第538條之定暫時狀態處分及第538條之1緊急處置等民事保全程序；(二)廣義之保全者，係指包括狹義保全以外，法律規定之各種暫時性或緊急性之救濟程序。換言之，除民事訴訟法第七編規範之保全程序外，其他法律規定於緊急之狀態，爲避免當事人受危害所設之各種特定措施，均屬保全之範圍。先就狹義保全之意義而言，專利權人就其所受之損害賠償，向法院聲請對侵權行爲人強制執行，必先取得執行名義，因取得執行名義，有時曠日費時，侵權行爲人難免趁機脫產，爲保全日後取得執行名義後，得以實現專利權，自有保全將來強制執行；或者爭執之法律關係恐有變遷，爲防止專利受侵害或實現專利權之內容，自有定暫時狀態之必要。聲請人提出假扣押或假處分之聲請，得與本案訴訟同時提出，或者於本案訴訟起訴前或起訴後爲之。

第一節　保全執行

　　就狹義之保全概念以觀，所謂保全程序者，係指爲保全強制執行及避免權利受侵害或防止急迫行爲，而暫時維持法律關係現狀爲目的之特別民事程序。專利權人於專利侵害事件中，得藉由假扣押、假處分、定暫時狀態處分或緊急處置，保全將來強制執行或實現專利權之內容，前二者屬暫時權利保護之類型，後二者則有滿足專利權之效力。

例題1

　　就保全目的與保護法益而言，假處分與定暫時狀態處分並不相同，導致提供擔保之標準與裁定之效力，亦有差異。試就目的、擔保金認定及法益等項目，說明兩者之差異。

例題2

　　專利權人甲認乙製造與銷售之產品，已侵害其發明專利。試問：(一)甲是否得向智慧財產及商業法院聲請假扣押乙之財產？(二)倘智慧財產及商業法院裁定准許假扣押，智慧財產及商業法院是否有假扣押之執行權限？

壹、假扣押

一、民事訴訟法

　　假扣押（provisional attachment）之目的係對金錢請求或易為金錢請求之保全強制執行（民事訴訟法第522條）。假扣押，非有日後不能強制執行或甚難執行之虞者，不得為之。應在外國為強制執行者，視為有日後甚難執行之虞（民事訴訟法第523條）。專利侵權之假扣押事件，亦應與一般假扣押考慮之因素相同[1]。法院實務多以請求金額1/3為假扣押擔保金之核定標準，作為擔保債務人或被告因假扣押所應受之損害[2]。民事訴訟法第527條規定，假扣押裁定內，應記載債務人供所定金額之擔保或將請求之金額提存，得免為或撤銷假扣押。換言之，債務人提供擔保金或將請求之金額提存，可撤銷假扣押執行，或免除假扣押執行。故反假扣押之擔保金為債權人請求金額全額，擔保金與反擔保金之比例為1比3，其較有利於原告或債權人。準此，債務人所有標的物遭法院查封後，債務人得提供款項，聲請撤銷查封，以調和債務人與債權人之利益。

二、強制執行法

　　債務人之財產遭債權人假扣押後，債務人得於查封後，拍定前提出現款，聲請撤銷查封（強制執行法第58條第1項）。被控侵權行為人提供擔保後，假扣押之效力存於其所提供之擔保金[3]。再者，為防止侵害人於保全執行

---

[1] 司法院2009年智慧財產法律座談會彙編，2009年7月，頁43至44。

[2] 最高法院53年台抗字第279號民事裁定。

[3] 林洲富，實用強制執行法精義，五南圖書出版股份有限公司，2022年1月，16版，頁168。

前處分其財產或被侵害專利物品或方法，故假扣押之執行，應於假扣押之裁定送達同時或送達前爲之（強制執行法第132條第1項）。送達前之執行，而於執行後不能送達，債權人亦未聲請公示送達者，應撤銷其執行。其公示送達之聲請被駁回確定者亦同，以解決送達所孳生之曠日費時之問題（第2項）。債權人收受假扣押裁定後已逾30日者，不得聲請執行（第3項）。

貳、假處分

假處分之目的在於對非金錢請求之保全強制執行（民事訴訟法第532條、第538條第1項）。假處分之要件，係法院於假處分程序中所審理之對象，其要件有二：被保全之權利與保全之必要性。就假處分而言，其係爲防止侵害人於保全執行前處分其財產或被侵害專利物品或方法。故假處分之執行，應於假處分之裁定送達同時或送達前爲之（強制執行法第132條第1項）。因假處分之必要方法，係由法院酌量定之（民事訴訟法第535條第1項）。故假處分裁定命假處分之具體內容，種類繁多，使假處分之執行方法呈現多樣化，以達假處分之目的。

參、定暫時狀態處分

在爭執之法律關係，爲防止發生重大之損害或避免急迫之危險或有其他相類之情形而有必要時，得聲請爲定暫時狀態之處分（民事訴訟法第538條第1項；智慧財產案件審理法第52條第2項）。準此，當事人向法院聲請定暫時狀態處分時，法院必須先審查有無具備定暫時狀態處分（a temporary status quo）之要件，其要件有二：(一)爭執之法律關係，其事涉保全之對象是否適格；(二)保全之必要性，係指爲防止發生重大之損害或避免急迫之危險或有其他相類之情形有必要者而言。符合定暫時狀態處分之要件後，法院繼而依據具體個案，依職權酌量，以認爲最妥適之處分方法[4]。

---

[4] 當事人故得聲請定暫時狀態處分，然法院係依職權定其執行方法。準此，定暫時狀態處分程序兼具訴訟性與非訟性之性質。

一、爭執之法律關係

(一)法律關係

聲請定暫時狀態處分，其目的在於形成某法律關係或地位，至本案判決確定前，予以維持與實現之狀況，其與爲保全將來執行之假處分有所不同。故當事人應就有無侵害專利權之原因事實有所爭執，該有爭執之法律關係，必須本案訴訟能予確定者爲限（民事訴訟法第538條第2項）。所謂法律關係者，係指適於爲民事訴訟之標的者而存有爭執，無論財產上或身分上之法律關係，均有定暫時狀態處分之適格。例如，專利權被侵害或就授權契約有所爭執，而有定暫時狀態處分之必要性。法律關係之爭執，不限有繼續性。而財產上之法律關係，亦不以金錢請求以外之法律關係爲限[5]。僅要該法律關係未經判決確定爲已足，並不以處於訴訟繫屬中爲必要。有爭執之情事，除指義務人否認權利或妨害權利人行使權利之情形外，義務人雖承認義務，然不履行之情形者，亦包括在內，且不以權利因他造行爲，導致事實上已受侵害爲必要[6]。

(二)訴訟類型

爭執法律關係之本案判決包括給付之訴、形成之訴及確認之訴。故法院應詢問聲請人未來擬提出之本案訴訟類型與其訴之聲明，俾於確認該爭執之法律關係，得以本案訴訟加以確定。該項聲請不限於起訴前提起，起訴後亦可聲請。

二、保全之必要性

(一)必要性要件

1.釋明責任

就定暫時狀態處分要件中之保全必要性要件，係指爲防止發生重大之損害或避免急迫之危險或有其他相類之情形有必要者而言（民事訴訟法第538條第1項；智慧財產案件審理法第52條第2項）。其中防止重大損害及避免急迫危險係例示規定，其他相類情形而有必要者則爲一般規定。必要性要件爲定暫時狀

---

[5] 最高法院2002年第7次民事庭會議決議。

[6] 許士宦，民事訴訟假處分程序——定暫時狀態處分之基本構造，智慧財產專業法官培訓課程，司法院司法人員研習所，2006年4月，頁4至5。

態處分之原因，應由聲請人提出相當證據以釋明之，倘不能釋明此種情事之存在，即無就爭執之法律關係，定暫時狀態之必要性。準此，法院審理定暫時狀態處分之聲請時，應考慮有無必要性。例如，侵害人製造及銷售專利物品，導致專利權人之銷售數量及價錢有減少之情事；或者因侵害專利物品或方法之上市，導致專利權人之信譽受損，均屬考量必要性要件之事由。

2.法院審酌因素

聲請人就有爭執之智慧財產法律關係聲請定其暫時狀態之處分者，應釋明該法律關係存在及有定暫時狀態之必要。其釋明不足者，應駁回聲請，不得准提供擔保代之或以擔保補釋明之不足。法院審理定暫時狀態處分之聲請時，就保全之必要性，應審酌聲請人將來勝訴可能性、聲請之准駁對於聲請人或相對人是否將造成無法彌補之損害，並應權衡雙方損害之程度及對公眾利益之影響（智慧財產案件審理細則第65條第1項、第3項）。準此，保全之必要性要件有：(1)聲請人將來勝訴可能性；(2)聲請之准駁對於聲請人或相對人是否將造成無法彌補之損害；(3)權衡當事人損害之程度；(4)對公眾利益之影響[7]。

（二）利益權衡原則

1.私益之衡量

防止發生重大損害者，通常係指如使聲請人繼續忍受至本案判決時為止，其所受之痛苦或不利益顯屬過苛。此損害非僅限於直接或間接之財產上損害，亦包括名譽、信用及其他精神等非財產損害。因重大與急迫與否，均屬不確定法律概念，有賴利益衡量予以判定，即有無必要性之事實評價，應委諸法院自由裁量，法院於審理時，則視個案情節而定，衡量聲請人因定暫時狀態處分所應獲得確保之利益或可能避免損害、危險發生等不利益，並與相對人因該處分所將蒙受之不利益或可能遭致之損害，就兩者所受之損害進行分析與比較之，此稱為利益權衡原則。換言之，重大與否，須視聲請人因定暫時狀態處分所應獲得之利益或減免之損害，是否逾相對人因該處分所蒙受之不利益或損害而定。倘前者逾於後者之情形，始得謂為重大損害及有保全之必要性[8]。例如，專利權人向法院聲請制止侵害人繼續侵害專利，命侵害人停止使用專利製

7　智慧財產及商業法院97年度民專抗字第16號、98年度民專抗字第6號民事裁定。

8　許士宦，民事訴訟假處分程序——定暫時狀態處分之基本構造，智慧財產專業法官培訓課程，司法院司法人員研習所，2006年4月，頁6至7。呂太郎，假處分裁定程序之研究，法官協會雜誌，6卷1期，2004年6月，頁42。

造、銷售侵害物品之定暫時狀態處分，法院審理時，應比較兩者所受之利益與損害，以認定是否符合必要性要件。聲請人得具體提出市場之供需關係分析，釋明必要性之要件，不得僅就所謂重大損害或急迫危險為空泛描述。縱使聲請人已提出鑑定報告釋明其專利權受相對人侵害，然仍須釋明有重大損害或急迫危險等必要性要件。因侵害權利與造成損害者，為不同層次之法律概念，聲請人受有侵害，未必等同重大損害或急迫危險。

2.公益之兼顧

法院認定防止重大損害之必要性要件，原則上，得解釋係防止發生聲請人之重大損害。例外情況，係指公眾利益之損害亦應包括在內[9]。因定暫時狀態之處分係為調整、均衡債權人與債務人間利害，以維持法律秩序所採救濟措施，其具有兼顧公益之性質，尤其係醫藥安全或環境保護等問題[10]。

3.重大損害之概念

專利權本質上係專利技術之獨占權，藉由排除他人實施相同之技術，進而占有屬專利技術有關之特定市場地位，以獲取利益。故縱使專利權人並未實施專利權，然實際上仍會因第三人實施專利而喪失特定之市場地位或減少市場占有率。故法院不得以侵權行為之法理，無損害則無賠償之觀點，認為專利權人未實施專利，自無損害可言，而認為並無防止重大損害之情事，逕行駁回定暫時狀態處分之聲請[11]。準此，定暫時狀態處分之重大損害，該損害之概念與專利侵害事件請求損害賠償，兩者並非同一。蓋前者有衡量兩造之利益因素，後者原則上僅考慮權利人所受損害。因兩造所受之損害與市場之運作有關，故法

---

[9] 張容綺，專利侵害賠償制度之檢討與重構——以美國法作為比較基準，世新大學法學院碩士論文，2005年6月，頁14。日本民事保全法第23條第2項明定，限於債權人所受之顯著損害。臺灣高等法院88年度更字第13號民事裁定：宜保利血注射液係供洗腎病患減少輸血所產生之副作用，其為臺灣洗腎病人所不可或缺之藥物，一旦終止該藥物之供應，將使眾多洗腎病患之健康受有重大損害，同時亦使抗告人陷於無法履行契約義務之困境，致負擔債務不履行之損害賠償責任，顯將受有重大損害，故實有就現有情況定暫時狀態之必要性。

[10] 智慧財產案件審理法第22條第2項立法理由說明，法院審理定暫時狀態處分時，應考慮聲請人是否受到無可彌補之損害，其造成聲請人之困境是否大於相對人，暨對公眾利益造成如何影響。

[11] 林佳瑩，我國定暫時狀態處分制度運作之實務分析——以專利排除侵害案例為中心(一)，寰瀛法訊，11期，2005年9月，頁36。

院對於產業與市場等實際狀態之運作，必須有相當程度之知悉，始能妥適運用利益權衡原則[12]。

4.法律經濟分析

法院於具體個案判斷必要性要件，必須基於利益權衡原則，評估聲請人因未定暫時狀態處分時起至本案判決勝訴時所受之損害，將該評估所得損失與相對人因該處分所定之暫時狀態，其將蒙受之不利益或可能遭受之損害，兩者相互比較，前者大於後者，使具有必要性；反之，後者大於前者，則無必要性。法院考慮兩造利益之經濟因素大致有：(1)聲請人與相對人所處產業之特性；(2)產品之生命週期；(3)市場之潛力；(4)市場之占有率；(5)客戶之往來關係；(6)侵害行為所造成之產銷減損；(7)商譽所受之影響。

5.市場經濟因素

依據利益權衡原則之模式，法院應斟酌市場上之經濟因素，各得自法律經濟分析之角度，思考法院應否准許定暫時狀態處分。倘以數學之公式表示，$P \times H1 > (1-P) \times H2$ 時，法院始應准許定暫時狀態處分之聲請；反之，$P \times H1 < (1-P) \times H2$ 時，法院應駁回定暫時狀態處分之聲請。P代表聲請人於本案訴訟勝訴之機率。1–P代表相對人於本案訴訟中勝訴之機率。H1代表駁回定暫時狀態處分聲請時，聲請人所受損害。H2代表准許定暫時狀態處分聲請時，相對人所受損害。例如，聲請人於本案訴訟勝訴之機率為60%（P）；駁回定暫時狀態處分聲請時，聲請人所受損害（H1）新臺幣（下同）500萬元；准許定暫時狀態處分聲請時，相對人所受損害（H2）為1,000萬元。其計算式為60%×500萬元 < 40%×1,000萬元，故法院不應准許定暫時狀態處分聲請[13]。

(三)必要性要件之釋明

法院於定暫時狀態處分程序中應審查「保全之必要性」與「被保全權利」，故聲請人就爭執之法律關係及定暫時狀態之必要性，均應釋明之。法院自形式上加以判斷聲請人有無權利，而聲請人應為相當釋明，使法院大概相信

---

[12] 鄭中人，專利權之行使與定暫時狀態之處分，台灣本土法學雜誌，58期，2004年5月，頁136。

[13] 范曉玲，智慧財產事件證據保全，智慧財產專業法官培訓課程，司法院司法人員研習所，2006年6月，頁15至16。

爲眞實（民事訴訟法第538條之4、第533條、第525條第1項第2款、第3款、第526條第1項）。所謂釋明，係指提出能即時調查之證據使法院信其主張之事實爲眞實者。該項釋明如有不足，而聲請人陳明願供擔保或法院認爲適當者，法院得定相當之擔保。命供擔保後爲定暫時狀態之處分，雖經釋明，法院亦得命聲請人供擔保後爲暫時狀態之處分（民事訴訟法第538條之4、第533條、第526條第2項、第3項）。因聲請人聲請定暫時狀態處分，應使法院信其爭執之法律關係及保全之必要爲正當，故應盡其釋明責任。然其釋明如有不足，爲補強其釋明，其於聲請人陳明就相對人可能遭受之損害，願供擔保以補其釋明之不足；或者於法院認以供擔保得補釋明之不足爲適當時，法院均可斟酌情形定相當之擔保，命聲請人供擔保後爲定暫時狀態處分。

(四)充分與高度釋明

就專利侵害事件而言，法院是否准駁定暫時狀態處分之聲請，其影響當事人權益甚鉅，故法院審理定暫時狀態處分之聲請，就聲請人之釋明程度要求，其與一般保全處分之聲請，兩者應有所差異，法院應要求聲請人提出充分釋明與高度釋明。

1.充分釋明

專利侵害事件中，權利人通常會聲請定暫時狀態處分，禁止被控侵害專利人繼續製造及銷售侵害專利物品等行爲。而高科技產業之產品，其於市場上之替換週期甚爲短暫，商機稍縱即逝，倘法院命停止繼續製造及銷售商品等行爲，其不待本案判決確定，產品已面臨淘汰，導致廠商有被迫退出市場之不利結果，影響至爲重大，其造成之損害亦難預計。準此，基於專利侵害事件具有技術性與專業性之特性，就聲請定暫時狀態處分之要件，法院之審理程序應較假處分嚴謹。倘法院認爲債權人所供擔保，尚不足補釋明之欠缺者，仍應駁回定暫時狀態處分之聲請，不得僅以債權人願供擔保以代釋明之不足，即予准許。參諸智慧財產案件審理法第52條第1項亦規定，聲請人就定暫時狀態假處分之請求原因，如未爲充分釋明，法院應駁回其聲請。同法條第2項規定，聲請人縱已盡釋明責任，法院仍得依職權命其供擔保後爲定暫時狀態之處分。聲請人釋明事實上所主張所用之證據，雖不限於能即時調查者，已緩和釋明之即時性（民事訴訟法第284條但書）[14]。然本書認爲所謂充分釋明之程度，係介

---

[14] 民事訴訟法第284條規定：釋明事實上之主張者，得用可使法院信其主張爲眞實之一

於一般釋明與證明之間。當事人提出之證據，能使法院產生堅強之心證，確信其主張或抗辯爲眞實者，稱爲證明。所謂釋明者，係指當事人提出之證據，得使法院產生薄弱之心證，信其主張或抗辯大致如此[15]。故充分釋明所應提出之證據，必須使法院有較強之心證，主觀相信當事人主張或抗辯爲眞實。一般而言，法院調查供釋明所用之證據，毋庸遵守嚴格之證據程序。例如，未經具結之證人證言，亦得作爲供釋明之用途。

2.高度釋明

　　爲期定暫時狀態處分請求之內容明確，俾於法院審酌，定暫時狀態處分之聲請，除應表明其請求之說明外，應表明有爭執之法律關係及其原因事實、定暫時狀態處分之必要，聲請人就上開事項應負主張及釋明責任（民事訴訟法第538條之4、第533條、第525條第1項）。因保全程序講求之迅速性，故保全程序僅要求當事人舉證至釋明程度，而毋庸至證明程度。釋明就事實存在之證明度，僅要求至優越之蓋然性，即事實存在之蓋然性，較其不存在之蓋然性爲高。而在滿足性處分，因聲請人得於本案判決確定前先獲得權利之滿足或實現，其已形同喪失其對本案訴訟原有之附隨性與暫定性之本質，有類似本案訴訟之機能，故其保全必要性應達到較高之證明度，故以高度之釋明爲必要，其與假扣押或假處分有所區別[16]，倘以釋明程度而言，本書認爲能使法院相信事實眞正之心證，應介於40%至50%。例如，法院命相對人禁止製造、販賣侵害專利物品之定暫時狀態處分，經法院執行後，將使專利權人在專利侵害事件之本案判決確定前，獲得如同本案勝訴判決已執行般之權利滿足或實現，該命侵害人停止製造、販賣侵害專利物品之處分方法，係事先預防損害及實現權利之保護措施，其屬滿足性處分，故應要求專利權人盡高度釋明之責任。易言之，法院執行該滿足性處分，有暫時滿足專利權人之權利，以確保現在專利權不受侵害之效果，要求專利權人盡高度釋明責任，有兼顧被控侵權人之權益。

(五)提供擔保之目的

　　聲請人就保全之請求及原因已釋明之情形，法院得命聲請人提供擔保。該提供擔保之作用不在於補充釋明之不足，係爲擔保相對人之損害，因此其擔

　　切證據。但依證據之性質不能即時調查者，不在此限。

[15] 姚瑞光，民事訴訟法論，自版，2000年11月，修正版，頁354至355。

[16] 許士宦，定暫時狀態處分之基本構造，台灣本土法學雜誌，58期，2004年5月，頁59。

保額度，應視相對人因保全處分所可能遭受之損害而定。準此，定暫時狀態處分不以提供擔保為必要條件，法官應依據具體個案而裁量是否有提供擔保此必要。法院認定有無定暫時狀態之必要性時，應斟酌兩造利益，衡量債權人因未定暫時狀態至本案判決勝訴止，所受損害，並與債務人因定暫時狀態所生損害，就兩者加以比較與分析。

(六)擔保金之計算

因專利權之價值與市場機能有密切相關，專利權之價值會隨市場上之供需情事而有所變動，故其具有不確定性與不穩定性之特性，價值不易評估。因此，導致我國法院創造出不同之計算方式，並無一定之標準，故擔保金之酌定，依據我國法院對於假處分擔保金之計算，本章整理歸納不同計算方式如後[17]。

1.職權裁量說

法院就債務人因假處分所受損害，命債權人預供擔保者，其金額之多寡，應如何認為相當者，本屬於法院職權裁量之範圍，非當事人所得任意指摘[18]。因定暫時狀態處分對當事人之權益影響重大，原則上應賦予程序保障之機制，使當事人有陳述意見之機會後，法院再酌定合理之擔保金數額（民事訴訟法第538條第4項本文）。

2.標的物損害額說

法院定擔保金額而為准許假處分之裁定者，該項擔保係備供債務人因假處分所受損害之賠償（民事訴訟法第533條、第526條第2項、第531條）。其數額應依標的物受假處分後，債務人不能利用或處分該標的物所受之損害額，或因供擔保所受之損害額定之，非以標的物之價值為依據[19]。因標的物經假處分後，其所受損害額，通常計算不易，導致法院實際決定擔保金之差異性甚大。

3.債務人所受損害說

法院為附條件之處分裁定，命於債權人供擔保後得為處分，此項擔保係準備賠償債務人所應受之損害。故法院定此項擔保額，應斟酌債務人所應受

---

[17] 馮震宇，從美國司法實務看臺灣專利案件之假處分救濟，月旦法學雜誌，109期，2004年6月，頁28至30。
[18] 最高法院48年台抗字第18號民事裁定。
[19] 最高法院63年台抗字第142號民事裁定。

之損害為衡量之標準[20]。債務人所受之損害為何,則有二種不同之計算方式:(1)以系爭產品於定暫時狀態處分至本案判決確定前之全部銷售額;(2)以相對人因定暫時狀態處分所受影響之利潤為基準[21],其計算標準得斟酌財政部公布之「營利事業之同業利潤標準」或相對人財務報表所記載之淨利率[22]。再者,專利權人向法院聲請定暫時狀態處分,被控侵權行為人因定暫時狀態處分之損失,除預期營業利潤之損失外,其投資於產品之研發、製造及銷售等固定投資,亦須考慮在內。因被禁止製造、銷售或使用,其等於被迫退出市場,原來之投資勢必血本無歸。至於法院計算定暫時狀態處分至本案判決確定之期間,得斟酌司法院頒布之「各級法院辦案期限實施要點」為據。詳言之,民刑事通常程序第一審審判民事事件1年4個月,民事第二審審判案件2年,民事第三審審判案件1年,合計為4年4個月[23]。

4.債權人利潤說

本說係以債權人之利潤為基準,作為擔保金之計算基礎。例如,以債權人販賣專利產品之利潤作為計算標準,假設債權人得銷售1千個專利產品,每個價格新臺幣(下同)1千元,其淨利率為10%,債權人之總利潤為10萬元,則以10萬元作為供擔保之計算金額[24]。

5.差額說

此說之理論基礎,在於專利法第97條第1款、第120條及第142條第1項規定,專利權人因專利權受侵害時,其請求損害賠償額之計算,係依據民法第216條規定。倘無法提供證據方法以證明其損害時,發明專利權人得就其實施專利而通常所獲得之利益,減除受害後實施同一專利權所得之利益,以其差額為所受損害[25]。

6.權利金計算法

本說以專利權人至本案判決確定前,暫時無法收取權利金之損失,作為酌

[20] 最高法院48年台抗字第142號民事裁定。
[21] 范曉玲、郭雨嵐,專利保全程序實務,經濟部智慧財產局,2006年4月,頁78至79。
[22] 智慧財產及商業法院98年度民全字第41號民事裁定。
[23] 司法院2006年8月22日修正發布之「各級法院辦案期限實施要點」。
[24] 臺灣高等法院90年度抗字第3107號民事裁定;臺灣高等法院臺中分院93年度抗字第857號民事裁定。
[25] 臺灣高等法院91年度抗更字第31號民事裁定。

定擔保金之基準。準此，法院不得以系爭專利價值爲計算擔保金之基礎，因系爭專利價值通常爲計算所有權移轉基準，其與認定損害賠償額未必一致。

7.當事人合意說

擔保之數額若干，涉及當事人之權益，倘當事人有達成協議時，法院得以當事人同意之金額作爲決定假處分擔保金之基礎[26]。職是，法院於准駁定暫時裁定處分聲請前，賦予當事人到庭言詞或書面陳述之機會（民事訴訟法第538條第4項本文）。進而協調當事人達成合意之擔保金，此不失爲簡易之計算方式。

肆、緊急處置

法院爲定暫時狀態處分之裁定前，認爲有必要時，得依聲請以裁定先爲一定之緊急處置（urgent disposition），其處置之有效期間不得逾7日。期滿前得聲請延長之，但延長期間不得逾3日（民事訴訟法第538條之1第1項）。前項期間屆滿前，法院以裁定駁回定暫時狀態處分之聲請者，其先爲之處置當然失其效力；其經裁定許爲定暫時狀態，而其內容與先爲之處置相異時，其相異之處置失其效力（第2項）。第1項之裁定，不得聲明不服（第3項）。因聲請定暫時狀態之處分，有時欲正確判斷其必要性要件，並非一時所能爲之。況法院爲定暫時性狀態之裁定時，應使兩造當事人有陳述意見之機會，導致審理上較費時日，爲避免危害發生或擴大，法院認爲有必要時，得依據聲請以裁定先爲一定之緊急處置，即使未聽取相對人陳述意見之情況，亦得爲之。定暫時狀態處分相當於美國法之臨時禁制令，而緊急處置裁定類似於美國法之暫時限制令。美國法院爲暫時限制令，得不通知相對人或賦予其聽審之機會，僅基於一造（ex parte）審理，期間最長爲10日。但有必要時，法院得再延長與原裁定相同之期間，或者於相對人同意，將期間延長之[27]。再者，因緊急處置爲暫時性之權宜措施，倘法院已就聲請事件爲裁定，自應以該終局之內容爲準。其於本案裁定前是否有爲緊急處分之必要，法院應衡量聲請人所獲得利益與相對人所受損害，前者利益大於後者損害，始得爲緊急處置。

---

[26] 臺灣高等法院90年度抗更字第2139號民事裁定。
[27] 美國聯邦民事訴訟規則第65條(b)項。

伍、管轄法院

依專利權法保護之專利權益所生之第一審與第二審民事訴訟事件,應由智慧財產及商業法院管轄,該管轄規定為民事訴訟法之特別規定,自應優先適用之,是智慧財產及商業法院為管轄法院（智慧財產及商業法院組織法第3條第1款）。而假扣押、假處分或定暫時狀態處分之聲請,在起訴前,向應繫屬之法院為之,在起訴後,向已繫屬之法院為之。對於智慧財產事件之第一審裁判,得上訴或抗告於智慧財產及商業法院,其審判以合議行之（智慧財產案件審理法第9條、第47條、第51條）。準此,第一審與第二審民事訴訟事件包含民事訴訟法第七編之保全程序,是因專利權所生之假扣押、假處分或定暫時狀態處分之聲請,債權人應向智慧財產及商業法院聲請或抗告。是智慧財產及商業法院就專利權所生之假扣押、假處分或定暫時狀態處分等聲請,有第一審與第二審法院管轄權,第一審、第二審係專屬管轄權（智慧財產及商業法院組織法第3條第1款、第4款；智慧財產案件審理法第9條、第47條、第51條）[28]。

陸、例題解析

一、假處分與定暫時狀態處分之區別

(一)保全之目的

所謂假處分者,係指針對非金錢請求,為保全將來之強制執行,禁止債務人變更系爭標的之現狀。換言之,以保全系爭標的物將來能強制執行為目的,所欲避免者,係請求權將來不被實現之危險,其為保全性假處分,於本案執行前,並不能受有任何實質之利益。而定暫時狀態處分則以保護現在有爭執之權利或法律關係不繼續受危害為目的,其目的在於避免請求權延滯實現而產生之現時危險,其可分為規制性處分與滿足性處分。權利人得依據定暫時狀態處分之裁定所定暫時狀態,以實現權利,義務人亦應暫時履行其義務[29]。準此,定暫時狀態處分,為減免專利權受侵害之利器,尤其滿足性處分,就有爭執之專利侵害事件,有迅速獲得相當於本案判決勝訴之救濟,其與純為保全將來執行

---

[28] 智慧財產及商業法院102年度民專抗字第18號民事裁定。
[29] 最高法院61年台抗字第506號民事裁定。

之假處分有所不同。至於債權人請求之本案訴訟，無論為給付之訴、確認之訴及形成之訴，均得聲請定暫時狀態處分。

(二)擔保金之認定

假處分之擔保金，應以被告或相對人因假處分執行所受之損害為準，此與假扣押之擔保金相同。實務上，一般均以假處分標的物之全部價值或價額，作為假處分擔保金之核定標準，法院定反擔保金亦傾向與擔保金同額[30]。因假處分係債權人針對特定財產加以保全，債務人免為或撤銷該特定財產之保全，當事人間所受之損害，大致相當。而定暫時狀態處分將維持或改變某種法律關係之現實狀態，其對聲請及相對人各自所受之損害，未必相同。準此，法院應依據當事人所提出之資料，分別認定相對人因定暫時狀態處分所受之損害及聲請人未獲得定暫時狀態處分所受損害，各酌定擔保金及反擔保金數額。

(三)保護之法益

定暫時狀態處分之制度目的及程序機能，在於預防自力救濟與維持法之和平，其與假處分，係保全債權人繫於本案請求權或法律關係之個人利益，而其程序進行隱密性者有所不同。定暫時狀態之處分係為調整、均衡債權人與債務人間利害，以維持法律秩序所採救濟措施，其依據之法理與緊急避難或正當防衛相通，含有公益性，非純為保全個人權利。

二、保全聲請與執行之管轄法院

(一)保全聲請之管轄法院

依專利權保護之專利權益所生之第一審與第二審民事訴訟事件，應由智慧財產及商業法院管轄，該管轄規定為民事訴訟法之特別規定，自應優先適用之（智慧財產及商業法院組織法第3條第1款）。因第一審與第二審民事訴訟事件包含民事訴訟法第七編之保全程序，是侵害專利權之假扣押或假處分聲請，債權人應向智慧財產及商業法院聲請，智慧財產及商業法院依據民事訴訟法第522條之聲請假扣押要件、第523條之假扣押原因、第532條之聲請假處分要件與原因，作成准許或駁回之裁定，准許假扣押或假處分之裁定，可作為執行名

---

[30] 林洲富，實用強制執行法精義，五南圖書出版股份有限公司，2023年2月，17版，頁173至176。

義（強制執行法第4條第1項第2款）。

(二)保全執行之管轄法院

　　保全裁定之取得與保全裁定之執行為不同之民事程序，前者為確定有無保全私權之必要程序，由民事訴訟法規範之；後者係實施保全之程序，則為強制執行法另行規定。故保全聲請與其執行，未必由同一法院管轄，是智慧財產及商業法院雖可優先審理侵害智慧財產權之民事假扣押或假處分聲請，然並無執行之權限，其理由有二：1.民事強制執行事務，專屬地方法院及其分院之民事執行處辦理，由應執行標的物所在地、應為執行行為地或債務人住居所之地方法院管轄（強制執行法第1條、第7條第1項）[31]。智慧財產及商業法院非地方法院，自無管轄權；2.智慧財產及商業法院組織法明定，智慧財產及商業法院就智慧財產權所生第一審行政強制執行事件有管轄權（智慧財產及商業法院組織法第3條第3款）。而智慧財產及商業法院組織法未規定智慧財產及商業法院有民事強制執行事件之管轄權，顯見立法者有意排除民事強制執行事件歸智慧財產及商業法院管轄甚明。準此，智慧財產及商業法院就假扣押或假處分執行，並無管轄權，倘債權人持民事假扣押或假處分向智慧財產及商業法院聲請強制執行，智慧財產及商業法院應依債權人聲請或依職權以裁定移送至管轄法院（強制執行法第30條之1準用民事訴訟法第28條）。

柒、相關實務見解——定暫時狀態處分之審理程序趨近本案化

一、迅速取得相當於本案判決勝訴之救濟

　　法院為定暫時狀態處分裁定前，應使兩造當事人有陳述之機會。除非法院認為不適當者，不在此限。法院為定暫時狀態之處分前，除聲請人主張有不能於處分前通知相對人陳述之特殊情事，並提出確實之證據，經法院認為適當者外，應令相對人有陳述意見之機會。定暫時狀態處分之方法，由法院酌量情形定之，不受聲請人聲請之拘束。但其方法應以執行可能者為限，不得悖離處分之目的而逾越其必要之程度（民事訴訟法第538條第4項；智慧財產案件審理法第52條第3項；智慧財產案件審理細則第65條）。因定暫時狀態處分以保護現

---

[31] 林洲富，實用強制執行法精義，五南圖書出版股份有限公司，2023年2月，17版，頁44至45。

在有爭執之權利或法律關係不繼續受危害為目的，其目的在於避免請求權延滯實現而產生之現時危險，權利人得依據定暫時狀態處分之裁定所定暫時狀態，以實現權利，義務人亦應暫時履行其義務，有迅速獲得相當於本案判決勝訴之救濟，其與純為保全將來執行之假處分有所不同。

二、賦予當事人之程序保障權

　　法院是否准許定暫時狀態處分之聲請，應審酌聲請人本案訴訟勝訴之可能性，為判斷本案勝訴之可能性，是定暫時狀態處分之審理程序乃趨近本案化，故法院應調查證據，聽取雙方意見之陳述，就法律關係存在及保全必要性進行攻擊防禦，作為法院准許或駁回定暫時狀態處分之基礎。準此，當事人向法院聲請定暫時狀態處分，而法院得依職權調查證據或定其執行方法，故定暫時狀態處分程序兼具訴訟性與非訟性之性質。聲請人應釋明當事人爭執之法律關係與保全之必要性，並提出能即時調查之證據，供法院進行調查與審酌本件是否符合定暫時狀態處分之要件[32]。

第二節　證據保全

　　專利侵害之證據保全，可分成已公開與未公開兩種類型。前者，已有侵害專利之公開事實，即專利侵害之產品或方法，已經進入市場或暫時性地公開，此時得以證據有滅失或礙難使用之虞為由，聲請保全證據。後者，未呈現侵害專利之公開事實，自聲請人之言詞或書面陳述，得知相對人可能正進行製造侵害專利之產品或實施專利方法，因其未呈現侵害專利之公開事實，故必須進入至相對人之領域，始能蒐集相關事證。例如，侵害專利之成品、半成品或設計圖。因侵害專利之事實未公開，為兼顧相對人秘密之保護，藉由事證開示機能，得以發揮證據保全之功能[33]。

---

[32] 智慧財產及商業法院102年度民抗更(一)字第2號民事裁定。
[33] 沈冠伶，民事訴訟證據保全程序，智慧財產專業法官培訓課程，司法院司法人員研習所，2006年4月，頁5。

例題3

　　證據保全程序之強制措施，有區分對第三人之效力與對當事人之效力。試問兩者有何區別？分別就當事人協力義務、本案訴訟之準備及強制處分說明。

壹、廣義之保全

　　證據保全爲廣義之保全概念，在專利侵害之民事事件，保全證據（preservation of evidence）爲證明侵權行爲及請求損害賠償之至要關鍵，其具有預防證據滅失、礙難使用或知悉證據狀態，有達成預防訴訟及幫助法院發現眞實等功能[34]。

一、保護營業秘密

　　有鑑於方法專利之舉證特殊性，尤其係化學品、醫藥品等製造方法，倘依據一般之舉證責任原則，專利權人欲證明侵害事實不易，故我國專利法第99條第1項有規範舉證責任之轉換。因舉證責任之轉換，導致被告必須提出反證以免除侵權責任，而提出反證之過程，通常容易造成營業秘密外洩，故同法條第2項宣示應保護被告之營業秘密。故侵害專利事件之證據保全，亦應保護營業秘密之合法權益。則當事人提出之攻擊或防禦方法，涉及當事人或第三人營業秘密，經當事人聲請或兩造合意不公開審判，法院認爲適當者，得不公開審判。

二、核發秘密保持命令

　　訴訟資料涉及營業秘密者，法院得依聲請或依職權裁定不予准許或限制訴訟資料之閱覽、抄錄或攝影。當事人或第三人就其持有之營業秘密，經釋明符合下列情形者，法院得依該當事人或第三人之聲請，對他造當事人、代理人、

---

[34] 智慧財產及商業法院108年度民專抗字第16號民事裁定。

輔佐人或其他訴訟關係人核發秘密保持命令：(一)當事人書狀之內容，記載當事人或第三人之營業秘密，或已調查或應調查之證據，涉及當事人或第三人之營業秘密；(二)為避免因前款之營業秘密經開示，或供該訴訟進行以外之目的使用，有妨害該當事人或第三人基於該營業秘密之事業活動之虞，致有限制其開示或使用之必要（智慧財產案件審理法第36條第1項）[35]。

貳、證據保全之目的

一、舉證責任

　　證據保全向來之機能，重於舉證責任，故證據保全有事先預防證據滅失或礙難使用，以避免於訴訟中造成舉證困難。證據保全不以訴訟是否顯無勝訴之望為要件，法院無須審查實質之法律關係。準此，法院不得以顯無勝訴之望而造成延滯訴訟之理由，限制聲請人保全證據。再者，證據保全與一般證據調查不同，法院無須斟酌其證據有無調查之必要（民事訴訟法第286條）[36]，僅須審究有無保全證據之必要[37]。

二、預防紛爭

　　主張權利者，除藉由證據保全程序，以盡舉證責任外，其亦得藉由證據保全之程序，達成事證開示（discovery）機能，以知悉實際之證據狀態，進而考慮是否與相對人成立調解或達成和解，故證據保全有達成預防訴訟之功能。兩造得於本案訴訟尚未繫屬前之證據保全程序上，就訴訟標的、事實、證據或其他事項成立協議（民事訴訟法第376條之1第1項）。保全證據程序之協議，除有預防訴訟之提起外，縱使日後起訴，亦有發揮準備辯論與促使集中審理之機能，故亦稱起訴前自律性爭點整理程序，其具有二項功能：(一)解決紛爭之功能（第2項）；(二)限縮事實上或證據上爭點。就預防本案訴訟之提起或爭點

---

[35] 智慧財產及商業法院100年度民秘聲字第1號、106年度民秘聲字第1號民事裁定；105年度民秘聲上字第4號、第5號、第6號、第7號、第8號、第9號、第10號民事裁定。

[36] 民事訴訟法第286條規定：當事人聲明之證據，法院應為調查。但就其聲明之證據中認為不必要者，不在此限。

[37] 姚瑞光，民事訴訟法論，自版，2000年11月，修正版，頁450。

擴散而言，協議程序具有保障當事人之程序選擇權，使其有平衡追求程序利益之機會，藉此所賦予之程序保障，有助於促成裁判外紛爭解決或達成迅速之經濟裁判機能。

三、蒐集證據

民事訴訟事件，權利主張者必須舉證以實其說，其得經由證據保全之程序，充分蒐集及整理事證資料，達到舉證之目的，事證愈明確與詳盡，愈能協助法院於審理時，發現真實之事實與知悉訴訟之爭點，自得妥適進行訴訟程序，達成集中審理之目標[38]。

參、證據保全之要件

保全證據之聲請，在起訴前，向應繫屬之法院為之。在起訴後，原則上向已繫屬之法院為之（智慧財產案件審理法第46條第1項）。無論何種證據方法，當事人均得聲請保全，惟必須有保全證據之必要，法院始得准其聲請。

一、證據有滅失或礙難使用之虞

證據保全之傳統機能，係為避免證據有滅失或礙難使用（民事訴訟法第368條第1項前段）。法院審究本項之要件，應認定證據是否會滅失、證據有無礙難使用之虞及必要性等因素：

(一)證據滅失

所謂證據滅失者，係指證據毀滅或喪失之意。例如，銷售侵害專利物品之證人病危或將移居外國。就勘驗而言，勘驗之標的物即侵害專利物品，將有毀滅或變更其現狀之情事，倘不及時勘驗，將無從實施勘驗程序或縱使進行勘驗，亦不能獲得其現狀之證據者均屬之[39]。

(二)證據有礙難使用之虞

所謂證據有礙難使用之虞者，係指倘證據不及時保全，將有不及調查使用

---

[38] 2000年2月9日之民事訴訟法之修正理由。
[39] 最高法院82年度台抗字第310號民事裁定。

之危險者而言[40]。例如,證明製造或銷售侵害專利物品文書;或者勘驗之侵害專利物品將受銷燬或移置不明之處所,致有難以調取之情事。

(三)必要性

所謂必要性者,係指有時間上迫切性,因證據保全之目的在於防止證據之滅失或難以使用,致影響裁判之正確。倘證據並非即將滅失,而得於調查證據程序中為調查,訴訟當事人本得於調查證據程序中聲請調查即可,無保全證據之必要。職是,證據有滅失或難以使用之情事,須依保全證據之程序預為調查者,必須有時間上迫切性,否則於訴訟繫屬後之調查證據程序中,即可為調查者,法院無須為保全證據之處分[41]。換言之,證據調查並無迫切需要者,不得聲請保全證據。此觀證人必有其死亡之日,證物於物理上亦必有滅失之日,倘謂任何證據均有滅失之虞,悉得依證據保全之程序預為調查,實非證據保全之立法目的所在[42]。

二、確定事或物之現狀而有法律利益之必要

(一)確定事或物之現狀

1.開示事證

就確定事、物之現狀而有法律上利益之必要者,亦得聲請或職權為鑑定、勘驗或保全書證(民事訴訟法第368條第1項後段、第372條)。本項有事證開示機能,具強化與擴充證據保全之機制。所謂確定事、物之現狀,係包含當事人經由保全證據程序而對於事實及物體現狀有所認識。此等認識,非僅以將證據予以保全即可獲得,須經由事證開示,使當事人知悉證據之內容,得對於案情全貌予以掌握。尤其智慧財產權之民事事件,關於侵害事實及損害範圍之證據,極易滅失或隱匿,常造成權利人於訴訟上無法舉證,而不能獲得有效之救濟。準此,智慧財產權之民事事件,其起訴前證據之保全,較之其他訴訟,更有其必要性。就確定事、物之現狀有法律上利益並有必要時,得聲請為鑑定、勘驗或保全書證,就智慧財產之民事事件,自應積極運用。

---

[40] 最高法院85年度台抗字第305號民事裁定。
[41] 最高法院92年度台抗字第502號民事裁定。
[42] 臺灣高等法院85年度抗字第2865號民事裁定。

2.確定有無侵權之事實

就專利侵害事件而言,當事人或法院得藉由事證開示之程序,確定侵害專利之物品數量、侵權行為、侵權損害範圍、損害之發生原因及責任歸屬等事實或其所需費用[43]。縱使侵害專利之相關證據,並無滅失或礙難使用之虞,亦得進行鑑定作為證據方法,確定事、物之現狀,其不限僅至現場為拍照、清點數量之勘驗程序。例如,專利權人雖已取得欲聲請保全之專利侵害物品,並有相對人侵害其專利權之相當證據,該證據並無滅失或礙難使用之虞,然為確定損害賠償之範圍,亦得以「就確定事、物之現狀有法律上利益並有必要者」法定原因,聲請進行證據保全程序。準此,侵害專利物品已扣押在案,雖無證據有滅失或礙難使用之虞,倘專利權人聲請為「確定事、物之現狀」證據保全,因該事由為證據保全之法定事由,原則上法院應准許之。

(二)有法律上之必要利益

有法律上之必要利益要件有三:1.係指保全證據程序所確定之事實,有助於紛爭之解決而避免訴訟;2.對於本案訴訟,具有爭點整理與簡化之機制;3.實體權利之主張有迅速與經濟之功能,均屬有法律之必要上利益要件。反之,倘保全證據之主要目的,在於探知競爭對手之營業秘密或製造技術者,則無法律上之必要利益[44]。例如,聲請人假借專利侵害事件為由,其目的並非保全專利權,係藉由證據保全之方式,作為窺探相對人產品製造之技術秘密,為其主要之目的,自與保全專利侵害之證據有間,難謂有法律上之必要利益。是否有法律上之必要利益,並不以本案訴訟之進行,是否有勝訴之望為判斷準據。因證據保全程序進行後,非必提起本案訴訟,倘得使當事人瞭解與掌握系爭事件之全貌後,得以判斷是否有起訴之必要,或循調解或和解等其他裁判外紛爭解決途徑處理,自得減免提起不必要之訴訟,減少當事人及法院之負擔[45]。

---

[43] 最高法院92年度台抗字第154號民事裁定:參照民事訴訟法第368條之修正理由可知,所有人對於無權占有人請求返還所有物之前,為確定占有人使用其所有物之範圍及狀況,亦得聲請勘驗。

[44] 最高法院105年度台抗字第774號民事裁定;智慧財產及商業法院109年度民專抗字第1號民事裁定。

[45] 智慧財產及商業法院109年度民專抗字第1號民事裁定。

三、經他造同意

民事訴訟係當事人主義與處分權主義，當事人自得合意或協議爲證據保全。故經他造同意爲理由聲請保全證據，通常無須再使他造表示意見，除非對於他造有無同意一事，有所爭執，法院自應命他造陳述意見，以確認有無同意之事實。

肆、例題解析——證據保全之強制措施

一、當事人之協力義務

證據保全程序之強制措施，有區分對第三人之效力與對當事人之效力：1.第三人無正當理由而不遵守提出文書命令時，法院得處罰鍰或命爲強制處分，而於勘驗之情形，亦相同（民事訴訟法第349條第1項、第367條）；2.對當事人之效力而言，法院認應證之事實重要，且舉證人之聲請正當者，應以裁定命他造提出文書（民事訴訟法第343條）。當事人有提出如後文書之義務：(一)當事人於訴訟程序中曾經引用者；(二)他造依法律規定，得請求交付或閱覽者；(三)爲他造之利益而作者；(四)商業帳簿；(五)就與本件訴訟有關之事項所作者，文書內容涉及當事人或第三人之隱私或業務秘密，倘予公開，有致該當事人或第三人受重大損害之虞者，當事人得拒絕提出。例外情形，法院爲判斷其有無拒絕提出之正當理由，必要時，得命其提出，並以不公開之方式行之。再者，當事人不遵守法院之命令提出文書或勘驗標的物時，並無處罰鍰或命爲強制處分之規範，法院僅得審酌情形，認他造關於該證據之主張或依該證據應證事實爲眞實，此令當事人承擔不利益之風險，乃當事人就事案之解明有協力義務所致（民事訴訟法第345條第1項）[46]。前開情形，應於裁判前令當事人有辯論之機會（第2項）。

二、本案訴訟之準備

依據民事訴訟法之規範，無法間接或直接強制當事人提出應保全之證

---

[46] 邱聯恭，民事訴訟法修正後之程序法學——著重於確認修法之理論背景並指明今後應有之研究取向，月旦法學雜誌，121期，2005年6月，頁184。

據。當事人不遵守法院之提出證據命令，法院雖得自行斟酌認定該證據所應證明之事實為真正，然法院究竟於何種程度得認定為真實，其並不確定。因保全證據程序具有開示事證而作為本案訴訟程序準備之機能，倘本案訴訟因他造於保全證據程序上拒絕協力而致生遲延，因遲滯而生費用，得命他造負擔訴訟費用之一部或全部（民事訴訟法第82條）。

三、強制處分

　　為使證據保全制度之事證開示及促成裁判外紛爭解決之機能，得以發揮，智慧財產案件審理法第34條第1項、第2項規定獨立之制裁或強制方法，以強化證據保全裁定之效力。詳言之，文書或勘驗物之持有人，無正當理由不遵守法院之命令提出文書及勘驗物時，法院得科處罰鍰及必要時命為強制處分。該持有人包括當事人及第三人，以促使當事人協助法院為正確之裁判。法院為強制處分裁定之執行時，準用強制執行法關於物之交付請求權執行之規定。因智慧財產權之民事訴訟，關於侵害事實及損害範圍之證據，極易滅失或隱匿，常造成權利人於訴訟上無法舉證，而不能獲得有效之救濟。為強化證據保全之功能，智慧財產案件審理法第46條第2項規定，法院實施證據保全時，得為鑑定、勘驗、保全書證或訊問證人、專家證人、當事人本人。為補充法官就智慧財產權應行保全之客體及範圍之專業知識，以達證據保全之實效，同法條第3項規定，法官得指定技術審查官，到場執行職務。同法條第4項亦規定，相對人無正當理由拒絕證據保全之實施時，法院得以強制力排除之，故於必要時，法院得請警察機關排除相對人對於證據保全實施之不當妨礙。因證據保全屬民事訴訟程序，並非刑事搜索扣押之實施，故法院不得指揮警察機關施以強制力進行搜尋[47]。

伍、相關實務見解——證據保全

一、表明事項與釋明義務

　　證據有滅失或礙難使用之虞，或經他造同意者，得向法院聲請保全；就確定事、物之現狀有法律上利益並有必要時，亦得聲請為鑑定、勘驗或保全

[47] 司法院2009年智慧財產法律座談會彙編，2009年7月，頁41。

書證。保全證據之聲請，應表明下列各款事項：(一)他造當事人，如不能指定他造當事人者，其不能指定之理由；(二)保全之證據；(三)依該證據應證之事實；(四)應保全證據之理由。前項第1款及第4款之理由，應釋明之。民事訴訟法第368條第1項與第370條分別定有明文。所謂證據有滅失或礙難使用之虞，係指證據若不即爲保全，將有不及調查使用之危險者。是證據保全，係指證據有滅失或礙難使用之虞，或經他造同意時，在訴訟未繫屬或雖已繫屬而未達於調查證據程序前，法院預爲調查。故保全目的在於防止證據之滅失或難以使用，致影響裁判之正確。倘證據非即將滅失，訴訟當事人可於調查證據程序中聲請調查，自無保全證據之必要[48]。準此，證據保全必須有時間上之迫切性，倘於訴訟繫屬後之調查證據程序中即可爲調查，並無證據調查之迫切需要。否則證人必有死亡日，證物於物理上亦有滅失之日，如謂任何證據均有滅失之虞，悉得依證據保全之程序預爲調查，致盡失證據保全之立法目的。故證據是否有滅失或礙難使用之虞，需依客觀情形衡量，聲請人須依民事訴訟法第284條規定，提出可使法院信其主張爲眞實之證據予以釋明，不得僅憑聲請人一方主觀抽象之臆測，即准許爲證據保全。

二、隱私或業務秘密之保護

因證據保全，對於相對人之隱私或業務秘密有重大影響，考量智慧財產案件之特殊性，並維護競爭秩序之公平，爲保障聲請人證據保全之訴訟上證明權，同時避免聲請人濫用證據保全制度，藉此窺探相對人之隱私或業務秘密，法院應適度斟酌智慧財產權遭受侵害之可能性，並審愼衡量兩造相互衝突之利益，其因素包含：(一)聲請人因准許保全證據裁定所可能獲得之利益；(二)除證據保全外有無其他證據調查方法可資利用；(三)倘駁回其保全證據之聲請，是否將使聲請人之實體利益喪失殆盡；(四)相對人是否因准許保全證據裁定，致其隱私或業務秘密遭公開而可能受有不利益。尤其就確定事、物之現狀有法律上利益且有必要者，係擴大傳統證據保全制度之機能，以防免訴訟及促進訴訟以達審理集中化爲目的。因對相對人可能造成訴訟成本及應訴負擔，爲免遭聲請人濫用而淪爲不當打擊競爭對手之工具，應爲利益之權衡[49]。

---

[48] 最高法院92年度台抗字第502號、94年度台抗字第725號民事裁定。

[49] 智慧財產及商業法院103年度民聲上字第6號民事裁定。

第十一章　專利侵害之民事救濟

　　專利權人面臨專利侵害事件時，自應善用民事救濟制度，事前利用保全程序抑制侵權行為之發生或避免遭受繼續侵害。而於發生專利侵害情事後，事後請求專利侵害者賠償損害或其他救濟。當事人主張或抗辯智慧財產權有應撤銷、廢止之原因者，法院應就其主張或抗辯有無理由自為判斷，不適用民事訴訟法、行政訴訟法、商標法、專利法、植物品種及種苗法或其他法律有關停止訴訟程序之規定（智慧財產案件審理法第41條第1項）。前項情形，法院認有撤銷、廢止之原因時，智慧財產權人於該民事訴訟中不得對於他造主張權利（第2項）。準此，為改善民事專利侵權事件，動輒因當事人提起行政爭訟而裁定停止訴訟程序，故明定法院應自行判斷專利是否有應撤銷之原因，以期紛爭解決一次性。是被告於訴訟中抗辯專利有應撤銷之原因，法院自應探究該專利是否合法有效[1]。因專利是否符合專利要件，係原告請求被告負侵害專利損害賠償之前提要件。

第一節　管轄法院

　　智慧財產第一審、第二審民事訴訟事件，專屬智慧財產及商業法院管轄，但有民事訴訟法第24條、第25條所定情形時，該法院亦有管轄權（智慧財產及商業法院組織法第3條第3款；智慧財產案件審理法第9條第1項、第47條）。對於智慧財產民事事件之第二審裁判，除別有規定外，得上訴或抗告於第三審法院。前項情形，第三審法院應設立專庭或專股辦理（智慧財產及智慧財產案件審理法第48條）。

---

[1] 智慧財產及商業法院99年度民專訴字第34號民事判決。

例題1

> 　　依專利法、商標法、著作權法、光碟管理條例、營業秘密法、積體電路電路布局保護法、植物品種及種苗法或公平交易法所保護之智慧財產權益所生之第一審及第二審民事事件。試問：(一)其管轄法院為何？(二)其管轄性質為何？

壹、專屬管轄

　　原則上依專利法所保護之智慧財產權益所生之第一審民事訴訟事件，由智慧財產及商業法院法官一人獨任審判。第二審民事訴訟事件由智慧財產及商業法院合議行之（智慧財產及商業法院組織法第3條第1款）。智慧財產及商業法院組織法第3條規定管轄之第一審、第二審民事事件，採列舉方式，係由智慧財產及商業法院專屬管轄轄之規範（智慧財產案件審理法第9條第1項、第47條）。對於智慧財產民事事件之第二審裁判，除別有規定外，得上訴或抗告於第三審法院。前項情形，第三審法院應設立專庭或專股辦理（智慧財產及智慧財產案件審理法第48條）。

貳、國際裁判管轄權

一、涉外民事事件

　　所謂涉外因素者，係指案件中存有涉及國外之人、事、物等因素。例如，當事人或行為地之一方為外國人或外國。而涉外民事訴訟事件，管轄法院應以原告起訴主張之事實為基礎，先依法庭地法或其他相關國家之法律，就爭訟事件為國際私法上之定性，以確定原告起訴事實究屬何種法律類型，繼而依涉外民事法律適用法定其準據法[2]。至於涉外民事法律適用法規定實體法律關係所應適用之準據法，其與因程序上所定法院管轄權之歸屬，係屬二事[3]。

---

[2] 最高法院92年度台再字第22號民事判決。
[3] 最高法院83年度台上字第1179號民事判決。

二、法院管轄權

　　我國涉外民事法律適用法係對於涉外事件，就內國之法律決定其應適用何國法律之法，至法院管轄部分，並無明文規定，故就具體事件受訴法院是否有管轄權，得以民事訴訟法關於管轄之規定及國際規範等為法理，本於當事人訴訟程序公平性、裁判正當與迅速等國際民事訴訟法基本原則，以定國際裁判管轄。例如，原告為依貝里斯法律設立之法人，被告為中華民國人民及依我國法律設立之法人，其住所及營業處所均在我國。依原告所起訴之事實，係主張被告於我國有侵害原告專利權之行為，應負連帶損害賠償之責任，並提出證據為證。是本件就人之部分，具有涉外案件所需具備之最基本要素，本件所涉及者，核其性質屬於專利權民事事件，且原告已證明客觀上損害事實之發生及該事實發生地點均發生於我國，即本件訴訟爭議法律類型之形式定性，屬關於由侵權行為而生之債，故本件為涉外民事事件，且我國法院對之有國際裁判管轄權甚明。而原告所有新型專利係依我國法律申請取得之權利，自得依我國專利法享有專利權。參諸智慧財產案件審理法第9條、智慧財產及商業法院組織法第3條第1款、第4款所定之民事事件，得由智慧財產及商業法院管轄。本件屬因專利法所保護之智慧財產權益所生之第一審民事案件，符合智慧財產及商業法院組織法第3條第1款規定，故智慧財產及商業法院得審理之，並適用涉外民事法律適用法，決定涉外事件之準據法。

三、準據法之選定

(一)侵權行為

　　關於由侵權行為而生之債，依侵權行為地法。但另有關係最切之法律者，依該法律（涉外民事法律適用法第25條）。故有關涉外侵權行為事件之準據法，應適用侵權行為地及關係最切之法律者。例如，原告係主張被告侵害其專利權，而提起本件訴訟，就該法律關係之性質，無論係依我國或國際專利權法制，均認屬於與專利權相關之侵權法律關係，參諸原告主張本件侵權行為係發生在我國境內，且原告所為損害賠償之請求，亦為我國專利法第120條準用同法第96條第2項規定所認許。準此，依涉外民事法律適用法第25條規定，本件涉外事件之準據法，應依中華民國之法律[4]。

4　智慧財產及商業法院98年度民專訴字第10號、第30號、第130號民事判決。

(二)智慧財產為標的

以智慧財產為標的之權利，依該權利應受保護地之法律（涉外民事法律適用法第42條第1項）。智慧財產為標的之權利，其成立及效力應依權利主張者，認其權利應受保護之地之法律，俾使智慧財產權之種類、內容、存續期間、取得、喪失及變更等，均依同一法律決定。因原告主張被告侵害其專利權與系爭著作權，據此行使排除侵害專利請求權及請求損害賠償，自與涉及智慧財產為標的之權利而訴訟者有關，適用涉外民事法律適用法第42條第1項規定[5]。準此，外國人依我國專利法享有專利權，關於由侵害專利權行為而生之債，依涉外民事法律適用法第42條第1項規定，準據法依我國之法律[6]。

參、例題解析──專屬管轄

依專利法、商標法、著作權法、光碟管理條例、營業秘密法、積體電路電路布局保護法、植物品種及種苗法或公平交易法所保護之智慧財產權益所生之第一審及第二審民事訴訟事件，暨其他依法律規定或經司法院指定由智慧財產及商業法院管轄之民事事件，均由智慧財產及商業法院管轄。對於智慧財產事件之第一審裁判不服而上訴或抗告者，向管轄之智慧財產及商業法院為之（智慧財產及商業法院組織法第3條第1款、第4款；智慧財產案件審理法第9條第1項、第47條）。職是，智慧財產第一審、第二審民事事件由智慧財產及商業法院專屬管轄。

肆、相關實務見解──專利權利應受保護地之法律

以智慧財產為標的之權利，依該權利應受保護地之法律。關於由侵權行為而生之債，依侵權行為地法（涉外民事法律適用法第25條、第42條第1項）。智慧財產為標的之權利，其成立及效力應依權利主張者，認其權利應受保護之地之法律，俾使智慧財產權之種類、內容、存續期間、取得、喪失及變更等，均依同一法律決定。而有關涉外侵權行為事件之準據法，應適用侵權行為地。

---

[5] 智慧財產及商業法院105年度民專抗字第6號民事裁定。
[6] 最高法院103年度台上字第2409號民事判決。

因上訴人主張被上訴人侵害系爭專利權，據此行使排除侵害專利與損害賠償請求權，自與涉及智慧財產為標的之權利與侵權行為有關，應用涉外民事法律適用法第25條與第42條第1項規定[7]。

第二節　民事集中審理

因專利侵害事件具有特殊性，不同於一般之民事侵權事件，導致專利權人於起訴時，難以明確特定訴訟標的與其聲明，法院自應善盡闡明之義務，先確定本件訴訟之審判對象，整理當事人有爭執與不爭執之請求項，進而經由爭點整理之程序，使當事人整理出事實上、證據上及法律之上爭執與不爭執部分。而法院僅就訴訟有關之爭點，進行證據調查程序，使有限之司法資源，作有效率之運用。

例題2

> 甲起訴主張其研發創作完成「全燃燒焚化爐」，依法獲准取得新型專利，甲委託乙製造全燃燒焚化爐，乙利用製造之機會另行製造「組合式焚化爐」，而該焚化爐係就甲所創作之新型專利而來。乙竟持「組合式焚化爐」向智慧財產局申請新型專利核准公告在案，甲知悉上情後，認乙侵害其新型專利權，主張乙所申請取得之新型專利權有法定撤銷事由，雖向智慧財產局提起舉發，惟當事人就乙之專利權是否有效存在亦有爭執，導致甲之新型專利權在私法上之地位有受侵害之虞，此訴請確認乙專利權不存在之訴。試問民事法院應如何審理？理由為何[8]？

---

[7]　智慧財產及商業法院102年度民專上字第64號民事判決。

[8]　臺灣臺中地方法院88年度重訴字第1119號民事判決；臺灣高等法院臺中分院89年度重上字第156號民事判決。

例題3

　　丙研發「能源節省器」，丁未經丙同意，竟持能源節省器向智慧財產局申請發明專利，丙以丁非專利申請權人侵害其專利申請權為由，依據侵權行為之法律關係，提起專利申請權受侵害之民事訴訟。試問民事法院應如何處理？依據為何？

壹、主張專利權範圍

　　民事訴訟採辯論及處分權主義，故法院判決之範圍及為判決基礎之訴訟資料，均應以當事人之聲明及主張者為限，審判長之闡明義務或闡明權之行使，亦應限於辯論主義之範疇，不得任加逾越（民事訴訟法第388條）[9]。就申請專利範圍之內容以觀，其得以多個請求項之方式記載，採用多項式之記載方式。準此，專利權證書得記載一個以上之請求項，每個請求項均為獨立之權利保護客體。故專利侵害人不論係侵害「獨立項」、「附屬項」或「多項附屬項」，專利權人均得為對侵害人主張權利，僅要其中有某一請求項受侵害，即構成專利侵害行為。基於處分權主義與辯論主義，專利權人主張其專利權受侵害，提起專利侵害之民事訴訟時，應於民事起訴狀載明專利權及其特定之請求項[10]。

貳、闡明權利與義務

一、闡明之範圍

　　民事訴訟法為擴大訴訟制度解決紛爭之功能，審判長應運用訴訟指揮權，行使闡明權（民事訴訟法第199條、第199條之1、第247條第3項）。換言之，當事人之聲明或陳述有不完足者，審判長應令其補充完足，使應勝者能

---

[9]　最高法院47年台上字第430號民事判決：民事訴訟採不干涉主義，故當事人所未聲明之利益，不得歸之於當事人，所未提出之事實及證據，亦不得斟酌之。

[10]　麥怡平，專利侵害判斷與民事審判實務之研究，世新大學法學院碩士論文，2005年5月，頁107。

勝，以達公平正義之目的。自審判機關之權限以觀，爲闡明權；自義務方面而言，則稱爲闡明權利與義務[11]。闡明之範圍有四：

(一)不明瞭補正闡明

當事人聲明或主張不明瞭或有矛盾之情形者，使其明瞭之闡明。倘當事人之聲明或主張，影響判決之處有不明瞭或矛盾者，審判長應盡闡明權義務，倘未盡該義務，其判決則屬違法。例如，當事人主張受侵害之專利請求項爲何，有不明瞭或矛盾處。

(二)不當除去闡明

當事人聲明或主張，就該事件觀之，係錯誤或不當者，審判長有曉諭令其改爲無誤或適當聲明或主張之義務，藉由闡明權之行使，除去不當之聲明或主張。例如，當事人固主張專利請求項1受侵害，然就請求項2進行攻防。

(三)訴訟資料補充闡明

當事人聲明或主張不完備，或提出之訴訟資料尙未完足，審判長有使當事人補充或完足之闡明義務。訴訟資料補充闡明並非無中生有，其必須有得闡明之端緒。例如，專利侵害事件中，被告固未否認有侵害原告之專利權，惟主張原告已逾10年不請求損害賠償，被告並無給付之義務。審判長得據此陳述，闡明被告是否行使時效抗辯（專利法第96條第6項）。

(四)新訴訟資料提出闡明

闡明之目的，在於使當事人追加適當之聲明或主張，或將原來不適當之聲明或主張變更爲新聲明或主張。因審判長應闡明之規範，其主旨在於補救辯論主義之缺點，並非否定辯論主義而改採職權主義，故關於權利之行使事項，應由當事人自行決定，審判長不得行使闡明權，使當事人提出新訴訟資料而爲新主張或新聲明[12]。例如，當事人僅主張專利請求項1就侵害，法院不得使當事人提出請求項2受侵害之新訴訟資料。

---

[11] 姚瑞光，民事訴訟法論，自版，2000年11月，修正版，頁257。

[12] 最高法院71年台上字第2808號民事判決：民事訴訟採辯論主義，舉凡法院判決之範圍及爲判決基礎之訴訟資料，均應以當事人之所聲明及所聲明及所主張者爲限。審判長之闡明義務或闡明權之行使，亦應限於辯論主義之範疇，不得任加逾越，否則即屬違背法令，故審判長並無闡明令當事人提出新訴訟資料之義務。

二、請求項之主張

(一)處分權主義及辯論主義

　　審判長行使闡明權之範圍，必須以原告已陳述之事實及其聲明爲基礎，其於實體法上得主張數項法律關係而原告不知主張時，審判長始須曉諭原告於該訴訟程序中併予主張，以便當事人得利用同一訴訟程序，徹底解決紛爭（民事訴訟法第199條之1）。倘原告未於事實審爲該陳述及聲明者，縱使各該事實與其已主張之訴訟標的法律關係有關，本於當事人處分權主義及辯論主義，審判長仍無闡明之義務[13]。就專利侵害事件之民事訴訟而言，專利權人之申請專利範圍有數請求項存在時，因均得爲獨立保護之權利標的，倘專利權人僅主張部分請求項受侵害，基於處分權主義及辯論主義，審判長並無義務曉諭專利權人是否行使未主張之請求項。

(二)法院闡明權

　　申請專利範圍有多項請求項之記載，專利權人認爲行爲人侵害其專利權，對行爲人提起專利侵害訴訟，應於起訴狀具體指明行爲人所侵害特定請求項。倘未具體指摘係侵害特定之請求項，法院應行使闡明權，令其爲事實上及法律上陳述、聲明證據或爲其他必要之聲明及陳述（民事訴訟法第199條第2項）。俟特定請求項後，再就所特定之請求項進行專利侵害之鑑定及辯論，而法院於撰寫判決書時，亦應就專利權人所主張之特定請求項，逐一認定被控侵權物品或方法是否侵害其權利範圍。同理，專利請求項有應撤銷之原因存在時，此有阻卻原告行使專利權之效力，該客觀有責事實有利於被告，倘被告未抗辯與提出引證，審判長亦無闡明之義務。

三、請求權基礎

　　原告主張其爲權利人或專屬被授權人，應說明被告有何侵害專利之行爲（專利法第58條第1項至第3項、第120條第1項、第136條第1項、第142第1項、第96條第4項）。即製造、販賣要約[14]、販賣、使用或爲上述目的之進口。繼

---

[13] 最高法院93年度台上字第18號民事判決。

[14] 最高法院97年度台上字第365號民事判決；智慧財產及商業法院97年度民專訴字第85號民事判決，均認爲專利法「販賣之要約」與民法要約應爲相同解釋。李素華，專利

而主張其所依據之請求權基礎如後：(一)民法第28條之法人侵權責任、第184條第1項之民事侵權責任、第185條第1項之共同侵權責任、第188條第1項前段之雇用人責任或公司法第23條第2項之公司負責人責任；(二)專利法第96條第1項之禁止侵害請求權[15]、第2項之損害賠償請求權[16]、第3項之銷燬請求權、第5項之回復名譽請求權或民法第195條之業務上信譽損害請求權與判決書登報請求權、第179條之不當得利效力[17]。再者，原告於民事起訴狀載明專利權及受侵害之特定請求項[18]，並提出專利證書、專利說明書公告本與說明書、被訴侵權物品或方法之來源、被控侵權物品之實物。倘無法提出被訴侵權物品者，應說明被訴侵權物品由何人持有與放置處，並以照片取代之[19]。

四、專利有效性之爭執

被告答辯系爭專利有應撤銷之原因時，其具體指明系爭專利權有何應撤銷之原因，其主張得撤銷之請求項有數項時，應逐項列其得撤銷之原因、證據及法條依據。倘以先前技術為證據者，應提出該先前技術之書面資料，並具體指明何種引證資料，足以證明系爭專利申請範圍之何請求項具有應撤銷之原因。換言之，被告抗辯系爭專利不具新穎性或進步性，應就系爭專利與先前技術間逐一比對分析構成要件或請求項，並製作比對分析報告。倘法院認定未成立侵權或專利有撤銷原因，應為終局判決駁回原告之訴（智慧財產案件審理法第41條）[20]。

法「販賣之要約」界定及排他權行使內容——評最高法院97年度臺上字第365號民事判決及其下級法院，月旦法學雜誌，187期，2010年12月，頁170至189，有認為販賣要約應包含民法之要約引誘，採廣義解釋。

[15] 智慧財產及商業法院99年度民專上字第76號民事判決。
[16] 智慧財產及商業法院99年度民專上易字第33號民事判決。
[17] 智慧財產及商業法院99年度民專訴字第191號民事判決。
[18] 麥怡平，專利侵害判斷與民事審判實務之研究，世新大學法學院碩士論文，2005年5月，頁107。
[19] 林洲富，智慧財產權之有效性與侵權判斷，司法研究年報，29輯4篇，司法院，2012年12月，頁18至19。
[20] 林洲富，智慧財產權之有效性與侵權判斷，司法研究年報，29輯4篇，司法院，2012年12月，頁21至22。

參、攻擊防禦方法變更及提起反訴

一、變更或追加請求項

(一)攻擊防禦方法之變更

申請發明專利,應就每一發明提出申請。二個以上發明,屬於一個廣義發明概念者,得於一申請案中提出申請(專利法第33條)。故除屬廣義之發明外,一發明僅能申請取得一專利權,其申請專利範圍雖容許以獨立項及附屬項之多項次為之,惟多項式請求項均具有共同主要技術特徵,均在同一專利權範圍內,侵害每一請求項均屬侵害同一專利權。專利權人起訴時主張侵害某請求項,俟變更主張被控侵權人侵害同專利另請求項,因均在同一專利權範圍內,其侵權損害賠償請求權之標的並無變更,並非訴之變更,僅屬攻擊防禦方法之變更[21]。準此,專利權人於訴訟中變更或追加侵害請求項,其性質並非訴之變更或追加。

(二)第二審提出新攻擊或防禦方法

其他非可歸責於當事人之事由,致未能於第一審提出者。或不許提出新攻擊或防禦方法者,顯失公平者,當事人得提出新攻擊或防禦方法。法院已知之特殊專業知識,應予當事人有辯論之機會,始得採為裁判之基礎。審判長或受命法官就事件之法律關係,應向當事人曉諭爭點,並得適時表明法律見解及適度開示心證(民事訴訟法第447條第1項第5款、第6款;智慧財產案件審理法第29條、第30條)。例如,上訴人前於第一審僅主張被上訴人侵害系爭專利更正前之請求項1,上訴人嗣於2019年5月11日向經濟部智慧財產局提出更正申請,申請更正系爭專利請求項1、3、4、9、11、12、20、21、22,其於第二審變更被上訴人侵害系爭專利請求項,為系爭專利更正後請求項1、3、4、9、11,上訴人主張侵害系爭專利更 正前之請求項1,變更為系爭專利更正後請求項1、3、4、9、11,為攻擊防禦方法之變更,屬提出新攻擊或防禦方法之範圍。法院依據智慧財產案件審理法第29條、第30條規定,公開系爭專利請求項1、3、4、9及11准予更正之理由,並賦予當事人陳述法事實與法律意見在案。上訴人據此變更侵害請求項1、3、4、9、11,為避免造成突襲性裁判及平衡保護訴訟

---

[21] 司法院2017年智慧財產法律座談會之民事訴訟類相關議題提案及研討結果第1號。

當事人之實體利益與程序利益，以保障當事人之聽審機會及使其衡量有無進而為其他主張及聲請調查證據之必要。變更侵害請求項之主張，為非可歸責於當事人之事由，致未能於第一審提出者，或不許提出新攻擊或防禦方法者，顯失公平者。準此，上訴人變更侵害系爭專利請求項，符合民事訴訟法第447條第1項第5款、第6款規定，並與智慧財產案件審理法第29條、第30條之立法旨相應[22]。

二、新攻防或變更攻防方法

(一)專利有撤銷事由

被告得於民事訴訟中抗辯專利有應撤銷之事由，不論係於第一審或第二審期間，變更或追加撤銷專利之原因，因涉及侵權是否成立，倘專利有撤銷原因，專利權人不得對他造主張權利（智慧財產案件審理法第41條第2項）[23]。第二審法院避免造成突襲性裁判及平衡保護訴訟當事人之實體利益與程序利益，以保障當事人之聽審機會，並使其衡量有無進而為其他主張及聲請調查證據之必要，故適度開示專利有效性心證在案。倘限制被上訴人僅得以第一審法院所協議之爭點為有效性抗辯，則使被上訴人負擔不可歸責事由，則有顯失公平之情事[24]。例如，撤銷專利之原因具有共同性，其請求利益相同，法律效果均可阻卻侵害專利責任之成立，屬提出新攻擊或防禦方法。故被告於第一審抗辯發明專利不符專利法第21條之發明定義而有應撤銷事由，被告敗訴後提起上訴，其於第二審追加抗辯有專利法第22條之不具新穎性或進步性等應撤銷事由。基於審判係實現公平正義，追加或變更撤銷專利之事由，作為新攻擊或防禦方法，以推翻第一審就撤銷專利之事實上、法律上及證據上等評價，不須被上訴人即原告同意（民事訴訟法第447條第1項第6款）。

(二)更正專利請求項

上訴人即專利權人於上訴後更正專利請求項，而專利有效為行使專利之前提，故被上訴人得於民事訴訟中抗辯專利有應撤銷之事由，不論係於第一審或第二審期間，變更或追加撤銷專利之原因。因涉及侵權是否成立，是撤銷專

利之原因具有共同性,其請求利益相同,法律效果均可阻卻侵害專利責任之成立,屬提出新攻擊或防禦方法。基於審判係實現公平正義,追加或變更撤銷專利之事由,作為新攻擊或防禦方法,作為撤銷專利之事實上、法律上及證據上等評價,核屬民事訴訟法第447條第1項第5款、第6款之事由,自不須被上訴人同意[25]。

(三)損害賠償計算方式

侵害專利權之損害賠償計算,有具體損害計算說、差額說、總利益說及合理權利金說(專利法第97條)。權利人得就各款擇一計算其損害,或選擇合併而由法院擇一為有利之計算,而非限定 權利人僅能擇一請求。各款之損害賠償計算方式,並無請求權競合之關係。職是,原告就不同之計算損害賠償方式,分別提出其舉證之方法,得請求法院擇一計算損害方法,命侵權行為人負損害賠償責任。在同一損害賠償請求權,變更計算損害方法,為攻擊防禦方法之變更,並非請求權基礎之變更。

三、本訴之標的或防禦方法相牽連

(一)防禦方法或反訴標的

基於擴大與一次解決紛爭之目的,被告於言詞辯論終結前,得在本訴繫屬之法院,就與本訴之標的或防禦方法相牽連者,對於原告及就訴訟標的必須合一確定之人提起反訴(民事訴訟法第259條、第260條)。例如,專利權人起訴主張被告侵害其專利權,被告抗辯兩造間有授予專利權契約關係存在,原告否認有授予專利授權存在。被告除得依據該抗辯事由,提出確認專利授權關係存在之反訴外,亦得僅就其有實施專利權之合法事由,作為未侵害專利之抗辯。當被告主張有授予專利權之法律關係存在事由,其究為防禦方法或提起反訴有疑義時,審判長應闡明之(民事訴訟法第199條之1第2項)。

(二)提起反訴

經審判長闡明後,確認被告之主張係提起反訴,因專利侵害事件,是否成立專利侵害,係以授予專利權關係不存在為先決問題,倘兩造間有授予專利權契約存在,不成立專利侵權,兩者間互相排斥。因授予專利權之法律關係及專

---

[25] 智慧財產及商業法院103年度專上字第19號民事判決。

利侵權之法律關係與其防禦方法間具有相牽連，並得行同種訴訟程序（民事訴訟法第260條第1項、第2項）[26]。被告自得利用本訴程序，主張授予專利權契約之有效與否不明確，導致其有侵害專利權之危險，被告主觀上認其在法律上之地位有不安之狀態存在，被告被控侵害專利之危險的不安狀態，得以對專利權人提起確認判決除去之，其有即受確認判決之法律上利益者（民事訴訟法第247條）。準此，本訴被告得以專利權人為他造，而於本訴中提起反訴，請求確認授予專利權契約存在之訴[27]。因是否授予專利權，其事涉專利權人得否對被控侵害專利人主張專利侵權，故被控侵害專利人不僅得於第一審提起反訴，亦得於第二審提起反訴，以求訴訟經濟及防止裁判牴觸（民事訴訟法第446條第2項第1款）[28]。

肆、例題解析

一、委聘關係之專利權民事爭執

所謂即受確認判決之法律上利益，係指因法律關係之存否不明確，致原告在私法上之地位有受侵害之危險，而此項危險得以對於被告之確認判決除去之者而言，故確認法律關係成立或不成立之訴，倘具備前開要件，即得謂有即受確認判決之法律上利益（民事訴訟法第247條）[29]。甲主張乙侵害其所有新型專利權，是甲在私法上之地位有受侵害之虞，而此項危險唯得以對乙之確認判決除去之。乙雖抗辯稱專利權之發生，係經濟部智慧財產局本於行政權作用所核准創設，是專利權之存在與否，係屬公法上之法律關係，既無特別規定，自

---

[26] 最高法院91年度台抗字第440號民事裁定：所謂相牽連者，係指反訴之標的與本訴之標的間，或反訴之標的與防禦方法間，兩者在法律上或事實上關係密切，審判資料有共通性或牽連性者而言。舉凡本訴標的之法律關係或作為防禦方法所主張之法律關係，其與反訴標的之法律關係同一，或當事人兩造所主張之權利，由同一法律關係發生，或本訴標的之法律關係發生之原因，與反訴標的之法律關係發生之原因，其主要部分相同，均可認為兩者間有牽連關係。

[27] 最高法院52年台上字第1240號民事判決。

[28] 提起反訴，雖非經他造同意，不得為之。惟於某法律關係之成立與否有爭執，而本訴裁判應以該法律關係為據，不在此限。

[29] 最高法院42年台上字第1031號民事判決；智慧財產及商業法院107年度民專上字第13號民事判決。

不得爲確認之訴之訴訟標的云云。然甲基於專利法第7條第3項規定，出資委託乙研究開發，乙未經甲同意，持該委任研發之技術，取得「組合式焚化爐」新型專利在案，甲除向智慧財產局提起舉發外，並得向智慧財產及商業法院起訴主張依專利法第10條規定，請求確認「組合式焚化爐」新型專利不存在之民事確認訴訟。

二、專利申請權之爭執

(一)專利申請權為公法之法律關係

專利申請權（the right to apply for patent）雖爲申請專利之權利，然於專利權申請經智慧財產局審查認定應授予專利權之前，僅爲取得專利權之期待權（expectative right），專利法亦未規定侵害專利申請權者，應負損害賠償責任。就專利法第6條第2項、第3項規定以觀，專利權得作爲設定質權之標的（subject of pledge），而專利申請權則不得爲質權之標的。專利申請權係依據專利法向國家申請專利之權利，其性質爲公法之法律關係（專利法第5條第1項）[30]，國家依據專利法授予專利申請權人專利權，該授予專利權之決定，其爲形成私法關係之行政處分，性質屬於公法事件而爲公法上之法律關係[31]。利害關係人認爲專利權人非專利申請權人，專利專責機關應依舉發撤銷其專利權（專利法第71條第1項第3款、第2項、第119條第1項第3款、第2項、第141條第1項第3款、第2項）。

(二)不得提起專利申請權受侵害之民事訴訟

專利申請權爲公法上之權利而非私權[32]，專利申請權人不得以非專利申請權人侵害其專利申請權爲由，依據侵權行爲之法律關係，提起專利申請權受侵害之民事訴訟；任何人亦不得向民事法院提起民事確認專利權存在或不存在之訴[33]。例外情形，爲專利法第7條及第8條所定權利之歸屬有爭執，當事人依據

---

[30] 吳進發，從比較法觀點論發明專利進步性要件，國立中興大學科技法律研究所碩士學位論文，2006年7月，頁16。

[31] 陳啓桐，專利權撤銷制度之研究，國立中正大學法律研究所碩士論文，2001年7月，頁32至42。

[32] 經濟部智慧財產局，專利法逐條釋義，2005年3月，頁12。經濟部智慧財產局有不同意見，其認爲專利申請權屬私法上之權利。

[33] 最高法院76年度台上字第1583號民事判決：侵權行爲之成立，以侵害他人私法上之權

契約關係約定專利申請權之歸屬，其等對於專利申請權之歸屬有所爭執，因該契約關係屬私權之爭執，而專利法無明文規定，必須經由行政爭訟程序救濟之，故當事人得向普通法院提起確認專利申請權存在或不存在之訴（專利法第10條）[34]。準此，丙研發發明「能源節省器」，丁雖未經丙同意，持能源節省器向智慧財產局申請發明專利，惟丙不得以丁非專利申請權人侵害其專利申請權爲由，依據侵權行爲之法律關係，提起專利申請權受侵害之民事訴訟。

伍、相關實務見解——追加或變更請求項

一、基礎事實同一說

　　區別訴訟標的之標準，係以實體法所規定之權利爲區分。凡同一事實關係，依據實體法之權利構成要件，產生不同之請求權時，每一請求權均能獨立成爲一訴訟標的。故訴訟標的爲原告起訴請求法院審判之對象，此訴請審判之對象標的，通常爲法律關係。因上訴人主張被上訴人侵害其專利權，不論爲侵害何請求項，均得各別成爲請求法院審判之對象，而基礎事實均屬侵害專利權之法律關係，行使權利之主體均爲上訴人，其目的與法律效果均在於行使專利權人之權利，故請求利益相同。準此，縱使不同請求項爲不同之訴訟標的，然主要爭點具有共同性，且請求利益相同，故就原請求之訴訟及證據資料，其於審理繼續進行在相當程度範圍內具有關聯性，可期待於同一程序審理中加以利用與解決，以達紛爭解決一回性之目的，符合請求基礎事實同一要件，自不須被上訴人同意[35]。

二、訴訟標的變更說

　　當事人在第二審爲訴之變更，係撤回原訴而提起新訴者，原訴已因訴之准許變更而視爲撤回，第一審法院就原訴所爲之判決，因此失其效力，第二審法

　　利或權利以外之利益爲要件。倘係公法上之權利受侵害，即不能依侵權行爲法則請求賠償損害，其因此發生之紛爭，並非民事訴訟程序所得解決。

[34] 最高行政法院91年度判字第25號行政判決。
[35] 智慧財產及商業法院103年度民專上字第22號民事判決。

院僅得就變更之新訴審判，不得就第一審之原訴更爲裁判[36]。上訴人在第一審以被上訴人所製造之產品侵害更正前專利請求項1，請求被上訴人賠償損害，嗣於原審主張產品侵害更正後專利請求項1，而請求損害賠償，其屬訴訟標的之變更爲訴之變更，原審應令兩造就上訴人爲上開變更後之聲明爲言詞辯論，上訴人在第一審原訴之訴訟繫屬，即因訴之變更而消滅[37]。

三、變更攻擊防禦方法說

申請發明專利，應就每一發明提出申請。二個以上發明，屬於一個廣義發明概念者，得於一申請案中提出申請（專利法第33條）。故除屬廣義之發明外，一發明僅能申請取得一專利權，其申請專利範圍雖容許以獨立項及附屬項之多項次爲之，惟多項式請求項均具有共同主要技術特徵，均在同一專利權範圍內，侵害每一請求項均屬侵害同一專利權。專利權人起訴時主張侵害某請求項，俟變更主張被控侵權人侵害同專利另請求項，因均在同一專利權範圍內，其侵權損害賠償請求權之標的並無變更，並非訴之變更，僅屬攻擊防禦方法之變更，此爲實務之最近見解[38]。

第三節　專利侵害類型

就我國專利法而言，侵害專利權之行爲可分製造、販賣要約、販賣、使用及進口等類型。依據美國專利法第271條規定，專利侵害行爲可分直接侵害與間接侵害。間接侵害亦分誘導侵害、協助侵害及以組裝爲目的之製造與販賣等三種專利侵害類型[39]。

---

[36] 最高法院66年台上字第3320號民事判決。

[37] 最高法院104年度台上字第1651號民事判決；智慧財產及商業法院101年度民專上字第28號民事判決。

[38] 司法院2017年智慧財產法律座談會之民事訴訟類相關議題提案及研討結果第1號。

[39] 蔡明誠，專利侵權之民事責任與相關智慧財產責任之比較要件、損害賠償計算，智慧財產專業法官培訓課程，司法院司法人員研習所，2006年5月，頁5。張容綺，專利侵害賠償制度之檢討與重構──以美國法作爲比較基準，世新大學法學院碩士論文，2005年6月，頁65至68。

例題4

　　A公司與其法定代理人甲仿冒具有專利權之機器，並將其交於知情之B公司與其法定代理人乙使用，據以製造侵害專利物品，以共同謀利，而導致專利人受有損害。試問A公司與其法定代理人甲及B公司與其法定代理人乙，應對專利權人負何種民事責任？

壹、我國侵害專利類型

一、侵害發明專利

　　侵害發明專利其可分物之專利（products patent）及方法專利（process patent）兩種類型[40]：(一)侵害物之專利：物之專利權人專有排除他人未經其同意而製造、為販賣之要約、販賣、使用或為上述目的而進口該物之權（專利法第58條第1項、第2項）；(二)侵害方法專利：方法專利權人專有排除他人未經其同意而使用該方法及使用、為販賣之要約、販賣，或為上述目的而進口方法直接製成物品之權（專利法第58條第3項）。準此，第三人未經發明專利之專利權人同意或授權，有上揭行為時，即成立侵害發明專利權[41]。

二、侵害新型專利

　　新型專利權人專有排除他人未經其同意而製造、為販賣之要約、販賣、使用或為上述目的而進口該新型專利物品之權（專利法第120條、第58條第1項、第2項）。準此，第三人未經新型專利之專利權人同意或授權，有上揭行為時，即成立侵害新型專利權。

三、侵害設計專利

　　設計專利人就其指定設計所施予之物品，專有排除他人未經其同意而製

---

[40] TRIPs協定第28條第1項有相同規定。

[41] 所謂同意，應不以明示為限，倘以默示之行為表現，客觀上足使他人認為已同意者，亦應認為已徵得同意。

造、爲販賣之要約、販賣、使用或爲上述目的而進口該設計及近似設計物品之權（專利法第142條第1項、第58條第2項）。準此，故第三人未經設計專利之專利權人同意或授權，有上揭行爲時，即成立侵害設計專利權。

貳、美國侵害專利類型

我國就專利權之侵害態樣，尙屬學理分類，並無法規範類型。而依據美國專利法第271條規定，依據侵權行爲與侵害結果之因果關係而言，侵害行爲主要可分直接侵害（direct infringement）與間接侵害（indirect infringement）。間接侵害亦分「誘導侵害」、「輔助侵害」及「以組裝爲目的之製造與販賣」專利侵害類型[42]。間接侵害之成立前提，必須有直接侵害者。

一、直接侵害行為

美國專利法第271條(a)項規定直接侵害專利之類型。詳言之，第三人未經專利權人之同意，除本法另有規定外，其於專利權存續期間，不得於美國境內製造（make）、使用（use）、販賣要約（offer to sell），或販賣已獲准專利之發明產品（sell any patented invention），或將該專利產品由外國輸入（import）至美國境內[43]。故本條項所規定之行爲態樣有製造、使用、爲販賣要約、販賣及進口，同我國專利法之規定。每種行爲態樣均會成立侵害專利，屬客觀構成要件之行爲。

(一)客觀構成要件

1.製造

(1)要件

所謂製造者（making），係指以物理、化學或生物技術等手段，生產出具經濟價值之物品，該製造之客體必須與得使用之裝置（an operable assembly）

---

[42] Roger E. Schechter, Thomas John R., Intellectual Property: The Law of Copyrights, Patents and Trademarks 471-73 (2003).

[43] 35 U.S.C. §271(a): Except as otherwise provided in this title, whoever without authority makes, uses, offers to sell, or sells any patented invention, within the United States or imports into the United States any patented invention during the term of the patent therefore, infringes the patent.

有所關聯[44]。準此，所製造之客體僅為無法使用之零組件，則非屬製造之範圍。製造行為係指物品生產之一切行為，包括完成物品為之必要行為及準備行為。而製作模型或設計圖之作成，不屬準備行為。製造行為成為直接侵害之情形，僅發生物品專利權。再者，方法專利權，僅限於對該物品生產方法之專利，而非屬生產之對象，並無製造之問題。方法專利僅在使用時，始成為侵害之問題，故無製造之侵害問題，是製造行為構成專利侵害，僅發生於物品專利權之情形。

(2)製造者與銷售者之責任

製造侵害專利物品而售予經銷商，製造行為與銷售行為均構成侵害專利，固有認為其等為共同侵權行為人（joint tortfeasor），應負起共同侵權行為責任（jointly and severally liable for patent infringement）[45]。然本文認為某行為人製造與銷售侵害專利物品，其將侵害專利物品銷售予經銷商時，侵權行為業已成立，自應負侵害專利之損害賠償責任，嗣後經銷商再販賣侵權物品予相關消費者，則為另一獨立之侵權行為，並非相同之侵權事由。故某行為人製造、銷售侵害專利物品之行為，其與經銷商先向某行為人購買侵害專利物品，繼而出售予相關消費者之行為，均屬獨立發生侵害專利損害之原因，兩者並非相同之侵權事實，自無發生損害之共同原因可言，渠等僅就各自侵權所致之損害，負損害賠償責任即可。

2.使用

所謂使用者（using），係指實現專利之技術效果行為，其包括對物品之單獨使用或作為其他物品之部分使用。使用之結果，不會毀損物體或變更其性質，並經由其用法，以供生活上之需要。僅屬單純占有或持有之事實，而未使用之，其並無侵害使用權[46]。例外情形，該持有本身導致持有者受有利益，始會構成專利權之侵害[47]。再者，行為人所使用之專利物品，必須非專利權人所

---

[44] 專利侵害鑑定要點，司法院，2005年版，頁8。

[45] Janice M. Mueller, An Introduction to Patent Law, 225, 258 (2003)。潘維大，英美侵權行為法案例解析（上），瑞興圖書股份公司，2002年9月，修訂版，頁320至325。林利芝，英美法導論，元照出版有限公司，2002年9月，頁297。

[46] 李鎂，論專利權人之使用權，智慧財產專業法官培訓課程，司法院司法人員研習所，2006年3月，頁1。

[47] Govero v. Pittsburgh Plate Glass Co., 25 F. Supp. 628, 629 (Missouri, E.D. 1938).

製造，或未經其同意所製造之物品時，始有侵害使用權之問題[48]。

3.販賣要約

所謂販賣要約者（offering for sell），係指一方以訂立買賣契約為目的，而喚起相對人承諾之意思表示[49]。美國聯邦巡迴上訴法院1998年3D Systems, Inc. v. Aarotech Laboratories事件，其認行為人所提供之報價單內容，有描述該產品及記載販賣價格者，其應視為專利法上之販賣要約而構成侵害專利權，不論後續之買賣契約是否成立或侵權產品是否已交付[50]。準此，行為人於網路上登載銷售侵權物品之廣告，縱使無實體侵害專利物品存在，仍應視為專利法上之販賣要約。

4.販賣

(1)要件

所謂販賣者（selling），係指有償讓與物品之行為。故當事人約定，一方允諾交付買賣標的物及移轉所有權予他方，他方支付價金之契約。販賣係指販入或賣出，故不以先販後賣，或兼有販售為必要，僅要當事人間就標的物及價金達成合意即可，不以現物交易為限。專利法禁止第三人未經專利權人販賣專利物品，其意在於防止專利侵害物於市場上流通，影響專利權人可得之利益。侵害專利物品之買受人，再販賣該物品亦屬專利法上之販賣行為。準此，經銷商或零售商販賣侵害專利物品，均會成立侵害專利權[51]。

(2)分擔侵權責任

經銷商經專利權人主張侵害專利時而進行專利侵權訴訟，通常會告知其交易前手，依據買賣或經銷契約決定渠等如何分擔侵權責任。某些契約雖有約定拒絕承諾條款（disclaimer clause）或排除權利瑕疵擔保責任，此時製造商或大盤商縱使毋庸對零售商負責，惟須面對專利權人請求賠償侵害專利之損害[52]。

---

[48] 李鎂，解讀專利權法第57條，經濟部智慧財產局，智慧財產權月刊，46期，2002年10月，頁13。

[49] 美國專利法為配合TPIPs協定第28條之規定，亦於1996年1月增訂「販賣之要約」為專利權效力所及。而我國專利法增加為販賣之要約，主要係配合TRIPs協定第28條第1項規定。

[50] 3D Systems, Inc. v. Aarotech Laboratories, 160 F.3d 1373, 1379 (Fed. Cir. 1998).

[51] 鄭中人，專利權之行使與定暫時狀態之處分，台灣本土法學雜誌，58期，2004年5月，頁113。

[52] 劉承愚、賴文智，技術授權契約入門，智勝文化事業有限公司，2005年6月，再版，

5.進口

　　所謂進口者（import），係指專利物品在國內係以使用、販賣或販賣要約為目的，而自國外輸入物品或以製造方法所直接製成之物品者。準此，僅單純將專利侵害物品輸入國內者，而無使用、販賣或販賣要約為目的者，並不構成專利侵害。再者，專利權人之進口權，並不及於經過國境之交通工具或其裝置，或非為上述目的之輸入（美國專利法第272條）[53]。至於國際貿易之場合，僅收到發票（invoice）時，並不屬進口行為。因進口與出口係不同之概念，故輸出或運送行為，並非專利權效力所及甚明。

(二)主觀構成要件

　　美國專利法第271條(a)項未規定，行為人於主觀上必須具有故意或過失，始得成立專利侵害。故美國法院認為直接侵害行為，屬嚴格責任（strict liability）之侵權行為類型，專利權人僅要證明行為人之侵權行為造成專利權之損害，行為與損害間具有相當因果關係即可，並不須證明被告主觀上是否有故意或過失。倘專利權人得證明行為人主觀上確實有故意或惡意者，法院得依據美國專利法第284條(b)項，提高其損害賠償額至3倍[54]。再者，因專利權具有屬地主義之特性，故專利權之效力僅及於核准專利權之國家管轄權所涵蓋領域範圍。依據美國專利法第100條(c)項規定，所謂美國或本國（this country），係指美國（within the United States），其領土（territories）及其所有地（possessions）。至於專利期間原則為20年（美國專利法第154條）[55]。

二、間接侵害行為

(一)誘導侵害行為

　　美國專利法第271條(b)項規定誘導侵害專利（inducement infringement），即積極地引誘他人侵害專利者，應負侵害專利之責任。誘導侵害專利之成立要

頁114。拒絕承諾條款，係指出賣人或授權人於契約中聲明，其無法保證其所出售或授予之技術，並未侵害他人之權利。

[53] 巴黎公約第5條之3、我國專利法第59條第1項第4款亦有相同之規範。

[54] 張容綺，專利侵害賠償制度之檢討與重構——以美國法作為比較基準，世新大學法學院碩士論文，2005年6月，頁65。

[55] 美國專利法有關專利權期限之延長，係規定於第155條至第156條。

件有客觀與主觀要件，茲說明如後：

1.客觀構成要件

行為人應有積極教唆（aid）他人侵害專利權之行為，行為人有引起被教唆人之故意，導致被教唆人實施直接侵害專利之行為。雖非自己直接從事專利侵害行為，既然對於專利直接侵權提供助力，應使其負擔相當之專利侵權責任。至於消極教唆之行為，殊難想像。換言之，必有一方誘引者，提供指引或資訊予他方行為人從事製造、使用、販賣要約、販賣或為上述目的而進口專利侵權物品之行為，則成立誘導侵害行為。判斷誘導侵害行為具有附屬性，其必須有直接侵害行為之存在為前提。

2.主觀構成要件

行為人主觀上知悉專利之存在，有教唆他人直接侵害專利之意思，自應負侵權責任。例如，甲公司為乙公司之商業上之競爭對手，甲公司所販賣之產品含有乙公司已專利「殺菌樹脂」，而丙公司為甲公司之顧問，丙公司知悉乙公司擁有該項專利，其提供製造系爭專利殺菌樹脂之程式予甲公司，並協助製作消費者使用手冊[56]。反之，行為人主觀上並不知悉其行為結果，可能成立專利侵害，則不符合誘導侵害之行為要件。

(二)輔助侵害行為

美國專利法第271條(c)項規定輔助侵害專利（contributory infringement），係指在美國境內販賣或販賣要約經授予專利權之機器、製造物、組合、化合物、用以實施方法專利權之材料或裝置。或將上揭物品進口至美國境內，行為人亦明知（knowing）該物品侵害專利權，除作為侵害專利用途外，並無其他實質用途，故行為人應負幫助侵害專利之責任[57]。茲說明輔助侵害專利之客觀與主觀構成要件如後：

---

[56] Water Technologies Corp. v. Calco., Ltd., 850 F.2d 660, 668 (Fed. Cir. 1988). Whoever actively induces infringement of a patent shall be liable as an infringer.

[57] 35 U.S.C. §271(c): Whoever offers to sell or sells within the United States or imports into the United States a component of a patented machine, manufacture, combination or composition, or a material or apparatus for use in practicing a patented process, constituting a material part of the invention, knowing the same to be especially made or especially adapted for use in an infringement of such patent, and not a staple article or commodity of commerce suitable for substantial no infringing use, shall be liable as a contributory infringer.

1.客觀構成要件

該構件為實施物品專利或方法專利之重要部分，並非通用性之產品或材料，該構件之唯一用途為專利侵害或關鍵部分，且被幫助者已有直接侵害專利之前提事實。判斷輔助侵害行為具有附屬性，其必須有直接侵害行為之存在為前提。

2.主觀構成要件

行為人明知該構件，係特別用於製造或使用於侵害專利權，除使用於該專利之實施外，並無其他用途，行為人亦知悉買賣人可能使用該成分於侵害專利之用途上[58]。將該等構件分別以觀，雖非侵害專利物品。然係因其用途專用於侵害專利，故將其視為侵害類型，以保護專利權人。例如，甲發現C化合物對於花卉之成長有顯著之幫助，C化合物對於先前技術而言，固為其所屬技術領域中具有通常知識者所熟悉者。然無人知悉有何種功能。乙明知甲對使用C化合物作為花卉之成長之方法，已取得專利在案，其未經甲之授權，將C化合物出售予種植花卉之農民，亦明知農民會使用之，作為專利權所涵蓋之花卉成長，因C化合物除得幫助花卉快速成長外，並無其他實質之用途，是乙之行為構成輔助侵害該方法專利之行為。

(三)以組裝為目的之製造及販賣行為

美國專利法第271條(f)項規定，基於國外組裝之目的而於國內製造、販賣專利發明成分者[59]。故行為人必須明知其所提供之製造、販賣之成分，有侵害

---

[58] Aro Manufacturing Co.v. Converetible Top Replacement Co., 377 U.S. 476, 485 (1964).

[59] 35 U.S.C. §271(f): (1) Whoever without authority supplies or causes to be supplied in or from the United States all or a substantial portion of the components of a patented invention, where such components are uncombined in whole or in part, in such manner as to actively induce the combination of such components outside of the United States in a manner that would infringe the patent if such combination occurred within the United States, shall be liable as an infringer. (2) Whoever without authority supplies or causes to be supplied in or from the United States any component of a patented invention that is especially made or especially adapted for use in the invention and not a staple article or commodity of commerce suitable for substantial no infringing use, where such component is uncombined in whole or in part, knowing that such component is so made or adapted and intending that such component will be combined outside of the United States in a manner that would infringe the patent if such combination occurred within the United States, shall be liable as an infringer.

專利權之情事，始得成立專利侵害。判斷本款之侵害行為具有附屬性，其必須有直接侵害行為之存在為前提。其侵害行為態樣可分美國境內與境外，茲說明如後[60]：1.所謂美國境內，係指行為人未經專利權人同意或授權，在美國境內提供專利發明之所有或重要成分（component），而未至完成之組裝程度，行為人所提供之成分，包括製造及出售之行為；2.所謂美國境外，係指行為人積極教唆第三人於外國就美國境內未完成組裝程度之所有或重要成分加以組裝（assemble），行為人必須負侵害專利之責任。再者，美國聯邦巡迴上訴法院2005年Eolas Techs. v. Mircrosoft Corp.事件，認為此類型侵害之行為，不限於物理性質之機器，其包括電腦軟體之組裝[61]。

參、例題解析──法人與其法定代理人之侵害專利責任

一、不真正連帶債務

我國法制除規範連帶債務外，亦有不真正連帶債務之制度。所謂不真正連帶債務者，係指數債務人具有同一目的，本於各別之發生原因，對債權人各負全部給付之義務，因債務人中一人為給付，他債務人即應同免其責任之債務。準此，不真正連帶債務與連帶債務在性質上並不相同，故法院判決主文不得逕以「被告應連帶給付」記載方式為之。因不真正連帶債務人彼此間，並非平均分擔義務，其係因個別所負債務內容之不同而有所差異，必須視具體個案決定之。

---

[60] 美國專利法第271條(f)項規定應負侵權行為之責任者，有如後二類型：1.未經許可提供或使人提供在美國境內或由美國境內所生產專利產品之全部或主要部分，該全部或主要部分係指尚未組合之狀態，倘於美國境外將該主要部分加以組合，正如其在美國境內將該專利加以組合，應視為侵權者而負其責任；2.任何人在未經許可下，提供或使人提供在美國境內或由美國境內核可之專利部分產品，而該產品係特別製造或特別適用於該發明，但非作為主要或屬不具實質侵害作用之商業上物品時，將該類產品於美國境外組合，正如其在美國境內組合，均為侵害該專利權，應視為侵權者而負其責任。

[61] Eolas Techs. v. Mircrosoft Corp., 399 F.3d 1325, 1339 (Fed. Cir. 2005).

二、製造與使用之區別

A公司與其法定代理人甲仿冒具有專利權之機器，並將其交於知情之B公司與其法定代理人乙，據以製造物品。A公司與B公司雖依民法第185條規定負共同侵權之連帶責任，而A公司與其法定代理人甲及B公司與其法定代理人乙，分別依公司法第23條負連帶賠償責任。然不等同A公司、甲、B公司及乙等人應負連帶賠償責任，因於本件侵權法律關係，A公司與其法定代理人或B公司與其法定代理人間，為不真正連帶債務關係，並非連帶債務關係[62]。因後者侵害專利之行為，雖與前者同為侵權之法律關係，惟兩者並非同一原因事實，不得令渠等負共同侵權責任。準此，專利權人勝訴時，其判決主文應記載為「被告A公司與甲或B公司與乙應連帶給付原告若干元」，是一債務人履行給付後，他債務人之債務應即消滅，其符合不真正連帶債務之本旨。

肆、相關實務見解——製造與販賣行為侵害專利

甲公司所製造與販賣之電源管理晶片uP6201A/B，落入乙公司之專利請求項1、7之專利權文義範圍，故uP6201A/B侵害乙公司之專利。足證甲公司確有侵害與繼續使用乙公司專利方法之危險，並有使用、為販賣之要約、販賣或使用以該方法直接製造成之物品之虞。準此，乙公司得依專利法第96條第1項、第2項之規定，向甲公司主張禁止侵害與損害賠償等請求權，洵屬正當[63]。

第四節　民事救濟請求權人

侵害專利之民事救濟請求權人有專利權人及專屬被授權人兩種類型。未經認許之外國法人或團體符合專利法第102條要件時，亦得為請求權人。因專利權之讓與或授權採登記對抗主義，當事人間就有關專利權之讓與、信託、授權或設定質權之權益事項有所爭執時，倘未經登記，自不得對抗之。再者，專利權為共有時，除共有人自己實施外，非得共有人全體之同意，不得讓與或授權他人實施（專利法第64條、第120條、第142條第1項）。是專利權為共有者，關於專利權之行使，應得全體同意。準此，原告基於專利共有人身分提起訴

---

[62] 最高法院89年度台上字第2240號民事判決。
[63] 智慧財產及商業法院100年度民專上字第11號民事判決。

訟，應得全體共有人同意，當事人始適格[64]。

例題5

> 甲為A物發明專利權人，其獨家授權將A物品發明專利授予乙，丙未經甲或乙之同意，製造與販賣侵害A物發明專利之物品。試問：(一)何人得向丙請求專利侵害之損害賠償責任？(二)倘乙為專屬被授權人，何人有權向侵權人請求損害賠償？

壹、專屬授權

一、原則

　　所謂專屬授權者（exclusive license），係指專利權人僅單獨將專利權全部或一部授權被授權人，被授權人於被授權之範圍內，單獨享有關於該被授權範圍內之專利權，專屬被授權人在被授權範圍內，排除發明專利人及第三人實施該發明（專利法第62條第3項）。是專利權人在專屬被授權人所取得之授權範圍內，不得再授權或同意他人行使之。倘無特別約定，專利權人在已專屬授權之範圍內，本身亦不得再行使該權利。準此，專屬被授權人在其取得之專利專屬授權範圍內，取得專利權之排他權能與實施權能，具有物權或準物權之性質。故專利權遭侵害，專屬被授權人自得行使專利權人所有之請求權，故專屬被授權人係獨立於專利權人以外之獨立權利。再者，美國聯邦最高法院於1926年之Independent wireless Telegraph Co. v. Radio Corp. of America事件，認為專屬被授權人有權以原告之資格，提起民事侵權訴訟，請求侵權行為人負損害賠償責任[65]。

二、例外

　　專屬被授權人並非實質上之專利權人，基於私法自治及契約自由原則，專

---

[64] 智慧財產及商業法院99年度民專訴字第137號民事判決。

[65] Independent wireless Telegraph Co. v. Radio Corp. of America, 269 U.S. 459, 460 (1926).

利權人自得於授權契約保留其主張專利權之權利。換言之，授權契約得規定，專利權人及專屬被授權人均得於專利權受侵害時，主張與行使專利權，此時專屬被授權人之損害賠償請求權，究屬於獨立權或代位權，應視不同專屬被授權情況及契約之具體約定而論[66]。準此，授權契約應明載當事人主張專利權之費用與收益、應分配方法，以避免發生爭議。

貳、非專屬授權

一、原則

非專屬授權（nonexclusive license）場合，因被授權人在其取得專利授權之範圍內，專利權人仍得就該授權之範圍內容，再授權予第三人使用或實施。就非專屬授權之被授權人而言，其非經專利權人同意，不得將其被授予之權利，再授權第三人實施（專利法第63條第2項）。準此，就同一專利授權範圍而言，非專屬被授權人得為多數人，其僅取得專利權之實施權，其不具備專屬被授權人之排他權能，除非有民法第242條規定之代位權，否則專利權受侵害之情形發生時，僅屬間接損害，不屬於損害賠償請求權人，其就專利侵害而言，並無提起民事救濟之權利。換言之，非專屬授權之場合，其僅授予被授權人積極實施權能，並未授予消極防禦權能，消極之防禦權仍保留在原專利權利人處。故於專利侵害事件中，非專屬之被授權人無權禁止侵權行為人實施專利權，其必須由原專利權人為之或代位行使之。

二、例外

非專屬授權之場合，專利權人之基本權利與地位並未有所改變。例外情形，係專利權人有委託或授權非專屬被授權人行使起訴之權利，非專屬授權人始有請求侵害專利之損害賠償權利[67]。

[66] 張容綺，專利侵害賠償制度之檢討與重構——以美國法作為比較基準，世新大學法學院碩士論文，2005年6月，頁43。
[67] 馮震宇，美國專利訴訟制度與程序要件，資訊法務透析，1995年8月，頁24至26。

參、未經認許之外國法人

一、申請互惠與訴訟互惠原則

國際上專利之申請互惠與訴訟互惠原則,兩者本質不同。前者屬實體法之概念,後者為訴訟法之範疇。詳言之,專利申請互惠者,係得否於他國境內,依據法律規定申請取得專利及其效力問題。而訴訟互惠者,係相互間能否於他國境內依據訴訟程序解決紛爭或尋求救濟之問題。準此,未經認許之外國法人或團體,已於我國取得之專利權,具有實體法之權利,其專利權於我國境內受侵害時,有提起民事訴訟之權利(專利法第102條)。

二、實體權利與救濟程序配合

依據TRIPs第42條規定,會員應賦予權利人行使本協定所涵蓋之智慧財產權的民事訴訟程序之權利,我國為WTO之會員,故WTO之會員所屬國民均得在我國境內依法行使權利,俾於實體權利與救濟程序權利相互配合,以符合專利法之基本精神[68]。再者,我國憲法第141條規定,我國應尊重條約,故國際條約與國內法有同等效力[69]。當兩者有衝突時,國際條約或協定應優先於國內法[70]。我國所締結之國際條約,原則應推定得自動履行條約(self-executing treaty)[71]。所謂自動履行條約,係指條約或其中之條款明示或依其性質,無須國會再作補充立法,即得被法院直接適用而於國內自動生效[72]。參諸面臨國際司法合作與競爭時代,我國亦應與國際社會互惠互動。

---

[68] 李鎂,專利法規與理論,智慧財產專業法官培訓課程,司法院司法人員研習所,2006年3月,頁36至37。

[69] 最高法院72年台上字第1412號民事判決。

[70] 最高法院23年上字第1074號民事判決、73年台非字第69號刑事判決。

[71] 孫遠釗,國際智慧財產權保護與執行重點,智慧財產專業法官培訓課程,司法院司法人員研習所,2006年3月,頁3。

[72] 吳嘉生,國際法學原理──本質與功能之研究,五南圖書出版股份有限公司,2000年9月,頁182。

肆、例題解析──損害賠償請求權人

一、獨家授權

獨家授權（sole license）與專屬授權概念近似，其係專利權人保證於相同授權範圍內，除被授權人外，不再授權他人實施，但專利權人本身仍得於相同範圍內實施該專利權，獨家被授權人或授權人均得以原告身分提起侵害專利民事訴訟，對侵害專利人主張專利權[73]。準此，甲為A物品發明專利權人，其獨家授權將A物品發明專利授予乙，丙未經甲或乙之同意，製造與販賣侵害A物品發明專利之物品，甲或乙均得向丙請求專利侵害之損害賠償責任。

二、專屬授權（104年律師）

專利權之授權與讓與不同，專利權之受讓人，在其受讓範圍內，為專利權人。惟專利權之被授權人，僅於專利權授權之範圍，得實施專利權，專利權人仍為專利權之主體。職是，不論專利授權之方式為專屬授權，專利權人是否得向侵權行為人請求損害賠償，此有肯定說與否定說：

(一)肯定說

在專屬授權之場合，專利權人與專屬被授權人各得向侵權行為人請求其所受之損害賠償[74]。申言之，專屬被授權人僅得於被授權範圍內實施發明，其對第三人請求損害賠償或排除及防止侵害，限於授權範圍內始能為之。至於專利權人為專屬授權後，得否行使損害賠償請求權及侵害排除或防止請求權，美、英、日、德及澳洲等立法例，並無此限制，且於專屬授權關係存續中，授權契約可約定以被授權人之銷售數量或金額作為專利權人計收權利金之標準，嗣於專屬授權關係消滅後，專利權人仍得自行或授權他人實施發明，故專利權人於專屬授權後，自有保護其專利權不受侵害之法律上利益，不當然喪失其損害賠償請求權及侵害排除或防止請求權（專利法第96條第4項）。

---

[73] Stephen P. Ladas, Patent, Trademark, and Related Rights National and International Protection 439 (1975).

[74] 司法院2009年智慧財產法律座談會彙編，2009年7月，頁55。智慧財產及商業法院98年度民專訴字第95號民事判決。

(二)否定說

本文參諸專屬被授權人在被授權範圍內,排除發明專利權人及第三人實施該發明(專利法第62條第3項)。倘專利權人本身仍有實施發明之需求,應取得專屬被授權人之同意後,始能實施。故本文認為專利權人於專屬授權範圍,已無實施專利之權(專利法第58條)。準此,專利權人不得向侵權行為人行使侵害專利之損害賠償請求權。

伍、相關實務見解──專屬被授權人行使權利

甲於2004年8月6日向智慧局申請「記憶體模組之保護裝置」新型專利,經智慧局審查核准後,發給第M261967號專利證書,專利權期間自2005年4月11日起至2014年8月5日止。嗣甲將專利權專屬授權予乙,授權期間自2008年11月1日起至2014年8月5日止。丙未經乙同意或授權,竟製造與販售侵害專利之產品,專屬被授權人乙起訴請求丙負侵害專利損害賠償責任[75]。

第五節　禁止侵害請求權

專利法第96條第2項規定侵權行為之損害賠償請求權,而第1項規定請求排除或防止侵害行為。損害賠償請求權之成立,行為人必須具備故意或過失之要件;請求排除或防止侵害不以故意或過失為必要,是兩者主觀責任成立要件不同。

例題6

> 專利權人向智慧財產及商業法院起訴,向被控侵權行為人主張禁止侵害請求權。試問:(一)禁止侵害請求權之訴訟標的價額,應如何核定?(二)權利人同時請求損害賠償,是否應併算其價額?(三)法院判決專利權人之勝訴時,判決主文應如何諭知?

---

[75] 智慧財產及商業法院104年度民專上易字第1號民事判決。

壹、禁止侵害請求權性質

一、排他妨害權

因專利權有排他性之性質，其係準物權，具有所有權之物上請求權（民法第767條第1項）[76]。而於專利權受侵害時，專利權人或專屬被授權人除得請求賠償損害外，並賦予排他妨害之權利，此爲禁止侵害請求權分爲排除侵害請求權與防止侵害請求權。禁止侵害請求權具有事先迅速制止侵害行爲與防範侵害行爲於未然之功能，對於專利權人之保護較爲周密，可減免其損害之發生或擴大。因排除侵害及防止侵害請求權，僅要有侵害或侵害之虞等事實發生，即可主張之，故不考慮其主觀可歸責之要素，是不以專利侵權行爲人有故意或過失爲要件，屬無過失責任[77]。至於專利物品或方法是否受有損害，在所不問，不以被控侵權人應同時成立損害賠償請求權爲必要[78]。

二、保全專利權

禁止侵害請求權，實質上屬民法之所有權保全請求權。因專利權之客體爲無形之抽象發明或創作，故不存在占有概念，故無所有物返還請求權之觀念（民法第767條第1項前段）[79]。禁止侵害請求權於侵害停止或危險消滅時而消滅，其係以現在及將來之侵害爲對象，僅要有侵害或危險存在，專利權人均得對侵害人行使禁止請求權，故並無時效消滅之適用。禁止請求權係因專利權而來，是與專利權一併移轉，亦隨同一起消滅，其與專利權同一命運。共有專利權人行使禁止請求權，得以自己名義，而爲全體共有人之利益，請求侵害專利權之行爲人停止侵害[80]。再者，共有人請求損害賠償，即得以自己之名義單獨爲之，無須其他共有人同意（民法第821條）[81]。

---

[76] 馮震宇，論侵害專利權之民事責任與民事救濟，法學叢刊，161期，1996年1月，頁30。一般認爲無體財產權享有類似所有權人之權利。

[77] 智慧財產及商業法院106年度民專上字第38號民事判決。

[78] 智慧財產及商業法院99年度民專上易字第33號、99年度民專上字第76號民事判決。

[79] 鄭中人，論專利侵害救濟之責任要件，工業財產權與標準月刊，1998年9月，頁52。

[80] 最高法院84年台上字第339號民事判決；智慧財產及商業法院99年度民專訴字第206號民事判決。

[81] 智慧財產及商業法院101年度民專訴字第122號民事判決。

貳、禁止侵害請求權類型

一、排除侵害請求權

專利侵害事實已經發生，專利權人請求排除其侵害，此為排除侵害請求權（專利法第96條第1項前段、第120條、第142條第1項）[82]。例如，專利權人發現或知悉第三人所製造之物品，侵害其所有之專利權時，即可請求該侵害人停止其侵害行為。

二、防止侵害請求權

專利侵害尚未發生而有侵害之虞者，專利權人得請求防止之，此為防止侵害請求權（專利法第96條第1項後段、第120條、第142條第1項）[83]。例如，有客觀事實認定批發商或零售商自製造商購買侵害專利物品，意圖於市場上販賣予相關消費者，該準備販賣之行為，即有侵害專利權之虞，專利權人自得請求防止侵害行為之發生。

參、例題解析——禁止侵害請求權之判決

一、核定訴訟標的價額

依專利法第96條第1項請求排除或防止侵害時，雖應以原告因被告停止侵害所獲得之利益核定其訴訟標的之價額，然該利益難以確定，故原則上應認其訴訟標的價額不能核定，以民事訴訟法第466條所定不得上訴第三審之最高利益額數加1/10定之，其訴訟標的價額應為新臺幣165萬元（民事訴訟法第77條之12）[84]。惟有認為該訴訟標的並非不能核定，應依據原告就訴訟標的所取得之利益，加以核定（民事訴訟法第77條之1第2項後段）[85]。

---

[82] 排除侵害請求權相當於民法第767條第1項中段規定之除去妨害請求權。

[83] 防止侵害請求權相當於民法第767條第1項後段規定之預防妨害請求權。

[84] 司法院2009年智慧財產法律座談會彙編，2009年7月，頁27至28。

[85] 智慧財產及商業法院97年度民專抗字第4號再抗告許可意見書；最高法院97年度台抗字第792號民事裁定。

二、合併計算訴訟標的價額

權利人同時請求損害賠償，其訴訟標的之價額應如何計算，其有不另併算說與合併計算說：(一)不另併算說，認為損害賠償請求權屬排除侵害或防止侵害請求之附帶請求，不另併算其價額（民事訴訟法第77條之2第2項）[86]；(二)合併計算說，則認價額應分別核定，加以併算（民事訴訟法第77條之2第1項本文）[87]。準此，本文認為專利權人依專利法第96條第1項至第3項所生之各請求權，即禁止侵害請求權、損害賠償請求權及銷燬請求權，自應依民事訴訟法第77條之2第1項前段規定，合併計算三者訴訟標的價額[88]。有認為禁止侵害請求權與銷燬請求權，不另併算其價額[89]。再者，不同之智慧財產權之訴訟標的價額應分別計算。例如，主張三個專利之禁止侵害請求權，其訴訟標的價額應為新臺幣495萬元（計算式：165萬元×3）。

三、基本與特定類型

(一)排除侵害請求權

法院就排除侵害請求權所為之判決主文，可分基本類型與特定類型：1.前者主文為被告（侵害專利權人）不得使用、製造、販賣、進口、販賣之要約置於某地（侵害物置放處）之侵害原告（專利權人）之所有專利物品（包括專利號碼）；2.後者主文為被告不得使用置於臺中市西區自由路1段100號建物內，侵害原告所有新型第1000號專利「遙控器保護套」（專利名稱）之如附表所示之物品及數量[90]。

(二)防止侵害請求權

法院就防止侵害請求權所為之判決主文亦可分基本類型與特定類型：前者主文為被告（侵害專利權人）於民國某年某月某日以前（專利期間），不得

---

[86] 最高法院97年度台抗字第162號、97年度台抗字第792號民事裁定。

[87] 智慧財產及商業法院97年度民專抗字第4號民事裁定。

[88] 最高法院102年度台抗字第317號民事裁定。

[89] 智慧財產及商業法院105年度民商抗字第3號民事裁定。

[90] 臺灣臺中地方法院90年度簡上字第18號民事判決：被上訴人於2006年4月13日以前不得使用置於臺中縣豐原市圓環東路892巷21號建物內，侵害上訴人所有新型第105185號專利「壁紙包含發泡材料於浪板內層之浪板製造機結構」機器。

使用、製造、販賣、進口、販賣之要約侵害原告（專利權人）之所有專利標的（包括專利號碼）[91]。後者主文爲被告於2021年10月11日前不得製造、販賣及販賣要約內侵害原告所有新型第2000號專利「遙控器保護套」（專利名稱）之如附表所示之物品及數量。

肆、相關實務見解──擴張禁止侵害請求權之訴之聲明

　　訴之變更或追加，雖非經他造同意，不得爲之。然擴張或減縮應受判決事項之聲明者，不在此限（民事訴訟法第255條第1項第3款、第446條第1項）。訴訟當事人、訴訟標的及訴之聲明爲訴之要素，故法院所裁判之對象爲訴訟標的、應受判決事項之聲明及當事人，倘訴之要素於訴訟進行，原告將訴之要素變更或追加其一，即生訴之變更或追加[92]。查上訴人於原起訴聲明第2項：被告（被上訴人）不得自行或使他人製造、爲販賣之要約、販賣、使用或爲上述目的而進口型號LM-T699「20吋亮面加大拉桿箱」提箱產品及其他侵害系爭專利之物品。原告即上訴人嗣於第二審程序追加訴之聲明爲：被上訴人（被告）不得自行或使他人製造、爲販賣之要約、販賣、使用或爲上述目的而進口進口型號LM-T699「20吋亮面加大拉桿箱」、「24吋亮面加大拉桿箱」、「28吋亮面加大拉桿箱」提箱產品及其他侵害系爭專利之物品。因上訴人擴張訴之聲明，係基於侵害系爭專利之法律關係，上訴人向被上訴人主張禁止侵害請求權之同一事件，準此，上訴人就禁止侵害系爭專利請求權之法律關係，所爲訴之聲明擴張，應予准許[93]。

第六節　損害賠償請求權

　　侵權行爲法係對於人身與財產所產生之損害，決定由何人承擔，並制裁不法民事法律規範，其主要有損害承擔與預防損害之功能。自經濟分析之觀點而言，後者之功能相較於前者之功能更爲重要。因損害賠償僅決定損害爲何人吸收，係單純之財產分配問題，其與效率無關；而預防之功能則會使資源爲有效率之利用，其對國家社會更具意義。故專利制度處理侵害專利事件，必須考

---

[91] 主文所爲之防止侵害請求權範圍，通常依據原告聲明爲之。

[92] 林洲富，民事訴訟法理論與案例，元照出版有限公司，2022年1月，5版1刷，頁145。

[93] 智慧財產及商業法院102年度民專上字第55號民事判決。

慮兩個面向問題，即法規範應如何制定，使損害承擔與預防損害之結果，符合公平與效率之目的。處理效率問題，在於使專利侵害事件之成本降低，故專利制度之本身，應具備發揮誘因功能，減少社會發生專利侵害行為之機率，以減免非自願性之財產移轉現象。就損害填補之目的而言，專利制度運作之結果，除得滿足專利權人之權利外，亦不得將專利權人應負擔之責任，全數加諸於他人，以符合一般社會通念之公平或正義的要求，此為公平之要求。

第一項　專利侵害之成立

　　就我國司法實務而言，專利侵害民事事件，最多者為新型專利，其次為發明、設計專利[94]。不論侵害何種類型之專利，在專利侵害事件之場合，被控侵權行為人就其行為應負損害賠償責任，發明專利權人對於因故意或過失侵害其專利權者，得請求賠償損害（專利法第96條第2項、第120條、第142條第1項）。侵權行為之損害賠償請求權，除非有特別規定，其前提必須符合侵權行為之成立要件，因侵權行為之責任標準，採以過失責任為原則，故意或過失之主觀要件，係認定是否侵害專利之前提與要件。依據侵權行為之構成要件以觀（民法第184條第1項前段）[95]。法院於判斷事實時，應注意當事人間舉證責任分配之原則，當事人一造主張有利於己之事實而他造有爭執者，該造就其事實負有舉證責任。準此，專利侵害事件，原告應證明被告有使用或侵害專利之行為，其具有故意或過失。倘原告已舉證以實其說，被告抗辯其有權使用時，自應舉證證明之（民事訴訟法第277條）[96]。

例題7

　　專利法第96條第2項規定，發明專利權人對於因故意或過失侵害其專利權者，得請求損害賠償。試說明侵害專利之損害賠償責任，適用過失責任原則之依據為何？

---

[94] 熊誦梅，專利侵權民事判決簡析，月旦法學雜誌，105期，2004年2月，頁253。

[95] 蔡明誠，專利侵權之民事責任與相關智慧財產責任之比較要件、損害賠償計算，智慧財產專業法官培訓課程，司法院司法人員研習所，2006年5月，頁11。民法第184條第1項前段構成專利侵權成立之基礎要件。

[96] 辦理民事訴訟事件應行注意事項第80條。

例題8

　　各國對於耗盡原則之適用區域，有不同之認定，以國內外作為區分標準時，耗盡原則可分國內耗盡與國際耗盡。試問我國就專利法係採國內耗盡或國外耗盡？理由為何？

例題9

　　A公司認為B、C公司侵害其新型專利權，其先向法院聲請假扣押准許在案，期於未經專利專責機關認定前，逕以保護專利權為由，發函警告B及C公司，告知其等製造及銷售之物品，侵害其新型專利權等情。而該警告函除未具體指明侵權之範圍外，並假藉保全處分之執行名義，積極使第三人誤認B、C公司已遭法院判決侵害原告專利權，並禁止生產侵害專利產品情事。A公司進而至B、C公司所屬經銷商之銷售現場，加以現場干擾，導致部分經銷商要求該等公司出具擔保、切結書，或者逕行退貨、拒絕付款。試問A公司之上揭行為，是否為行使專利權之必要行為[97]？

例題10

　　專利權人甲主張其創作之「隔熱浪板結構改良」物品，經濟部智慧財產局核准取得新型專利在案，惟乙向專利專責機關提出舉發，經判定舉發成立而撤銷上開新型專利權，而此舉發成立之處分，經甲向經濟部訴願，均以系爭專利結構不具新穎性及進步性，而駁回其訴願。嗣經專利權人甲向行政法院提起行政訴訟，行政法院則以專利權人向經濟部智慧財產局提出本案說明書專利範圍之更正，智慧財產局函覆「不准更正」，專利權人不服提起訴願，嗣後經濟部訴願決定「原處分撤銷」，命經濟部智慧財產局重新審酌後，另為適法之處分，嗣專利權人於新型專利於主要特徵部分增加並更正「搭接部之一側頂緣分別設有圓弧凹槽，俾形成浪板搭接部之

---

[97] 林洲富，法官辦理民事事件參考手冊15，專利侵權行為損害賠償事件，司法院，2006年12月，頁630至643。

扣接結構」，經濟部智慧財產局准許更正，而經濟部復以專利主要特徵部分有「搭接部之二側頂緣分別設有圓弧凹槽，俾形成浪板搭接部之扣接結構」，認定專利權人之專利具有新穎性或進步性為由，認定舉發不成立。試問乙於甲增加更正前揭主要特徵前，其製造之物品落入該「隔熱浪板結構改良」新型專利之申請專利範圍，是否成立侵權行為[98]？

例題11

　　D公司為「工業用單板主機板之邊緣卡片式中央處理器組立架構」技術之新型專利權人。E公司產品關於「工業用單板主機板之邊緣卡片式中央處理器組立架構」之原理與D公司申請新型專利部分，經鑑定認為兩者技術內容是相同。D公司委請律師發函於E公司，請求排除侵害未有結果，D公司嗣向法院提出訴訟，記載D公司因其所有新型專利遭E公司仿冒，其依法提出訴訟等情，並於公開說明書記載該起訴之內容。嗣後D公司之新型專利經舉發遭撤銷。試問E公司為此起訴主張D公司損害其名譽與商業信譽，依據侵權行為法律關係請求損害賠償，是否有理[99]？

壹、專利侵害行為之成立要件

　　討論專利侵害行為之成立要件，在體系結構上有所謂侵權行為之三層結構，即有構成要件、違法性及故意過失等層次，此三層結構在邏輯上具有一定次序之關聯，須先有符合構成要件之事實行為，始判斷該行為是否違法。繼而就違法性之行為，認定有無故意或過失[100]。專利侵害事件除應考量行為人之主觀有責性外，亦應認定是否有客觀之責任事實發生及限制專利權之事由[101]。

---

[98] 臺灣士林地方法院90年度重訴字第148號民事判決。

[99] 臺灣士林地方法院90年度重訴字第177號民事判決。

[100] 王澤鑑，侵權行為法(1)基本理論——一般侵權行為，自版，1998年9月，頁97至99。

[101] 郭振恭，民法，三民書局股份有限公司，2003年9月，修訂3版，頁187至190。

一、須有侵害專利之行為

(一)單獨侵害行為

係指行為人以自己之意思而發動加害行為，即未經專利權人同意或授權，而為製造、販賣要約、販賣、使用或為上述目的而進口專利物品（專利法第58條第1項至第3項、第120條、第142條第1項）。再者，就方法專利而言，行為人未經方法專利權人同意而使用該方法及使用、為販賣之要約、販賣或為上述目的而進口該方法直接製成物品之權（第2項）。

(二)共同侵害行為

1.共同原因

因專利法中未對共同侵害行為有特別規定，是專利權人請求共同侵害人負連帶損害賠償責任，應依據民法第185條有關共同侵權行為之規定請求[102]。共同為製造、販賣要約、販賣、使用或進口等行為，依據行為關聯共同之理論，數人共同以上開相同行為態樣侵害他人專利者，對於專利權人所受之損害，應負共同侵權行為之責任。再者，不論單獨侵害行為或共同侵害行為，均限於有意識之舉動，其包含積極行為、利用他人行為及消極之不作為。消極之不作為，必須行為人於法律上本有積極作為義務為前提。

2.不同原因

侵權行為人各自成立侵權行為，非屬損害發生之共同原因，則不得令該等行為人負連帶責任。因侵害專利之行為態樣有製造、使用、販賣要約、販賣及進口，每種行為態樣均會獨立構成侵害專利。所謂製造者，係指以物理、化學、生物技術等手段，生產出具經濟價值之物品，該製造之客體必須與得使用之裝置有所關聯。所謂販賣者，係指有償讓與物品之行為。申言之，當事人約定，一方允諾交付買賣標的物及移轉所有權與他方，他方支付價金之契約。販賣係指販入或賣出，故不以先販後賣，或兼有販售為必要，僅要當事人間就標的物及價金達成合意即可，不以現物交易為限。專利法禁止第三人未經專利權人販賣專利物品，其意在於防止專物侵害於市場上流通，影響專利權人可得之利益，故專利法所稱之販賣範圍，應較民法所規定之買賣為廣，包括租賃、借

---

[102] 馮震宇，論侵害專利權之民事責任與民事救濟，法學叢刊，161期，1996年1月，頁31至33。

貸與贈與等行為。侵害專利物品之買受人，再販賣該物品亦屬專利法上之販賣行為。準此，本文認為經銷商或零售商販賣侵害專利物品，各自成立侵權行為，渠等僅就各自侵權所致之損害，負損害賠償責任即可[103]。

二、行為具備不法性

本款所稱之行為不法性，係指行為人實施專利權之行為本身具有不法性而言。原則上，有侵害專利權之加害行為存在，而該侵害行為違反法律之強行規定，並無阻卻違法事由，即得推定不法行為之成立，行為人應對其行為所造成之結果負責。故侵害他人專利權之行為，即視為違法行為，除非有違法阻卻事由存在時，始認為其行為非不法。準此，原告僅須證明專利權受侵害之事實，即可證明行為人之侵害專利行為，具有不法性，被告欲免責，其應就違法阻卻事由，負舉證責任[104]。

三、須有侵害專利權

專利權為財產權之一環，係專利法明定之權利。而侵害專利行為之成立，須有侵害他人有效專利權之事實，即妨害他人專利權之享有或行使。倘得證明專利權無效、應撤銷或專利權期間已屆滿，則無受侵害之標的可言，自不成立侵害專利權。

四、須有損害發生

侵權行為責任以填補被害人所受之損害為其主要目的，故縱有加害行為，如無實際損害之發生，自不發生損害賠償責任。蓋無損害，則無填補損害之正當性，是侵害專利行為之成立，應以發生現實專利權受損害為必要[105]。損害包括財產損害與非財產損害，而財產損害之損害可分為積極損害與消極損

---

[103] 智慧財產及商業法院98年度民專訴字第136號民事判決。
[104] 違法性之概念可區分結果不法說與行為不法說。前者，係加害行為之所以遭法律非難而具有違法性，係因其對權利造成侵害之結果，我國採之。後者，認為注意義務之違反，構成違法之特徵。
[105] 蔡明誠，專利侵權之民事責任與相關智慧財產責任之比較要件、損害賠償計算，智慧財產專業法官培訓課程，司法院司法人員研習所，2006年5月，頁9。

害。再者，專利權損害之認定，其與一般有體物之物權不同，損害並無形體上破壞之發生，侵權行為人違反實施行為時，損害之發生在於原本專利權人獨占實施權利遭盜用，致失去利益之獨占地位。

五、行為與損害間具有相當因果關係

(一)相當因果關係

損害賠償之債，以有損害之發生及有責任原因之事實間，兩者具有相當因果關係為成立要件[106]。所謂相當因果關係（proximate cause），係指加害行為於一般情形下，依據社會之通念，均能發生該等損害結果之連鎖關係[107]。例如，甲公司固主張乙公司因丙公司侵害其新型專利權後，即未再向甲公司訂購相同產品。然乙公司不再繼續向甲公司訂購相同產品，其原因可能有：產品銷售情形不佳、其他廠商提供較低價格、經濟不景氣或新產品上市等因素，均會影響乙公司繼續向甲公司訂購相同產品之意願。不得逕行以丙公司前向法院聲請對甲公司製造之產品，實施假扣押，而認定乙公司據此不再繼續訂購甲公司產品，丙公司應負損害賠償責任。甲公司必須舉證證明丙公司侵害專利權之行為，其與甲公司訂單減少之營業損失間，具有相當因果關係等語，始得向丙公司請求損害賠償[108]。

(二)責任成立與責任範圍

1.責任成立之因果關係

其係判斷權利受侵害是否為原因事實而發生，其屬侵權行為成立要件之一部。侵權行為損害賠償之債，須損害之發生與加害人之故意或過失加害行為間，兩者有相當因果關係，始能成立。所謂相當因果關係，係以行為人之行為所造成的客觀存在事實，依經驗法則，可認通常均可能發生同樣損害之結果而言。倘有此同一條件存在，通常不必然發生此損害之結果，則條件與結果並不相當，即無相當因果關係。故不能僅以行為人就其行為有故意過失，自認該行為與損害間有相當因果關係[109]。

---

[106] 最高法院30年上字第18號、48年台上字第481號民事判決。
[107] 邱聰智，新訂民法債編通則，華泰文化事業公司，2001年10月，頁166。
[108] 臺灣彰化地方法院91年度重訴字第279號民事判決。
[109] 最高法院90年度台上字第772號民事判決。

2.責任範圍之因果關係

因果關係乃認定權利受侵害所發生之損害,應否負賠償責任之前提,其屬損害賠償之範圍。詳言之,損害賠償之債,以有損害之發生及有責任原因之事實,而兩者之間,有相當因果關係爲成立要件。所謂相當因果關係,係指無此行爲,雖必不生此種損害,然有此行爲,通常即足生此損害者,爲有相當因果關係;倘無此行爲,必不生此種損害,有此行爲,通常亦不生此損害者,則屬無相當因果關係[110]。

3.舉證責任

侵害他人專利權而構成侵權行爲之損害賠償責任者,除行爲人有侵害專利之行爲,亦須具備該不法之加害行爲與損害發生間有相當因果關係之要件。專利權人應就上開要件之存在盡舉證之責任,否則不成立侵權行爲之損害賠償責任。

六、須有責任能力

(一)識別能力或侵權行為能力

責任能力之有無,應視侵害專利人而定。所謂責任能力或侵權行爲能力,係指行爲人有足以負擔侵權行爲賠償義務之識別能力。所謂識別能力,係指對其不法行爲,有正常認識與預見行爲發生法律效果能力,其必須由具體情事加以判斷。專利侵害事件之場合,侵害人責任能力之有無,應就專利侵害行爲之當時,有無識別能力具體決定之。

(二)自然人與法人

因民法並未如行爲能力之有無,就責任能力作統一之規定。自然人與法人之責任能力,應分別以觀,就自然人之識別能力以觀,得參照民法第187條規定加以認定。而法人之侵權行爲能力,依據民法第28條、第188條及公司法第23條等規定。就法人實在說而言,法人代表之損害行爲,即屬法人之損害行爲,法人自有責任能力。法人就其董事或其他有代表權人之行爲,所加於他人之損害,應自負責任。因代表人行爲係法人本身之行爲,其無法主張選任代表人及監督其職務之行爲,已盡相當注意而得不負責之餘地。

---

[110] 最高法院90年度台上字第401號民事判決。

(三)連帶賠償與求償權

甲公司製造及出售之機器，係仿冒乙公司取得新型專利之波浪板製造機，而製造及出售專利侵害之機器，為甲公司負責人A之業務範圍，甲公司及其法定代理人A自應負連帶賠償之責任。法人於賠償損害後，得依關於委任關係向董事或其他有代表權人求償。再者，行為人係受僱人而非董事或其他有代表權人，法人係處於雇用人之地位而就他人之行為負責，法人得舉證證明其選任與監督，已盡注意義務，以免除賠償責任。縱使法人無法對專利權人免責，其於賠償後，亦得對實際侵害人求償（民法第188條第3項）。

七、無阻卻違法事由存在

(一)出資人實施專利權

一方出資聘請他人從事研究開發者，其專利申請權及專利權之歸屬依雙方契約約定；契約未約定者，雖屬於發明人或創作人。然出資人得實施其發明、新型或設計。職是，出資人有權實施專利權人之專利（專利法第7條第3項）。

(二)雇用人實施專利權

受雇人於非職務上所完成之發明、新型或設計，其專利申請權及專利權屬於受雇人。基於對研發結果之貢獻程度，如受雇人之發明、新型或設計係利用雇用人資源或經驗者，雇用人於支付合理報酬後，得於該事業實施其發明、新型或設計，以衡平雙方之利益（專利法第8條第1項）。準此，雇用人縱未經受雇人同意逕行實施專利或未支付合理報酬，均不成立侵害專利之責任，受雇人僅得請求雇用人支付合理報酬[111]。因合理報酬為不確定之法律概念，必須由法院於具體事件中，斟酌市場機制及當事人意願等情節，加以判斷之[112]。

(三)強制授權者

1.緊急危難或重大緊急

為因應國家緊急危難或其他重大緊急情況，專利專責機關應依緊急命令或中央目的事業主管機關之通知，強制授權所需專利權，並儘速通知專利權人

---

[111] 經濟部智慧財產局，專利法逐條釋義，2005年3月，頁20。

[112] 盧文祥，智慧財產權不確定法律概念的剖析研究，瑞興圖書股份有限公司，2006年2月，頁19至22。

（專利法第87條第1項）。

2.申請強制授權

有下列情事之一，而有強制授權之必要者，專利專責機關得依申請強制授權：(1)增進公益之非營利實施；(2)發明或新型專利權之實施，將不可避免侵害在前之發明或新型專利權，且較該在前之發明或新型專利權具相當經濟意義之重要技術改良；(3)專利權人有限制競爭或不公平競爭之情事，經法院判決或公平交易委員會處分（專利法第87條第2項）；(4)專利權經依專利法第87條第2項第2款規定申請強制授權者，其專利權人得提出合理條件，請求就申請人之專利權強制授權（專利法第87條第5項）。

3.公共衛生議題

為協助無製藥能力或製藥能力不足之國家，取得治療愛滋病、肺結核、瘧疾或其他傳染病所需醫藥品，專利專責機關得依申請，強制授權申請人實施專利權，以供應該國家進口所需醫藥品（專利法第90條第1項）。依前開規定申請強制授權者，原則上以申請人曾以合理之商業條件在相當期間內仍不能協議授權者為限。例外情形，係所需醫藥品在進口國已核准強制授權者，不在此限（第2項）。

(四)再發明與基礎發明或製造方法與物品專利

1.強制授權

再發明人與原專利人協議不成時，再發明專利權人與原發明專利權人或製造方法專利權人與物品專利權人，得依第87條第4項規定申請強制授權。但再發明或製造方法發明所表現之技術，須較原發明或物品發明具相當經濟意義之重要技術改良者，再發明或製造方法專利權人始得申請強制授權（專利法第87條第2項第2款）。

2.基礎專利權人或物品專利權人同意

再發明或新型專利權人經原專利權人同意，得實施再發明或新型專利。再者，製造方法專利權人依其製造方法製成之物品為他人專利者，經該他人同意，得實施其方法發明。

3.協議交互授權實施

再發明專利權人與原發明專利權人，或製造方法專利權人與物品專利權人，得協議交互授權實施，此為專利權人之互惠合作模式，得減少或避免專利侵權之發生。

(五)未依法標示專利

1.舉證責任

專利物上應標示專利證書號數；不能於專利物上標示者，得於標籤、包裝或以其他足以引起他人認識之顯著方式標示之；其未附加標示者，請求損害賠償時，應舉證證明侵害人明知或可得而知爲專利物（專利法第98條、第120條、第142條第1項）。專利權標示之立法目的，在於協助社會大衆辨識是否爲專利物品，以避免無辜之第三人侵害專利，其亦有易於認定侵害者之故意行爲。倘有專利權之產品未作標示，不知情之侵害者，雖得據本條款規定向法院主張免於負擔損害賠償責任[113]。然對於明知他人有專利權而仍爲侵害行爲者，其屬故意行爲，則無保護之必要，故他人知爲專利品而侵害專利權，縱使專利權人未加標示，仍得請求侵權行爲人賠償[114]。

2.緩和不特定非故意侵害專利權

專利核准後，專利專責機關均會將其申請專利範圍及圖示加以公告，使不特定之第三人有檢索查閱之機會。日本特許法中雖規定，專利既經公告則推定過失之規定。然要求一般人應隨時注意掌控公告專利之資訊，顯屬過苛，故要求專利權人應於專利物品或包裝上附加標示，以緩和不特定第三人非故意侵害專利權而應負擔損害賠償責任之風險。反之，未獲專利之物品或方法，亦不得標示爲專利物品或方法。倘專利申請人使用已專利申請（patent applied for）或專利審查中（patent pending）等字樣，此等文字並不具有專利法規定之效力，其僅爲告知專利申請已向智慧財產局提出之資訊。因專利法所賦予之保護，必須經專利申請核准後始生效力。

八、須有故意或過失

侵權行爲之責任成立，採取過失責任主義，係以行爲人具有故意或過失爲必要，故侵害專利權之損害賠償，須加害人有故意或過失始能成立[115]。何謂故意或過失，民法並無明文，故參諸刑法有關規定說明之。所謂故意者有二：

---

[113] 陳櫻琴、葉玟妤，智慧財產權法，五南圖書出版股份有限公司，2005年3月，頁258。
[114] 最高法院65年台上字第1034號民事判決。
[115] 最高法院93年度台上字第2292號民事判決；智慧財產及商業法院103年度民專訴字第102號民事判決。

(一)所謂直接故意，係指行為人對於構成專利侵權之事實，明知並有意使其發生者；(二)所為間接故意，係指預見其發生而其發生並不違背其本意（刑法第13條）。再者，所謂過失者，係指行為人雖非故意，然按其情節應注意，並能注意，而不注意者。或者固預見其能發生，惟確信其不發生者，此為有認識之過失（刑法第14條）。例如，專利申請經智慧財產局審查核准而授予專利權後，會對外公告專利說明書，採公告主義，以供不特定第三人查閱，第三人未進行專利檢索工作，導致所製造或販賣之物品，或者使用之特定方法侵害他人之專利權，即屬應注意及能注意，而不注意，侵害專利權人自不得諉稱不知，加以國內專利資料庫之電腦查閱檢索普及，倘疏未檢索，應可認負過失侵害他人專利權之損害賠償責任[116]。

九、客觀之責任事由

(一)專利權期限內

專利權係有期限之權利，故專利權人僅得於專利權有效期間主張權利（專利法第52條第3項、第114條、第135條）。發明專利、新型專利及設計專利，其保護期間分別自申請日當日起算20年、10年、15年屆滿（專利權法第20條第2項）。其與民法期間計算，始日不計算在內不同（民法第120條第2項）。

(二)我國授予專利權

專利法具有國際性，是現今世界各國大多採用專利制度，對於發明或創作加以保護，以促進科技產業之發展。惟各國是否授予專利權，提供保護之範圍及受侵害之救濟方法，實涉及該國之產業科技水準、立法政策及司法制度等因素。因國家授予專利權及保護專利權，實為國家公權力之行使表徵，原則上，專利權所及之領域具有地域性（territorial），以授予專利權之國家之主權所及為限，專利權除有一定之保護期限外，亦具有嚴格之區域性，僅能於本國領域內生效，其為屬地主義，無法於領域外發生效力，是專利法為國內法，並非國際法，此為一國一專利權，稱為專利權獨立原則（principle of independence of

---

[116] 祝建輝，專利侵權適用懲罰性賠償制度的經濟分析，情報雜誌，11期，2006年11月，頁34。

patent）[117]。

(三)行為人無合法權源

專利侵害之前提，係侵害人並無合法權源。換言之，行為人未經專利權人同意、授權、技術移轉或合作、讓與、信託等法律關係。專利侵害事件之場合，被告抗辯其有權實施專利權，應就具有合法權源之事實，舉證證明以實其說。

(四)專利權有效

專利侵權之成立係以專利權有效存在為前提，倘於專利侵害訴訟中，第三人或被控侵權行為人對專利權提起舉發，主張專利權應撤銷或無效者。對專利權是否有效存在，乃專利侵害成立之先決問題。專利侵害事件中，被控專利侵害人常於民事訴訟程序，對申請專利範圍提起舉發，而主張專利權人所申請之專利不具備專利要件，屬應撤銷之專利。易導致被控侵害專利行為人，藉由舉發程序，延宕民事訴訟之進行。為使權利有效性與權利侵害事實，得於同一訴訟程序一次解決，減免當事人藉拖延民事訴訟程序，導致智慧財產權人無法獲得即時之保障。準此，智慧財產民事事件中，法院對於智慧財產權有無應撤銷或廢止原因之爭點，應自行認定，並排除相關法律中停止訴訟程序規定之適用（智慧財產案件審理法第40條第1項）[118]。

(五)落入專利權範圍

專利權有效存在後，被告通常會提出被控侵權物品或方法不成立侵害專利。準此，法院必須依據全要件原則、均等論原則、逆均等論原則、先前技術或技藝或禁反言原則等判斷專利侵害等理論，依據解釋後之專利權範圍，認定被控侵害專利之物品或方法，是否成立侵害專利。故令被告負專利侵害之責任，必須被控侵害專利之物品或方法，落入專利權範圍。例如，被告產品欠缺解析後之專利請求項1之要件G至I、請求項20之要件F至H，故系爭專利請求項1、20每一個技術特徵，未完全對應表現在被告製造與銷售之產品，除不符合

---

[117] 有關工業財產權保護之巴黎公約（The Paris Convention for the Protection of Industrial Property）第4條之2(1)規定，同盟國國民所申請之專利，不論是否屬於同盟國之他國，就同一發明所取得之專利權，彼此互相獨立，此為專利獨立原則。

[118] 張雅馨，民事訴訟與行政訴訟之共舞——以權利有效性抗辯為中心，國立臺灣大學法律學院法律學研究所碩士論文，2016年7月，頁97至98。

文義讀取外，亦不適用均等論。職是，被告產品未落入系爭專利申請專利範圍之範圍，原告主張被告產品侵害其系爭專利權，不足為憑，其依專利法第97條第1項、第96條規定，請求排除被告對於系爭專利權之侵害，並請求被告賠償所受損害，均無理由[119]。

(六)請求權時效未消滅

侵害專利之損害賠償請求權，自請求權人知有行為及賠償義務人時起，2年間不行使而消滅；自行為時起，逾10年者，亦同（專利法第96條第6項）。故損害賠償請求權已罹於消滅時效，被控侵害專利人，得以消滅時效為由提出抗辯，拒絕專利權人關於損害賠償之請求（民法第144條第1項）。

十、未受專利權效力限制

專利侵權訴訟之程序中，被控專利侵害行為人有時會提出其行為非專利權效力所及之抗辯。換言之，雖專利權合法有效存在，而被控專利侵害行為人之物品或方法確為專利權之範圍所及，惟該行為人得於專利侵害之民事訴訟，提出其行為屬專利法第58條、第59條、第120條、第136條所規定，專利權效力所不及之事項，抗辯專利侵害不成立，免除損害賠償責任。換言之，行為人雖未經專利權人同意而實施其專利之行為，然不構成專利侵權責任。

(一)非出於商業目的之未公開行為

專利權效力是保護專利權人在產業上利用其權利；他人自行利用專利，且非以商業為目的之行為，應非專利權效力之範圍。各國立法例之規範方式有二：1.以商業目的或生產製造目的之實施專利權行為，始為專利權效力所及。例如，日本特許法第68條及大陸地區專利法第11條等；2.他人實施專利權行為均應取得專利權人同意，倘非商業目的之行為為專利權效力所不及。例如，德國專利法第9條及第11條、英國專利法第60條第1項及第5項。專利法第59條第1項第1款規定，必須係主觀上非出於商業目的，且客觀上未公開之行為，始為專利權效力所不及者。例如，個人非公開之行為或於家庭中自用之行為。倘係雇用第三人實施，或在團體中實施他人專利之行為，其可能因涉及商業目的，或該行為為公眾所得知，而不適用專利法第59條第1項第1款規定。

---

[119] 智慧財產及商業法院97年度民專訴字第10號民事判決。

(二)以研究或實驗為目的實施專利之必要行為（98年檢察事務官）

規範研究實驗免責之目的，係保障以專利標的為對象之研究實驗行為，以促進專利之改良或創新，此等行為不須受非營利目的之限制（專利法第59條第1項第2款）。關於教學者，倘涉及研究實驗，應可被解釋屬於研究或實驗行為。所謂實施發明之必要行為者，係指研究實驗行為本身及直接相關之製造、為販賣之要約、販賣、使用或進口等實施專利之行為。其手段與目的間應符合比例原則，其範圍不得過於龐大，以免逸脫研究、實驗之目的，進而影響專利權人之經濟利益。

(三)申請前已在國內使用或已完成必須之準備者

1.先用權

專利法第59條第1項第3款為學說上所稱先使用權或先用權規定，其為專利侵權抗辯事由之一。依專利法第31條規定，專利申請採先申請原則，申請並取得專利權之人非必為先發明之人，亦未必是先實施發明者。在專利權人提出專利申請之前[120]，第三人有可能已實施或準備實施專利權所保護之發明。準此，在授予專利權後對在先實施之人主張專利權，禁止其繼續實施該專利，顯然不公平，且造成先實施人投資浪費。故原則上先使用技術者，不因他人先申請專利，而不得使用該技術，以保護先使用人之權益。美國專利法第273條、中國大陸專利法第62條第3項及德國專利法第12條均有規定先用權。例外情形，係於專利申請人處得知其發明後未滿12個月，並經專利申請人聲明保留其專利權者，不在此限。專利法第142條第4項規定，第59條第1項第3款但書所定期間，其於設計專利申請案為6個月。

2.國內使用及原有事業

所謂在國內使用者，係指已經在國內開始製造相同之物品，或使用相同之方法，其不包括販賣、使用或進口相同之物品，或依據相同方法直接製成之物品。先用權人實施專利權，限於在其原有事業目的範圍內繼續利用（專利法第59條第2項）。所謂原有事業，係指申請前之事業規模。

---

[120] 智慧財產及商業法院99年度民專訴字第173號、100年度民專訴字第47號民事判決：倘專利申請人有主張優先權者，係指優先權日之前。

(四)僅由國境經過之交通工具或其裝置

專利法第59條第1項第4款、第120條、第142條第1項規定，係自巴黎條約第5條之3規定而來，其目的在於使過境之交通工具或其裝置不受專利權之拘束（temporary presence），以維護國際交通順暢之公共利益，況僅經過邊境尚未構成實質之損害，故基於公共利益之理由，限制專利效力所及。中國大陸第62條第4款與美國專利法第272條均有規定臨時過境之行為，不視為侵害專利權[121]。而僅由國境經過之範圍，包括臨時入境、定期入境及偶然入境[122]。此處之交通工具或其裝置，包括提供旅客生活上所需之一切設備。本款之適用僅限於專利技術之使用，不包括製造、販賣要約、販賣或進口等行為。

(五)善意被授權人之使用

1.中用權

非專利申請權人所得專利權，因專利權人舉發而撤銷時，其被授權人在舉發前已善意在國內使用或已完成必須之準備者（專利法第59條第1項第5款、第120條、第142條第1項）。基於善意第三人應予保護之基本原則，善意之被授權人不知與其訂定授權實施契約之專利權人，並非真正專利申請權人，被授權人信任智慧財產局核准之專利權，實無惡意或過失可言，自不得將專利權遭撤銷之危險由其承擔，其為善意被授權人之中用權。而為兼顧專利權人之權利，被授權人，限於在其原有事業內繼續使用或利用（專利法第59條第2項）[123]。基於衡平原則，專利權經舉發而撤銷後，該被授權人仍繼續實施時，其於收到專利權人書面通知之日起，應支付專利權人合理之權利金（第3項）。

2.喪失新穎性事由

本文認為善意第三人應屬申請前已為公眾所知悉者，其為喪失新穎性之事由（專利法第22條第1項第3款）。故先發明人或中用權人在民事訴訟上除得依據第59條第1項規定，主張其在原有事業內繼續之利用為專利權效力所不及外，亦得以系爭專利在申請前已為公眾所知悉為由，依據專利法第71條第1項第1款提起舉發以撤銷其專利權，即可不受僅能於原有事業內繼續利用之限制。

---

[121] 程永順，專利侵權判定——中美法條與案例比較研究，知識產權出版社，2002年11月，2版，頁294。

[122] 專利侵害鑑定要點，司法院，2005年版，頁12。

[123] 所謂原有事業，係指舉發前之原有事業之規模而言。

(六)權利耗盡原則（91年、95年檢察事務官）

1.原則

所謂權利耗盡原則者（principle of exhaustion）或稱第一次銷售原則（first sale doctrine），係指專利權人所製造或經其同意製造之專利物品販賣後，使用或再販賣該物品者，專利權人於該出售之專利物品之權利已耗盡，不得再行主張爲專利權效力所及（專利法第71條第1項第6款、第120條、第142條第1項）。美國聯邦最高法院1973年Adams v. Burke事件案，首先建立專利權利耗盡之理論基礎[124]。法院在該判決中指出，專利權人銷售受專利保護之機器或裝置時，倘銷售價值在於該機器或裝置之使用，當專利權人獲得報酬對價時，其亦放棄控制使用所售機器或裝置之權利，該被銷售之機器或裝置，嗣後得於不受專利權限制之情況下流通。是專利權人或專利被授權人已藉由專利物品之銷售，獲得其所主張有關使用該物品之全部報酬或補償。準此，購買者應得自由使用所購專利物品而不再受專利權人之限制[125]。故基於專利權人或被授權人已收取一定之代價或報酬，是專利產品之買受人取得完全使用之權利，其得於專利產品之可用壽命期間，修理（doctrine of permissible repair）、更換專利產品中破舊、損害之零件。

2.例外

權利耗盡原則之例外情事，則不得修理專利物品，其例外情形有二：(1)專利權人或其被授權人出售專利物品時，有附加不能修理、更換專利產品中破舊、損壞零件之條件或限制；(2)專利權人或其被授權人不得出售專利產品之可更換零件[126]。

3.適用區域

因各國對於耗盡原則之適用區域，有不同之認定，以國內外作爲區分標準

---

[124] Adams v. Burke, 84 U.S. 453 (1973)。最高法院98年度台上字第597號民事判決：專利權人自己製造、販賣或同意他人製造、販賣之專利物品經第一次流入市場後，專利權人就該專利物品之權利已耗盡，不得再享有其他權能，此稱權利耗盡原則。

[125] 吳佳穎，從美國種子專利判決看其專利權耗盡原則的適用，智慧財產權月刊，92期，2006年8月，頁103。

[126] 洪瑞章，專利侵害鑑定理論與實務（發明、新型篇），智慧財產專業法官培訓課程，司法院司法人員研習所，2006年3月，頁56至57。至於專利產品整體已經耗損，行爲人整體重新製造，其屬再製之情況，非屬修理之範圍。

時，耗盡原則可分國內耗盡與國際耗盡，前者禁止平行輸入眞品，而後者則未禁止。茲分別說明如後：

(1)國內耗盡原則

所謂國內耗盡者，係指依據專利權所製造或經專利權人同意製造之專利物品，該等專利物品於國內為販賣、使用或再販賣之行為，並非專利權之效力所及，專利權耗盡之適用，限於同一國境內，側重專利權人之保護，專利權人仍享有進口權，故禁止平行輸入眞品（genuine parallel import）。是未經專利權人之同意或授權，自不得自國外進口專利物品，否則會侵害專利權人之進口權。所謂眞品者，係相對於仿冒品而言，係指合法製造、販賣之產品。是眞品平行輸入，則係專利權人以外之第三人自外國進口專利物品，其構成與國內相同之專利物品互相競爭，專利權人之排他權利將受有損害。美國專利法第271條(a)項規定，任何人於專利期間內，在未經專利權人授權（without authority）情形，不得進口該專利物品至美國境內。準此，美國採國內耗盡原則[127]。

(2)國際耗盡原則

所謂國際耗盡者，係指依據專利權所製造或經專利權人同意製造之專利物品，不但該等專利物品於國境內為販賣、使用或再販賣之行為，有權利耗盡原則之適用，而於國外所為之販賣、使用或再販賣專利物品之行為後，再進口至國內，亦非專利權之效力所及，其側重保護公共利益。換言之，專利物品一旦於國內或國外市場第一次銷售後，專利權人即喪失其於專利物品上之權利。智慧財產權之權利耗盡原則是否予以採納，依與貿易有關之智慧財產權協定（TRIPs）第6條規定，可由世界貿易組織會員自行決定。因專利權人所製造或經其同意製造之專利物販賣後，使用或再販賣該物者。上述製造、販賣，不以國內為限（專利法第59條第1項第6款）。準此，我國有關專利權耗盡採用國際耗盡原則。

(七)回復專利權前之實施

專利權因專利權人依第70條第1項第3款規定，逾補繳專利年費期限而消滅。第三人本於善意信賴該專利權已消滅，而實施該專利權或已完成必須之準

---

[127] 美國專利權人依據我國專利法取得發明專利而製造專利物品，我國商人合法取得專利物品後，在我國境內販賣之，美國專利權人不得於美國主張該等專利物品為專利效力所及。倘我國商人將合法取得之專利物品，進口至美國境內，美國之專利權人得主張構成專利侵權而加以排除。

備者。專利權嗣後雖因專利權人申請回復專利權,依信賴保護原則,善意第三人仍應予以保護。參考歐洲專利公約(EPC)第122條第5項規定回復專利權之效力,不及於原專利權消滅後至准予回復專利權之前,以善意實施該專利權或已完成必須之準備之第三人。

(八)取得藥事法所定藥物之查驗登記許可

1.適用標的與範圍

專利法第60條適用之標的及範圍如下:(1)適用之標的,係指藥事法第4條規定之藥物,包括藥品及醫療器材,其具體之範圍,由藥事法主管機關決定之。凡以取得藥事法所定藥物之查驗登記許可,不論係新藥或學名藥,所從事之研究、試驗及相關必要行為,均有適用之;(2)適用之範圍,包括為申請查驗登記許可證所作之臨床前實驗(pre-clinical trial)及臨床實驗(clinical trial),涵蓋試驗行為本身及直接相關之製造、為販賣之要約、販賣、使用或進口等實施專利之行為;而其手段與目的間必須符合比例原則,其範圍不得過於龐大,以免逸脫研究、試驗之目的,進而影響專利權人經濟利益。準此,以申請查驗登記許可為目的,其申請之前、後所為之試驗及直接相關之實施專利之行為,均為專利權效力所不及。反之,並非以申請查驗登記許可為目的之行為,則不屬之[128]。例如,醫院所進行之進藥試驗行為。再者,倘為取得國外藥物上市許可,其以研究、試驗為目的實施發明之必要行為,亦有予以保護之必要,亦納入本條免責範圍。

2.學名藥

所謂學名藥(Generic Drug),係指原廠藥之專利權過期後,其他合格藥廠依原廠藥申請專利時所公開之資訊,產製相同化學成分藥品,其在用途、劑型、安全性、效力、給藥途徑、品質等各項特性,均可與原廠藥完全相同且具有生物相等性[129]。我國藥品查驗登記審查準則第4條第2項,亦有對學名藥之認定有明文規範[130]。再者,將學名藥剖析區分,可類別為主成分相同,而其賦形

---

[128] 智慧財產及商業法院103年度民專抗字第5號民事裁定。

[129] 生物(體)相等性(Bioequivalence),係指2個藥劑相等品或藥劑替代品,其於適當研究設計,以相同條件、相同莫耳劑量(molar dose)給與人體時,具有相同之生體可用率。

[130] 學名藥係指與國內已核准之藥品具同成分、同劑型、同劑量、同療效之製劑。

劑與原廠藥品比例相異之學名藥[131]。

(九)混合醫藥品或方法

　　混合二種以上醫藥品而製造之醫藥品或方法，其專利權效力不及於醫師之處方或依處方調劑之醫藥品（專利法第61條）。其立法意旨，在於維護醫療行為之適當實施及保護人之生命、身體。所謂醫藥品者，係指供診斷、治療、外科手術或預防人類疾病所使用之消費物。而消費物不須為社會上所認識之醫藥品，僅要為新穎物質而具有藥效者即可，且醫藥品須為物理性混合二種以上之醫藥品調製而成者，則非專利權效力所及。反之，由二種以上化學物質或醫藥品經由化學反應而得之醫藥品、經由萃取或煎熬等方式，而得之醫藥品，或由單一化學物質構成之醫藥品，均非此處所指混合二種上醫藥品而製造之醫藥品[132]。

貳、舉證責任

一、原則

　　民事訴訟之舉證責任之分配，原則上係當事人主張有利於己之事實者，就其事實有舉證之責任。例外情形，為法律別有規定，或依其情形顯失公平者，不在此限（民事訴訟法第277條）。就物之發明、新型或設計專利而言，專利權人或專屬被授權人主張其專利權被侵害時，必須負舉證責任。詳言之，專利權人或專屬被授權人必須先證明自己有專利權；繼而證明被控侵權行為人有實施其專利權之行為。因加害行為之存在，係侵權行為責任之構成要件之一，倘被害人無須舉證證明加害之事實，則任何人均有遭受無妄指控之可能性。

二、舉證責任轉換

　　侵害方法專利之情況，因資訊之不對稱，導致由被害人舉證侵害事實存在之成本，遠逾加害人舉證侵害事實不存在之成本，是專利權人難以得知被控

---

[131] 陳志明，未受專利權效力限制——以學名藥之研究開發為中心，國立中正大學法律學系研究所碩士論文，2013年6月，頁18至19。

[132] 專利侵害鑑定要點，司法院，2005年版，頁14至15。

侵權行為人之實施行為,是否侵害方法專利,故難以舉證以實其說[133]。且方法專利之舉證,倘依據上揭之舉證責任原則,易造成營業秘密之侵害。準此,我國專利法對於侵害方法專利之舉證責任,有轉嫁予被控侵權行為人之內容(reversal of burden of proof),使被告舉證加害事實不存在,倘被告無法舉證證明無加害行為,則將不利益歸由被告承擔,以平衡資訊不對等而造成舉證責任地位不平等之現象。是我國專利法第99條就侵害方法專利事件之舉證責任,有特別之規範。

(一)推定效力

製造方法專利所製成之物品,倘有他人製造相同之物品,專利權人僅須證明該物品在專利申請前,為國內外未見者,則推定為以該專利方法所製造(專利法第99條第1項)。例如,專利權人以X方法製造A物品,X方法提出專利申請之前,A物品係國內外所未見者,故第三人製造之A物品,即推定係以X方法所製造,X方法之保護及於A物品,故X方法與A物品均受保護。

(二)反證推翻

被控侵權行為人為免除侵權行為之損害賠償責任,亦得提出反證推翻之。換言之,被告得提出反證證明其製造該相同物品之方法與專利方法不同者(專利法第99條第2項前段)。接上例所述,該第三人得提出反證,證明其所製造之A物品係實施Y方法所製造,並不成立方法專利之侵害[134]。

(三)保護營業秘密

為保護被控侵權行為人之營業秘密,其舉證所揭示製造及營業秘密之合法權益,應予充分保障(專利法第99條第2項後段)。例如,因被控侵權B方法與A方法專利不同,被告舉反證推翻推定時,可能揭示其製造物品之方法。為保護被告之權利,鑑定機關或法院對於被告舉證所揭示製造及營業秘密之合法權益,有保障之義務。準此,其揭示過程與結果,僅限於證明待證事實範圍,以避免損及其權益。

---

[133] 智慧財產及商業法院101年度民專訴字第38號民事判決。

[134] 曾陳明汝,兩岸暨歐美專利法,學林文化事業有限公司,2004年2月,修訂再版,頁196至197。

參、例題解析

一、專利侵權行為之主觀要件

美國專利法就直接侵害專利事件，對於被告之主觀要件，並不要求有故意或過失。我國於2011年11月29日修正專利法前，未明定專利法採過失主義，嗣於2011年11月29日修正專利法，明定專利侵害事件採過失主義原則（專利法第96條第2項）。準此，本書認為專利侵權之認定，應適用過失主義之理由如後[135]：

(一)智慧財產法規定一致化

我國智慧財產權法之規範，諸如商標法、著作權法及營業秘密法有關損害賠償之規範，其內容與民法第184條第1項前段規定相似，均有故意或過失之用語[136]。足見我國智慧財產權法制關於損害賠償之規範用語應一致化。基於侵權行為係以過失責任主義為原則，推定過失或採無過失主義為例外，例外情事應從嚴解釋，是專利侵權應適用個失主義。

(二)侵權行為採過失責任

因侵權行為採過失責任之基本原則，而民法第184條第2項所規定之過失推定類型，其具有特殊意義，故於具體個案解釋時，不得過於廣泛適用。否則過分強調違反保護法律類型之合理性與必要性，將使我國侵權行為全面過失推定化，甚至為實質之無過失主義，致架空民法第184條第1項前段之適用。因民法第184條第1項前段與第2項，兩者規範性質、功能均有所差異，不得等同視之。第184條第2項係獨立類型之侵權行為，其保護之範圍，亦包括一般法益，在保護範圍上較民法第184條第1項前段規定廣泛。且過失推定將舉證責任轉換由加害人負擔，明顯加重加害人之責任。既然侵權行為採過失主義原則，應以

---

[135] 陳智超，專利法——理論與實務，五南圖書出版股份有限公司，2004年4月，2版，頁356至357。司法院98年度智慧財產法律座談會彙編，2009年7月，頁47至54。

[136] 商標法第69條第3項：商標權人對於因故意或過失侵害其商標權者，得請求損害賠償。著作權法第88條第1項規定：因故意或過失不法侵害他人之著作財產權或製版權者，負損害賠償責任。數共同不法侵害者，連帶負賠償責任。營業秘密法第12條第1項規定：因故意或過失不法侵害他人之營業秘密者，負損害賠償責任。數人共同不法侵害者，連帶負賠償責任。

侵權行爲人有故意或過失之主觀要件存在爲前提，除非法律有特別規定，否則
權利人欲依相關規定請求損害賠償，必須舉證證明侵權行爲人有故意或過失，
不宜動輒違反保護他人法律之名，任意加重加害人之責任。

(三)保護他人法律之概念

所謂保護他人之法律，係指該法律對行爲人課以特定之行爲義務，且該
法規以保護特定群體之個人權益爲目的。例如，道路交通安全管理處罰條例第
21條第1項第1款，駕駛人未領有駕駛執照者，禁止其駕駛。倘無照駕駛因而致
人受傷或死亡，依法應負刑事責任，並有加重其刑責規定，故駕駛執照不僅爲
交通監理單位對駕駛人之必要行政管理，且係駕駛技術合格之檢證。明定駕駛
人欲駕駛小型車或機器腳踏車，必須領有駕駛執照爲前提。換言之，課以駕駛
人有先取得駕照之特定義務後，始得駕駛機動車輛，故該條例爲保護他人之法
律，即應推定有過失[137]。反觀，我國專利法賦予專利權人排他權，行爲人未
經專利權人同意時而實施專利權，固應負侵害專利之責任，然並未事先課以
行爲人有何特定之行爲義務，自不得認定有侵害專利行爲發生，即應推定有
過失[138]。

(四)專利法明文化

我國專利法採過失推定之類型，其有明文規範，即新型專利權人行使新
型專利權時，應提示新型專利技術報告進行警告（專利法第116條）。是新型
專利權人行使權利，負有高度之注意義務。準此，新型專利權人之專利權遭撤
銷時，就其於撤銷前，對他人因行使新型專利權所致損害，應負賠償之責。此
乃推定其權利之行使存有過失，原則上應對第三人所受之損害，負損害賠償責
任，固爲過失推定型態（專利法第117條本文）。然新型專利權人基於新型專
利技術報告之內容，且已盡相當注意而行使權利者，推定爲無過失，不宜課
以賠償責任（但書）。因新型專利權人之上揭行爲，已足以證明其無過失。
既然我國專利法就是否推定過失或無過失，已有明文規範。準此，專利法第96

---

[137] 最高法院85年度台上字第2140號民事判決：道路交通安全管理處罰條例第21條第1項
第1款，駕駛人未領有駕駛執照者，禁止其駕駛，其爲保護他人之法律。最高法院88
年度台上字第204號民事判決：消防法及內政部公布之各類場所消防安全設備設置標
準等規定制定之目的，係爲防止公共危險之發生，以避免他人生命財產遭受損害，自
屬保護他人之法律。

[138] 陳聰富，侵權歸責原則與損害賠償，元照出版有限公司，2004年9月，頁112。

條第2項規定，發明專利權人對於因故意或過失侵害其專利權者，得請求損害賠償。

(五)侵害專利非特殊之侵權類型

過失推定化雖係現代侵權行為法重要變動之現象，然並非適用全部之侵權行為，其僅普遍適用於危險責任、商品責任及公害責任類型。故權衡專利權人應受保護程度及加害人之行為態樣，並比較上揭適用過失推定之類型，倘對於專利侵權事件，應適用過失主義，否則對專利權人保護過甚[139]。

(六)立法目的僅為宣示作用

專利法立法目的之實現與專利權人之損害賠償請求權的滿足，兩者顯然並無絕對必然關聯。故將立法目的之宣示解釋為「保護他人之法律」之明示規定，實非妥適。過分牽強推論，將導致法律規範間之失衡。蓋現今社會之諸多問題，幾乎均有法令加以規範，倘將所有法令均視為保護他人之法律，將使民法第184條第2項之適用無限擴大，致過失推定掩蓋過失責任之現象[140]。

(七)不符合經濟效率

專利侵害事件，運用漢德公式就行為人應負之過失責任進行分析，$B < PL$ 成立之機率，並未高於權利所保護之事件[141]。換言之，採過失推定時，行為人防制措施之成本將大於得減少之預期損害，其使社會整體利益受損，不符合經濟效率。準此，專利侵權適用過失之責任，可維護侵權行為法之結構，使致訴訟爭點之據焦，合理運用有限之社會資源[142]。

---

[139] 陳聰富，侵權歸責原則與損害賠償，元照出版有限公司，2004年9月，頁111。

[140] 陳聰富，論違反保護他人法律之侵權行為，台灣本土法學雜誌，30期，2002年1月，頁3。

[141] 漢德程序之元素有B、P、L及PL。B（burden）代表採取此防制措施之成本，P（probability）代表得減少損害發生之機率，L（Liability）代表應負擔之損害額度，PL代表得減少之預期損害。當數學式係$B < PL$時，即防制措施之成本小於得減少之預期損害，倘行為人不採取防制措施，行為人具有過失，因行為人採取防制措施，社會整體利益會增加。

[142] 簡資修，經濟推理與法律，元照出版有限公司，2004年4月，頁123、138。

(八)專利登記及公告制度

1.過失概念客觀化

專利權係採登記及公告制度,處於任何人均可得知悉之狀態,故該發明或創作所屬技術或技藝領域中,具有通常知識者,不得諉稱不知專利權之存在,抗辯其無過失。目前過失概念已有客觀化之傾向,其意涵「應注意而不注意」或「怠於交易上所必要之注意」時,自應負過失責任[143]。

2.經營企業之責任

智慧財產侵權已成為現代企業經營所應面臨之風險,故事業於從事生產、製造與銷售之際,較諸以往而言,事業實應負有更高之風險意識與注意義務,避免侵害他人之智慧財產權。對於具有一般風險意識之事業而言,其從事生產、銷售行為之際,自應就其所實施之技術作最低限度的專利權查證,倘未查證者,即有過失;倘經查證有專利權存在,仍實施該技術,其有故意至明[144]。準此,專利權人欲舉證證明過失責任,並非難事。例如,A公司、B公司均為製造或販賣氣動與手動兩用唧油筒產品之事業體,故A公司為B所有新型專利所屬技術領域中,具有通常知識之業者,其應熟悉相關技術特徵與其產品。況專利公報為社會公眾可查閱之資訊,A公司製造或銷售侵權產品前,自應加以查證,避免侵害B所有新型專利,不得諉稱不知專利權之存在,抗辯其無過失。足認A公司未善盡查證之注意義務與疏於掌控侵權風險,是其就侵害B所有新型專利,自有過失,成立侵害專利之行為[145]。

二、權利耗盡原則

智慧財產權之權利耗盡原則是否予以採納,依與貿易有關之智慧財產權協定(TRIPs)第6條規定,可由世界貿易組織會員自行決定。修正前專利法第56條第1項第6款規定有關專利權耗盡所採之原則,雖採國際耗盡原則,然第2項復規定相關販賣之區域,須由法院認定之。導致權利耗盡原則究採國際耗盡或

---

[143] 王澤鑑,損害賠償法之目的:損害填補、損害預防、懲罰制裁,月旦法學雜誌,123期,2005年8月,頁213至214。

[144] 黃銘傑,專利侵權損害賠償訴訟「故意、過失」之要否與損害額之計算方式——評最高法院93年度台上字第2292號民事判決,月旦法學雜誌,2006年1月,頁209。

[145] 智慧財產及商業法院99年度民專訴字第223號民事判決。

國內耗盡原則，容有爭議。因專利法應適用國際耗盡或國內耗盡原則，本屬立法政策，無從由法院依事實認定。準此，現行專利法第59條第1項第6款明文適用國際耗盡原則，准許專利物品之真品平行輸入。

三、正當行使專利權之範圍

(一)警告函之功能

1.制止不法行為

　　專利侵權訴訟係達成防止第三人侵權之有利手段，是善用專利侵權訴訟，得以適時保護專利權人制止不法之競爭者。當專利權受侵害時，尤其係提起專利侵權訴訟前，即應迅速採取行動，其可寄發警告函予被控侵權行為人。故專利權人於知悉有專利侵害行為發生時，專利權人通常會先寄發專利侵害之警告信函予可能之侵權行為人，其目的有二：(1)證明可能之專利侵權行為人明知有專利權存在之事實[146]；(2)對無法或未於專利物品上或其包裝上加註專利標示（patent or pat）之情形，得藉專利侵害警告信函之通知，以補足其未加專利標示不得請求損害賠償之法律要求。準此，倘確有專利侵權情事，或專利權人確信其專利權遭受侵害，對涉及專利侵權之對象寄發警告信函，專利權人為保護其權利，即屬專利權之正當行使範圍。

2.不公平競爭情事

　　警告函於策略上運用得當，有事半功倍之效果，除有告知被控侵權行為人之效果外，亦得寄發警告函與該侵權行為人之所有往來客戶，告知侵權之事實，使其知悉購買侵權物品或方法再轉售，或者裝置於其製造或銷售之產品，均會構成侵害專利之行為。警告函為制止侵權之鋒利武器，為此鋒利之雙刃武器，其雖可以對付侵權行為人，惟使用不慎者，則適得其反而傷及專利權人。其因係商業競爭，常有專利權人在查明被控侵權物品或方法是否有侵害其專利權之前，即對非直接進行專利侵權行為之一般交易對象，廣泛寄發被控侵權物品構成專利侵害之警告信函，致誤導該等經銷商與相關消費者，並藉此打擊競爭對手。蓋被控侵權行為人之客戶於收受警告函後，為避免侵權，通常會停止

---

[146] 收到通知者被告知系爭專利及疑似侵權之行為，並加上制止侵權之建議，無論係授權建議或其他建議，其已符合美國專利法第287條(a)項規定之事實告知要求（actual notice）。

向被控侵權行為人購買疑似侵權之產品，甚至有些往來廠商會要求被控侵權行為人提供保證賠償信函（indemnity letter）[147]。有鑑於被控侵權物品是否構成專利侵害，牽涉專業判斷，實非相關消費者可輕易判斷，故導致相關消費者或被控侵權行為人之交易對象，有被控侵權物品有專利侵權之疑慮，造成不敢購買或經銷該物品，造成不公平競爭之情事，亦有違專利法促進產業發展之立法目的。

(二)公平交易法之規範

公平交易委員會就公平交易法第25條、第45條及其他相關法條規定，對於事業發侵害專利權警告函行為是否構成顯失公平或其他違法不公平競爭行為，具有裁量餘地之權限，其係基於公平交易法所賦予之法定職掌[148]。準此，專利權人享有何種專利法上權利，自應依專利法之角度解釋，倘專利權人濫用專利法賦予權利，而對市場或競爭對手造成不公平競爭之結果，屬規範市場競爭之公平交易法範疇，應自公平交易法之角度審查[149]。

1.公平交易法第24條

專利法承認獨占發明或創作之實施與使用之制度，而公平交易法係禁止私人獨占之制度，是公平交易法對於專利權具有抑制之功能。申言之，為維持交易秩序，促進經濟安定與繁榮，公平交易法禁止事業對於商業行為競爭，而為不實情事。是公平交易法第24條規定，事業不得為競爭之目的，而陳述或散布足以損害他人營業信譽之不實情事。例如，某公司寄發警告信函予競爭對手後，經其公司之人員口頭或書面告知客戶，競爭對手涉及專利侵權，並以警告信函交與客戶閱讀，其行為即可能違反公平交易法第24條規定。

2.公平交易法第25條

公平交易法第25條規定，除本法另有規定者外，事業亦不得為其他足以影響交易秩序之欺罔或顯失公平之行為。倘專利權人濫發警告信函致生有不公平競爭之情事者，亦得依據以本條論處[150]。準此，專利權人行使專利權，必須不

---

[147] 王承守、鄧穎懋，美國專利訴訟攻防策略運用，元照出版有限公司，2004年11月，頁275至276。

[148] 最高行政法院89年度判字第761號行政判決。

[149] 最高行政法院89年度判字第914號行政判決。

[150] 李文賢，專利法刑罰規定之研究，東吳大學碩士論文，1999年6月，頁115。

違反公平交易法之相關規定，始屬專利權之正當行使，否則即有不公平競爭之情事。

(三)行使專利權之正當行為

1.要件

　　事業寄發專利警告信函必須符合以下情形之一，始屬行使專利權之正當行為，而無違公平交易法之規定（公平交易法第45條）[151]：(1)專利權受侵害業經法院一審判決確認，始寄發警告信函者（審理事業發侵害著作權、商標權或專利權警告函寄件處理原則第3條第1項第1款）；(2)將可能侵害專利權之標的物送請司法院與行政院協調指定侵害鑑定機構鑑定，取得被控侵權物品將構成專利侵害之鑑定報告書，專利權人在發警告函前，已事先通知可能侵害之製造商、進口商或代理商，請求排除侵害者（處理原則第3條第1項第2款）[152]；(3)警告函內附具非司法院與行政院協調指定鑑定專業機構製作之鑑定報告書，並於發函前事先通知可能侵害之製造商、進口商或代理商請求排除侵害者。簡言之，鑑定報告書不須由政府指定之鑑定機關出具為必要[153]；(4)警告函內敘明其著作權、商標權或專利權明確內容、範圍及受侵害之具體事實，使受信者得據以為合理判斷，並於發函前事先通知可能侵害之製造商、進口商或代理商請求排除侵害者[154]。

2.虛偽不實或引人錯誤

　　對於未附法院判決或前開侵害鑑定證明之警告函，倘函中已據實敘明專利權範圍、內容及具體侵害事實，並無公平交易法規定事項之違反，屬權利之正當行使[155]。反之，因事業以警告信函或其他使公眾得知之方法表示其專利權時，在行銷上具有嚇阻競爭者進入市場之作用，為避免此類警告信函產生過當之阻嚇作用，造成不公平競爭。準此，故專利權人以表示其專利權，作為競爭

---

[151] 公平交易法第45條規定：依照著作權法、商標法或專利法行使權利之正當行為，不適用本法之規定。

[152] 處理原則第3條第2項規定：事業未踐行排除侵害通知，但已盡合理可能之注意義務或前項通知已屬客觀不能之情形，得視為行使權利之正當行為。

[153] 最高行政法院90年度判字第693號行政判決。

[154] 處理原則第4條第2項規定：事業未踐行排除侵害通知，但已盡合理可能之注意義務或前項通知已屬客觀不能之情形，得視為行使權利之正當行為。

[155] 最高行政法院89年度判字第914號行政判決。

手段時,應明示其專利內容及範圍,並應注意防止引人誤認其專利權或專利權之範圍,倘未為上揭行為,即有成立虛偽不實或引人錯誤之情事[156]。

(四)不正行為之禁止

A公司認為B公司及C公司侵害其新型專利權,固自得依據專利法第96條、第120條保護其專利權,然A公司未經法院、專利專責機關或鑑定機關認定前,遽以保護專利權為由,除發函警告B公司及C公司製造及銷售之物品侵害其新型專利權,並至渠等公司之經銷商之銷售現場加以現場干擾,顯已逾越行使專利法正當權利之必要程度,該等足以影響交易秩序而顯失公平,具有商業競爭倫理非難性(公平交易法第25條)[157]。

(五)禁止權利濫用原則

A公司所發信函內容未就專利權之範圍及關係人如何具體侵害其專利之具體事實予以明確表示,而僅假藉保全處分之執行名義,積極使第三人誤認B公司與C公司已遭法院判決,有侵害原告專利權及禁止生產侵害專利產品情事。該警告函顯有誇大其專利權之範圍及不實陳述,而影射其競爭對手非法侵害其專利權,其行為顯已逾越法律規定保護專利權之必要程度,自非行使權利之正當行為,屬權利濫用之行為,自應受公平交易法之規範至明[158]。

四、專利舉發人之信賴保護

(一)申請專利範圍增加及更正前

新型申請專利範圍增加及更正「搭接部之二側頂緣則分別設有圓弧凹槽,俾形成浪板搭接部之扣接結構」前,本件專利並不被經濟部智慧財產局認定有進步性及新穎性,故撤銷其專利權,此為對於舉發人而言,其屬受益之行政處分。

(二)申請專利範圍增加及更正後

專利權人甲之新型專利權被撤銷之狀態,持續至行政法院判決之時,經濟部智慧財產局就該局准專利權人「增加及更正申請專利範圍」審查,並認舉發

---

[156] 最高行政法院84年度判字第1989號行政判決。

[157] 最高行政法院90年度判字第653號行政判決。

[158] 最高行政法院86年度判字第1557號行政判決。

不成立前，專利權人就本件專利是否已有新穎性及進步性等專利要件，實仍處於不確定之狀態。專利權人既尚未享有權利，舉發人乙信賴舉發成立之行政處分，自難謂乙有何故意或過失侵害專利權之行為[159]。準此，專利權人依民法第184條、專利法第96條及第97條規定，請求舉發人乙負賠償責任，為無理由。

五、專利權人之信賴保護

(一)專利撤銷確定前之效力

專利權之核准係行政機關基於公權力所為之行政處分，申請人因而取得之專利權，非經專利專責機關撤銷確定，而於專利權期限屆滿前，自均有效存在，此觀專利法第82條第3項規定，專利權經撤銷確定者，專利權之效力，視為自始即不存在自明。專利申請人取得新型專利權，其專利權期間自申請日起算10年。智慧財產局雖發函撤銷該新型專利權，惟專利權人於該項行政處分，已提起訴願及行政訴訟，則原核准專利之行政處分自仍有效存在，尚難謂申請人未有專利權[160]。

(二)專利撤銷確定效力

D公司之新型專利之申請，經審查確定後，自公告之日起已取得新型專利權。在主觀上基於信賴智慧財產局審定後給予之新型專利權，認其為該新型專利之權利人，而在專利權合法有效之存續期間，本於鑑定報告書結果，對E公司提出訴訟，主觀上自無侵害原告信譽之故意或過失，客觀上該等行為亦應認係依專利法賦予專利權人保障其合法專利權之規定，為依法令所為之行為，並無任何不當，D公司提起訴訟之行為，亦與侵權行為法定要件不符。縱使最終訟爭結果，確定D公司之所有新型專利之特徵，早為相關產品所揭露，實為運用申請前之既有技術或知識，而為熟習該項技術者所能輕易完成，且未能增加功效，不具進步性，違反專利法第22條第2項、第120條規定，應撤銷專利權。惟對於撤銷該新型專利權前，D公司之主觀意思與客觀行為之評價，亦不應撤銷專利後，認為係故意或過失之不法行為。因專利法第120條準用第73條第2項規定，新型專利權經撤銷確定者，專利權之效力視為自始即不存在，溯及回D公司未曾取得新專利權之狀態，不發生新型專利權所預期應發生之法律效力，

[159]智慧財產及商業法院101年度民專上易字第3號民事判決。
[160]最高法院93年度台上字第1073號民事判決。

未撤銷專利權前侵害專利權之行為，因無專利權可侵害而不成立。

(三)專利權人之主觀要件

經撤銷之新型專利權，雖得以法律規定，以事後新型專利被撤銷之事實，溯及於法律行為發生時失其效力。然專利權人主觀上故意或過失之有無，應以行為時之認識為斷，不得以行為時不可預測之事後被撤銷新型專利權之事實，反溯推定D公司行為時即有故意或過失。準此，D公司依據其所有新型專利對E公司提起訴訟，並於公開說明書為事實之記載，E公司無法證明D公司有何故意或過失，則其依據侵權行為之法律關係，請求D公司負損害賠償責任，其於法洵屬無據，應予駁回。

肆、相關實務見解——專利之推定與反證

一、舉證責任轉換

製造方法專利所製成之物在該製造方法申請專利前，為國內外未見者，他人製造相同之物，推定為以該專利方法所製造。前項推定得提出反證推翻之（專利法第99條第1項）。被告證明其製造該相同物之方法與專利方法不同者，為已提出反證（第2項前段）。而當事人主張有利於己之事實者，就其事實有舉證責任（民事訴訟法第277條前段）。倘負舉證責任者，無法先提出證據，以證實自己主張之事實為真實，則他造就其抗辯事實即令不能舉證，或所舉證據尚有疵累，法院亦不得為負舉證責任之人有利之認定[161]。專利法第99條第1項係就製造方法專利所為之特別規定，即製造方法專利所製成之物品，在該製造方法申請專利前為國內外未見者，他人製造相同之物品，推定為以該專利方法所製造。倘專利權人主張行為人之產品係以其專利方法所製造，因專利法第99條係考量方法專利之舉證困難，就舉證責任分配有民事訴訟法之特殊規定，明定具備一定要件時，得推定侵權而將舉證責任轉換予被訴侵權行為人，在適用第99條第1項之推定後，被訴侵權人始有依第2項規定，提出反證之責，或提出文書或勘驗物之義務。

---

[161] 最高法院100年度台上字第1189號民事判決。

二、專利權人之舉證責任

專利權主張行為人侵害其專利方法，其應先舉證證明符合專利製造方法直接製得之物品於申請專利前為國內外未見者，而行為人製造之物品，同於專利製造方法直接製得之物品。專利權人已盡舉證責任，始有推定之適用，而生舉證責任倒置之結果，否則仍須由主張責任原因成立之專利權人，就第三人侵害其方法專利權，負舉證之責任[162]。

第二項　財產上損害賠償

我國專利法對於侵害專利權之損害賠償責任設有特別規定，既然專利法有特別規定則應優先適用之。因侵害專利權係屬侵權行為之類型之一，倘專利法未規定，自得適用民法有關於侵權行為之規範[163]。就損害賠償額之計算而言，專利權受侵害時，發明、新型或設計之專利權人或專屬被授權人請求財產上損害賠償，得依據權利人之主張，就專利法第97條所列舉之各款擇一計算其損害。損害填補在於賠償過去已發生之損害，其雖屬事後之救濟，惟專利法明列損害賠償之計算方式，使第三人預先知悉其侵害專利權之後果，不致有侵害行為發生，則具有預防損害之功效，其著重於未來損害之防免[164]。

例題12

甲出售侵害專利物品計200件，每件售價新臺幣（下同）1萬元，其所得金額計為200萬元。甲進口侵害專利物品1千件，其支出成本及費用合計100萬元，包含貨款80萬元、關稅3萬元、運費16萬元及倉租1萬元。試問專利權人得請求甲賠償若干金額？如何計算賠償金額？

---

[162] 最高法院98年度台上字第367號民事判決；智慧財產及商業法院102年度民專上字第38號民事判決。

[163] 王澤鑑，侵權行為法，第1冊，三民書局股份有限公司，1998年12月，頁192至193。

[164] 損害賠償法兼具損害填補與預防損害之效果。

例題13

> 乙為自動調整剪鉗新型專利權人，因丙製造之改良夾鉗侵害其專利，故專利權人乙於2020年10月9日委請律師以存證信函，要求丙立即停止侵害可自動調整剪鉗新型專利之行為，經丙於同年月11日收受。假設丙於申請系爭改良夾鉗新型專利時，已知悉「自動調整剪鉗新型專利」之存在，且於收受專利權人乙寄發之存證信函後，仍繼續製造改良夾鉗。法院嗣於2021年10月11日送交工業技術研究院鑑定，丙始停止生產及銷售。試問法院如何決定過失侵權責任之損害賠償範圍？依據為何？

壹、專利侵害之財產上損害賠償計算

一、辯論主義與處分權主義

　　侵害專利權之損害賠償計算，有具體損害計算說、差額說、總利益說、合理權利金說及酌定說（專利法第97條；民事訴訟法第222條第2項），權利人得就各款擇一計算其損害，或選擇合併而由法院擇一為有利之計算，而非限定權利人僅能擇一請求[165]。故原告就不同之計算損害賠償方式，分別提出其舉證之方法，並請求法院擇一計算損害方法，命侵權行為人負損害賠償責任，法院不可限縮權利人之計算損害方法[166]。因不同之計算損害賠償方式，涉及當事人之權利與舉證責任，基於民事訴訟法採辯論主義及處分權主義，法院不宜依職權定之[167]。原告起訴應以訴狀表明：當事人及法定代理人、訴訟標的及其原因事實、應受判決事項之聲明（民事訴訟法第244條第1項）。其中應受判決事項之聲明，其於請求金錢賠償損害之訴，原告得在原因事實範圍內，僅表明其全部請求之最低金額，而於第一審言詞辯論終結前補充其聲明。其未補充者，審判長應告以得為補充（第4項）。並依其最低金額適用訴訟程序（第5項）。所謂補充者，係指補足而言，其屬擴張應受判決事項之聲明。因損害賠償之具體數

---

[165] 智慧財產及商業法院101年度民專上字第50號民事判決。

[166] 司法院98年度智慧財產法律座談會彙編，2009年7月，頁31。

[167] 最高法院47年台上字第430號民事判決：民事訴訟採不干涉主義，故當事人所未聲明之利益，不得歸之於當事人，所未提出之事實及證據，亦不得斟酌之。

額，甚難預爲估算，故於請求賠償金錢損害事件，倘於原告起訴之初，即強令應具體正確表明其請求金額，顯非合理。

二、補充聲明損害賠償金額

專利侵害事件之民事訴訟，計算損害賠償數額，常須藉由保全處分執行與證據保全，隨著訴訟程序之進行，累積蒐證之資料，始能較爲正確估算損害賠償之數額，故原告於起訴之初，欲聲明正確之賠償額，顯非易事。故原告得於第一審言詞辯論終結前補充其聲明，倘未依此規定而於第一審言詞辯論終結前補充其聲明，而就其餘得補充聲明之請求另行起訴，法院應認爲其訴不合法，裁定駁回之。因審判長有命原告補充聲明之闡明義務，倘審判長未盡補充聲明之闡明，該違背闡明之義務者，係訴訟程序有重大瑕疵，基此所爲之判決，則屬違背法令（民事訴訟法第199條第1項、第2項）[168]。

貳、損害賠償計算方式

一、具體損害計算說

專利權人或專屬被授權人請求損害賠償時，得依據民法第216條之規定請求損害賠償（專利法第97條第1項第1款本文、第120條、第142條第1項）[169]。詳言之，除法律另有規定或契約另有訂定外，應以塡補債權人所受損害及所失利益爲限，此爲侵權行爲之法定賠償範圍，亦爲侵權行爲之典型損害賠償計算方法[170]，德國學理上稱爲「具體損害計算說」。茲分別論述所受損害、所失利益、特殊法定賠償範圍及約定賠償範圍如後：

(一)所受損害

所受損害者，係指現存財產因損害事實之發生而被減少，該損害與責任原因具有因果關係存在，其屬於積極損害。例如，因專利權受侵害而導致專利權人之專利商品滯銷，此爲積極之損害。

---

[168] 最高法院91年度台上字第1828號民事判決。
[169] 智慧財產及商業法院100年度民專上更(一)字第10號民事判決。
[170] 最高法院52年台上字第2139號民事判決。

(二)所失利益

　　所失利益者，係指新財產之取得，因損害事實之發生而受妨害。倘無責任原因之事實，即能取得此利益，因有此事實之發生，導致無此利益可得，其屬於消極損害[171]。例如，因侵權物品進入市場，排除專利物品之市場占有率。所失利益包含[172]：1.確實可以獲得之利益而未獲得者；2.依通常情形可預期之利益；3.依已定之計畫或其他特別情事可預期之利益。例如，有交易相對人曾向專利權人訂購專利物品，嗣後終止交易轉而向侵害人購買侵權物品，故專利權侵害行為係妨害專利權人之新財產取得，倘無侵害事實之發生，專利權人即能取得此利益，其屬損害範圍之所失利益[173]。

(三)特殊法定賠償範圍

1.過失相抵

　　損害之發生或擴大，被害人與有過失者，法院得減輕賠償金額，或免除之（民法第217條第1項）[174]。重大之損害原因，為債務人所不及知，而被害人不預促其注意或怠於避免或減少損害者，為與有過失（第2項）。前開規定，而於被害人之代理人或使用人與有過失者，準用之（第3項）[175]。此為衡平觀念與誠實信用原則法文化之具體表現，過失相抵之要件具備時，法院得不待當事人之主張，以職權減輕賠償金額或免除之[176]。

2.損益相抵

　　基於同一原因事實受有損害並受有利益者，其請求之賠償金額，應扣除所受之利益（民法第216條之1）。因損害賠償之目的在於排除侵害，回復損害發生前之同一狀態，被害人不得於同一原因事實中受有利益[177]。

---

[171] 最高法院48年台上字第1934號民事判決。
[172] 孫森焱，民法債編總論，三民書局股份有限公司，1990年10月，頁327至328。
[173] 智慧財產及商業法院100年度民專上更(一)字第6號民事判決：以鑑定結果作為所受損害之依據。
[174] 最高法院85年台上字第1756號民事判決：損害之發生或擴大，被害人與有過失者，法院得減輕賠償金額或免除之，民法第217條第1項定有明文。此項規定之目的，在謀求加害人與被害人間之公平，故在裁判上法院得以職權減輕或免除之。
[175] 最高法院74年台上字第1170號民事判決；最高法院89年度台上字第1853號民事判決。
[176] 最高法院54年台上字第2433號、93年度台上字第1012號民事判決：過失相抵並非抗辯權，其可使請求權全部或一部為之消滅。
[177] 郭麗珍，我國民事損害賠償法之新發展，月旦法學雜誌，99期，2003年8月，頁81。

3.賠償義務人生計之酌減

　　損害非因故意或重大過失所致者，如其賠償致賠償義務人之生計有重大影響時，法院得減輕其賠償金額（民法第218條）。法院酌減賠償金額，限於加害人之行為出於輕過失，倘損害係因侵權行為人之故意或重大過失所致者，縱令該侵權行為人，因賠償致其生計有重大影響，亦不得減輕其賠償金額[178]。

(四)約定賠償範圍

　　所謂契約另有約定，係指損害發生之前或之後，當事人約定損害賠償範圍，其類型得分為事先約定賠償與事後約定賠償。因專利侵害之賠償範圍，係屬侵權行為之賠償，事先約定賠償，即預定賠償額，殊難想像。至於損害發生後，嗣由當事人於事後合意決定賠償範圍，除非違反公序良俗或強行規定外，該和解契約方式計算損害賠償，應屬合法有效[179]。

二、差額說

(一)受害前後之利差

　　專利權人不能提供證據方法以證明其損害時，專利權人得就其實施專利權通常所可獲得之利益，減除受害後實施同一專利權所得之利益，以其差額為所受損害（專利法第97條第1項第1款但書、第120條、第142條第1項）。此係減輕專利權人之舉證責任之規定，並將權利人之損害概念具體化。所謂可獲之利益或利潤者，係指無專利權被侵害時，專利權人在相當期間內之正常營運，實施專利權所能獲得之利潤，此為實施專利權通常所可獲得之利益[180]。在侵害專利之民事訴訟事件，適用本款計算原告之損害，係以原告在專利侵害期間於市場上通常可獲得之利益，扣除原告在專利侵害期間實際上所得之利益後，將其差額作為原告之損害。易言之，將原告於專利侵害期間所失利益作為原告之損害[181]。

---

[178] 最高法院33年上字第551號民事判決。

[179] 曾隆興，詳解損害賠償法，三民書局股份有限公司，2004年4月，修訂初版，頁628至630。

[180] 陳佳麟，專利侵害損害賠償之研究：從美國案例檢討我國專利損害賠償制度，國立交通大學科技法律研究所碩士論文，2002年6月，頁23。

[181] 智慧財產及商業法院100年度專上更(一)字第6號、98年度民專上字第65號民事判決：應證明有因果關係。

(二)本書評析

雖有認為造成利益之差額因素，不僅限於專利權侵害，其有諸多因素。例如，加害人行為、政治因素、產品之生命週期及天災事變等因素。是僅比較專利權被侵害前、後之獲利差異，不僅計算不精準外，亦忽視損害賠償責任成立及範圍之因果關係[182]。然本文認為侵害專利之損害計算，具有高度之專業性及技術性，通常不易取得相關事證，專利法原有規定得請專利專責機關估計之，惟嗣後刪除之，足見令專利權人負擔此舉證責任，殊屬不易。職是，以差額說減輕專利權人舉證證明，其因專利侵權所受損害及所失利益之責任，有減少事後交易成本之效益，故專利法自有規定之必要性。

三、總利益說

具體損害計算說與差額說係以專利權人所受之損害為計算基準。而總利益說以侵權行為人因侵害行為所得之利益，為計算損害賠償數額之方式，以侵害人之立場，非以被害人之因素，計算應賠償之金額，故理論上不適用「無損害，則無賠償」原則[183]。

(一)侵害人所得淨利

專利權人得以侵權行為人因侵害行為所得之利益，作為損害賠償之範圍，此為總利益說（專利法第97條第1項第2款、第120條、第142條第1項）[184]。所謂侵害行為所得利益者，係指加害人因侵害所得之毛利，扣除實施專利侵害行為所需之成本及必要費用後，以所獲得之淨利，作為加害人應賠償之數額，其為稅前淨利，並非稅後淨利[185]。再者，生產成本之範圍分為固定成本與變動成本，而固定成本不隨產量之變動而變，其數值固定，縱使無侵權行為之發生，侵害專利人亦應支出固定成本。故計算因侵害專利權所受之損害

---

[182] 蔡明誠，發明專利法研究，自版，2000年3月，頁234。

[183] 最高法院96年度台上字第363號民事判決；智慧財產及商業法院100年度民專上更(二)字第2號、100年度民專訴字第132號、102年度民專訴字第136號、98年度民專訴字第81號、97年度民專訴字第3號民事判決。

[184] 最高法院99年度台上字第2437號民事判決：侵害人應舉證證明其成本及必要費用，不應斷然使用同業利潤標準表計算。

[185] 最高法院104年度台上字第1144號、103年度台上字第973號、103年度台上字第326號、102年度台上字第943號民事判決。

時，而進行成本分析時，僅需扣除該額外銷售所需之變動成本，不應將固定成本計入成本項目[186]。主張因侵害行為所得之利益計算其損害，可參考財政部公布同業利潤標準之淨利率或毛利率。所謂毛利者，係指銷貨淨額扣除銷貨成本後之數額。毛利扣除營業費用後，其為營業淨利[187]。

(二)本書評析

　　自相關消費者之需求面以觀，專利權人之專利商品於市場有其他替代物品（substitute goods）存在時，行為人侵害專利權人之專利權，專利權人所受之損害，未必等同侵權行為人因侵害行為所得之利益。因侵權行為人所得之利益，不完全係來自實施專利，亦包含自身之其他努力。而專利物品減少之銷售量，亦非當然等於侵權物品之銷售量[188]。所謂替代商品，係指人們欲滿足某種需求時，有多種類似功能之商品可以選擇，此種彼此間得互相替代之商品。準此，當特定市場上並無其他可供替代系爭專利之商品，專利權人所受之損害，雖等同侵權行為人因侵害行為所得之利益，其計算所得數額為合理之結果。然於特定市場範圍，尚有與系爭專利相同或類似之替換商品存在，以總利益說之方式計算損害賠償額，其不符合實際發生之情況[189]。

四、合理權利金說

(一)適度減輕權利人舉證責任之負擔

　　專利權具有無體性，侵害人未得專利權人同意而實施專利之同時，專利權人仍得向其他第三人授權，並取得授權金而持續使用該專利[190]。依民法上損害

---

[186] 智慧財產及商業法院100年度民專上更(一)字第10號、99年度民專訴字第147號、102年度專訴字第67號民事判決。

[187] 智慧財產及商業法院104年度專上字第14號、106年度專上字第38號民事判決。

[188] 臺灣臺中地方法院85年度訴字第2985號民事判決。

[189] 張清溪、許嘉棟、劉鶯釧、吳聰敏，經濟學理論與實務（上冊），翰蘆圖書出版有限公司，2000年8月，4版，頁54。例如，出外工作，可以搭捷運、公車、計程車、自行開車或步行。替代物品間之基本關係係某一物品之價格提高，則其他替代物品之需求將因而增加。或者，A牌奶粉之價格提高，於其他情況不變下，將導致人們對B牌、C牌等其他牌子之奶粉較高之購買慾望。換言之，A牌奶粉之價格提高，會使替代物品B牌、C牌奶粉之銷售量提升。

[190] 智慧財產及商業法院101年度民專上字第41號民事判決。

賠償之概念，專利權人於訴訟中應舉證證明，倘無侵權行為人之行為，專利權人得在市場取得更高額之授權金，或舉證證明專利權人確因侵權行為而致專利權人無法於市場上將其專利授權予第三人，專利權人該部分之損失，始得依民法損害賠償之法理，視為專利權人所失利益。因專利權人依專利法第97條第1款規定請求損害賠償額時，常遭遇舉證之困難。爰參照美國專利法第284條、日本特許法第102條及大陸地區專利法第65條之規定，明定以合理權利金作為損害賠償方法之規定（專利法第97條第1項第3款）。就專利權人之損害，設立法律上合理之補償方式，以適度減免權利人舉證責任之負擔[191]。準此，依合理權利金法計算之損害賠償數額，雖非最有利於專利權人，惟其最簡便之損害證明方式與易滿足訴訟之舉證要求。除專利權人無需揭露自身之營業機密，而無須費力取得侵害人之營運機密外，亦能免除證明所請求數額與專利所保護發明間因果關係之負擔[192]。

(二)歷史授權金之資料

　　法院除可審酌本件專利授權合約之授權期間與每年之授權金外，亦可諭知當事人各自提出其他類似專利之授權合約以供參考。例如，經專利權人提出第三人以第M262678號「瓦斯熱水器排氣管之改良結構」新型專利之專屬授權合約書，該新型專利內容與本件專利為類似之技術，授權期間及每年授權金亦與本件專利授權期間、授權金相當。準此，法院得參考歷史授權金之資料，作為損害賠償之金額[193]。

五、酌定說

　　本文認為法院得酌定損害賠償金之數額，除專利法有規範外，民事訴訟法亦有規定。準此，法院酌定損害賠償之情形可分「懲罰性賠償金」與「自由心證酌定數額」二種態樣。

---

[191] 智慧財產及商業法院100年度民專訴字第63號民事判決。

[192] 顏崇衛，侵害專利權之民事責任，國立中正大學法律學系研究所碩士論文，2014年10月，頁118。

[193] 最高法院104年度台上字第1343號民事判決；智慧財產及商業法院102年度專上字第3號、101年度民專上字第41號、101年度民專上字第50號民事判決。

(一)懲罰性賠償金

1.故意侵害專利

　　專利侵權行為人故意侵害專利權，因其侵害意圖對過失而言，較具有惡性，是法院得依侵害情節，酌定損害額以上之賠償，令故意侵權行為人負較多之損害賠償責任，此為懲罰性賠償金，法院得於法定提高範圍內裁量之。法院酌定之賠償金額，以不超過損害額之3倍為限（專利法第97條第2項、第120條、第142條第1項）[194]。自我國專利法規定可知，僅限於故意侵害行為，始得令侵權行為人負懲罰性賠償責任，不包括過失行為[195]。我國消費者保護法第51條亦有相同規定，即對於因企業經營者之故意所致之損害，消費者得請求損害額3倍以下之懲罰性賠償金，亦限於故意行為[196]。

2.成立要件

　　依據專利法第97條第2項主張懲罰性賠償金，其必須具備如後要件[197]：(1)賠償義務人應有財產上之損害賠償責任，本要件於美國1996年之模範懲罰性賠償法（Model Punitive Damages Act）亦有類似之規定[198]；(2)賠償義務人主觀上有故意，其包含直接故意與間接故意；(3)法院認為有酌定懲罰性賠償之必要性，所謂必要性，應視侵害情節而定，即應評估侵權行為人之主觀犯意、侵權

---

[194] 智慧財產及商業法院98年度民專上字第5號民事判決，提高0.6倍；智慧財產及商業法院98年度民專上字第3號民事判決，提高1.5倍；智慧財產及商業法院97年度民專訴字第22號民事判決，提高2倍；智慧財產及商業法院102年度民專上字第52號、106年度民專上字第38號民事判決，提高2.5倍。

[195] 日本特許法第102條第1項規定：就故意或重大過失之情況，得請求懲罰性賠償金，其金額並無設限。

[196] 最高法院93年度台上字第560號民事判決：依據營業秘密法命加害人賠償懲罰性賠償金，即營業秘密法第13條規定，依同法第12條請求損害賠償時，被害人固得依民法第216條之規定請求，但被害人不能證明其損害時，得以其使用時依通常情形可得預期之利益，減除被害後使用同一營業秘密所得利益之差額為其所受損害。依前項規定，侵害行為如屬故意，法院得因被害人之請求，依侵害情節，酌定損害額以上之賠償，但不得超過已證明損害額之3倍。準此，侵害行為如屬故意，法院因被害人之請求，依侵害情節，酌定損害額以上之賠償時，自應審酌當事人雙方之資力、侵害營業秘密之程度及其他一切情形定之。

[197] 周金城、吳俊彥，論專利法之懲罰性賠償，月旦法學雜誌，118期，2005年3月，頁115至116。

[198] Model Punitive Damages Act §5(a)(1) (1996).

行為之態樣及權利人所受之損害程度；(4)懲罰性損害賠償額之上限為損害賠償之3倍，當事人不得合意提高，因懲罰性損害賠償具有代替刑事處罰性質，具有懲罰、嚇阻及報復之目的，故不宜由當事人協議而使法院受其拘束。職是，懲罰性損害賠償應審酌當事人雙方之資力、侵害專利之程度及其他一切情形定之[199]。懲罰性賠償金之關鍵點，應以懲罰侵權行為人之惡劣心態為考量因素[200]。例如，被告收到原告寄發通知侵害專利之信函或專利侵害鑑定報告，其應進行查證之工作或詢問專家意見，怠惰於查證、詢問或置之不理，被告故意。故酌定懲罰性賠償金額，以行為人主觀故意為依據，重視被告行為之反社會性及主觀道德之可歸責性[201]。

(二)自由心證酌定數額

專利權係無體財產，其價值與有形資產相比，較不易計算其價值，故計算專利侵害之損害數額，通常並非易事。法院囑託專業機構進行損害賠償之鑑定或權利人提證據，無法計算出損害賠償數額時，顯現當事人已證明受有損害而不能證明其數額或證明顯有重大困難者，法院應審酌一切情況，斟酌全辯論意旨及調查證據之結果，依所得心證定其數額（民事訴訟法第222條第2項）。俾使專利權容易實現，減輕損害證明之舉證責任[202]。因專利法第97條所列舉之計算損害賠償方法，係法定之計算方式，亦為民法之特別規定，自應優先適用，僅有專利法明定之法定方式無法計算時，法院始得依據民事訴訟法第222條第2項規定，酌定賠償之金額。依專利法第96條第2項請求損害賠償時，依同法第97條第1項規定固得依同項第1款至第3款擇一計算其損害，惟此僅專利權人得選擇計算其損害方法之法定選項而已，並非其選擇之計算方法不成立，則認無損害而不得請求賠償。故專利權人已證明受有損害而不能證明其數額或證明顯有重大困難者，法院應審酌一切情況，依所得心證定其數額。不得以其數額未能證明，即駁回其請求[203]。

---

[199] 最高法院98年度台上字第1824號民事判決。

[200] 陳哲賢，專利技術認定與鑑價於訴訟之研究，國立中正大學法律學系研究所碩士論文，2014年1月，頁102。

[201] 祝建輝，專利侵權適用懲罰性賠償制度的經濟分析，情報雜誌，11期，2006年11月，頁34。最高法院98年度台上字第1824號民事判決；智慧財產及商業法院97年度民專訴第3號、98年度民專訴字第1號民事判決。

[202] 最高法院93年度台上字第2213號民事判決。

[203] 最高法院98年度台上字第865號、102年度台上字第837號民事判決。

貳、消滅時效

一、消滅時效之目的

　　基於私法自治原則，民法上私權之行使，固應尊重當事人之意思。惟爲維護原有法律秩序，倘權利人長期不行使權利，或知悉他人侵害其權利而不加以排除，則長期繼續該狀況，勢必造成新之事實狀態。故爲適應既成事實狀態，有必要承認新的法律秩序，法律乃設計消滅時效制度，認定在權利上睡覺之人，不受法律之保護。易言之，專利權人於一定期間內不行使或主張其權利，其嗣後即不得再爲主張該權利，除非有中斷時效之行爲[204]。再者，美國專利法第286條第1項就損害賠償有時間限制之規定，即除法律另有規定外，專利權人對於提起侵害之訴或其反訴前6年以上之侵害專利權之損害，不得請求賠償[205]，其性質類似我國消滅時效之制度，要求專利權人於一定之期間內行使權利。

二、消滅時效之期間

　　專利法第96條第6項規定，本條所定之請求權，自請求權人知有行爲及賠償義務人時起，2年間不行使而消滅；自行爲時起，逾10年者，亦同[206]。依據該項文義，該時效消滅僅適用損害賠償請求權，不包含禁止侵害請求權。因禁止侵害請求權之重點在於排除不法妨害，僅要有妨害存在，專利權利人自得隨時請求排除或防止之，自無時效消滅之問題。再者，德國專利法第141條第1項前段規定損害賠償請求權之時效，自請求權人知悉侵害與賠償義務人時起，3

---

[204] 民法第129條第1項規定：消滅時效，因左列事由而中斷：1.請求；2.承認；3.起訴。第2項規定：左列事項，與起訴有同一效力：1.依督促程序，聲請發支付命令；2.聲請調解或提付仲裁；3.申報和解債權或破產債權；4.告知訴訟；5.開始執行行爲或聲請強制執行。

[205] 35 U.S.C. §286I: Except as otherwise provided by law, no recovery shall be had for any infringement committed more than six years prior to the filing of the complaint or counterclaim for infringement in the action.

[206] 專利法第96條第6項規定損害賠償請求權之時效，其與民法第197條第1項規定之侵權行爲損害賠償請求權時效，兩者有相同之規範。

年間不行使而消滅，或自行爲時30年間不行使而消滅[207]。我國專利法規定之消滅時效期間有2年與10年，較德國專利法爲短，故德國專利法對專利權人之保護較佳。茲分別說明我國規範如後：

(一)2年期間

1.短期消滅時效

該期間爲特別之消滅時效期間，較一般請求權爲短，係侵權行爲之損害賠償請求權的特別消滅時效，應以請求權人實際「知悉損害」及「賠償義務人」起算，如僅知其一，時效期間，尚未開始進行，侵害專利之侵權行爲人有數人時，其時效期間應各別進行。所謂知有損害及賠償義務人之知，係指「明知」而言。倘當事人間就知之時間有所爭執時，應由賠償義務人就請求權人知悉在前之事實，負舉證責任[208]。倘侵權行爲之損害賠償請求權人罹於時效，亦得以不當得利請求權返還其所受利益[209]。

2.主觀知之條件

所謂自請求權人知有損害時起之主觀「知」條件，倘係1次之加害行爲，致他人於損害後仍不斷發生後續性之損害，該損害爲屬不可分，或爲一侵害狀態之繼續延續者，固應分別以被害人知悉損害程度顯在化或不法侵害之行爲終結時起算其時效。惟加害人之侵權行爲係持續發生，致加害之結果持續不斷，倘各該不法侵害行爲及損害結果係現實各自獨立存在，並可相互區別者，被害人之損害賠償請求權，即隨各損害不斷漸次發生，自應就各不斷發生之獨立行爲所生之損害，分別以被害人已否知悉而各自論斷其時效之起算時點，始符合民法第197條第1項規定之請求權罹於時效之本旨，且不失兼顧法秩序安定性及當事人利益平衡之立法目的[210]。

(二)10年期間

此期間係請求損害賠償之最終期限，故自有侵害專利之侵權行爲時起逾10

---

[207] 德國專利法第141條第1項規定損害賠償請求權之時效，其與德國民法第852條第1項所規定之侵權行爲損害賠償請求權時效，兩者有相同之規範。

[208] 最高法院46年台上字第34號、72年台上字第1428號民事判決。

[209] 臺灣高等法院92年度上易字第1066號民事判決；臺灣臺北地方法院92年度智字第16號民事判決。

[210] 最高法院94年度台上字第148號民事判決。

年者，不論請求權人是否知悉損害或賠償義務人與否，其請求權即歸於消滅，其較民法之一般請求權時效15年為短（民法第125條）。

參、邊境管制

一、申請海關查扣

　　民事救濟屬事後之救濟手段，係發生侵害後之補救措施，倘得於事前預作防範措施，防止侵害發生，對於專利權人保護較佳。故進行邊境管制措施，在海關查扣侵害商品，使其無法輸出或輸入國際或國內市場，以造成專利權人之損害。準此，專利權人對進口之物有侵害其專利權之虞者，得申請海關先予查扣（專利法第97條之1第1項）。專利權人應以書面提出申請，並釋明侵害之事實，並提供相當於海關核估該進口物完稅價格之保證金或相當之擔保（第2項）。認定是否有侵害專利權之物品，係由專利權人釋明侵害情形。邊境管制之範圍為轉出（export）與輸入（import），轉運（transit）與復運出口（re-export）均屬進口貨物行為。至於單純轉口（transhipment）行為，因不經進口與出口通關程序，應非輸入或輸出行為所涵蓋。

二、損害賠償與費用負擔

　　有鑑於貨物遲延，所造成之損害可能難以估計，為保護被查扣人之權益，使被查扣人減免損害，被查扣人得提供與2倍之保證金或相當之擔保，請求海關廢止查扣，並依有關進出口貨物通關規定辦理（專利法第97條之1第4項）。專利法第97條之2第1項有規定廢止查扣之五種事由。查扣物經法院確定判決不屬侵害專利權之物者，申請人即無法正當化其對被查扣人所造成權利限制之手段。申請人應賠償被查扣人因查扣或提供第97條之1第4項規定保證金所受之損害（專利法第97條之3第1項）。反之，查扣物經法院判決確定屬侵害專利權者，被查扣人應負擔查扣物之貨櫃延滯費、倉租、裝卸費等有關費用（專利法第97條之1第6項）。

肆、例題解析

一、總利益說

　　甲因出售侵害專利物品計200件，每件售價新臺幣（下同）1萬元，其所得金額計為200萬元。侵權行為人甲因侵害行為所得利益，應扣除該200件之成本及費用。侵權行為人甲進口侵害專利物品1千件，其支出成本及費用合計100萬元，包含貨款80萬元、關稅3萬元、運費16萬及倉租1萬元，則依比例計算200件之成本及費用應為20萬元（計算式：1,000,000元×200件／1,000件＝200,000元），應予扣除。準此，甲因專利侵害行為所得利益為180萬元（計算式為：2,000,000元－20,000元＝1,800,000元）。

二、侵害期間之計算

　　因侵害專利行為常具有持續性，而損害賠償之計算涉及侵害行為期間之始期及終期，故法院認定損害賠償之範圍，必須確認侵害專利侵害期間。乙為可自動調整剪鉗新型專利權人，專利權人乙於2020年10月9日委請律師以存證信函，要求丙立即停止侵害可自動調整剪鉗新型專利之行為，經丙於同年月11日收受。侵權行為人丙於申請系爭改良夾鉗新型專利時，既已知悉「自動調整剪鉗新型專利」存在，且於收受專利權人乙寄發之存證信函後，未經加以詳查，仍繼續製造改良夾鉗，則上開改良夾鉗，雖係依據其所有改良夾鉗新型專利所製造，侵權行為人丙仍不能免除過失侵權行為之責任。因丙自認係於送交財團法人工業技術研究院鑑定時，即已停止生產及銷售，而法院係於2021年10月11日送交工業技術研究院鑑定，足認丙製造改良夾鉗之行為，應持續至2021年10月11日止，則侵權行為人丙侵害行為之期間，自應計算至2021年10月11日止，以決定過失侵權責任之損害賠償範圍[211]。

肆、相關實務見解——行使侵害專利之權利要件

　　智慧財產案件審理法第41條第1項規定，當事人主張或抗辯智慧財產權有

---

[211] 林洲富，法官辦理民事事件參考手冊15，專利侵權行為損害賠償事件，司法院，2006年12月，頁608至610。

應撤銷、廢止之原因者，法院應就其主張或抗辯有無理由自爲判斷。故於專利民事訴訟，當事人主張或抗辯專利權有應撤銷之原因時，除非該當事人主張之同一事實及證據，業經行政爭訟程序認定舉發不成立確定，或有其他依法不得於行政爭訟程序中主張之事由，基於訴訟上之誠信原則，當事人於民事訴訟程序中不得再行主張外，法院應就其主張或抗辯認定之，不得逕以專利權尚未撤銷，作爲不採其主張或抗辯之理由[212]。

第七節　業務上信譽損害請求權

民法第195條規定，不法侵害他人信用之人格權，所保護之範圍相當，屬對權利人經濟上評價之侵害，其係廣義之名譽權[213]。準此，專利人得請求信譽受損害之非財產上損害。

例題14

> 乙之專利遭甲侵害，甲所製造之侵害專利產品，其品質不如乙之專利產品，銷售至市場上，導致消費者誤認乙製造之專利產品，亦與甲之產品，同屬不良品，使乙之專利產品之銷售量減損。試問乙除可向甲主張財產上之損害賠償外，得否另向甲請求業務上信譽之損害？

壹、侵害經濟之評價

商業競爭之市場，發生侵害專利權之情事，通常會導致專利權人之商譽受損害。依一般經驗法則，此侵害專利之行爲，不僅侵害專利權人之商譽，更會減少專利權人在侵害專利期間販賣專利品獲利之機會[214]。準此，專利權人倘能舉證證明，其業務之信譽因侵害專利人之行爲，造成減損時，自得就此部分，請求賠償相當金額（民法第195條第1項前段）。商譽之建立來自商品品質、企

---

[212] 最高法院102年度台上字第1986號民事判決。
[213] 最高法院90年度台上字第2109號民事判決。
[214] 最高法院74年度台上字第972號民事判決。

業信用及其售後服務等因素[215]。商譽之損害，論其性質則屬非財產之損失，其與財產上之損害有別。

貳、評價因素

一、職權酌定

法院於具體專利侵害事件中，酌定專利權人業務上信譽損害，應綜合兩造所提出之相關證據，斟酌本案一切之客觀情況，即以被害人企業規模大小、營業額多寡及社會大眾給與之評價等因素，依職權斟酌核定侵害人所應負專利權人信譽減損之賠償責任[216]。例如，侵害專利權人有出售被控侵害專利物品之價格，僅有專利權人出售價之50%，導致不知情之消費者誤認專利權人售價偏高，對專利權人產品之信賴感劇減，其業務上之信譽遭受減損至明。或者偽造或仿造他人有專利權之物品，並冒用其商標，其偽造或仿造品之品質低劣，流傳市面者，專利權人之信譽因而減損。

二、專利權人為自然人

專利權人之業務上信譽受損時，得依據民法第195條第1項規定，請求賠償相當之金額或其他回復名譽之適當處分。因法人無精神上痛苦可言，故司法實務上均認其名譽遭受損害時，將判決書一部或全部登報已足回復其名譽，不得請求慰藉金。準此，對於專利權人之業務上信譽因侵害而致減損時，就專利權人為自然人時，回歸我國民法侵權行為體系規定適用之。

參、例題解析──業務上信譽損害

乙之專利遭甲侵害，甲所製造之侵害專利產品，其品質較差，導致消費者誤認乙製造之專利產品，亦屬次級品，此足使乙之業務上信譽受損。故行為人甲未經專利權人同意而販賣專利物品，乙應舉證證明侵害人甲侵害專利之行

---

[215] 最高法院86年度台上字第2040號民事判決。
[216] 曾陳明汝，兩岸暨歐美專利法，學林文化事業有限公司，2004年2月，修訂再版，頁200至201。

爲，對於乙之業務上信譽，有相當之影響，並足以導致乙之信譽受到減損，專利權人乙自得請求核定相當賠償金額，法院依據受侵害情節及當事人間資力等情事，依職權酌定專利權人信譽損害之賠償數額[217]。再者，有實務見解認爲商譽權爲經濟上信用之保護，商譽受侵害係在社會上之評價受有低落程度，始足當之。故再發明人實施基本發明，雖未經原發明人之同意，然究與仿冒有別，不得認定實施基本發明之行爲，會導致原發明人之信譽遭受減損[218]。

肆、相關實務見解——舉證責任

業務上信譽或商譽之建立來自商品或服務品質、企業信用及其售後服務等因素，故商譽之損害，論其性質屬非財產之損害。而商業競爭之市場發生侵害專利之情事，固會導致專利權人之商譽受損害。依一般經驗法則，此侵害專利之行爲，不僅侵害專利權人之商譽，亦會減少專利權人提供專利權物品或方法獲利之機會。然商譽權爲經濟上信用之保護，判斷商譽受有侵害，必須其在社會上評價受有低落之程度，始足相當，不得僅憑侵權行爲而遽以認定。原告固主張被告應賠償因侵害系爭專利權而生之業務信譽損害云云，惟迄今未提出被告侵害系爭專利，導致其商譽受有侵害，而在社會上評價受有貶抑或低落之事實，以供本院審酌。準此，原告依據民法第195條第1項前段及公司法第23條第2項規定，請求被告連帶賠償原告30萬元云云，爲無理由，應予駁回[219]。

第八節　回復名譽請求權

發明人之姓名表示權受侵害時，得請求表示發明人之姓名或爲其他回復名譽之必要處分，此爲非財產權之保護。準此，發明人之姓名表示權受侵害時，得請求登報或其他適當方式，以回復其名譽。

---

[217] 臺灣臺中地方法院92年度智字第12號民事判決；臺灣彰化地方法院91年度重訴字第279號民事判決。
[218] 臺灣高等法院臺中分院95年度智上易字第4號民事判決。
[219] 智慧財產及商業法院99年度民專訴字第173號民事判決。

例題15

　　乙未經甲之同意，擅自實施甲之專利製造商品銷售，導致甲之專利權受有損害，甲除向智慧財產法院訴請乙負侵害專利之損害賠償外，並請求乙將判決書全部或一部登報。試問：(一)智慧財產及商業法院應如何處理？(二)裁判費用應如何計算？

壹、人格權之保護

一、登報方式回復名譽

(一)侵害姓名表示權

　　發明人或創作人享有姓名表示權（專利法第7條第4項），是渠等之姓名表示權受侵害時，得請求表示發明人或創作人之姓名或為其他回復名譽之必要處分，係非財產權之保護（專利法第96條第5項）。此為無體財產權之精神所在，保障發明人或創作人之人格權。法院常依原告之聲請，以登報方式回復名譽[220]。再者，專利訴訟案件，法院應將判決書正本檢送至專利專責機關，讓主管機關知悉判決結果（專利法第100條、第120條、第142條第1項）。

(二)意思表示請求權

　　假執行之判決限於財產權訴訟，是法院命被告將判決書一部或全部登報，係命被告為一定意思表示之判決。所謂意思表示請求權之執行，係指執行名義所載債權人之請求權，以債務人為一定之意思表示為標的，而使其實現之執行。係以法律擬制之方法達成執行之目的，自無聲請強制執行程序之必要。依據強制執行法第130條第1項規定，於判決確定時，視為已有該意思表示，自不得宣告假執行[221]。

---

[220] 臺灣板橋地方法院90年度訴字第826號民事判決；臺灣高等法院臺中分院89年度重訴字第29號民事判決。

[221] 張登科，強制執行法，三民書局股份有限公司，2004年2月，修訂版，頁568。林洲富，實用強制執行法精義，五南圖書出版股份有限公司，2023年2月，17版，頁432。

二、回復名譽之適當處分

　　有關被侵害人請求將判決書全部或一部登報，其得依據民法第195條第1項後段規定，其名譽被侵害者，並得請求回復名譽之適當處分。因原告得在訴之聲明中一併請求法院判決命行為人登報以為填補損害。

貳、例題解析——判決書登報

　　乙未經甲之同意，擅自實施甲之專利製造商品銷售，導致甲之專利權受有損害，甲得依據第195條第1項後段規定，請求乙將判決書全部或一部登報。故甲得於民事請求損害賠償之訴訟程序中，一併提出請求登載新聞紙之聲明，由法院於判決主文一併諭知。。請求將判決書內容登載新聞紙，核屬非因財產權而起訴，應徵裁判費新臺幣3,000元（民事訴訟法第77條之14）。原告以被告侵害專利權，致其名譽受有侵害，依據民法第195條第1項後段請求於新聞紙刊登判決書，其屬非因財產權而起訴者[222]。

參、相關實務見解——登報請求權之要件

一、判決書登報應以名譽受損害為前提

　　登載判決書之請求權，核其性質屬回復專利權人名譽之適當或必要處分。因侵權行為致專利權人名譽、聲譽或商譽受有損害，金錢賠償未必能填補或回復。故將判決書全部或一部登報之手段，為回復專利權人名譽之適當或必要處分。因侵害專利權，是否致專利權人受有商譽或名譽上之損害，兩者不同。故專利權人應提出證據資料，以證明販售產品侵害專利之行為，致使其名譽受有損害，致須以判決書登報方式回復其名譽。

二、判決書登報須符合比例原則

　　專利權人雖得請求登報，惟法院應審酌具體個案情節判斷是否有必要。

---

[222] 司法院98年度智慧財產法律座談會彙編，2009年7月，頁23至24。智慧財產及商業法院97年度民補字第36號民事裁定；最高法院92年度台抗字第586號民事裁定。

故專利權人名譽遭侵害之個案情狀不同，法院有自由裁量之權限，自不受專利權人聲請之拘束。申言之，法院所需考量之因素，除斟酌專利權人之名譽是否因行為人侵害專利權之行為而受損害外，亦應權衡侵害名譽情節之輕重、登報處分是否足以回復專利權人名譽等為公平之裁量，始得於合理範圍內由行為人負擔費用刊載判決書全部或一部，不得逾越回復名譽之必要程度，而過度限制行為人之不表意自由。準此，原告請求判決書登報之功能雖在於回復其名譽，然法院已命被告各賠償相對人新臺幣（下同）30萬元，被告合計給付90萬元完畢，足認被告已取得相當之損害賠償金額。退步言，縱認被告販售產品侵害專利之行為，致使其名譽受有損害，惟權衡專利所受損害、原告取得之90萬元損害賠償金額、登報費用高達18萬元等情節，判決書登報不符比例原則，逾越回復名譽之必要程度，自無命被告負擔費用將本件判決書部分登報之必要性[223]。

第九節　銷燬請求權

　　專利權受侵害時，專利權人依據我國專利法規定，得行使銷燬請求權，其不以行為人或持有人具有故意或過失為要件[224]。而銷燬請求權行使之對象，並不為專利之侵權行為人與惡意第三人（專利法第96條第1項、第2項）。

例題16

　　甲所有新型專利權之防滲隔熱浪板，遭乙侵害而製造相同之防滲隔熱浪板，乙將該侵權物品販賣予消費者丙，丙並將該侵權物品安置於所有鐵架屋上，而成為房屋之構成部分，甲依據專利法第96條第3項、第120條規定請求拆除安置於丙所有鐵架屋上之侵害新型專利物品。試問丙是否應拆除之[225]？理由為何？

---

[223] 智慧財產及商業法院104年度民專抗字第6號民事裁定。

[224] 專利權人行使禁止侵害請求權及銷燬請求權，有別於行使損害賠償請求權，均不以行為人具有故意或過失為要件。

[225] 林洲富，法官辦理民事事件參考手冊15，專利侵權行為損害賠償事件，司法院，2006年12月，頁628至630。

壹、排除及防止專利侵權

一、類似所有權妨害除去請求權

由於專利權為無體財產權，具有準物權之性質，故專利權具有排他之效力（專利法第58條第1項、第2項、第120條、第136條第1項）。專利權人為第1項之禁止侵害請求時，對於侵害專利權之物品或從事侵害行為之原料或器具，自得請求銷燬或為其他必要之處置，作為有效排除及防止專利侵權之手段，此為專利權人之銷燬請求權，其屬專利權人排他權之延伸（專利法第96條第3項、第120條、第142條第1項）。專利權人行使銷燬請求權，並不以行為人或持有人有故意或過失為限，其類似民法第767條第1項「所有權妨害除去請求權」，具有禁止他人為特定行為之權利。蓋將侵害物品及製造侵害物品之原料或器具銷燬之，使其不流入市場，得將侵權之損害或危險降至最低限度，並具有公示作用。相較於保全程序而言，保全程序僅得維持現狀或禁止侵害物品流入市場，銷燬請求權顯然對於專利權人之保護較周全與積極[226]。

二、銷燬標的物

從事專利侵害行為或器具可分二種：(一)係專供從事侵害行為之用，專利權人自得請求銷燬之；(二)本身屬性上雖非專供從事侵害行為，惟可用於侵害專利者。是否得請求銷燬，須參酌過去專供侵害之事實，倘判斷將來供侵害之用之危險性甚高時，始得請求銷燬。例如，就製造饅頭之機器取得專利，係指用於生產該饅頭機器之材料、零件、模具及饅頭機器而言。至於饅頭製造方法取得專利之場合，係指用於實施該方法之製造器具、該方法所製造之饅頭及生產該侵害物品所使用之機械。倘侵害人所有或持有之物件，係偶然供侵害之用，將來供侵害之用途甚小，專利權人自不得對之行使銷燬請求權[227]。

三、銷燬義務人

因專利法僅規定，專利權人或專屬被授權人得請求銷燬侵害專利之物

---

[226] 曾陳明汝，兩岸暨歐美專利法，學林文化事業有限公司，2004年2月，修訂再版，頁194。

[227] 楊崇森，專利法理論與應用，三民書局股份有限公司，2003年7月，頁504。

品，雖未明定應由何人負銷燬之責。然基於有處分權人，始有權銷燬物品，故應於判決主文中諭知侵權行爲人銷燬其所有侵害專利權之物品或從事侵害行爲之原料或器具，而非交予專利權人銷燬或法院銷燬之。

貳、行使銷燬請求權之限制

專利權係具有高度排他性效力之權利，專利法賦予人爲之獨占地位，而專利法並未就行使專利權之正當行爲，爲明確規範，爲防止專利權之濫用，專利權之行使應受相當程度之限制，爲專利權人與第三人間之權益尋求合理平衡點[228]。因正當行爲之解釋涉及高度不確定之法律概念，故應考慮法律之立法目的所表現之內部價值判斷，因權利行使本身包含義務之拘束，權利應爲社會目的而行使。除考慮專利權人之利益外，須考慮維持自由公平之競爭環境，對於競爭者及社會公眾所具有之利益，加以適當衡量，此爲內部限制之範圍。故專利權之效力，除受保護期間及範圍之限制外，爲公共利益，專利權之行使亦應受一定限制。換言之，倘對於專利權人之保護，已對於公共利益造成危害或有危害之虞時，基於維持公益之考慮，自應加以限制。故專利權之行使須於法律規定之保護範圍，並於該範圍內行使權利時，其行使方式不得逾越法律之目的[229]。準此，專利權人行使銷燬請求權時，必須於合理正當之範圍內行使，不得危害公共利益。本文分別就權利社會化、法律經濟學分析及一般法律原則等觀點，探討行使銷燬請求權之限制如後：

一、權利社會化

依據權利社會化之理論，權利應受社會義務及公共利益之限制，依據社會整體利益之觀點，決定私人應擁有何種權利及其範圍，故視私人權利爲實現法律目的之適當方法。準此，專利權行使本身包含義務之拘束，該權利應爲社會目的而行使，其除考慮專利權人之利益外，須考慮社會公共利益，對專利權爲適當限制。因權利必須隨社會變遷而賦予新的解釋，故經濟型態與社會制度不同時，權利之內容亦隨之調整，其終極目的係爲國家社會之整體，謀取最大

---

[228] 黃湘閔，申請專利範圍解釋之研究，世新大學法學院碩士論文，2005年6月，頁125。
[229] 謝銘洋，智慧財產權之基礎理論，翰蘆圖書出版有限公司，2004年10月，4版，頁204至205。

之利益[230]。因禁止專利權濫用與保護合法之專利權，均受法律所規範，兩者具有一致性，故濫用專利權則構成對專利法之違反，自非權利之正當行使。故必須界定正當行使專利權之範疇，在該界限內行使權利，始符合個人與社會之利益，逾越法律所允許之範圍或正當行使界限者，導致對該權利之不正當利用或行使，誠屬侵害他人與社會利益之行為，實違背專利法規範之宗旨。換言之，吾人界定行使專利權之範圍，以兼顧當事人與國家整體之利益，實符合專利權法立法之本旨。是專利權人得對侵害專利人行使銷燬請求權，雖符合專利權之文義解釋。然對第三人行使銷燬請求權，令其遭受無預期之損失，誠不符合社會之利益。基於權利社會化之目的，專利權人僅得對侵權行為人，行使銷燬請求權，逾此範圍者，顯非正當行使專利權。

二、界定專利權行使範圍與對象

　　概念法學之法律思維及邏輯推演，將專利權定位於準物權地位，認為專利權得適用物權之基本原則，專利權人得主張民法第765條之所有權權能及第767條第1項之物上請求權。專利權人對專利權有使用、收益及排他性之權能，其與物權同屬支配權及絕對權。故銷燬請求權對於不特定人均得主張之，雖不論其善意或惡意。然以概念法學之方式解釋銷燬請求權之行使範圍，將造成法律之適用與現實脫節，導致法律之解釋與人民之法律感情有違，因其造成善意第三人受害，嚴重影響交易安全之秩序。為突破此種困境，本文認為保護專利權與否及其程度，其與國家社會之科技及經濟有密切關係，專利權亦為財產權之一環，而財產權有決定生產、分配、消費產品及服務之經濟功能。私有財產權藉由自由市場之運作，使資源達到最高之使用效率，以符合社會之最大利益[231]。準此，有必要以經濟分析方法研究專利權之性質與其保護，進行衡量與比較專利制度所產生之效益與成本，合理界定專利權行使之範圍與對象。

---

[230] 謝哲勝，從法律的經濟分析論智慧財產權之保護政策，財產法專題研究，三民書局股份有限公司，1995年5月，頁200。

[231] 謝哲勝，從法律的經濟分析論智慧財產權之保護政策，財產法專題研究，三民書局股份有限公司，1995年5月，頁201至202。

三、法律經濟分析

所謂法律經濟分析（economic analysis of law）[232]，係指應用經濟學之理論及經濟計量學之方法，檢視法學與法律制度之形成、架構、程序及其影響之法學研究取向[233]。藉由經濟分析之觀點檢視及評估，現行賦予專利權人銷燬請求權之妥當性[234]。詳言之，專利法賦予該請求權是否得達到保護專利權之最有效途徑？基於公平性（equality）及效率性（efficiency）因素，其行使範圍應如何界定？並藉由經濟學之研究方法，探討行使銷燬請求權所衍生之法律問題。因經濟分析為科學實證之方法，有客觀檢視銷燬請求權存在之功能[235]，使法律之解釋適用，符合應有之規範功能，達成規範之目的[236]。本文以下列之經濟因素，討論銷燬請求權之正當行使範圍如後：

(一)調和公共財及私有財

1.機會成本

研究銷燬請求權行使之限制，必定涉及法律規範之選擇，而任何選擇均須負擔一定成本，在資源有限之社會，基於效率之考量，必須放棄一定事務，以獲得較有價值之物，該選擇問題涉及機會成本（opportunity costs）。因有選擇就有取捨，有得必有失，所失者為取得之成本，此為機會成本之概念。法律經濟分析之特質，在於該法學研究之方法，得於經濟市場所主導之社會，提供簡潔、明確與一貫之思維模式，協助法律人探討法律制度之可行性與其優缺點，進而有所選擇[237]。是運用法律經濟分析之方式，探討銷燬請求權之行使限制，其目的如後：(1)研究限制行使銷燬請求權之法律規範為何；(2)何者規範較能減少交易成本；(3)該規範得否達到較大之經濟效率；(4)使法律制度與經濟學

---

[232] 法律之經濟分析或稱法律經濟學（law and economics）。

[233] Ejan Mackaay, History of Law and Economics, in Encyclopedia of Law and Economics §200, 65 (Boudewijn Bouckaert & Gerrit De Geest eds. 2000).

[234] 謝哲勝，全民健康保險法節制醫療費用規定之經濟分析，財產法專題研究(2)，元照出版有限公司，1999年11月，頁279。

[235] 簡資修，一個自主但開放之法學觀點，月旦法學雜誌，93期，2003年1月，頁93。

[236] 謝哲勝，以經濟分析突破概念法學的困境——兼回應熊秉元教授的數個觀點，第三屆法與經濟分析學術研討會論文集，2005年4月15至16日，頁2至4。

[237] 熊秉元，經濟分析的深層意義——三探經濟學的行為理論，法令月刊，54卷2期，2003年2月，頁198。

相互結合。

2.公共財與私有財之區別

財產依據是否有排他性（exclusive）與獨享性（rival），可分為公共財與私有財。公共財（public goods）具有二項特徵：共享性（nonrival）與無排他性（nonexclusive）。公共財具有「共享性」及「無排他性」兩項特徵，其導致願意支付代價而從事交易者，勢必大減，甚至形成資源之濫用與浪費，不具備效率。反之，私有財（private goods），其具有排他性與獨享性之特徵。所謂獨享性係指物品或服務讓某人消費後，即無法再使他人享用。

3.排他性與獨享性

所謂排他性，係指得防止他人不付出代價而坐享其成[238]。就傳統物權法之功利主義思維而言，法律賦予物權人有獨享及排他之權利，物權所有人始有足夠之動機，就其享有資源作妥善之運用及發展。同理，賦予專利權人實施及排他之權利，該等代價則有促進發明或創作之誘因。因專利權於專利期限內，屬於私有財之範圍，具有排除他人不支付代價欲坐享其成之搭便車現象，使第三人欲實施專利權時，必須付出代價，對於未經專利權人同意或授權，自得對其行使損害賠償請求權及廢棄請求權，始已足以保護專利權人，是銷燬請求權之功能在於排除第三人不法之侵害，而非賦予專利權人得對任何人主張之對世權。準此，基於權利人與交易安全保護之考量，就保護交易安全之必要限度內及法律解釋應符合人民之法律情感，銷燬請求權行使之對象不得漫無限制，應限制對相關消費者行使之，以防止過度不當保護專利權人，而造成無辜第三人受害，導致銷燬請求權之行使與現實社會生活脫節。

(二)外部效果內部化

1.外部性

所謂外部性（externalities），係指人們之經濟行為有一部分之利益無法歸自己享受，有部分成本不必自行負擔者[239]。從事經濟活動之當事人，有部分之利益由交易當事人以外之第三人享受，該利益稱為外部經濟（external

---

[238] 張清溪、許嘉棟、劉鶯釧、吳聰敏，經濟學理論與實務（上冊），翰蘆圖書出版有限公司，2000年8月，4版，頁375至376。

[239] 張清溪、許嘉棟、劉鶯釧、吳聰敏，經濟學理論與實務（上冊），翰蘆圖書出版有限公司，2000年8月，4版，頁353。

economies）或外部效益（external benefits）。反之，當從事經濟活動之當事人將部分成本轉嫁於交易當事人以外之第三人，該成本則稱爲外部不經濟（external diseconomies）或外部成本（external costs）[240]。吾人討論外部性之主要目的，在於完全競爭之市場，倘存有外部效果（external effects），將導致市場機能無法達到資源配置之最大效率，故僅有藉由公權力之介入或管制，將外部效果內部化，使外部效果由行爲人自行承擔或享受，達成財富極大化（wealth maximization）與公平之目的。

2.衡平私益與公益

自法律經濟分析之觀點，選擇保護專利權之正當性，必須係保護專利權之利益大於保護所需之成本，始符合經濟學所稱之效率原則。有鑑於專利權法之保護，必須經由立法、行政及司法等國家機關之運作，非僅憑專利權人之個人力量。準此，保護專利權之成本，大部分係由國家負擔之，而大部分之利益則由專利權人獨享，導致保護專利權之社會成本（social cost）遠逾專利權人所負擔之私人成本（private cost），其產生外部成本或外部不經濟由社會承擔，除無法使有限之資源爲有效率之配置外，亦不符合社會大眾之期待，故國家自有管制專利權人行使權利之必要性，以衡平私益與公益。

3.禁止權利濫用

侵權行爲人出售侵害專利物品與相關消費者，導致專利權人對擁有侵權專利物品之善意相關消費者行使銷燬請求權，將侵權行爲人本應負擔之部分成本，轉嫁於侵權法律關係以外之相關消費者，其將嚴重妨害交易安全，導致完全競爭市場之機能受到限制，甚至造成市場機能失靈，造成社會之損失。就外部不經濟觀點以觀，自應限制專利權人對於善意相關消費者行使銷燬請求權。換言之，自法律經濟分析之立場，探討專利權有無逾越正當行使範圍，其專利權之行使，是否以損害他人爲主要目的，應就專利權人行使銷燬請求權所能取得之利益，其與他人及國家社會因該請求權行使所受之損失，比較衡量以定。倘專利權人自己所得極少，而他人及國家社會所受之損害極大者，該外部不經濟之結果，由侵權法律關係以外之相關消費者負擔，則屬權利濫用之情事。

4.效益與成本

經由經濟分析之模式，探討與分析銷燬請求權之行使範圍，以認定該法律

---

[240] Robert S. Pindyck, Daniel L. Rubinfeld, Microecomics 641-42 (6th ed. 2005).

行為對於國家社會整體之效益係正面或負面。倘屬負面情事，法律則有禁止或限制其行使該請求權之必要性。而效益與成本為經濟分析之重要參考因素，不論係成本或效益因素，並不以短期或直接者為限，其亦須考慮長期及間接之效益或成本在內[241]。因專利權人對於相關消費者行使銷燬請求權，國家社會付出之成本大於專利權人應負擔之成本，而國家社會所得效益則小於專利權人所獲效益，基於此負面結果所示，法律自應限制行使銷燬請求權之對象。

(三)追求效率與公平

著名之經濟學家寇斯（Ronald H. Coase）就經濟學之理論，曾提出交易成本（transaction costs）相關概念。寇斯認為在沒有交易成本之情形，不論財產權如何界定或歸屬，資源運用均可達到最有效率之結果，此為所謂寇斯定理（The Coase Theorem）[242]。因現實社會之任何交易，不可能毫無成本，僅要將交易成本降至最低，則該等交易，則為有效率之財產權移轉。交易成本可分事前成本與事後成本，包括契約訂定、契約執行、違約處理、訊息成本及協調成本等。其中違約所造成之損害賠償，即屬事後成本。倘銷燬請求權所行使之對象，未加以限縮，則相關消費者於市場上進行交易，為避免購買侵害專利權之物品，必須事前支出調查成本。倘未查明侵害專利情事而購買侵權物品，將導致其所支出之交易成本，因專利權人行使銷燬請求權之結果，蒙受重大之損失。其影響所及，將使市場交易減少，無法增加社會財富。準此，就降低交易成本之立場而言，過度地保護專利權人，將外部不經濟之成本轉嫁於相關消費者，將導致交易成本提高[243]，無法使社會有限之資源達到有效率之配置，顯然與專利制度係促進產業及技術進步之目的有違。茲分別就保護專利權人與相關消費者之立場，說明限制銷燬請求權之必要性與正當性：

---

[241] 謝哲勝，法律的經濟分析淺介，財產法專題研究，三民書局股份有限公司，1995年5月，頁13至14。

[242] Ronald H. Coase, The Problem of Social Cost, 3 J.L. & Econ. 1 (1960); David A. Hoffman, Michael P. O'Shea, Can Law and Economics Be Both Practical and Principled? 53 Ala. L. Rev. 335, 362 (2002).

[243] Richard Craswell, Efficiency, Renegotiation, and the Theory of Efficient Breach, 61 S. Ca. L. Rev. 629, 640 (1988); Fred S. McChesney, Tortious Interference with Contract versus "Efficient" Breach: Theory and Empirical Evidence, 28 J. Legal Stud. 131, 134 (1999).

1.保護專利權人

基於專利制度之目的與資源之有限性，賦予專利權人排他及實施權，提供一定之經濟誘因，以達成鼓勵發明或創作，促進產業及技術之發展[244]。否則將發明或創作之技術內容公有化，形成公共財，將無人有動機保護該等技術，勢必造成濫用或浪費社會有限之資源。故使利用他人之發明或創作者，付出相當代價，倘未經專利權人同意或授權，賦予專利權人銷燬行為人所有或持有侵害專利之物品，以保護其權利，助達成經濟上最大效益及財富極大化之目的，其符合經濟學之效率定義[245]。

2.保護相關消費者

法律規範制度之選擇，必須考慮交易成本，交易成本愈小者，愈有可能使資源移轉與有效率；反之，交易成本愈高者，則會阻礙交易之進行。職是，就交易成本之概念而言，專利權人得對任何人主張銷燬請求權，勢必使相關消費者於進行交易時，必須支出相當之調查或徵信費用，以確保所購買之物品未侵害他人之專利權，如此將支出交易之事前成本，其與經濟學所要求之成本極小與效用極大，實有相違[246]。故就經濟分析之角度切入，可知解釋專利法第96條第3項規定之文義，自應斟酌交易成本、交易安全及社會生活需求等因素，限縮其文義之適用範圍，限制專利權人對於相關消費者行使銷燬請求權，以降低交易成本，提升經濟之效益[247]。

(四)司法資源之配置

1.審判層面

有鑑於侵害專利事件場合，除適用「以原就被」普通審判籍之管轄原則外，不論是實行侵權行為或結果發生地，均屬侵權行為地，得由侵權行為地之法院管轄，導致同一專利權受侵害時，其管轄法院可能遍及全國（民事訴訟法

---

[244] Mark A. Lemley, The Economics of improvement in Intellectual Property Law, 75 Tex. L. Rev. 989, 1072 (1997).

[245] Richard Posner A., Economic Analysis of Law 13 (1992).

[246] 謝哲勝，法律經濟學基礎理論之研究，財產法專題研究(3)，元照出版有限公司，2002年3月，頁52。

[247] 郭振恭，民法，三民書局股份有限公司，2003年9月，修訂3版，頁16。有時法條文字過於廣泛，故解釋法律條文之真義，必須運用推理之方法，參酌立法之目的及社會生活之需要，將法律條文之涵義予以限縮，使其合於法律真義之解釋。

第15條第1項）[248]。大幅增加法院審判之負擔與訴訟成本之支出。故法官應以「交易成本」概念審理侵害專利事件，對於司法資源之分配及運用，作有效率之控管，將侵害專利權之行為人本應負擔之成本，排除轉嫁於侵權法律關係以外之善意相關消費者。就外部性之經濟觀點而言，該負面情事，法律則有禁止之必要。準此，限制專利權人對於相關消費者行使銷燬請求權，除避免專利權人不當行使權利，造成無效率之司法資源使用外，使真正須利用訴訟程序之人，其權利行使不致受損或有所遲延，有助維護公平正義及提升司法效率，並達到司法為民之目標。

2.執行層面

專利權人對相關消費者行使銷燬請求權，就審判程序而言，審理專利侵權事件之民事審判法官，須確認相關消費者是否擁有侵害物品及其所有之數量為何，以認定應銷燬之標的物範圍，其徒生繁複之審理過程。繼而專利權人取得勝訴判決確定後，法院可能面臨數量龐大之強制執行事件。因專利侵權物品銷售市場愈廣，相關消費者之人數亦成正比。自有限司法資源之有效運用以觀，准許專利權人有權銷燬善意相關消費者所有或持有之專利權物品，將導致濫用司法資源之情事發生，或者無法達成有效率之資源配置，其勢必付出更高之社會成本，使外部不經濟之部分成本歸諸社會負擔，造成不公平之現象，不符合國民之法律情感。準此，限縮專利權人行使銷燬請求權之對象，有促進司法資源之有效運用，達成有效率之正義實現，具有極大化司法效益之功能。

三、一般法律原則

(一)誠信與權利濫用禁止原則

1.禁止專利權濫用

法律賦予專利權人得行使專利權，該權利之行使自應適用誠實信用原則、權利濫用禁止原則及不得違背公序良俗原則等一般法律原則。就法規範而言，法律行為，有背於公共秩序或善良風俗者，無效（民法第72條）。權利之行使，不得違反公共利益，或以損害他人為主要目的（民法第148條第1項）。行使權利，履行義務，應依誠實及信用方法，不得為權利之濫用（第2

---

[248] 最高法院56年台抗字第369號民事裁定。

項）[249]。是權利不得濫用係重要之法律原則，實際上亦爲誠實信用原則之具體化。無論爲法律解釋或漏洞補充，均須以誠實信用原則，作爲適用法律之最高指導原則，此乃法律領域之帝王條款[250]，應當是所有法律之共同原則，故專利權人行使權利，自應受該等法律原則之規範。就行使專利權而言，誠信原則於具體事件，應斟酌事件之特別情形，審酌權利義務之社會上作用，衡量當事人之利益，使法律關係臻於公平妥當之法律功能[251]。易言之，專利權之行使必須符合誠信原則，倘逾越權利之本質，或逾越社會所允許之界限而違反權利社會化，即形成專利權濫用之情事。準此，專利權人將專利權擴張至合法保護範圍外，而以不適當之方式主張或實施專利權時，法院應拒絕准許專利權人之請求，禁止專利權之濫用。

2.權利之正當行使範圍

專利權人對侵權行爲人行使銷燬請求權或損害賠償請求權，雖屬權利之正當行使。惟相關消費者購買侵害專利物品，專利權人無法依據侵權行爲之法律關係，請求相關消費者負損害賠償責任，倘專利權人得依專利法規定，請求銷燬（request for destruction）所有或持有之侵害專利物品或爲其他必要之處置（necessary disposals）。對於相關消費者取得之財產將造成甚大損害，因銷燬而喪失所有權。就專利權利人而言，亦不因銷燬之結果而獲得實質之利益。故於此情況，專利權人之銷燬請求權，其所得利益極少，而導致相關消費者及國家社會所受之損失甚大，自得視爲以損害他人爲主要目的，此乃權利社會化之基本內涵，可謂禁止權利濫用之實證[252]。職是，就專利權人對相關消費者行使銷燬請求權之結果以觀，實非專利權之正當行使，自應禁止之。

(二)比例原則

1.誠實信用原則之適用

有鑑於誠實信用原則或權利濫用禁止原則，均爲所謂之帝王條款，適用諸等原則時，除應將專利權人個人之利益及社會全體之利益，爲客觀之評價外，

---

[249] 德國民法債編第242條亦有規定誠信原則（Grundsatz von Treu und Glauben）。

[250] 姚志明，誠信原則，月旦法學雜誌，76期，2001年9月，頁113至115。誠信原則具有具體性功能、補充性功能、限制性功能及修正性功能。

[251] 最高法院82年度台上字第1654號、86年度台再字第64號民事判決。

[252] 最高法院71年台上字第737號民事判決。

亦應符合比例原則。因比例原則應用之範圍甚爲廣泛，不限於公法之領域[253]，私法關係亦有適用[254]，其在理論上視爲憲法位階之法律原則，以法律保留作爲限制憲法上基本權之準則，並以比例原則作爲內部之界限，其具有憲法層次之效力，故該原則拘束行政、立法及司法等行爲[255]。

2.利益衡量要件

依據德國通說，比例原則有廣義及狹義之分。廣義之比例原則包括適當性、必要性及衡量性等三原則[256]：(1)適當性：係指採取之行爲或方法，應適合或有助目的之達成；(2)必要性：係謂行爲不得逾越實現目的之必要程度，即達成目的之方法，須採影響最輕微者爲之；(3)衡量性：所謂狹義之比例原則，手段應按目的加以衡量，所採取之方法所造成之損害與欲達成目的之利益間，不得顯失均衡[257]。

(三)利益衡量

專利權人行使銷燬請求權，自應適用比例原則。故法院於具體之專利侵權事件，依據比例原則所爲利益衡量下之結果，認爲專利權人行使銷燬請求權，其所得利益極少，而他人及國家社會所受之損失甚大，顯然逾越法律保護之必要範圍，自應限制銷燬請求權之行使[258]。反之，法院不得貿然以公益之名，不當限制專利權人之權利行使。否則所有涉及公益之情事，動輒主觀認定重於

---

[253] 最高行政法院36年判字第34號、47年判字第26號行政判決。

[254] 司法院大法官釋字第452號解釋。

[255] 最高行政法院83年度判字第2291號行政判決。

[256] 行政程序法第7條規定，行政行爲，應依下列原則爲之：1.採取之方法應有助於目的之達成；2.有多種同樣能達成目的之方法時，應選擇對人民權益損害最少者。3.採取之方法所造成之損害不得與欲達成目的之利益顯失均衡。

[257] 吳庚，行政法之理論與實用，三民書局股份有限公司，1999年6月，增訂5版，頁57。

[258] 臺灣臺中地方法院90年度簡上字第18號民事判決：專利權人所有新型專利「壁紙包含發泡材料於浪板內層之浪板製造機結構」，其請求對侵害專利權之物品請求銷毀或其他必要處置時，須衡量請求與防止結果間之適當性、必要性及相當性，應依比例原則兼顧考量，防止專利權濫用。買受人所使用之浪板製造機係向專利侵害人所購買，其未具有製造本件浪板製造機之技術與能力，亦非藉出售侵害專利之浪板製造機營利。且專利權人所取得之申請專利範圍，並非整部之浪板製造機，該買受人所使用之浪板製造機尚有部分之結構屬於輔助機具運轉之材具，非全然由專利權所涵蓋。審酌浪板製造機結構專利權期間係自1994年9月21日起至2006年4月13日止，故禁止該買受人於2006年4月13日前使用該浪板製造機，即足以排除並防止專利權所遭受之侵害。

私益，屆時恐變成濫用誠實信用原則或權利濫用禁止原則之情形，淪爲流氓條款，將嚴重影響法之安定性及交易安全。準此，法院於具體事件適用該等帝王條款，務必謹愼爲之[259]。

參、銷燬請求權之行使對象

基於專利權人行使權利必須具備合理正當性及相關消費者應保護之原則，專利權人僅得對侵權行爲人行使銷燬請求權，其不得對相關消費者行使銷燬請求權，以禁止其濫用專利權，並避免相關消費者蒙受不可預期之損失，徒增無謂之社會成本。本文區分侵權行爲人或相關消費者之類型，以界定銷燬請求權之行使對象，茲說明如後[260]：

一、侵權行為人

侵害專利權之物品或從事侵害行爲之原料或器具，屬於侵害專利人所有或持有時，專利權人自得請求銷燬或爲其他必要之處置，以有效排除及防止侵害情事。而侵害專利人與第三人爲通謀虛僞而假造買賣契約，第三人明知該物品係侵害專利物品，專利權人得請求銷燬之，亦屬合理之保護措施，應屬正當行使銷燬請求權之範圍，以懲罰惡意之第三人。

二、相關消費者

(一)公共利益

專利技術推陳出新，日新月異，倘令經銷商均應負起認定判斷是否爲侵害專利物品，實強人所難。是相關消費者自市場取得侵害專利物品，倘專利權人得請求相關消費者銷燬或爲其他必要之處置，其將使相關消費者蒙受無謂之損失，亦嚴重影響交易安全，顯然違反公共利益，故公共利益不宜因保障專利權

---

[259] 溫俊富，專利制度與競爭制度調和之研究，國立政治大學博士學位論文，1997年7月，頁222。

[260] 林洲富，專利權人行使銷燬請求權之限制，月旦法學雜誌，132期，2006年4月，頁92至93。司法院98年度智慧財產法律座談會彙編，2009年7月，頁57至68。

人之個人利益而過度犧牲，以維持正常經濟活動之基本秩序[261]。

(二)交易安全

民法之誠信及禁止權利濫用原則適用於專利權之正當行使，並未增加專利權人之負擔。故相關消費者自拍賣、公共市場或由販賣與其物同種之商人，基於交易安全之目的，專利權人不得對該等侵害專利物品行使銷燬請求權，以保護相關消費者之權利，避免受到不測之損害，達到憲法保障人民財產權之意旨[262]。同理，政府機關依法所採購之物品，得標廠商依採購規格提供之物品，係侵害專利之物品，該專利權人要求政府機關銷燬該採購物品，政府機關得拒絕銷燬之[263]。

肆、例題解析——權利濫用禁止原則之適用

一、行使專利權

發明專利權受侵害時，專利權人得請求賠償損害，並得請求排除其侵害，發明專利權受侵害時，專利權人或專屬被授權人得請求賠償損害，並得請求排除其侵害，有侵害之虞者，得請求防止之。發明專利權人或專屬被授權人為禁止侵害請求時，對於侵害專利權之物品或從事侵害行為之原料或器具，得請求銷燬或為其他必要之處置（專利法第96條第1項至第4項）。新型專利與設計專利，依據專利法第120條、第142條第1項規定準用之。準此，新型專利權人對於侵權行為人得行使損害賠償請求權、禁止侵害請求權及銷燬請求權。

---

[261] 最高法院84年度台上字第2086號民事判決：專利權人所主張其有新型專利權之「防滲隔熱浪板」，遭第三人侵害專利權而製造及銷售防滲隔熱浪板，相關消費者購買該等侵害專利權之物品，並使用於其所有鐵架屋而為房屋之構成部分，倘專利權人行使銷燬請求權而拆除該浪板，將導致該浪板已不得再為使用而成為廢物，對於相關消費者造成重大損害，對於專利權人並無實質之利益，自與損害賠償應以填補債權人所受損害及所失利益立法意旨有違，亦非排除侵害之適當方法，其行使銷燬請求權，有違誠實信用原則。

[262] 大法官會議釋字第349號解釋。

[263] 智慧財產及商業法院99年度民專訴字第210號民事判決。

二、銷燬請求權

(一)相關消費者

甲所有新型專利權「防滲隔熱浪板」雖使用於相關消費者丙所有鐵架屋而爲房屋之構成部分，惟該防滲隔熱浪板如經拆除，勢必無法再使用而成爲廢物，對於丙有莫大損失，而對於新型專利權人甲，並無實益可言，自與損害賠償應以填補債權人所受損害及所失利益立法意旨有違，自非排除侵害之適當方法甚明。

(二)禁止權利濫用

侵害專利之防滲隔熱浪板，係相關消費者丙自市場善意取得，倘新型專利權人甲得請求丙銷燬或爲其他必要之處置，將使丙蒙受無謂之損失，嚴重影響交易安全，顯然違反公共利益。新型專利權人甲請求銷燬丙所有之侵害專利物品或爲其他必要之處置，將對丙造成甚大之損害，其對新型專利權人甲並無實質之利益可得，可謂權利濫用之實證。準此，本件專利侵權事件，本於誠信原則，依據公平正義之理念，衡量相關消費者丙及專利權人甲之利益，足認甲行使權利之行爲無有保護之必要，是新型專利權人甲請求丙拆除有新型專利權之防滲隔熱浪板，其權利之行使顯有濫用之情事[264]。

伍、相關實務見解——專利權人行使銷燬請求權之要件

發明專利權人行使禁止侵害請求權，對於侵害專利權之物品或從事侵害行爲之原料或器具，得請求銷燬或爲其他必要之處置（專利法第96條第1項、第3項）。提起民事訴訟者，應以訴狀表明應受判決事項之聲明。所謂應受判決事項之聲明，係指請求判決之結論，即請求法院應爲如何判決之聲明，倘當事人獲勝訴之判決，該聲明成爲判決之主文，並爲將來據以強制執行之依據及範圍。故原告提起給付之訴，所表明之給付內容及範圍，其與法院所爲之判決主文，均應明確特定、具體合法、適於強制執行[265]。準此，銷燬請求權行使之對象，包含專利之侵權行爲人、侵害專利物品之所有人或持有人。專利權人請求侵權行爲人應銷燬侵害專利權之產品，其性質爲給付之訴，自應舉證證明應銷

[264] 最高法院84年度台上字第2086號民事判決。
[265] 最高法院98年度台上字第599號民事判決。

燬標的物之存在,說明銷燬標的物之品名、型號、數量等項目,應足資辨別予以特定,始得命侵權行為人銷燬之。反之,未舉證以實其說,銷燬標的物不明確,無法強制執行,自無從請求所有人或持有人銷燬特定物[266]。

第十節　不當得利請求權

專利法雖未規定專利權人有不當得利返還請求權,惟專利權人就其專利技術享有排他之利用權限,侵害專利人實施專利權人之發明或創作,未經專利權人同意或授權,並無合法之權源,即屬無法律之原因。因其實施專利權而受有利益,導致專利權人受有損害,而受利益與受損害間具有因果關係,專利權人自得請求所受之利益返還,期以調整任何慷他人之慨的不正義行為。因不當得利返還請求權,不以行為有過失或故意為限,故侵權行為人實施專利技術,無論有無故意或過失,專利權人均得請求返還行為人返還所得利益。當被害人之損害逾加害人所得利益,應以加害人所得利益為準;反之,被害人之損害未逾加害人所得之利益,應以被害人之損害為準。因加害人自己努力所得利益,並非來自被害人,自不負返還責任。

例題17

侵權行為人並非自行生產侵害專利之產品,而係向第三人採購後再出售予相關消費者,故應以侵權行為人轉售該侵害專利物品所得獲得之價差,係該侵權行為人實際上所得之利益[267]。侵權行為人計出售1千個侵害專利產品,單品轉售之差價為新臺幣(下同)1千元,被控侵權行為人實際上所得利益為100萬元。試問專利權人依據不當得利之法律關係,得請求返若干利益?

---

[266] 智慧財產及商業法院100年度民專上字第11號民事判決。
[267] 臺灣臺北地方法院92年度智字第16號民事判決。

壹、請求權競合

一、構成要件準用說

不當得利及侵權行為均為債之發生原因之一，侵權行為係對於被害人所受之損害，由加害人予以填補，俾回復其原有財產狀態之制度，侵害人是否得利在所不問；而不當得利乃剝奪受益人之得利，使返還予受損人之制度。兩者之直接目的雖有不同[268]，得請求之範圍亦未必一致，惟民法並未規定不當得利請求權不得與其他請求權競合併存在。民法第197條第2項亦規定，損害賠償之義務人，因侵權行為受利益，致被害人受損害者，而於損害賠償請求權之消滅時效完成後，仍應依關於不當得利之規定，返還其所受之利益於被害人。再者，德國專利法第141條第1項後段亦規定，侵害專利權之賠償義務人，倘因侵害行為而受有利益，其於時效完成後，亦應依據不當得利之規定，返還其所得利益。就法條之文義以觀，侵權行為人應依據關於不當得利之規定，返還其所受之利益於被害人，其並未明文規定該利益，等同於侵權行為所得請求之損害。故依據法律解釋之原則，屬於構成要件準用說，而非效果準用說。準此，被害人主張不當得利請求權時，必須符合不當得利之成立要件[269]。

二、不當得利與侵權行為請求權併存

基於同一專利侵害事件中，不當得利請求權與侵權行為請求權得以併存[270]，專利權人於侵權行為之損害賠償請求權時效未消滅前，得同時主張專利法第96條第2項與民法第179條規定之請求權。侵權行為人侵害專利所得利益大致可分兩種類型：(一)免於支付授權金或權利金（專利法第97條第1項第3款），將侵害人原應支付之權利金或授權金，視為侵害人之利得與被害人之損害，因兩者間有因果關係存在；(二)侵權行為所得之淨利，其類似專利法第97條第1項第2款規定之銷售總利益說，被害人應證明該淨利或銷售之數額。

---

[268] 最高法院86年度台上字第1705號民事判決。
[269] 王澤鑑，債法原理(2)——不當得利，自版，2004年3月，頁293至296。
[270] 王澤鑑，債法原理(2)——不當得利，自版，2004年3月，頁322。

貳、不當得利之成立要件

一、概說

　　專利法雖未規定專利權人之不當得利返還請求權，惟侵權行為人實施專利權人之發明或創作，並無合法之權源，即屬無法律之原因，其因實施專利權而受有利益，導致專利權人受有損害，而受利益與受損害間具有因果關係，專利權人自得請求所受之利益返還。準此，發生侵權行為損害賠償請求權與不當得利請求權之競合關係。是被害人主張不當得利請求權時，必須符合不當得利之成立要件，茲說明如後[271]：(一)一方受有財產上之利益，積極得利與消極得利均屬之；(二)致他人受損害，包括積極減少及消極減少；(三)須無法律上之原因[272]。

二、無過失責任原則

(一)返還客體

　　專利權人主張不當得利之法律關係，請求加害人返還所受之利益，因不當得利之返還，並不以受有利益者，主觀上有故意或過失為必要，故縱使無過失者，亦應負返還其所得之利益。不當得利之返還客體分為原物返還及價額償還（民法第181條）。在未經專利權人同意或授權下製造、販賣、販賣要約、使用，或為上述目的而進口專利物品，或者使用方法專利直接製成之物品，均屬對於專利權之無權用益，該利益於性質上不能返還，侵害人自應為價額之償還。實務有認為專利侵權事件之場合，專利權人得依據不當得利之法律關係，請求侵權行為人返還其所受利益。例外情形，行為人能證明，其不知無法律上之原因，而所受之利益已不存在者，則免負返還或償還價額之責任（民法第182條第1項）。

(二)給付權利金

　　專利權人於專利侵害事件中，請求未經授權之實施人對其進行賠償，其非法律強迫其接受利益，因行為人於實施他人專利權前，事實上得在實施該專利或向專利權人取得授權而給付權利金間做出選擇，行為人欲享有因專利所衍

---

[271] 郭振恭，民法，三民書局股份有限公司，2003年9月，修訂3版，頁180至181。
[272] 最高法院55年台上字第1949號民事判決。

生之利益，其有選擇之空間，選擇不勞而獲或給付權利金。再者，專利專責機關所掌管之專利公報，通常均有記載專利範圍，行為人於實施他人專利權，有機會知悉此事，行為人無須自行投入研發之成本，即可不勞而獲實施他人之專利，故行為人受有利益甚明。準此，專利權人於專利侵害事件，依據不當得利之法律關係，請求行為人返還應給付權利金而未給付之權利金，行為人不致受有突襲裁判之危險。故賦予專利權人就侵害專利人有不當得利請求權，除有抑制行為人侵權之機率，亦可提高投入發明或創作之意願[273]。

參、不當得利之效力

一、返還利益之範圍

所謂不當得利者，係指無法律上之原因而受利益，致他人受損害者，應返還其利益（民法第179條）。而返還之範圍，因受領人係善意或惡意有所區分，前者義務輕於後者。

(一)善意受領人

不當得利之受領人為善意者，應返還所受利益，如所受之利益已不存在者，免負返還或償還價額之責任（民法第182條第1項、第2項）。例如，行為人應返還實施專利權所節省之權利金或授權金（專利法第97條第1項第3款）。

(二)惡意受領人

惡意之受領人，除應將受領時所得之利益返還外，並應附加利息，如有損害，亦應賠償之（民法第182條第3項）。例如，故意侵害專利權之場合，該行為人通常即為惡意受領人。

二、非給付類型之不當得利

(一)有實施專利權

依據「非給付類型」不當得利之概念，而於專利侵權事件中，因加害人之

---

[273] Wendy J. Gordon, Of Harms and Benefits: Tort, Restitution, and Intellectual Property, 34 Mc George L. Rev. 541 (2003)。美國學界就不當得利與侵權行為請求權競合問題，雖有進行討論，然美國法院實務傾向否定之態度。

行為，導致利益之不當移轉，加害人未經專利權人同意而實施專利權之行為，
該行為與無權占有他人之物而進行使用收益之情形類似。其於無權占有之情
形，物之所有人得依據不當得利規定請求返還之客體，除占有外，尚包含使用
收益本身，該使用收益相當於租金之利益[274]。準此，專利侵權事件之加害人，
其原本欲合法實施系爭專利，自得與專利權人簽訂授權契約，依約定給付授權
金或權利金。倘加害人不思此途徑，圖謀不勞而獲，以實施系爭專利，其所受
利益應以相當於權利金之價額為基準。

(二)未實施專利權

專利權人本身未實施專利，其亦未授權他人實施專利，欲依據侵權行為之
法律關係請求損害賠償，因不易證明受有損害，甚至基於「無損害，無賠償」
法理，導致有求償無望之虞。倘專利權人能依據不當得利之法律關係，即加害
人未經專利權人之同意實施專利權，視為無法律上原因而獲得利益，直接依據
權利金之價額作為請求內容，對專利權人之保障較為完善。

三、請求權相互影響理論

就不當得利請求權而言，不論行為人故意或過失均可請求返還，當被害
人損害小於行為人所得利益，僅得請求損害數額。因行為人發揮自身能力所得
逾被害人損害之部分，非因被害人之故，自無須返還之。反之；倘損害大於行
為人所受之利益，亦僅得請求所受利益之部分，因此為不當得利責任而非損害
賠償責任，行為人之得利始為請求返還之範圍。再者，基於請求權相互影響
之理論，倘專利權人未遵守專利法第98條標示專利證號之規定，其不能請求損
害賠償時，解釋上亦不能請求返還不當得利，否則專利法第98條規定，將形同
具文[275]。

---

[274] 最高法院61年台上字第1695號民事判決：依不當得利之法則請求返還不當得利，以無
法律上之原因而受利益，致他人受有損害為其要件，故其得請求返還之範圍，應以對
方所受之利益為度，非以請求人所受損害若干為準，無權占有他人土地，可能獲得相
當於租金之利益為社會通常之觀念。

[275] 蔡東廷，論我國侵害專利權之民事責任及專利權人應有之準備，智慧財產權月刊，48
期，2002年12月，頁35至36。

肆、例題解析——返還利益之計算

　　損害賠償之義務人，因侵權行爲受利益，致被害人受損害者，於損害賠償請求權時效完成後，應依關於不當得利之規定，返還其所受之利益於被害人（民法第197條第2項）。返還之利益應如何計算，固有以行爲人轉售侵害專利物品之價差，作爲所得利益。準此，侵權行爲人並非自行生產侵害專利之產品，而係向第三人採購後再出售予相關消費者，故應以侵權行爲人轉售該侵害專利物品所得獲得之價差，係該侵權行爲人實際上所得之利益[276]。侵權行爲人計出售1千個侵害專利產品，單品轉售之差價爲新臺幣（下同）1千元，被控侵權行爲人實際上所得利益爲100萬元，此爲應返還予被害人之利益。然本文認爲專利權人對侵權行爲人主張不當得利請求權時，其利得之計算基礎，不應以行爲人因交易所得之利差爲準。其理由有四：

一、客觀之交易價值

　　關於價額之計算及時點，應依據價額償還義務成立時之「客觀交易價值」決定[277]。而客觀交易價值應以加害人應支付之「權利金」爲準，並非加害人因使用專利而獲之利益，或以轉售之價差作爲加害人所受利益。

二、市場機能之運作

　　專利侵害人所受利益，取決於市場機能之運作，通常並非因專利權受有侵害始發生，其間有諸多因素，侵害人出售侵害專利物品之交易利差，並不當然同等侵害人所受利益或專利權人所受損害。此亦導致專利權人欲證明損害與利益間之因果關係，其有相當程度之困難[278]。再者。專利權本質上係一專利技術之獨占權，藉由排除他人實施相同之技術，進而占有屬專利技術有關之特定市場地位，以獲取利益。縱使專利權人並未實施專利權，然實際上會因第三人實

---

[276] 臺灣臺北地方法院92年度智字第16號民事判決。

[277] 王澤鑑，侵權行爲法，第1冊，三民書局股份有限公司，1998年12月，頁192至194。

[278] 因果關係有直接因果關係與非直接因果關係，前者係指兩者須處於若一方無受利益之事實，則他方不致受損害之牽連關係，即受利益與受損害須基於同一原因事實，始有因果關係。後者認利益與所受損害之因果關係，不以直接牽連爲限。

施專利而喪失特定之市場地位或減少市場占有率。是專利權受侵害時，雖尚未實施或無實施計畫，惟侵權行為人之仿冒行為，將增加專利權人進入市場之困難或導致專利權於市場之生命減損，原本專利權人得藉由授予專利權而收取專利金，故此時專利權人之損害為應收之權利金而未收者，況侵權行為人實施他人權利亦有不當得利之情事。

三、專利商品化之成本

專利權之價值通常具有抽象性及不特定性，自侵害專利之始點起至實際有利得止，行為人除有實施專利外，亦必須將專利商品化，另行投入其他成本。職是，行為人因專利商品化所取得之利益，不相等於專利之價值或應給付之權利金。

四、法律關係之性質

就法律關係以觀，行為人之利得係將侵害專利物品出售予交易相對人之對價，買賣係法律行為，依據法律行為所取得者，並不包含於須返還之所受利益範圍[279]。而專利權人依據不當得利法律關係得請求之範圍，其亦與侵權行為之法律關係有異，其中最大之區別，在於專利權人主張不當得利之法律關係時，其無法適用專利法第97條第2項之懲罰性賠償機制，對當事人影響甚大。

伍、相關實務見解──授權標的之專利嗣後遭撤銷

專利授權為雙務契約，當事人之給付有對價關係，是被授權人給付授權金與授權人提供製造皮箱角輪之技術，兩者依其經濟上之交換目的，構成專利授權契約之整體，其不可分離。縱使專利嗣後經撤銷確定在案，然當事人事實上均已依約履行義務，則給付與對待給付應一併觀察計算。倘被授權人所支付之授權金與授權人提供之技術相當，符合專利授權契約之內容，自難謂授權人受領授權金獲有不當得利。申言之，授權人本於授權契約而請求被授權人給付授權金，被授權人確係因使用授權人提供之技術而獲有利益，專利雖事後遭舉發撤銷，惟不影響當事人間授權契約之效力，倘被授權人於交付授權金予授權人

---

[279] 李淑明，債法總論，元照出版有限公司，2004年6月，頁81至89。

時,授權人將當時有效之專利技術及專利權,授予被授權人使用完畢,完成對待給付,是授權人受領授權金有法律上之原因[280]。

第十一節 無因管理請求權

無因管理及侵權行為均為債之發生原因之一,法律並無明文禁止兩者請求權不得併存,故兩者請求權得併存。故於專利侵害事件之場合,倘侵權行為人係故意侵害專利權,其因侵害專利所獲得之利益逾專利權人所受損害之數額時,專利權人基於準無因管理請求權,即有享有不法管理所生利益之實益。有鑑於依據侵權行為或不當得利等法律關係,專利權人所能請求損害賠償或返還利益,其請求範圍不及侵權行為人因不法管理行為所獲致之利益。準此,使不法管理準用適法無因管理規定,將不法管理所生之利益歸於本人即專利權人享有,以除去經濟之誘因而減少不法管理之發生[281]。

例題18

> 專利權人於專利侵害事件中,除依專利法規定主張權利外,專利權人是否得依據無因管理之法律關係,向專利侵權人請求因不法無因管理之所得之利益?不法無因管理所得利益,應如何計算?

壹、無因管理之成立要件

一、適法無因管理

所謂無因管理者(management of affairs of without mandate),係未受委任,並無義務,而為他人管理事務之事實行為(民法第172條)。無因管理之當事人為管理人(manager)及本人(principal),適法無因管理之成立之要件有三:(一)須管理他人之事務:此為客觀之要件,故自己事務誤認為他人事務而加以管理,不成立無因管理;(二)須有為他人管理之意思:所謂管理之意

---

[280] 智慧財產及商業法院99年度民專訴字第191號民事判決。
[281] 1999年4月21日增訂民法第177條第2項之立法理由。

思，係有意使管理行為所生之事實上利益，歸屬本人之意思，倘為自己利益之意思而為，固缺乏管理之意思。惟為他人之意思與為自己之意思，可同時並存，是為圖自己之利益，同時具有為他人利益之意思，亦可成立無因管理[282]；(三)須無法律上之義務：係指無法定及契約約定義務而言。有法定或約定義務，無法成立無因管理。

二、非適法無因管理

　　管理事務不合於民法第176條規定之適法無因管理要件時，本人仍得享有因管理所得之利益，而本人所負同條第1項對於管理人之義務，以其所得之利益為限（民法第177條第1項）[283]。前開規定，於管理人明知為他人之事務，而為自己之利益管理之者，準用之，其係所謂之不法管理（第2項）。準此，專利法雖未規定專利權人之無因管理請求權，惟侵權行為人實施專利權人之發明或創作，主觀上明知所管理之事務為專利權人之事務，客觀上為自己之事務而為管理，即明知侵害他人之專利權，仍有加以實施之態樣，則成立不法管理。例如，侵害人於侵害專利權之場合，通常係欲脫免給付實施專利權之代價，以圖謀己私，顯然為自己事務之意思而實施專利，缺乏管理之意思，無法成立適法無因管理。

貳、例題解析──不法無因管理之效力

　　不法無因管理之場合，專利權人得主張享有因管理所得之利益，而於受益之範圍內，返還不法管理人所支出之費用或其負擔之債務。職是，專利侵害事件，倘侵權行為人係故意侵害專利權，其因侵害專利所獲得之利益逾專利權人所受損害之數額時，專利權人基於準無因管理請求權，即有享有不法管理所生利益之實益。再者，專利權人以不法無因管理為請求權基礎，則不得主張損

---

[282] 最高法院86年度台上字第1820號民事判決。
[283] 民法第176條第1項規定：適法管理時管理人之權利，即管理事務，利於本人，並不違反本人明示或可得推知之意思者，管理人為本人支出必要或有益之費用，或負擔債務，或受損害時，得請求本人償還其費用及自支出時起之利息，或清償其所負擔之債務，或賠償其損害。第2項規定：第174條第2項規定之情形，管理人管理事務，雖違反本人之意思，仍有前項之請求權。

害賠償請求權所屬之懲罰性損害賠償，此為專利權人於主張權利時，應評估之處[284]。

參、相關實務見解——請求權競合

原告競合主張各請求權基礎，而其主張專利法第96條第2項、第97條第1項第2款、民法第184條第1項前段、第185條第1項前段及公司法第23條第2項規定請求被告給付損害賠償之請求權基礎成立，經法院選擇為判決基礎，並按其請求之金額全部准予給付，則其另主張民法第179條之不當得利請求權、第177條第2項之不法無因管理請求權，即無須審酌[285]。

---

[284] 雷雅雯，侵害專利權之民事責任與救濟，司法院研究年報，23輯2篇，2003年11月，頁101至102。
[285] 智慧財產及商業法院98年度民專訴字第30號、101年度民專訴字第73號民事判決。

參考文獻
BIBLIOGRAPHY

壹、中文部分

王澤鑑,侵權行為法(1)基本理論—— 一般侵權行為,自版,1998年9月。

王澤鑑,侵權行為法,第1冊,三民書局股份有限公司,1998年12月。

王澤鑑,債法原理(2) —— 不當得利,自版,2004年3月。

王承守、鄧穎懋,美國專利訴訟攻防策略運用,元照出版有限公司,2004年11月。

尹新天,專利權之保護,專利文獻出版社,1998年11月。

尹重君,美國專利法揭露充分性要件之研究,交通大學科技法律研究所碩士論文,
2003年6月。

李文賢,專利法刑罰規定之研究,東吳大學碩士論文,1999年6月。

吳嘉生,國際法學原理——本質與功能之研究,五南圖書出版股份有限公司,2000
年9月。

吳由理,發明專利審查制度之比較,國立臺灣大學律學研究所碩士論文,2002年7
月。

吳進發,從比較法觀點論發明專利進步性要件,國立中興大學科技法律研究所碩士
學位論文,2006年7月。

沈冠伶,公害制止請求之假處分程序——從程序機能論與紛爭類型審理論之觀點,
國立臺灣大學碩士論文,1994年6月。

邱聯恭,定暫時狀態處分事件之審理上特殊性,民事訴訟法之研究(4),民事訴訟法
研究基金會,1993年。

宋光梁,專利概論,臺灣商務印書館,1977年5月,3版。

宋永林、魏啓學譯,吉籐幸朔著,專利權概論,專利文獻出版社,1990年6月。

何愛文,論專利法制與競爭法制之關係——從保護專利權之正當性談起,國立臺灣
大學法律學研究所博士論文,2003年2月。

林洲富,民法——案例式,五南圖書出版股份有限公司,2020年9月,8版。

林洲富,智慧財產權法專題研究(1),翰蘆圖書出版有限公司,2006年5月。

林洲富，實用強制執行法精義，五南圖書出版股份有限公司，2023年2月，17版。

林洲富，法官辦理民事事件參考手冊(15)──專利侵權行為損害賠償事件，司法
　　院，2006年12月。

林洲富，智慧財產權之有效性與侵權判斷，司法研究年報29輯4篇，司法院，2012
　　年12月。

林洲富，民事訴訟法理論與案例，元照出版有限公司，2023年2月，6版。

林立峰，專利制度對專利蟑螂之管制，國立中正大學法律學研究所碩士論文，2014
　　年11月。

金海軍，智識產權私權論，中國人民大學出版社，2004年12月。

徐宏昇，高科技專利法，翰蘆圖書出版有限公司，2003年7月。

陳世杰，發明專利權侵害及民事救濟，國立臺灣大學法律研究所碩士論文，1995年
　　6月。

陳啓桐，專利權撤銷制度之研究，國立中正大學法律研究所碩士論文，2001年7
　　月。

陳佳麟，專利侵害損害賠償之研究：從美國案例檢討我國專利損害償制度，國立交
　　通大學科技法律研究所碩士論文，2002年6月。

陳智超，專利法──理論與實務，五南圖書出版股份有限公司，2004年4月，2版。

陳聰富，侵權歸責原則與損害賠償，元照出版有限公司，2004年9月。

陳文吟，我國專利制度之研究，五南圖書出版股份有限公司，2004年9月，4版；
　　2014年9月，6版。

陳律師，智慧財產權法，高點文化事業有限公司，2005年3月，10版。

陳櫻琴、葉玟妤，智慧財產權法，五南圖書出版股份有限公司，2005年3月。

陳國成，專利行政訴訟之研究，司法院研究年報，25輯18篇，2005年11月。

陳志明，未受專利權效力限制──以學名藥之研究開發為中心，國立中正大學法律
　　學研究所碩士論文，2013年6月。

陳哲賢，專利技術認定與鑑價於訴訟之研究，國立中正大學法律學研究所碩士論
　　文，2014年1月。

陳蕙君，論專利權的價值──以選擇最適鑑價機制為基礎，國立中正大學法律學研
　　究所博士論文，2015年1月。

翁金鍛，發明專利權保護範圍之研究，國立臺灣大學法律研究所碩士論文，1991年
　　6月。

黃文儀，專利實務，第1冊，三民書局股份有限公司，2004年8月，4版。

黃文儀，專利實務，第2冊，三民書局股份有限公司，2004年8月，4版。

黃湘閔，申請專利範圍解釋之研究，世新大學法學院碩士論文，2005年6月。

姚瑞光，民事訴訟法論，自版，2000年11月，修正版。

智慧財產案件審理法新制問答彙編，司法院，2008年6月。

司法院98年度智慧財產法律座談會彙編，2009年7月。

曾陳明汝，工業財產權專論，自版，1986年9月，增訂新版。

曾陳明汝，兩岸暨歐美專利法，學林文化事業有限公司，2004年2月，修訂再版。

曾隆興，詳解損害賠償法，三民書局股份有限公司，2004年4月，修訂初版2刷。

曾勝珍，智慧財產權法專題研究，金玉堂出版社，2004年6月。

范曉玲、郭雨嵐，專利保全程序實務，經濟部智慧財產局，2006年4月。

麥怡平，專利侵害判斷與民事審判實務之研究，世新大學法學院碩士論文，2005年5月。

程永順，專利侵權判定——中美法條與案例比較研究，知識產權出版社，2002年11月，2版。

張清溪、許嘉棟、劉鶯釧、吳聰敏，經濟學理論與實務（上冊），翰蘆圖書出版有限公司，2000年8月，4版。

張啓聰，發明專利要件進步性之研究，東吳大學法學院法律學系專業碩士班碩士論文，2002年7月。

張登科，強制執行法，三民書局股份有限公司，2004年2月，修訂版。

張容綺，專利侵害賠償制度之檢討與重構——以美國法作為比較基準，世新大學法學院碩士論文，2005年6月。

張雅馨，民事訴訟與行政訴訟之共舞——以權利有效性抗辯為中心，國立臺灣大學法律學院法律學研究所碩士論文，2016年7月。

馮震宇，高科技產業之法律策略與規劃，元照出版有限公司，2004年4月。

馮震宇，智慧財產發展趨勢與重要問題之研究，元照出版有限公司，2004年8月，初版2刷。

溫俊富，專利制度與競爭制度調和之研究，國立政治大學博士學位論文，1997年7月。

萬國法律事務所，智慧財產訴訟新紀元——智慧財產案件審理法評析，元照出版有限公司，2009年5月。

郭振恭，民法，三民書局股份有限公司，2003年9月，修訂3版。

雷雅雯，侵害專利權之民事責任與救濟，司法院研究年報，23輯2篇，司法院，

2003年11月。

楊崇森，專利法理論與應用，三民書局股份有限公司，2003年7月。

趙晉枚、蔡坤財、周慧芳、謝銘洋、張凱娜，智慧財產權入門，元照出版有限公司，2004年2月，3版1刷。

賴文智，智慧財產權與民法的互動──以專利授權契約為主，國立臺灣大學法律研究所碩士論文，2000年6月。

賴文智、劉承慶、劉承愚、顏雅倫，益思科技法律──智權篇，益思科技法律事務所，2003年5月。

蔣昕佑，我國工業設計權利保護制度之再探求──檢視我國以專利制度保護工業設計之合理性，國立臺灣法律學院科技整合法律學研究所碩士論文，2016年7月。

顏崇衛，侵害專利權之民事責任，國立中正大學法律學系研究所碩士論文，2014年10月。

熊誦梅，法官辦理專利侵權民事訴訟手冊，司法研究年報，23輯4篇，司法院，2003年11月。

熊賢安，專利侵權之判斷，私立東海大學法律研究所碩士論文，2004年6月。

蔡明誠，發明專利法研究，自版，2000年3月。

蔡木鎮，中、美專利侵權之比較研究，中國文化大學法律研究所碩士論文，2002年6月。

顏吉承，專利說明書撰寫實務，五南圖書出版股份有限公司，2013年3月，3版。

顏吉承，新專利法與審查實務，五南圖書出版股份有限公司，2013年9月。

顏吉承，專利侵權分析理論及實務，五南圖書出版股份有限公司，2014年6月。

劉江彬、黃俊英，智慧財產的法律與管理，華泰文化事業股份有限公司，1998年5月，2版。

劉孔中、宿希成，電腦程序相關發明之專利保護──法律與技術之分析，翰蘆圖書出版有限公司，2000年2月。

劉尚志、陳佳麟，電子商務與電腦軟體肢專利保護──發展、分析、創新與策略，翰蘆圖書出版有限公司，2001年9月，2版。

劉江彬編，智慧財產法律與管理案例評析(1)，政大科技政策與法律研究中心，2003年10月。

劉江彬、黃俊英，智慧財產管理總論，政大科技政策與法律研究中心，2004年2月。

劉瀚宇，智慧財產權法，中華電視股份有限公司，2004年8月，2版。

劉江彬編，智慧財產法律與管理案例評析(2)，華泰文化事業股份有限公司，2004年11月。

劉尚志、王敏銓、張宇樞、林明儀，美台專利訴訟——實戰暨裁判解析，元照出版有限公司，2005年4月。

劉尚志、王敏銓、張宇樞、林明儀，美臺專利訴訟，元照出版有限公司，2005年4月。

劉承愚、賴文智，技術授權契約入門，智勝文化事業有限公司，2005年6月，再版。

劉江彬編，智慧財產法律與管理案例評析(3)，華泰文化事業股份有限公司，2005年11月。

劉國讚，專利權範圍之解釋與侵害，元照出版有限公司，2011年10月。

劉國讚，專利法之理論與實用，元照出版公司，2012年9月。

鄭中人，專利法逐條釋論，五南圖書出版股份有限公司，2002年9月。

鄭中人，智慧財產權法導讀，五南圖書出版股份有限公司，2003年10月，3版。

駱增進，中美專利審查基準中申請專利範圍之比較研究，東吳大學法律研究所碩士論文，1996年7月。

蕭彩綾，美國法上專利強制授權之研究，國立中正大學法律學研究所碩士論文，2000年6月。

謝銘洋、徐宏昇、陳哲宏、陳逸南，專利法解讀，元照出版有限公司，1997年7月。

謝在全，民法物權論（下冊），元照出版有限公司，2003年12月，修訂2版。

謝銘洋，智慧財產權之基礎理論，翰蘆圖書出版有限公司，2004年10月，4版。

謝銘洋，智慧財產權之制度與實務，翰蘆圖書出版有限公司，2004年10月，2版。

謝哲勝，財產法專題研究(4)——中國民法典立法，翰蘆圖書出版有限公司，2004年11月。

羅炳榮，工業財產權叢論——國際篇，自版，1993年1月。

羅炳榮，工業財產權論叢——專利侵害與迴避設計篇，翰蘆圖書出版有限公司，2004年1月。

羅炳榮，工業財產權論叢——基礎篇，翰蘆圖書出版有限公司，2004年6月。

經濟部智慧財產局，專利法逐條釋義，2005年3月。

經濟部智慧財產局，專利法逐條釋義，2014年9月。

經濟部智慧財產局,專利審查基準,2004年版。
智慧財產訴訟制度相關論文彙編,1輯,司法院,2010年11月。
智慧財產訴訟制度相關論文彙編,2輯,司法院,2013年12月。
智慧財產訴訟制度相關論文彙編,3輯,司法院,2014年12月。
智慧財產訴訟制度相關論文彙編,4輯,司法院,2015年12月。
101年度智慧財產法院民事、行政專利訴訟裁判要旨及技術審查官心得報告彙編,
　　智慧財產法院,2013年9月。
102年度智慧財產法院民事、行政專利訴訟裁判要旨及技術審查官心得報告彙編,
　　智慧財產法院,2014年6月。
104年度智慧財產法院民事、行政專利訴訟裁判要旨及技術審查官心得報告彙編,
　　智慧財產法院,2016年10月。

貳、外文部分

一、日文

谷山祥三,米國特許解說,技報堂,昭和42年(1967年),2版。
ヘンリー幸田,米國特許訴訟——侵害論,發明協會,平成2年(1990年)8月。
中山信弘,註解特許法,青林書院,平成2年(1990年),2版。
竹下守夫、藤田耕三,注解民事保全法(上卷),青林書院,平成八年(1996年)6
　　月。
吉藤幸朔,熊谷健一補訂,特許法概說,平成10年(1998年),13版。
野村秀敏,民事保全法研究,洪文堂,平成13年(2001年)6月。

二、英文

Bainbridge, David I, Intellectual Property (Pitman 1992).

Bender, David, Intellectual Property and Antitrust 1995 (1995).

Chisum, Donald S., Chisum on Patent (Matthew Bender & Company Inc. 1997).

Correa, Carlos M., Intellectual property Rights, the WTO and Developing, Countries, Penang: Third World Network (2000).

Deller, Anthony William, Deller's Walker on Patents (Lawyers Co-operative Pub. Co, rev ed. 1981).

Drahos, Peter & Mayne, Ruth, Global Intellectual Property Rights Knowledge, Access and Development (Palgrave Macmillan 2006).

Holzmann, Richard T., Infringement of the United States Patent Right: A Guide for Executives and Attorney (Quorum Books, 1st ed. 1995).

Kahrl, Robert C., Patent Claim Construction (Aspen Law & Business Publishers 2001).

Ladas, Stephen P., Patent, Trademark, and Related Rights National and International Protection (Harvard University Press 1975).

M. A, Gerald Paterson, The Europen Patent System, The Law and Practice of the European Patent Convent (2001).

Merges, Robert Patrick, Patent Law and Policy (Lexis Law Pub. 1992).

Miller, Arthur R.& Davis, Michael H., Intellectual Property: Patent, Trademark, and Copyright (3rd ed. 2004).

Mueller, Janice M., An Introduction to Patent Law (Aspen Publishers, 2nd ed. 2006).

Mueller, J. M., An Introduction to Patent Law (2003).

Posner, Richard A., The Economics of Justice (Harvard University Press 1983).

Posner, Richard A., Economic Analysis of Law (Aspen Publishers 2007).

Rosenberg, Peter D, Patent Law Fundamentals § 1.01 (Clark Boardman Callaghan, 2nd ed. rev. 2001).

Schwartz, Herbert F., Patent Law and Practice (2nd ed., 2000).

Schechter, Roger E. & Thomas, John R., Intellectual Property: The Law of Copyrights, Patents and Trademarks (West Publishing Company 2003).

Waite, John Barker, Cases on Patent Law (Overbeck Company 1949).

索　引　INDEX

國家圖書館出版品預行編目資料

專利法：案例式／林洲富著. -- 十一版.
-- 臺北市：五南圖書出版股份有限公司,
2023.11
 面； 公分
 ISBN 978-626-366-780-8（平裝）

1.CST: 專利法規

440.61   112019022

1S08

專利法—案例式

作　　者 — 林洲富(134.2)

發 行 人 — 楊榮川

總 經 理 — 楊士清

總 編 輯 — 楊秀麗

副總編輯 — 劉靜芬

責任編輯 — 林佳瑩

封面設計 — 封怡彤

出 版 者 — 五南圖書出版股份有限公司

地　　址：106台北市大安區和平東路二段339號4樓

電　　話：(02)2705-5066　　傳　　真：(02)2706-6100

網　　址：https://www.wunan.com.tw

電子郵件：wunan@wunan.com.tw

劃撥帳號：01068953

戶　　名：五南圖書出版股份有公司

法律顧問　林勝安律師

出版日期　2008年 6 月初版一刷
　　　　　2023年11月十一版一刷

定　　價　新臺幣580元

經典永恆·名著常在

五十週年的獻禮——經典名著文庫

五南，五十年了，半個世紀，人生旅程的一大半，走過來了。

思索著，邁向百年的未來歷程，能為知識界、文化學術界作些什麼？

在速食文化的生態下，有什麼值得讓人雋永品味的？

歷代經典·當今名著，經過時間的洗禮，千錘百鍊，流傳至今，光芒耀人；

不僅使我們能領悟前人的智慧，同時也增深加廣我們思考的深度與視野。

我們決心投入巨資，有計畫的系統梳選，成立「經典名著文庫」，

希望收入古今中外思想性的、充滿睿智與獨見的經典、名著。

這是一項理想性的、永續性的巨大出版工程。

不在意讀者的眾寡，只考慮它的學術價值，力求完整展現先哲思想的軌跡；

為知識界開啟一片智慧之窗，營造一座百花綻放的世界文明公園，

任君遨遊、取菁吸蜜、嘉惠學子！